MÉTHODES ET PRATIQUES DE LA PERFORMANCE

Le pilotage par les processus et les compétences

Éditions d'Organisation
1, rue Thénard
75240 Paris Cedex 05

Consultez notre site :
www.editions-organisation.com

DU MÊME AUTEUR
CHEZ LE MÊME ÉDITEUR

Comptes et récits de la performance. *Essai sur le pilotage de l'entreprise*

Philippe LORINO

MÉTHODES ET PRATIQUES DE LA PERFORMANCE

Le pilotage par les processus et les compétences

Troisième édition

Éditions
d'Organisation

À la mémoire de mes amis
Leonardo
et
Oscar

Sommaire

Préface

Pour une entreprise, que signifie la notion de « performance économique » ? Au risque d'énoncer des évidences, il s'agit de créer de la valeur pour des clients, c'est-à-dire de répondre à des besoins (en faisant éventuellement émerger de nouveaux besoins par l'innovation), dans des conditions satisfaisantes de coût, de délai et de qualité. C'était déjà la problématique de la performance pour l'artisan des sociétés préindustrielles, potier ou ébéniste : comment satisfaire son client, en préservant les conditions d'un profit personnel adéquat ?

L'artisan le savait bien, la réponse à cette question est dans les modalités de l'action : concevoir le produit, le réaliser, le fournir au client, dans des conditions propres à le contenter, et à faire vivre l'homme de métier. Créer de la valeur passe donc par la maîtrise de processus d'action, combinaisons d'activités diverses destinées à fournir les éléments constitutifs de la valeur : la qualité du produit, ses caractéristiques techniques, le service qui l'accompagne, ses dates et lieu de livraison, les informations qui doivent l'accompagner... Dans le cas d'une entreprise, ces processus sont plus complexes que pour l'artisan, car la division sociale du travail est passée par là. La création de valeur exige désormais la coopération organisée de multiples corps de métiers et non l'engagement polyvalent d'un seul individu.

Or, maîtriser des processus d'action, c'est détenir des compétences. Il y a là synonymie directe : qu'est ce que la compétence, sinon l'aptitude à maîtriser un processus d'action ? « Concevoir le produit, le réaliser, le fournir au client, dans des conditions propres à le contenter, et à faire vivre l'homme de métier », c'est « savoir concevoir, savoir produire, savoir livrer » dans des conditions satisfaisantes pour le client et rémunératrices pour l'entreprise. Lorsque le processus fait intervenir une multiplicité d'acteurs, et non l'artisan solitaire, les compétences requises ne sont pas individuelles mais collectives. Elles reposent sur une organisation : elles sont « organisationnelles ».

La performance de l'entreprise est donc fondée sur la compréhension et la maîtrise collectives de processus d'action et de compétences organisationnelles. Le « hic », c'est que les processus et les compétences sont choses complexes. Un processus, c'est l'exercice coordonné de métiers multiples, des outils, une organisation, des modes de communication et de coordination, des gestes, des dits et des non-dits. Une compétence, c'est l'aptitude potentielle à réaliser un processus de manière satisfaisante : elle mêle des savoirs théoriques, généralistes et spécialisés, des savoir-faire pratiques fondés sur l'expérience, des aptitudes à se coordonner et à travailler en équipe, une histoire et une mémoire.

Face à cette complexité, pendant des décennies, le pilotage économique de l'entreprise a vécu sur des simplifications outrageuses. Il a fait l'impasse sur l'analyse des compétences et des processus concrets, abandonnés à l'ingénieur et au technicien, pour se focaliser sur des modèles chiffrés étonnamment simples, voire simplistes. Etat de fait pardonnable, voire inévitable : les modes de collecte et de traitement de l'information étaient frustes, beaucoup d'acteurs n'avaient pas les niveaux de qualification leur permettant de décrire utilement et d'analyser les processus auxquels ils contribuaient, on ne pouvait se payer le luxe de donner dans le multidimensionnel et le multicritère, « cheveux coupés en quatre » et « usines à gaz » coûteuses.

L'entreprise contemporaine s'appuie sur une puissance énorme de traitement informationnel et de communication. Surtout, elle mobilise des acteurs hautement qualifiés, capables de conceptualiser, d'analyser, de se livrer à des diagnostics d'expert et de prendre du recul. Le patrimoine cognitif détenu par les acteurs de l'entreprise est impressionnant. Dans ces conditions, les simplifications outrageuses du passé ne sont plus pardonnables, puisque la complexité des processus et des compétences peut désormais être appréhendée sans nécessairement noyer l'entendement des acteurs dans des flots de données inaccessibles à l'analyse et à l'interprétation.

Modéliser, corréler, cartographier, classifier, analyser, expliquer, raisonner, imaginer, innover, deviennent des opérations réalisables à un coût et dans des délais raisonnables, grâce à une capacité d'analyse et de synthèse décuplée. L'analyse des coûts peut se faire sur la base d'un modèle d'activités (ABC/ABM), les choix de conception des nouveaux produits peuvent être examinés à la lumière de leurs impacts futurs sur les coûts opérationnels et sur la valeur-client (target costing, analyse de la valeur), les modes opératoires peuvent être comparés d'une entreprise à l'autre (benchmarking), les agencements d'opérations peuvent être analysés et optimisés (reengineering)...

La multiplicité des méthodes de pilotage plus ou moins innovantes ainsi évoquées ne doit pas effrayer les professionnels de l'entreprise : ces méthodes se rattachent en fait toutes à une approche commune de la performance, qui privilégie l'analyse, la compréhension et la maîtrise collectives des processus d'action et des compétences. Il se dessine un nouvel état de l'art du pilotage, qui repose sur une « théorie de l'entreprise » comme système d'action et comme système de compétence : comme système d'action **donc** comme système de compétence.

Les méthodes et outils présentés dans cet ouvrage ont été développés et testés dans l'action. Ils intègrent un retour d'expérience significatif : celui d'une trentaine de projets réalisés dans une quinzaine d'entreprises, diverses par leur taille (de 100 à 100 000 personnes), leur secteur d'activité (industries mécanique, textile, chimique, sidérurgique, automobile, banque, assurances, transport, énergie, télécommunications...), leur nationalité (française, canadienne, américaine, espagnole, anglaise...), leur statut (public ou privé), leur culture, leur histoire.

La version de l'ouvrage présentée ici a été sensiblement renouvelée par rapport aux deux versions antérieures afin :

- d'intégrer les expériences nouvelles de l'auteur,
- d'alléger les exposés méthodologiques abstraits, pour éviter une aridité de lecture et une impression de sécheresse excessives,
- d'étoffer les exemples concrets et les cas,
- d'introduire quelques notions nouvelles, telles que le recours aux raisonnements en options réelles pour gérer la flexibilité stratégique (chapitre IX).

1

Principes Généraux

Dans ce chapitre, nous tenterons de répondre à la question : qu'est-ce qui distingue **le pilotage par les processus et les compétences** du contrôle de gestion « traditionnel » ? Quelles sont les grandes lignes de l'approche de gestion décrite ici ?

Principe n° 1 :
De la responsabilisation individuelle
à l'apprentissage collectif

Qu'est-ce que piloter l'entreprise, sinon faire en sorte :

- qu'elle **« sache faire »** (qu'elle atteigne ses objectifs),
- et qu'elle sache « faire **de mieux en mieux »** (qu'elle entre dans une dynamique de progrès continu).

Qui dit « progrès continu » dit : **apprentissage continu**. Pour faire de mieux en mieux, il faut en effet acquérir de manière continue de nouveaux savoirs et de nouveaux savoir-faire, bénéficier d'une dynamique d'apprentissage continu, ce que les Japonais appellent « Kaizen » [IMAI]. Mais de quel type d'apprentissage s'agit-il ?

1. D'une part, le progrès continu de l'entreprise repose, certes, sur l'apprentissage individuel des personnes qui y travaillent, mais l'apprentissage individuel, s'il est une condition nécessaire, ne suffit pas. Il faut qu'il y ait aussi apprentissage collectif (il s'agit généralement d'apprendre à faire mieux ensemble, et non séparément : les acteurs individuels peuvent apprendre énormément dans une entreprise qui, elle, désapprend et s'oriente inéluctablement vers l'échec). Il s'agit donc de faire en sorte que les apprentissages individuels s'articulent et se coagulent dans un apprentissage collectif, un apprentissage de l'organisation en tant que telle (c'est l'entreprise, l'organisation, qui doit apprendre, et ceci ne se résume pas à une somme d'apprentissages individuels), d'où le terme souvent utilisé d'« **apprentissage organisationnel** », caractéristique des « organisations apprenantes » [PROBST, BÜCHEL].

2. D'autre part, il ne s'agit évidemment pas de l'apprentissage de n'importe quoi : il ne s'agit pas prioritairement de l'apprentissage du tennis sur les installations du comité d'entreprise, ni de l'apprentissage du cinéma grâce aux comptes-rendus passionnés et passionnants du collègue cinéphile, chaque matin, au bureau. Ce qui est en cause pour le progrès continu de l'entreprise, c'est un apprentissage orienté vers l'**action collective** et vers la « performance »[1] de cette action collective.

Définition

> **Piloter,** *c'est définir et mettre en œuvre des méthodes qui permettent d'apprendre, collectivement :*
> - *à agir ensemble de manière performante,*
> - *à agir ensemble de manière de plus en plus performante.*

L'énoncé de ces quelques banalités pose déjà un problème redoutable aux approches traditionnelles du pilotage, baptisées « contrôle de gestion » et souvent structurées autour de centres de coûts ou de centres de profit. Nous venons de mettre au cœur du pilotage un **principe d'apprentissage collectif**, alors que, explicitement ou tacitement, la plupart des approches « classiques » du pilotage mettent au cœur de leur démarche un autre principe, celui de la **responsabilisation individuelle**. Or, les deux principes (apprentissage collectif et responsabilisation individuelle) s'avèrent, au premier abord, non seulement différents, mais parfois antagoniques [LORINO, CRP 1995]. Toutefois, la gestion étant l'art des compromis, nous verrons au cours de cet ouvrage qu'il ne s'agit pas tant de substituer une approche à une autre que de les concilier « au mieux », en tenant compte de chaque situation concrète.

---

1. Le mot « performance » est employé ici, à dessein, de manière vague et indéfinie. Nous tenterons d'en préciser le sens plus loin.

Responsabilité individuelle	Apprentissage collectif
Autonomie locale/discipline hiérarchique / « verticalisation »	Interdépendances et solidarités transversales/coordinations non hiérarchiques
Pilotage centré sur l'utilisation des ressources (le responsable est responsable, avant tout, de l'utilisation de « ses » ressources : le patrimoine qu'on lui a délégué)	Pilotage centré sur la production de savoirs collectifs (la bonne utilisation des ressources découle de la maîtrise de savoir-faire collectifs pertinents et de la production de nouveaux savoirs)
Risque de rétention d'information, opacité (défense de la marge de liberté propre, dissimulation de l'échec par crainte des sanctions)	Besoin de transparence, circulation de l'information (mise en commun des informations pour dynamiser le diagnostic collectif)
Maîtrise locale des ressources	Fluidité/mobilité dans l'utilisation des ressources au mieux de l'apprentissage organisationnel
Responsabilité individuelle claire	Engagement collectif et risque de dilution des responsabilités individuelles
Pilotage par les résultats individuels	Pilotage par des objectifs partagés
Sanction de l'échec et du succès (récompense et punition), recherche du responsable de l'échec	Utilisation cognitive de l'échec et du succès, recherche de la cause de l'échec pour capitaliser le retour d'expérience

Tableau 1 : *Responsabilité individuelle versus apprentissage collectif*

Exemple : la réduction des coûts de recouvrement du loueur de voitures Tilbury

L'entreprise de location de voitures Tilbury (parcs de véhicules d'entreprises) constate l'accroissement alarmant des coûts de recouvrement de ses factures : règlements en retard (d'où des coûts de trésorerie), multiplication des relances (coûts administratifs), augmentation du nombre de contentieux et de montants non recouvrés.

- *Dans une approche par la responsabilité, la direction de Tilbury fixera des objectifs de réduction de ces coûts à chaque agence et se fera rendre des comptes sur cet objectif, charge à chacun de trouver les meilleurs moyens d'atteindre l'objectif. Pour responsabiliser pleinement les agences, la direction se gardera bien de fixer des lignes de conduite particulières.*

- *Dans une approche par l'apprentissage collectif, l'ensemble du processus de recouvrement sera analysé collectivement. Le cas des agences où le coût a le plus augmenté sera « décortiqué » avec attention, non pour mettre les responsables de ces agences en accusation, mais pour essayer de comprendre les causes de leurs difficultés (qui vont peut-être s'étendre ultérieurement aux agences jusqu'à présent les moins atteintes) : prestations inadaptées aux besoins des clients, clauses juridiques fragiles, modalités de règlement rigides, mauvais ciblage de la clientèle, facturation incompréhensible ?*

Dans la première approche, il y a un risque évident : chaque agence a intérêt à figurer parmi les meilleures, donc à « cacher sa copie » (dissimuler ses « trucs ») et à embellir ses résultats. Dans la seconde approche, un risque symétrique existe : que chaque agence s'en remette confortablement à l'action collective pour résoudre ses propres problèmes...

Principe n° 2 :
Piloter la création de valeur

Qu'est-ce que la performance ? Pour répondre à cette question, revenons, là encore, à des évidences :

- Une entreprise consomme, donc détruit, des ressources (des matériaux, le temps de ses salariés, des capitaux) : elle a des **coûts**...
- ... pour répondre à des besoins, les besoins des clients potentiels, mais aussi, de manière élargie, au-delà des clients, pour répondre aux besoins de la société (par exemple, la mise en place de dispositifs anti-pollution peut être relativement indifférente au client qui habite à 500 km de l'usine, mais n'est pas indifférente au voisinage, qui n'est peut-être pas client de l'usine) : l'entreprise fournit de la **valeur**.
- La viabilité économique d'une entreprise tient à sa capacité à assurer un niveau satisfaisant d'accroissement net de valeur pour la société [LORINO, CRP 1995] : détruire les ressources qu'elle consomme (**coût consommé**) « vaut-il la peine » au regard des besoins finalement satisfaits (**valeur fournie**) ? Si la réponse est positive, et seulement si la réponse est positive, le marché sera prêt à payer l'entreprise pour les services rendus à des niveaux de prix susceptibles de contrebalancer les coûts encourus (ressources détruites) et d'assurer un montant correct de bénéfice. Il n'y a donc pas de niveau satisfaisant « en soi », ni des coûts (le jugement sur les coûts ne peut être que relatif à la valeur créée en regard), ni de la valeur de la prestation rendue (le jugement sur la valeur offerte aux clients ne peut être relatif qu'au coût encouru pour y parvenir). La performance de l'entreprise est fondée sur le **couple valeur-coût**, mettant en relation la valeur produite (valeur) et la valeur détruite (coût). Les deux termes de ce couple sont indissociables (il ne s'agit, ni de minimiser les coûts, ni de maximiser la valeur produite, mais d'optimiser le rapport entre les deux). Ils sont aussi fondamentalement distincts (une forte créativité – à la limite, le génie d'un grand créateur – peut permettre de produire de la valeur avec peu de coûts, le gaspillage peut conduire à consommer des coûts sans créer de valeur). On pose la question : « le jeu en vaut-il la

chandelle ? », sans pouvoir séparer le jeu et la chandelle, mais sans pour autant les confondre...

Définition

Définition A de la « performance » : Est donc **performance** *dans l'entreprise tout ce qui, et seulement ce qui, contribue à améliorer le couple valeur-coût, c'est-à-dire à améliorer la* **création nette de valeur** *(a contrario, n'est pas forcément performance ce qui contribue à diminuer le coût ou à augmenter la valeur, isolément, si cela n'améliore pas le solde valeur-coût ou le ratio valeur/ coût).*

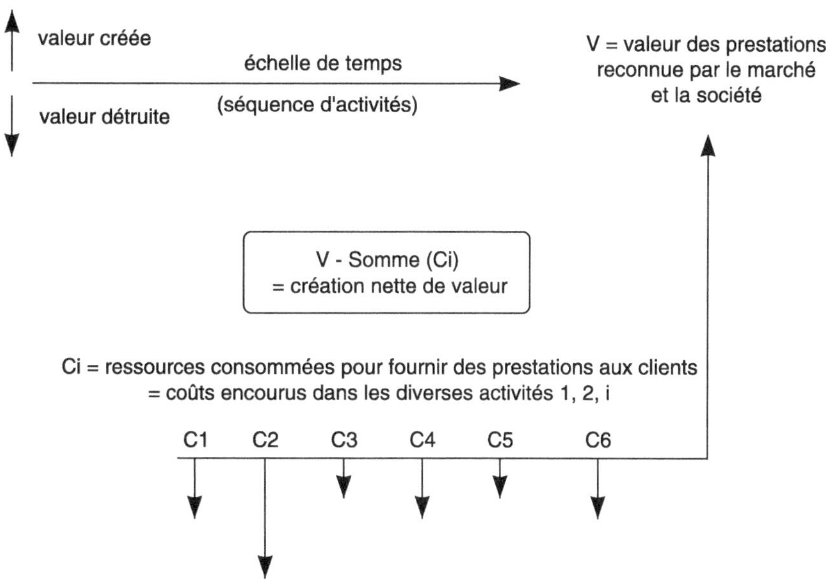

Schéma 1 : *Les coûts et la valeur*

On notera que le mot « valeur » est employé ici dans le sens précis de « réponse aux besoins d'un client ou d'un groupe social », différent du sens que l'on trouve en gestion financière ou boursière lorsque l'on parle de « valeur actionnariale » ou de « création de valeur économique », par exemple dans les méthodes EVA[1], et également différent du sens précis donné au terme en Sciences de l'Ingénieur (analyse de la valeur). Dans notre acception :

---

1. EVA (Economic Value Added) est une marque déposée du Cabinet Stern Stewart.

Définition

> *Définition 1 de la « valeur » : La valeur d'une prestation offerte (resp. d'un produit offert) par l'entreprise est le montant de revenu que les clients ou les groupes sociaux ciblés sont prêts à sacrifier pour bénéficier de cette prestation (resp. de ce produit).*

Dans la seconde acception, celle des financiers, c'est à la valeur économique de l'entreprise pour ses actionnaires et pour les marchés financiers que l'on s'intéresse :

Définition

> *Définition 2 de la « valeur » : La valeur ajoutée économique d'une entreprise au cours d'une période donnée correspond à la part de son revenu qui demeure disponible après rémunération de tous les facteurs, y compris des capitaux propres. Accumulable au sein de l'entreprise, elle permet d'en accroître la valeur pour les marchés financiers.*

L'avantage de définir la valeur comme « ce que les clients potentiels sont prêts à payer pour acquérir le produit », c'est qu'on peut la comparer au prix de vente pour évaluer la compétitivité (attrait pour le client) ou au coût de revient pour évaluer la performance économique (solde « valeur moins coût » ou ratio « valeur/coût »). Notons que ce concept de valeur est subjectif : la valeur est en fait le reflet d'un jugement, soit le jugement porté par les clients sur la « désirabilité » de la prestation, soit un jugement social exprimé à travers des arbitrages institutionnels, dans le cas d'une activité non marchande. La volonté d'améliorer la valeur créée par l'entreprise se traduit donc nécessairement par des jugements eux-mêmes subjectifs des acteurs de l'entreprise sur les voies et moyens de cette amélioration.

Sauf mention contraire, nous adopterons dans cet ouvrage la première définition, qui semble en effet la plus représentative de l'aptitude générale de l'entreprise à créer de la richesse sur le long terme.

Exemple : le couple « valeur-coût » aux guichets de « Servicios Publicos de Medellin »

L'entreprise de service colombienne « Servicios Publicos de Medellin S.P.M. » (monopole de l'eau, de l'électricité, du gaz, des télécommunications, du ramassage des ordures ménagères dans la région urbaine de Medellin) a une activité de guichet importante (information du public, établissement de contrats, paiements, réclamations). Le gouvernement colombien a décidé de déréglementer le secteur. S.P.M. va être prochainement confrontée à la concurrence de grands groupes venus de Bogota et Barranquilla, soutenus par des capitaux internationaux. Comment faire face ?

Un des postes de coûts importants est l'activité de guichet (main-d'œuvre). La direction financière suggère de confier systématiquement cette activité, jugée peu qualifiée, aux personnels de moindre qualification et de salaires plus bas. De ce fait, les coûts d'opération pourront être sensiblement réduits. Un groupe de travail de jeunes cadres supérieurs mis en place pour définir des plans de progrès s'y oppose : la déqualification du travail de guichet réduira certes les coûts, mais réduira encore plus la valeur de la prestation. Le personnel :

- *mal payé, sera peu motivé, peu serviable dans le contact direct avec les clients,*
- *peu qualifié, sera incapable d'informer et de conseiller correctement les clients,*
- *peu expérimenté, sera inapte à faire face aux situations délicates inévitables dans un pays en grave crise sociale et économique (clients ayant des difficultés de paiement, par exemple).*

Dans cette confrontation entre les champions du coût (la Direction Financière) et les champions de la valeur (groupe de progrès), qui l'emportera ?

Principe n° 3 :
Piloter, c'est déployer la stratégie

Est performance tout ce qui contribue à l'amélioration du couple coût-valeur. Mais comment savoir concrètement ce qui, dans les activités opérationnelles quotidiennes de l'entreprise, sur le terrain, contribuera à l'amélioration du couple coût-valeur ? Ce couple-clé n'apparaît en effet qu'« en fin de course », lorsque des produits et des services sont mis en vente. C'est à ce moment-là seulement que l'on sait quelle part des coûts ils ont encourue (leur « coût de revient ») et surtout à quel prix ils trouvent acquéreurs. Le couple coût-valeur apparaît donc trop tard pour aider à piloter les activités de l'entreprise. Lorsque la valeur se concrétise, les jeux sont faits : on a conçu, dessiné, approvisionné, rémunéré les fournisseurs et les salariés, fabriqué, distribué... Pour piloter ses activités, l'entreprise est contrainte d'anticiper et de porter un jugement aussi pertinent que possible sur les actions concrètes susceptibles de maximiser durablement la création nette de valeur qu'elle constatera ultérieurement. Ce jugement est complexe, il met en jeu de multiples considérations et de multiples acteurs. Il est d'autant plus complexe qu'il est généralement impossible de mettre en relation directe les caractéristiques des activités opérationnelles réalisées ici et maintenant dans l'entreprise et le couple coût-valeur sanctionné demain par le marché. Le plus souvent la distance est grande entre la gestion opérationnelle des activités internes et l'appréciation future de la valeur par le marché (prix, qualité et compétitivité des produits et services offerts). Faut-il ralentir les cadences pour améliorer la qualité, ou accélérer les cadences pour réduire les coûts, ou arrêter les machines de temps en temps pour ne pas charger les stocks, personnaliser ou standardiser les produits ?

Pour piloter le couple coût-valeur, abstraction souvent inaccessible dans le fonctionnement quotidien de l'entreprise, il faut donc le **traduire** en éléments d'appréciation plus tangibles, par le jugement des acteurs.

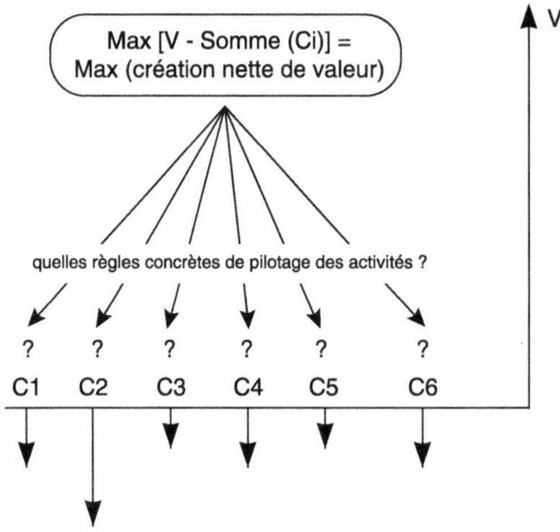

Schéma 2 : Déployer le couple coût-valeur (1)

Le premier stade de « traduction » du couple coût-valeur en éléments concrets « pilotables » dans l'entreprise consiste à décrire en termes globaux comment l'entreprise dans son ensemble (complétée par ses fournisseurs, ses distributeurs, ses sous-traitants) crée et créera de la valeur (en offrant quels produits et services, à quels clients, en assumant quelles activités en interne, en externalisant quelles activités, en s'appuyant sur quelles filières technologiques). Il s'agit donc, dans un premier temps, de traduire le couple coût-valeur en **objectifs stratégiques** plus concrets et d'**en concevoir les évolutions futures**. C'est à partir de ces objectifs stratégiques qu'on tentera de définir des règles d'action concrètes dans les diverses activités de l'entreprise.

Définition

La définition A de la performance citée ci-dessus : « Est performance dans l'entreprise tout ce qui, et seulement ce qui, contribue à améliorer le couple valeur-coût »

se traduit donc dans une deuxième définition, quasiment équivalente à la première, mais plus facile à appliquer :

Définition

*Définition B de la « performance » : Est **performance** dans l'entreprise tout ce qui, et seulement ce qui, contribue à atteindre les objectifs stratégiques.*

Cette définition a une implication évidente : les systèmes de pilotage ne peuvent en aucun cas être déconnectés de la stratégie, mais doivent au contraire être reliés à elle par des liens forts, explicites et systématiques [BOUQUIN].

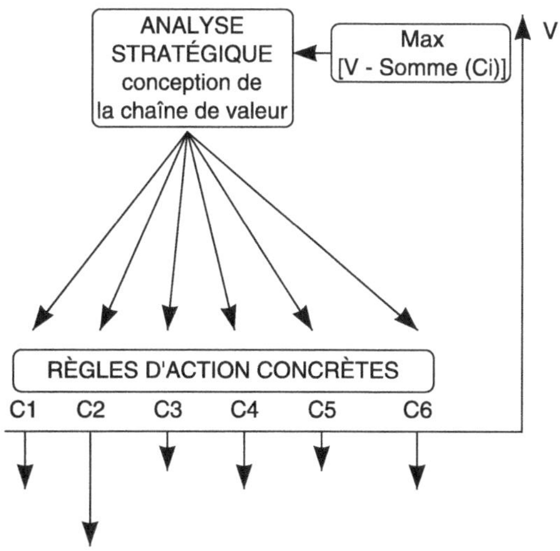

Schéma 3 : *Déployer le couple coût-valeur (2)*

> ### Exemple : La stratégie de mondialisation du groupe de distribution d'aliments biologiques allemand EPIDOR
>
> *Le groupe EPIDOR décide de s'implanter sur le marché nord-américain et d'y effectuer une percée aussi rapide que possible, pour battre de vitesse ses principaux concurrents européens et être le premier à atteindre dans ce domaine une dimension mondiale. Pour cela, il lui faut dégager des surplus financiers en Europe, où il est déjà leader, afin d'investir de manière volontariste dans des magasins disséminés sur le territoire des Etats-Unis et couvrir rapidement ce marché. Une performance-clé pour les magasins européens est donc la rentabilité à court terme (tout magasin peu rentable détourne des ressources des besoins d'investissement prioritaires en Amérique du Nord). Pour les magasins créés aux Etats-Unis, identifier la performance à la rentabilité à court terme conduirait à une politique d'investissements malthusienne, parfaitement contre-productive par rapport à la stratégie de percée rapide. La performance nord-américaine devra plutôt privilégier pour quelque temps le chiffre d'affaires et la part de marché.*

Principe n° 4 :
Le pilotage est une boucle
entre stratégie et opérations

Piloter, c'est donc **déployer la stratégie en règles d'action opérationnelles**.

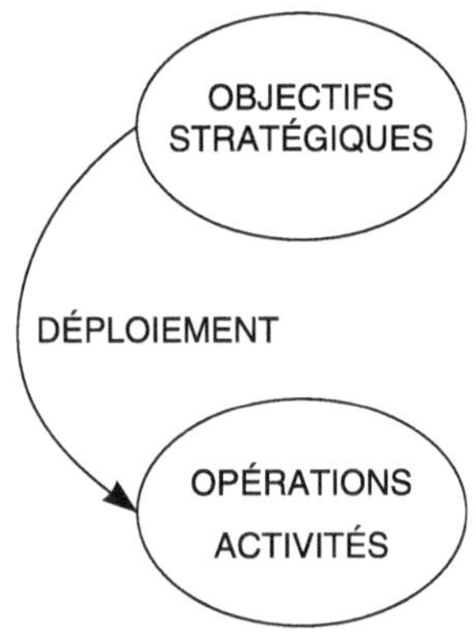

Schéma 4 : Pilotage et déploiement d'objectifs

Mais là ne s'arrête pas la mission de pilotage. Car, comme tout jugement humain, l'analyse stratégique et le déploiement de la stratégie dans les opérations sont faillibles, et ce, d'autant plus que l'univers où se meut l'entreprise est complexe et incertain. De plus, l'état de l'environnement et des savoirs se modifie en permanence. Les opérations de terrain et leurs résultats apportent un flux continu d'enseignements de nature à enrichir la réflexion stratégique et à en infléchir, voire parfois à en bouleverser, les conclusions. Il y a obligation de vigilance, de réactivité, et surtout nécessité impérative de capitaliser rapidement l'expérience acquise. Au déploiement de la stratégie (stratégie vers opérations) répond donc une liaison symétrique (opérations vers stratégie), celle du **retour d'expérience**.

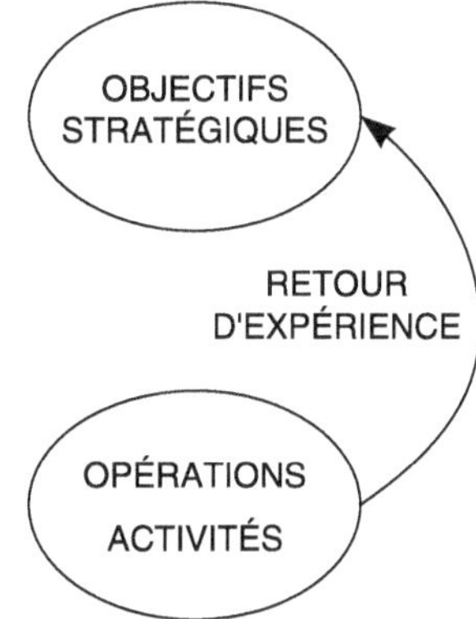

Schéma 5 : *Pilotage et retour d'expérience*

Définition

Piloter, *c'est accomplir de manière continue deux fonctions complémentaires : déployer la stratégie en règles d'action opérationnelles (déploiement) et capitaliser les résultats et les enseignements de l'action pour enrichir la réflexion sur les objectifs (retour d'expérience).*

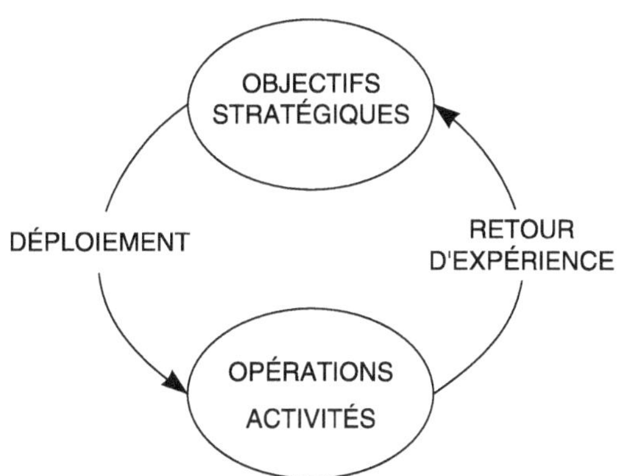

Schéma 6 : *La boucle du pilotage*

Principe n° 5 :
Le pilotage s'articule sur l'action,
non sur les ressources

Qu'est-ce qui crée de la valeur, sinon l'action ? Qu'est-ce qui consomme des ressources, sinon l'action ? **Le maillon pivot où valeur et coût, inputs et outputs se rencontrent, c'est l'action**. Que faut-il donc piloter, sinon l'action ? Le conducteur d'une voiture pourra certes être attentif à sa consommation d'essence, mais il tentera de maîtriser cette consommation à travers son mode de conduite. Il passera son temps à surveiller la route, le compte-tours, à manipuler avec dextérité le changement de vitesses et les pédales, à **réaliser des activités**, plutôt qu'à clouer son regard et son attention sur la jauge d'essence (le niveau baisse !). Les ressources sont, dans le pilotage, un niveau de contrôle (quelles ressources requiert l'action envisagée ? L'action passe-t-elle ou pas en termes de ressources ?), une résultante ou une contrainte, mais pas l'objet direct du diagnostic, de l'analyse et du pilotage. Ce qu'on pilote, c'est toujours une action. Ce qu'on cherche à améliorer, ce sont des modes d'action (processus, activités).

Derrière les modes d'action (processus, activités) se profilent les technologies, les savoir-faire, les savoirs, les compétences, l'expérience. Comme nous l'avons vu, le pilotage est avant tout apprentissage collectif. Or la base et l'aboutissement de tout apprentissage, c'est l'action. C'est en forgeant qu'on devient forgeron, c'est en agissant, en « performant » (en accomplissant une action jusqu'à son terme, selon le sens initial du mot « performance »), qu'on devient performant. La construction de connaissances ne peut se faire qu'à partir de l'action, au niveau collectif comme au niveau individuel.

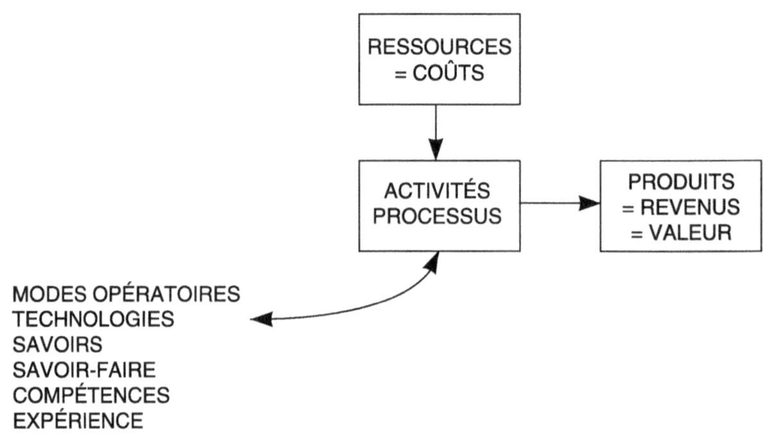

Schéma 7 : L'action, pivot du pilotage

Constater que l'action est le pivot du pilotage est un renversement de perspective par rapport à de nombreuses approches traditionnelles du contrôle de gestion, qui placent le contrôle des ressources (notamment à travers le contrôle budgétaire) plutôt que la conduite de l'action au cœur de leurs préoccupations [LORINO CRP 1995]. Faisant l'impasse sur le niveau des activités et des savoirs, ces approches ne s'intéressent qu'à des flux entrants et sortants de ressources. Elles s'appuient sur des modèles qui tentent de mettre en regard les ressources consommées et les produits obtenus, les inputs et les outputs : des **modèles d'allocation**, répondant à la question : combien ? C'est la démarche inhérente au contrôle budgétaire de nombreuses entreprises et administrations : on ne s'intéresse qu'à la dotation en ressources (inputs) et aux produits attendus (outputs), le « couple objectifs-moyens », sans se pencher sur le contenu de la « boîte noire – action ». Démarche qui repose de fait sur l'hypothèse que le contenu en activité et en savoirs « va de soi », est bien connu, stable, et qu'on peut contrôler le système exclusivement par ses entrées et sorties.

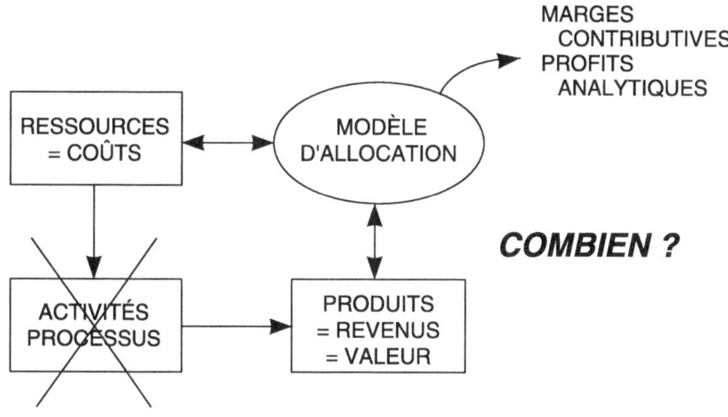

Schéma 8 *: Pilotage et allocation de ressources*

Remettre l'action au cœur du pilotage a de nombreuses conséquences. La vision en termes de ressources peut se permettre d'être relativement statique (on décrit les ressources en termes de stocks, d'enveloppes, de partage). Elle repose généralement sur une vision discontinue du temps : il y a des instants privilégiés, ceux où sont prises des décisions ayant un impact en termes de ressources (fixation d'un budget, décision d'investissement), puis des périodes « neutres » de pure exécution, où l'on se conforme au respect « des enveloppes » de ressources allouées. L'action, elle, est un concept dynamique : piloter l'action, c'est piloter dans la durée, c'est s'attacher à l'animation de gestion continue et à la gestion du changement.

Vision « action (processus/activités) »	Vision « ressources / décisions »
Durée	Instant
Adaptation continue	Optimisation à cadre donné
Etats du monde multiples et évolutifs	Etat du monde donné
Dynamique	Statique
Savoirs et technologies sont dans le champ du pilotage	Savoirs et technologies sont en dehors du champ du pilotage
Changement continu	Changement discontinu (« marches d'escalier »)
Echanges **conversationnels** (interactivité, continuité)	Echanges **transactionnels** (discontinus, à dates précises)
Dialogue de gestion continu	Contrats, cahiers des charges figés par périodes

***Tableau 2** : Vision « action » versus vision « ressources / décisions »*

■ ***Modéliser l'action : chaînes de valeur, processus, activités***

Pour être utile à l'apprentissage collectif et au déploiement de la stratégie, la représentation de l'entreprise véhiculée par les systèmes de pilotage (tableaux de bord, comptabilité analytique, plans et budgets...) doit être :

- interprétable en termes d'action, donc fortement liée aux processus de travail et aux modes de fonctionnement réels,
- accessible à tous les acteurs, donc exprimée dans des termes opérationnels concrets,
- offrir une base efficace à des analyses causes/effets de la performance, donc fournir une description pertinente des événements opérationnels et de leurs enchaînements causes-effets,
- utilisable pour ordonner diverses catégories de connaissance, de savoir-faire et de compétences.

Le pilotage de l'entreprise devra donc généralement s'appuyer en priorité sur la description et l'analyse des modes d'action collectifs. Mais le concept d'« action » peut recouvrir des réalités très différentes, selon le niveau de détail auquel on se situe, depuis la désignation d'un geste (taper sur une touche de mon clavier est une action) jusqu'à la désignation d'une forme d'intervention majeure sur le marché (par exemple, concevoir, produire et vendre des voitures particulières est une action). On retiendra ici, à des fins de simplification, une modélisation de l'action à trois niveaux, répondant à des préoccupations de gestion différentes :

* la **chaîne de valeur**, système d'action stratégique, reliant des macro-compétences sociales aux besoins du marché (ex. la chaîne de valeur du transport aérien) ;
* le **processus**, système d'action opérationnel, suffisamment précis pour décrire les flux d'informations et d'objets, mais suffisamment global pour transcender les métiers et articuler le travail d'équipes multiples dans la production d'un type précis d'output contribuant à la valeur pour le client (ex. le processus de facturation aboutissant à des factures) ;
* l'**activité**, au niveau local, réalisée par une équipe, dans le cadre d'un métier, comme maille de base du pilotage opérationnel de la performance.

Chaîne de valeur	Concevoir, produire et vendre des automobiles
Processus (exemples)	Développer un nouveau véhicule Monter les voitures Entretenir les équipements industriels Planifier et ordonnancer le flux logistique Produire les comptes
Activités (exemples)	Faire des dessins en CAO Fraiser Planifier l'entretien préventif des centres d'usinage Gérer un stock de fournitures Clôturer le compte mensuel de ventes des concessionnaires

Tableau 3 : *Les trois niveaux du modèle d'action*

Pour une définition plus détaillée de cette modélisation à trois niveaux du système d'action, on se reportera à l'annexe 1 du présent chapitre ou au glossaire final de l'ouvrage.

Principe n° 6 :
Le statut des outils de gestion :
non pas des « images fidèles », mais des supports imparfaits et temporaires pour apprendre

Piloter, c'est trouver les voies et moyens d'un apprentissage collectif. En conséquence, les outils de pilotage ne portent pas leur fin en eux-mêmes, mais ne valent que par la dynamique d'apprentissage collectif qu'ils déclenchent et alimentent. Ils ne sont que « prétextes à être intelligents ensemble ».

Là encore, ce constat signifie un changement de perspective. Il est courant de considérer les outils de gestion comme des outils « scientifiques » dont la légitimité découle de leur conformité à la réalité, qu'ils décriraient de manière déterministe et dénuée d'ambiguïté (par exemple, la comptabilité comme

« image fidèle », les plans comme « scénarios précis »). Face à la complexité des phénomènes et à la multiplicité des points de vue, l'image fidèle n'est qu'une utopie inaccessible et assez vaine. On se contentera donc de chercher des instruments « qui font que ça marche » et que « ça marche de mieux en mieux »... Les systèmes de gestion ont un statut purement pragmatique : ils doivent aider à apprendre ensemble à mieux maîtriser l'action collective. Leur efficacité est en général relative au type de situation rencontré et à l'état de l'environnement. Ils n'ont pas de raison de survivre aux changements de stratégie ou de contexte : ils sont relatifs et temporaires. Ils ne photographient pas la réalité, mais ils soutiennent l'action.

Certes, il y a « temporaire » et « temporaire ». Le « temporaire » peut être durable. On change le système comptable ou le reporting financier moins souvent que les indicateurs de performance dans l'atelier. Plus un système de gestion est proche de l'action opérationnelle, plus il est « jetable ». Néanmoins, par nature, les systèmes de gestion ne sont, ni universels, ni éternels. Il est donc souhaitable de limiter les choix irréversibles au strict minimum dans leur conception et de leur conserver un certain caractère de simplicité et de flexibilité. Gare aux superbes architectures intégrées qui offrent aujourd'hui à l'entreprise une véritable Rolls Royce de la gestion et se transforment demain en un vrai corset qui empêche toute évolution !

Principe n° 7 :
Le pilotage est une démarche
d'enquête collective (analyse causale)

Les objectifs visés : déployer la stratégie, comprendre les résultats de l'action, diagnostiquer les problèmes rencontrés, s'apparentent tous à une **recherche de causes, une véritable enquête collective** :

* déployer la stratégie, c'est chercher, par rapport à des résultats visés pour demain (objectifs stratégiques), les causes agissantes sur lesquelles intervenir aujourd'hui : chercher les causes présentes (leviers d'action) d'effets futurs désirés (objectifs),

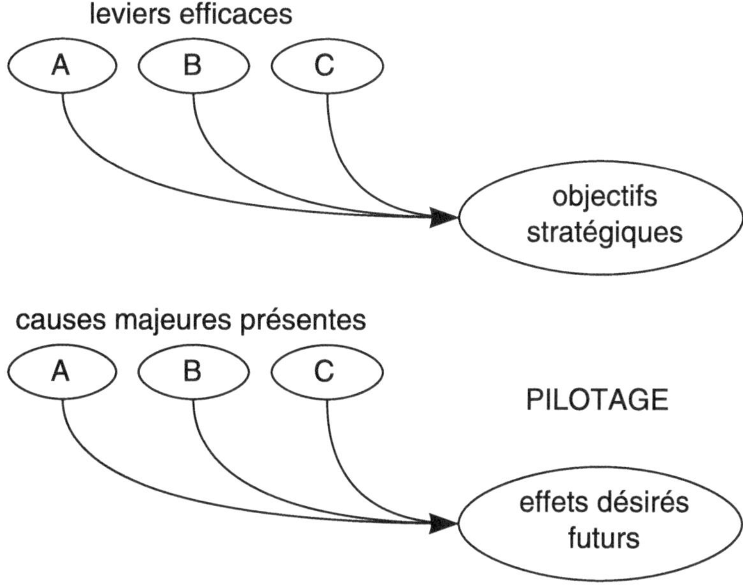

Schéma 9 : *Pilotage et analyse des causes*

- assurer le retour d'expérience, c'est chercher les causes passées des résultats enregistrés aujourd'hui (diagnostic) pour mieux comprendre les ressorts de l'action et de la performance.

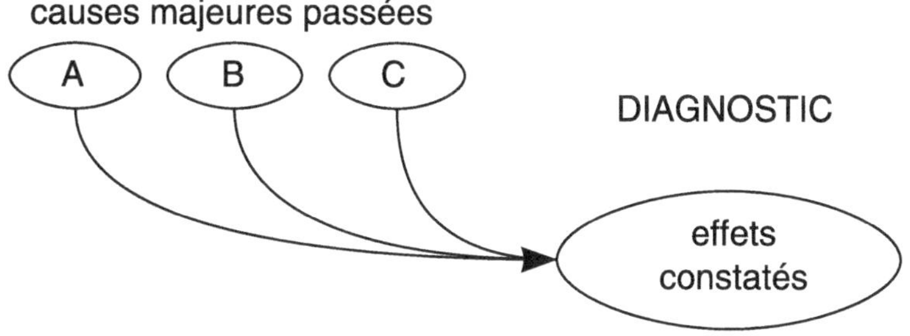

Schéma 10 : *Pilotage et diagnostic*

Aussi les méthodes et les instruments orientés vers l'analyse des liens causes-effets sont-ils logiquement destinés à jouer un rôle privilégié dans le pilotage, qu'il s'agisse de piloter la qualité, les coûts, les marges, la réactivité, la sécurité, la motivation du personnel... Il est aussi utile d'intégrer dans la culture de l'entreprise les méthodes d'identification et de résolution de problèmes (arbres causes-effets, analyse de la valeur, diagrammes d'affinités, analyses de Pareto, analyse statistique de processus...) qu'une culture comptable et financière de base.

Insistons sur le **changement de culture** qu'implique la décision de fonder les pratiques de pilotage sur des analyses collectives causes-effets. En effet, malgré son apparente banalité, cette orientation (proche des démarches qualité) présente un caractère novateur par rapport à la culture classique du contrôle de gestion, marquée par le modèle comptable et par la volonté de décrire la performance en termes arithmétiques simples, permettant de consolider (globaliser en additionnant) ou de décomposer (décliner en termes additifs) les mesures de performances.

Dans les approches de gestion classiques, la voie privilégiée pour déployer un objectif global sur des centres de responsabilité situés plus bas dans la hiérarchie (ou, inversement, de consolider des résultats locaux en un résultat global à un niveau plus élevé de la hiérarchie) consiste à construire un modèle cartésien simple de la performance :

- la définition de la performance est la même à tous les niveaux de responsabilité (exemples : le coût, la marge, le profit, la dépense, le revenu...),
- la relation d'un niveau hiérarchique à l'autre est une relation de simple additivité (la performance globale est la somme des performances partielles), c'est le principe d'« additivité », en éliminant les éventuelles redondances (« consolidation ») : le coût global est la somme des coûts partiels, le profit global la somme des profits analytiques...

En d'autres termes, la question posée dans le déploiement d'objectif est « **combien** ? ». On ne met pas en cause le type de contribution que chaque équipe apporte au résultat global (on mesure la même grandeur pour tous) et on s'intéresse essentiellement au niveau atteint par cette contribution, selon les lieux.

Citons quelques exemples :

- le contrôle budgétaire des dépenses : la dépense d'une direction est la somme des dépenses des services qui la composent,
- la valeur de la production : la valeur produite totale est la somme des valeurs produites par chacun des ateliers,
- le revenu des ventes : le revenu des ventes total est la somme des revenus des ventes de chaque agence commerciale,
- le profit : le profit de l'entreprise est la somme des profits des centres de profit qui la composent (dans le cas d'une gestion par centres de profit).

On voit qu'il s'agit toujours d'indicateurs financiers et monétaires, pour que les définitions de la performance puissent être universelles au sein de l'entreprise, de « haut en bas », donc indépendantes des contenus techniques des divers métiers. Comment décliner un indicateur de performance d'une direction de division en indicateurs de même nature sur des agences de vente, des services de marketing, des unités de production, des bureaux d'études, des services administratifs, sinon à travers des grandeurs financières telles que la dépense budgétaire ?

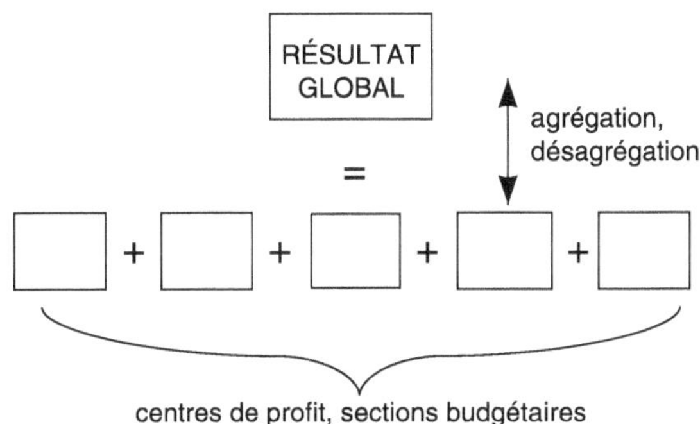

Schéma 11 : *Déploiement d'objectifs par décomposition hiérarchique*

Les leviers d'action sont, dans ce cas, évidents : les leviers d'action pour réduire des dépenses sont des dépenses (réduire les dépenses locales pour réduire la dépense globale), les leviers d'action pour accroître des chiffres de ventes sont des chiffres de ventes (accroître le chiffre de ventes de chaque agence pour accroître le chiffre de ventes de l'entreprise). **Cette décomposition de la performance fonctionne bien lorsque les performances des diverses unités sont indépendantes les unes des autres** : l'optimum global est bien alors la somme des optima locaux.

Si cette condition n'est pas remplie, on est contraint de passer du modèle très simple précédent, « additif », à un modèle plus complexe de déploiement causes-effets. On ne se pose plus la question « combien », mais la question « **pourquoi ?** » : pourquoi les revenus diminuent-ils, pourquoi les coûts diminuent-ils, pourquoi la marge contributive se situe-t-elle à tel ou tel niveau ? Le lien de cause à effet doit être explicité. Le mode de contribution de chacun à la performance globale n'est plus considéré comme évident : il devient même le principal centre d'attention. Avant de mesurer, on s'interroge sur ce qu'il est pertinent de mesurer.

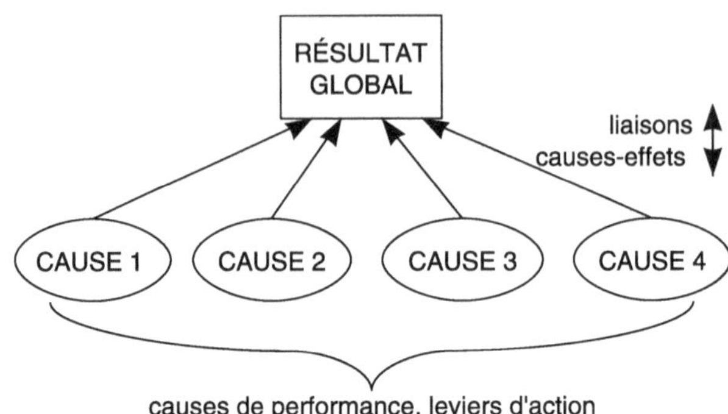

Schéma 12 : *Déploiement d'objectifs par analyse des causes*

Illustrons ce propos par l'exemple du coût de recouvrement, traité successivement selon les deux approches. Le lecteur trouvera deux autres exemples, également traités selon les deux approches, en annexe 1, le coût de développement et en annexe 2, le coût de maintenance.

L'exemple du coût de recouvrement

Dans une entreprise de service de masse, où le volume de facturation est très important (ex. vente par correspondance, opérateur de télécommunications, EDF-GDF, compagnies des Eaux, chauffage urbain, câble) et où le volume des non-paiements, voire des fraudes, est significatif, on se propose de déployer l'objectif suivant : **réduire le coût du recouvrement.**

Première approche : déploiement par « décomposition hiérarchique »

Le coût de recouvrement apparaît comme la somme des coûts de plusieurs activités complémentaires contribuant au recouvrement :

- *le suivi des consommations (par exemple, les relèves de compteurs),*
- *l'émission périodique de la facture,*
- *le coût des relances des clients en retard,*
- *le coût des recouvrements sous-traités à des sociétés de recouvrement spécialisées,*
- *le coût des contentieux,*
- *le manque à gagner en trésorerie du fait des retards ou des pertes de recouvrement.*

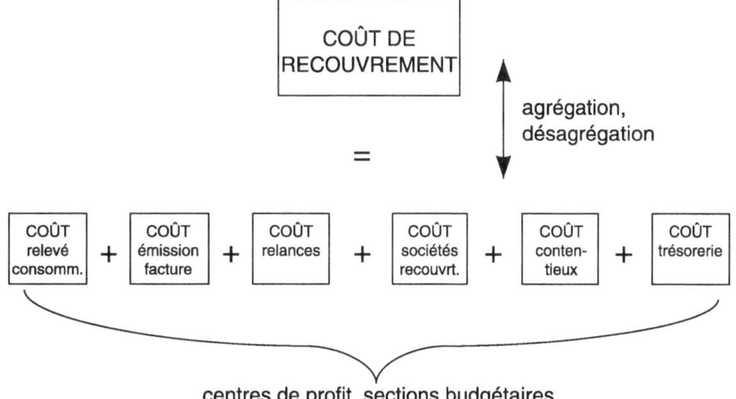

Pour réduire le coût du recouvrement, on se fixe donc des objectifs en matière de réduction du coût :

- *des relevés de consommation,*
- *de facturation,*
- *des relances,*
- *des contrats passés aux sociétés de recouvrement,*
- *des contentieux,*
- *de trésorerie.*

Seconde approche : déploiement causes-effets

On cherche désormais quelles sont les causes qui ont une influence significative sur le niveau du coût de recouvrement. Une analyse collective des enchaînements géné-rateurs de coûts aboutit à identifier comme facteurs de causes importants les élé-ments suivants :

- *la mauvaise collecte initiale d'information sur le client par les commerciaux, qui risque de rendre ultérieurement plus difficiles les investigations nécessaires,*
- *l'inadaptation du service rendu aux besoins du clients (ex. inadaptation de la puissance installée et du type de tarif retenu pour un client électricité ou gaz), qui prédispose le client mécontent à ne pas payer,*
- *la mauvaise qualité de la facture émise, par exemple une complexité qui la rend difficilement compréhensible par le client, ou un contenu erroné, toutes choses qui risquent légitimement de bloquer le paiement par le client,*
- *les modalités de paiement retenues (les mensualisations et domiciliations[1] rédui-sant fortement les risques de non-paiement),*
- *la fiabilité du système informatique de facturation, dont les pannes mettent l'ensemble du processus en difficulté,*
- *la périodicité retenue pour les paiements : plus elle est espacée, plus l'en-cours de risque est élevé (on pourrait ajouter la ponctualité des factures...).*

---

1. On appelle « domiciliation » le prélèvement direct du montant dû sur le compte du client.

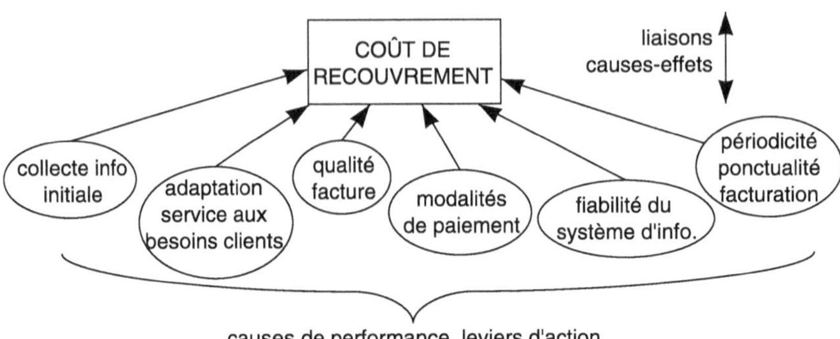

Pour réduire le coût de recouvrement, on envisagera donc de lancer des plans d'action destinés à :

- *créer une liste type de questions à poser aux nouveaux clients au moment d'établir leur premier contrat,*
- *former les agents commerciaux à mieux analyser les besoins des clients pour dimensionner le service,*
- *remaquetter les factures pour en améliorer la lisibilité,*
- *étendre la mensualisation et la domiciliation,*
- *fiabiliser le système d'information...*

Conclusion

Nous proposons de passer d'une conception « contrôle des ressources » à une conception « pilotage de l'action », donc « apprentissage collectif » centré sur les modèles d'action (chaîne de valeur, processus, activités). Dans les chapitres qui suivent, nous nous emploierons à fournir aux lecteurs des méthodes et des outils pour y parvenir.

Annexe

modéliser le système d'action :
activité, processus, projet, chaîne de valeur

■ *Les activités*

À un niveau relativement fin, opérationnel, le pilotage préconisé ici fait donc souvent appel à un **modèle d'activités,** un modèle qui fonde les diverses applications de gestion sur la représentation des « faire » concrets des acteurs de l'entreprise, sur leurs modes de travail plutôt que sur des découpages de responsabilité plus ou moins arbitraires, des classifications statutaires ou professionnelles ou des conventions comptables.

Définition

*Nous appellerons « **activité** » un ensemble de tâches élémentaires :*
- *réalisées par un individu ou un groupe,*
- *faisant appel à un ensemble spécifique d'aptitudes, un champ de compétence,*
- *homogènes du point de vue de leur comportement de performance (on peut identifier des facteurs qui influent positivement ou négativement sur la capacité qu'a l'activité d'atteindre ses objectifs),*
- *permettant de fournir, à un ou plusieurs clients identifiables, internes ou externes,*
    - ***soit un output précis,** qu'il soit matériel ou immatériel (une pièce tournée, un contrat avec un fournisseur, un plan, un test de qualité), faisant souvent l'objet d'un décompte, pour les activités plutôt répétitives et aux caractéristiques stabilisées (on dira que l'activité, définie par son output, est définie de manière fonctionnelle),*
    - ***soit la résolution d'un certain type de problèmes, voire la problématisation (mise en questions) d'un certain type de situation,** dans des contextes dont l'incertitude et la complexité ne permettent pas de considérer l'activité comme stable d'un point de vue fonctionnel et cognitif (définition cognitive de l'activité),*
- *à partir d'un panier de ressources (temps de main d'œuvre, temps d'équipements, mètres carrés, énergie, données...).*

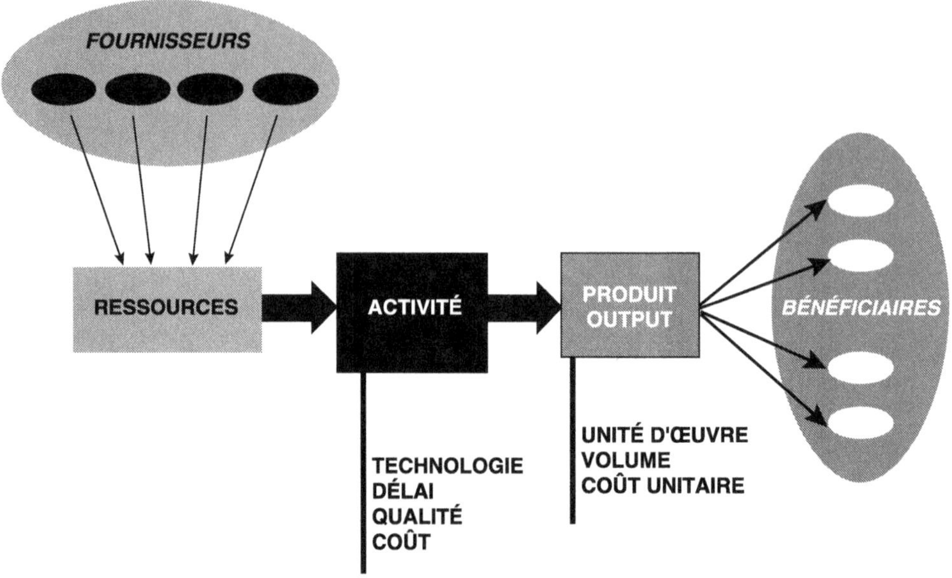

Schéma 13 : *Le modèle d'activité*

Il peut s'agir d'activités de nature industrielle (fraiser, assembler, tourner, conditionner...), logistique (stocker, transporter...), administrative (facturer, comptabiliser, planifier, contrôler, préparer la paye...), commerciale (négocier, visiter, faire une proposition...), technique (dessiner, spécifier, simuler, tester, maquetter, prototyper...)...

Les activités de l'entreprise, c'est tout ce que font les personnes de l'entreprise, jour après jour, heure après heure, parce qu'elles savent le faire et pensent devoir le faire, tous les « faire » qui font appel à des « savoir-faire » spécifiques, aussi simples soient-ils. Une activité peut, selon les cas, représenter une charge de travail de 3 à 30 personnes (ex. une cellule d'usinage dans une grande usine de mécanique peut regrouper plus de vingt personnes par activité, une activité de négociation de contrats d'achat de matières premières peut impliquer 2 ou 3 personnes à temps plein). L'activité est le support naturel du pilotage de performance de l'entreprise : on peut s'intéresser à son **coût** (approches ABC/ ABM : voir chapitres 7 et 8), à sa **qualité** (taux de défauts, taux de rebuts et de retouches, retours clients, indices de satisfaction en clientèle, données statistiques de contrôle de processus), à son **délai**, à son **volume** (charge de travail de l'activité, volume de réalisation) mesuré dans une unité pertinente, baptisée « **unité d'œuvre** » (généralement une unité qui mesure la quantité d'output de l'activité), à son coût unitaire (le coût de l'activité divisé par son volume en unités d'œuvre).

■ *Les processus*

Pour décrire et analyser :

- la formation de la valeur et des coûts,
- les voies et moyens pour satisfaire les besoins des clients,
- les voies et moyens pour atteindre les objectifs stratégiques,

il faut regrouper les activités selon **une logique de résultats** (la satisfaction d'un besoin des clients, la production d'un élément matériel ou informationnel, la résolution d'un certain type de problème) : selon une logique de **processus,** combinaisons d'activités répondant à une logique de résultat. La définition du processus semble très proche de celle de l'activité. En fait, le processus diffère de l'activité :

- par le niveau de maillage : le processus est plus global que l'activité,
- par la transversalité : l'activité est inscrite dans un métier et un centre de responsabilité donnés, le processus traverse des centres de responsabilité et des métiers multiples,
- par le lien plus direct avec la valeur : le processus combine les activités pour fournir une composante de la valeur, directement ou indirectement appréciable du point de vue des besoins du client final,
- par la fonction qu'on lui fait remplir dans le pilotage : là où l'activité est la base du pilotage opérationnel, le processus est un outil de déploiement de stratégie, de (re)conception du système de pilotage ou de l'organisation.

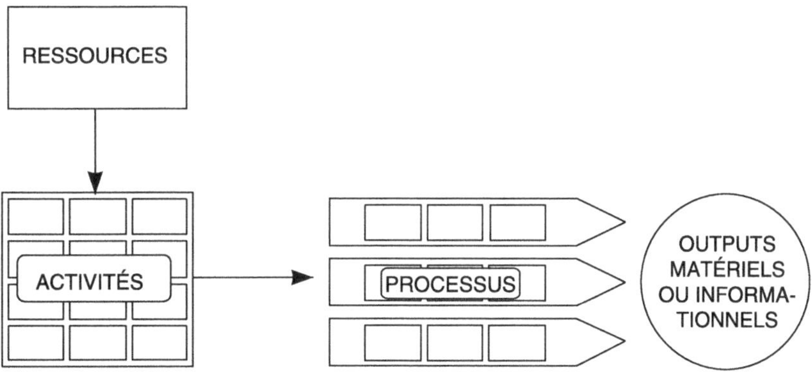

Schéma 14 : *Les processus*

Citons, à titre d'exemples :

- le processus *fabriquer* (ensemble des activités se combinant pour transformer la matière achetée en produit fini),
- le processus *développer un nouveau service ou un nouveau produit* (ensemble

des activités se combinant pour fournir un nouveau concept de produit fabricable et vendable),

- le processus *planifier et ordonnancer le flux logistique, de la commande à la livraison* (ensemble des activités se combinant pour gérer le passage d'une commande enregistrée à une livraison physique),
- le processus *vendre* (ensemble des activités se combinant pour assurer la réalisation de ventes),
- le processus *facturer* (ensemble des activités se combinant pour assurer l'émission de factures).

Définition

> *Un **processus** est un ensemble d'activités :*
> - *reliées entre elles par des flux d'information ou de matière [1] significatifs,*
> - *et qui se combinent pour fournir un produit matériel ou immatériel important et bien défini.*

De cette définition, on peut retenir trois points clés :

- **les processus sont constitués d'activités** : ils offrent donc une description de l'entreprise en termes de modes opératoires et non en termes politiques ou organisationnels ; par ailleurs, ils visent l'existant et non un modèle-cible (les activités désignent « ce que l'on fait », à la différence des missions, qui désignent « ce que l'on devrait faire ») ;
- le processus est un **flux matériel ou informationnel** (input-output), avec une forte évidence physique (la circulation de la matière, la circulation de l'information), observable et analysable ;
- la description en termes de processus regroupe et agence les activités selon **une logique de produits (outputs),** donc selon une logique extravertie de **clients** internes ou externes, et non selon une logique introvertie de métiers (la division du travail dans l'entreprise) ou de responsabilités.

---

1. Le flux de matière est en fait un cas particulier du flux d'information : le flux des produits dans l'usine est un flux de matière, mais cette matière est porteuse d'information (une date de livraison promise, un certain état de transformation, une quantité, un code de produit) et c'est en cela qu'elle constitue un processus.

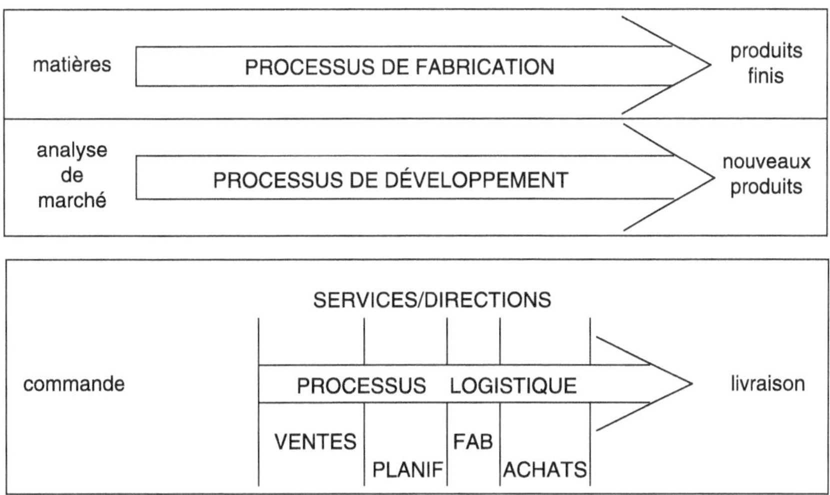

Schéma 15 : *Exemples de processus*

Le processus logistique traverse la structure de l'entreprise :

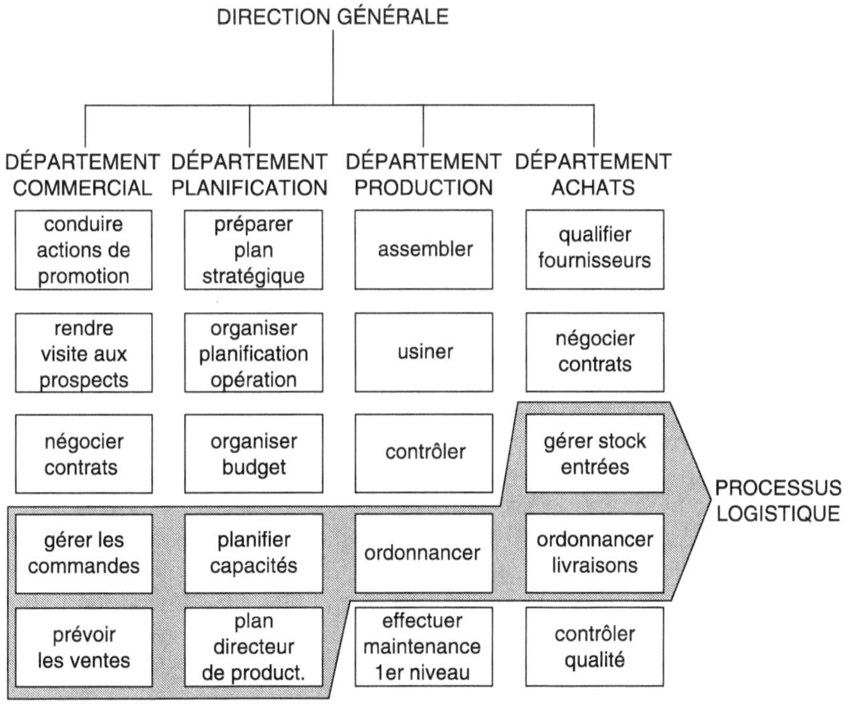

Schéma 16 : *Le processus logistique*

■ *La notion de projet*

Les processus dont :

* le produit n'est **pas répétitif**, mais est personnalisé, chacune des unités produites présentant une importance stratégique spécifique,
* le déroulement requiert un **laps de temps relativement important** et des ressources significatives,

sont souvent pilotés sous forme de projets (voir chapitre 9). Le pilotage par projet est plutôt lié à une logique de **changement**, de discontinuité et de rupture, là où le pilotage par processus obéit plutôt à une logique de progrès continu.

■ *La chaîne de valeur*

Comme Michael Porter l'a mis en évidence [PORTER], la valeur fournie par l'entreprise résulte d'une combinaison d'activités et de processus, la chaîne de valeur. La chaîne de valeur est un système de processus et donc d'activités. Elle décrit la genèse des **prestations** qui composent le service final apprécié et valorisé par les clients (par exemple, la combinaison d'activités fournissant les prestations de couchage, de restauration, de communication, de loisirs... afin d'aboutir à un service global d'hôtellerie). Chacun des processus de la chaîne de valeur contribue partiellement et parfois indirectement à la genèse de la valeur appréciée finalement par le client ou par le groupe social. Par exemple, le processus « gestion des fournisseurs et sous-traitants de l'hôtel » contribue à la fourniture du service au client, mais le client ne l'apprécie pas directement. Le client n'achète pas les fourchettes du restaurant, mais il n'est pas pour autant prêt à manger sans fourchettes... Le concept de chaîne de valeur sera exploré de manière plus approfondie au chapitre 3.

La chaîne de valeur est aussi une chaîne de coûts : la combinaison plus ou moins complexe d'activités qui engendre la valeur finale engendre aussi un coût. Dans la chaîne de valeur, les influences et les interdépendances entre activités du point de vue du coût peuvent être distinctes de celles qui président à la création de valeur. Il peut y avoir des activités dysfonctionnelles ou parasites, sources directes ou indirectes de coûts importants, mais sans influence significative sur la création de valeur (ex. les activités liées à la correction de la non-qualité, aux rivalités politiques internes, au désir de prestige de la Direction...). Inversement, certaines activités fondamentales du point de vue de la valeur (formation des agents d'accueil de la clientèle dans une activité de guichet, par exemple) peuvent avoir une influence limitée sur les coûts.

■ *Les autres modèles d'action*

Le modèle d'action privilégié ici est orienté vers l'agencement des activités pour créer de la valeur. Chaîne de valeur, processus, projet mettent l'entreprise en relation avec l'environnement et traduisent les besoins du client ou plus généralement les exigences de l'environnement, telles que perçues par l'entreprise, dans tous les méandres de l'organisation. C'est a priori le point de vue qui prévaut dans le pilotage (comment agencer et conduire le système d'activités pour créer le plus de valeur possible). Ce point de vue « valeur » remplit en effet deux fonctions primordiales :

- réorienter la culture de gestion de l'entreprise vers les besoins du client,
- construire un pont entre stratégie et pilotage opérationnel.

Il n'exclut pas des points de vue complémentaires, tels que celui, par exemple, qui consiste à regrouper les activités qui présentent un contenu technique et des savoir-faire similaires (métiers ou **fonctions**). Cette approche « métiers » est utile pour analyser et gérer les compétences, la formation, faire évoluer les métiers et les outiller.

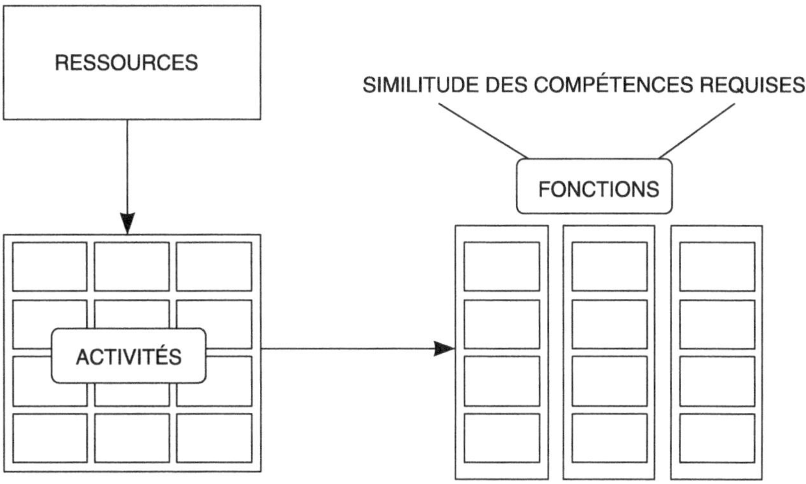

Schéma 17 : Les fonctions

Définition

*Une **fonction** est un ensemble d'activités présentant un certain degré de similitude en matière de savoir-faire et de **compétence** requis. Ces activités font donc référence à un même corpus de métier et s'appuient souvent sur des normes et des méthodes professionnelles bien définies.*

Citons, à titre d'exemples, les fonctions :

- marketing,
- études économiques,
- finance,
- gestion de ressources humaines...

La fonction « Ressources Humaines » regroupe toutes les activités qui font appel à des compétences en matière de gestion des ressources humaines, quels que soient leur localisation dans l'organisation et les processus auxquels elles contribuent. La fonction « Marketing » regroupe toutes les activités qui font appel à des compétences en matière de marketing.

Une autre approche consiste à regrouper les activités qui relèvent d'un même centre de pouvoir et de responsabilité (**domaines ou centres de responsabilité**), quels que soient les compétences mobilisées (fonction) ou les produits visés (processus). Cet angle d'attaque est notamment utile pour déléguer des objectifs à des managers, mettre en place des contrats d'objectifs, concevoir et faire évoluer l'organisation et les responsabilités.

Par exemple, la Direction des Ressources Humaines regroupe toutes les activités qui relèvent de l'autorité du Directeur des Ressources Humaines. Au sein de la Direction des Ressources Humaines, il y a des activités de contrôle budgétaire et de planification qui relèvent de la fonction « Contrôle de Gestion », une activité « développer et maintenir les applications informatiques de paye du personnel » qui relève de la fonction « Informatique ». On y trouve aussi des activités « recruter », « conduire le dialogue social », « planifier la formation », qui relèvent de la fonction « Ressources Humaines ». De même, au sein de la Direction du Contrôle de Gestion, il y a des activités de gestion administrative du personnel qui relèvent de la fonction « Ressources Humaines » et non de la fonction « Contrôle de Gestion ». On voit qu'il n'y a donc pas toujours coïncidence entre un domaine de responsabilité et une fonction portant le même nom : la Direction des Ressources Humaines ne coïncide pas avec la fonction Ressources Humaines ; structure fonctionnelle (compétences) et structure organisationnelle (responsabilités / pouvoirs) sont souvent distinctes.

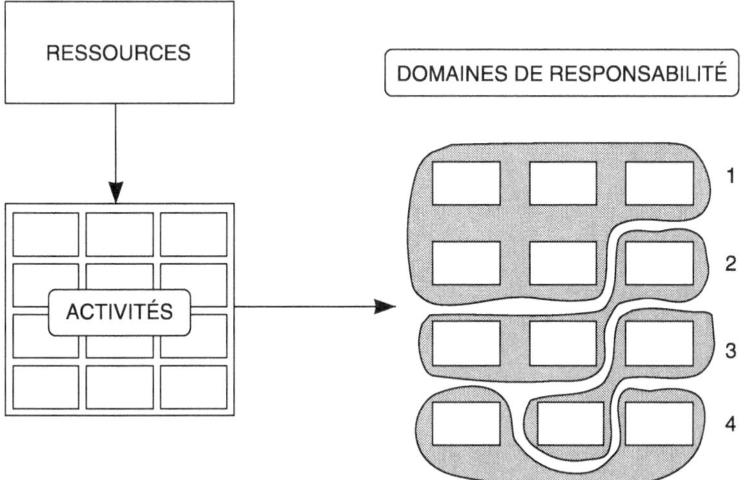

caractère éventuellement tortueux de l'organisation...

Schéma 18 : *Les domaines de responsabilité*

Fonction et domaine de responsabilité ne coïncident pratiquement jamais avec un processus. Par exemple, au sein de la Direction des Ressources Humaines, l'activité « développer et maintenir les applications informatiques de paye du personnel » mentionnée ci-dessus participe au processus « payer le personnel », l'activité « préparer le budget de la direction » participe au processus « assurer le pilotage budgétaire de l'entreprise ».

Les deux modes de déploiement d'objectifs :
l'exemple du coût de maintenance

Dans une entreprise industrielle (ex. mécanique, chimie), on se propose de déployer l'objectif suivant : réduire le coût de maintenance des équipements de production.

■ *1ʳᵉ approche : déploiement par « décomposition hiérarchique »*

On identifie les composantes du coût de maintenance (interventions préventives et curatives, mécaniques et électriques, pièces détachées...).

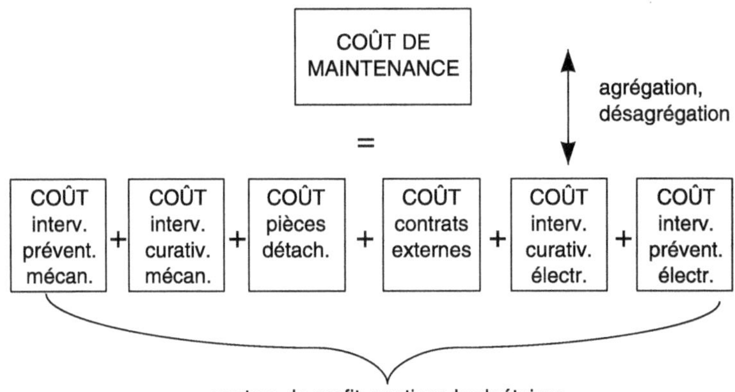

■ *2ᵉ approche : déploiement causes-effets*

On cherche désormais quelles sont les causes qui ont une influence significative sur le niveau du coût de maintenance. Une analyse collective des enchaînements générateurs de coûts aboutit à identifier comme facteurs de causes importants les éléments suivants :

- les conditions d'utilisation des équipements (respect des plages de tolérance et des capabilités),
- la compétence des utilisateurs en matière d'entretien de premier niveau, qui doit leur permettre de réaliser les opérations simples d'entretien plus rapidement et pour un coût moindre,
- la qualité (facilité d'utilisation, robustesse, facilité d'entretien) des équi-

pements, qui dépend elle-même des critères de choix des machines mis en avant au moment de la décision d'investir,

- la standardisation des équipements et des pièces détachées, qui doit réduire le montant des stocks de pièces, le coût d'achat des pièces, la complexité d'entretien (mêmes procédures standard pour tous les équipements d'un type donné),
- l'organisation et les méthodes d'intervention (qualité du diagnostic initial, classement des urgences, programmation), qui doivent réduire les déplacements inutiles, les temps morts,
- la qualité de la communication entre les utilisateurs et les spécialistes d'entretien (information pertinente transmise par les utilisateurs aux intervenants de maintenance, rapidité de communication, clarté des instructions laissées par la maintenance).

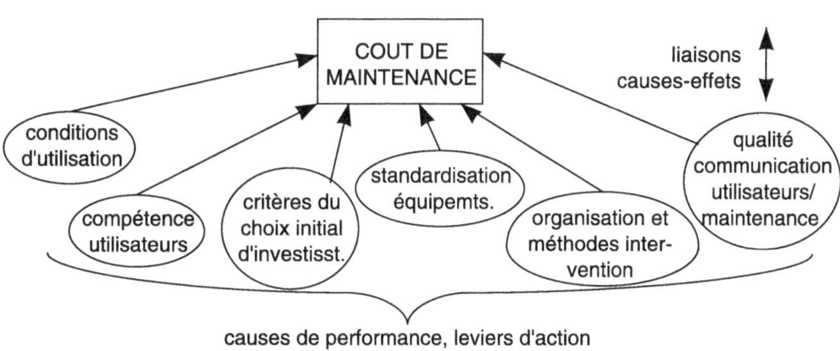

2

Le schéma de pilotage
Logique managériale
et pratiques du pilotage

Avant de s'engager dans des travaux plus techniques de définition de méthodes et d'outils (indicateurs, tableaux de bord, comptabilité de gestion, plans et budgets), il faut aborder l'un des sujets les plus importants et les moins souvent abordés du pilotage : l'ancrage concret du pilotage dans l'organisation, c'est-à-dire le choix des **logiques globales de pilotage** (pilotage par le résultat financier, par des tableaux de bord multidimensionnels, par la responsabilisation individuelle, par des coopérations transversales...) et les **pratiques concrètes**, les us et coutumes, les rites et les rythmes, en un mot : la **vie et la culture** du pilotage. Le pilotage de l'entreprise répond en effet, comme toute activité consciente et tournée vers la réalisation d'objectifs, à « un projet de vie », en l'occurrence un projet de vie collectif, organisationnel. La périodicité et la composition des réunions, la distribution des rôles, la structure de reporting et de suivi, les modalités d'animation et de communication, tout cela reflète des choix plus ou moins implicites, plus ou moins délibérés. C'est ce que nous appellerons le « **schéma de pilotage** » de l'entreprise : la charte, explicite ou non, qui gouverne la pratique quotidienne du pilotage. On trouvera une illustration de cette approche dans le cas Eurocomputer situé au chapitre 14.

1. Définition du schéma de pilotage

Le schéma de pilotage est souvent implicite dans les entreprises. Hérité d'une évolution historique, il apparaît comme « naturel », allant de soi. Même dans les entreprises qui s'engagent dans de grands projets de changement, il est rarement analysé de manière explicite, alors même qu'il devrait constituer la pierre angulaire de toute démarche dans le domaine du pilotage. Les dirigeants

35

ont tellement l'habitude de considérer le « contrôle de gestion » et le pilotage comme des affaires techniques, des questions d'outils, de méthodes et de logiciels, qu'ils s'attardent rarement sur ces questions.

Pourtant, le schéma de pilotage, c'est en quelque sorte la Constitution, la Loi Organique du pilotage de l'entreprise. C'est lui qui ancre le système de pilotage dans l'organisation, le positionne dans les structures de pouvoir et de responsabilité, répartit les rôles entre les acteurs.

Définition

> *Le schéma de pilotage définit la manière dont l'entreprise entend se piloter, en termes de **culture et de logique globales** de pilotage (part faite à la responsabilisation individuelle des managers et à l'apprentissage collectif, aux structures permanentes et aux structures temporaires), de **structure de pilotage** (niveaux de pilotage hiérarchiques, axes d'analyse et de pilotage, articulation des formes de pilotage transversales avec le pilotage vertical hiérarchique), de **politiques d'entreprise** (domaines régulés, rôles des équipes fonctionnelles par rapport aux équipes opérationnelles), d'**animation de gestion** (formats et périodicités de réunions, distribution des rôles, méthodes d'animation), de définition et d'articulation des fonctions spécialisées en matière de pilotage (contrôle de gestion, qualité, planification...).*

Le schéma de pilotage est en quelque sorte la « mise en scène » du système de pilotage : alors que le système de pilotage définit une partition et un livret, le schéma de pilotage distribue des rôles, dirige les acteurs, agence leur action dans une scénographie, traduit les intentions de l'auteur dans une organisation et des pratiques collectives. Il est important de s'assurer que le schéma de pilotage est cohérent avec la stratégie de l'entreprise. Un schéma de pilotage inadapté, ambigu ou incomplet peut se traduire par des conflits de compétence, des lacunes dans la vigilance, le refus d'engagement des acteurs parce que les règles du jeu ne paraissent pas claires, leur incompréhension du contexte et des enjeux.

Le schéma de pilotage :

• répond aux questions suivantes :	• en définissant :
– comment insérer le pilotage dans notre organisation et notre culture ?	– les cultures et logiques globales de pilotage
– qui pilote quoi ?	– la structure de pilotage (niveaux et axes)
– quelles sont les règles et les normes qui s'imposent à tous ?	– les politiques d'entreprise (délégations) et le rôle des services fonctionnels

• **répond aux questions suivantes :**	• **en définissant :**
– quel mode de suivi et d'animation ?	– les méthodes d'animation de gestion
– quelle expertise de pilotage ?	– la définition et le positionnement des fonctions « pilotage » (ex. contrôle de gestion, qualité)

***Tableau 1** : Le schéma de pilotage*

2. Le choix d'une logique et d'une culture de pilotage

Le pilotage peut obéir à différentes « philosophies », qui répondent à des situations stratégiques et à des cultures différentes (on pourra voir, à ce sujet, le cas Eurocomputer au chapitre 14). Le choix d'une logique de pilotage revient au comité exécutif de l'entreprise. Citons deux exemples de logiques possibles, que l'on opposera ici de manière volontairement schématique.

■ ***La logique de responsabilisation financière (centres de profits et de coûts)***

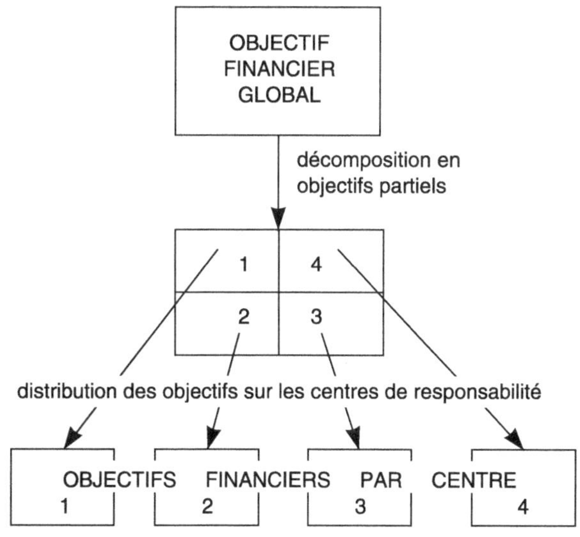

***Schéma 1** : Logique de pilotage financière*

Selon cette logique, le pilotage s'intéresse avant tout aux **résultats financiers** de chaque entité et s'appuie sur le principe de **responsabilisation** individuelle et de délégation (à travers, par exemple, des contrats d'objectifs), avec trois mots-clés :

- **résultats** : le pilotage n'interfère pas avec le déroulement de l'action elle-même et n'intervient que sur des objectifs a priori et des résultats a posteriori ; au nom d'un principe de décentralisation et d'autonomie, il « ne se mêle pas » des contenus d'action. Plus qu'une logique de pilotage de l'action, il s'agit donc d'une logique d'engagement et de contrôle des résultats. Organiser le reporting sur des périodicités trop resserrées peut nuire à l'autonomie des managers locaux. Descendre le reporting trop bas, jusqu'à des managers aux moyens limités, serait contradictoire avec la volonté de responsabiliser intégralement sur un résultat. Il y a donc des exigences de globalité (entités importantes) et d'espacement dans le temps.

- **financiers** : logiquement, puisqu'il ne se mêle pas des contenus d'action, le pilotage n'entre pas dans des considérations techniques sur le contenu des actions et recourt à un langage universel situé « en dehors » des techniques et des processus particuliers, le langage financier.
- **responsabilisation** : n'intervenant pas directement sur les contenus concrets de l'activité, le pilotage agit indirectement sur eux en responsabilisant les managers sur l'atteinte d'objectifs ; le levier d'action, c'est la motivation et la volonté du manager qui se voit impartir des objectifs et des moyens d'action pour les atteindre. Le pilotage de l'action proprement dit est délégué à chaque responsable, charge à lui de déterminer les outils et les méthodes susceptibles d'assurer sa réussite dans la tenue de ses objectifs. Le *comment* importe peu. Le pari est que, mis sous pression, les responsables sauront trouver les moyens de la réussite.

L'entreprise est alors souvent découpée en territoires autonomes dotés de comptes analytiques et érigés en centres de responsabilité. Le dirigeant de chacun de ces centres de responsabilité répond essentiellement, sinon exclusivement, du résultat financier de son territoire, enregistré en fin de période. Chaque fois que cela est possible, ce résultat prend la forme d'une rentabilité (« return on investment », par exemple) ou d'un profit analytique, au besoin en mettant en place un système de prix de cession internes pour valoriser les prestations rendues à des « clients » internes ou reçues de fournisseurs internes. Le pilotage est alors charpenté par un système de reporting financier qui se calque peu ou prou sur un organigramme hiérarchique.

Une telle logique de pilotage présente des mérites évidents :

- elle est simple (une fois le système de reporting en place, le pilotage devient une affaire bien huilée),
- elle est de nature à motiver et mobiliser les responsables (ils bénéficient d'autonomie, ils se savent jugés sur leur action propre),
- elle relie clairement les performances (financières) locales aux performances (financières) globales de l'entreprise.

Par contre, elle présente des inconvénients et des risques :

- elle tend à cloisonner et diviser l'entreprise (« chacun maître chez soi »), ce qui peut être un handicap si les processus de l'entreprise présentent un certain degré d'intégration et si les performances des diverses entités sont inter-dépendantes : en optimisant sa performance propre, un responsable peut nuire à la performance du voisin et à la performance globale ;

- elle ne fournit aucune visibilité sur les causes réelles de performance, ce qui peut interdire aux niveaux plus élevés du management l'identification des leviers de progrès dont ils doivent se saisir prioritairement dans une situation donnée, d'où le risque d'actions générales et peu ciblées, notamment en cas de crise (économies budgétaires indifférenciées, par exemple) ;
- elle présente fréquemment un biais en faveur du court terme (reporting de résultats annuel, voire trimestriel), car le principe de responsabilisation individuelle doit « faire avec » le turn-over des cadres, leur gestion de carrière, leurs incitations pécuniaires.

Exemple : La société de vente de pizzas à domicile PIZZICATO

PIZZICATO s'est organisée en centres de profit territoriaux. Il n'y a en effet guère d'interdépendances entre les agences locales : les territoires sont bien délimités, il n'y a pas de ressources partagées (chacun produit ses propres pizzas et emploie ses propres livreurs), c'est une activité faiblement capitalistique avec des impératifs de rentabilité rapide. La logique financière appliquée au pilotage des territoires géographiques, voire de chaque agence, semble bien adaptée.

■ *La logique stratégico-opérationnelle (déploiement de la stratégie dans les opérations)*

Il ne s'agit plus de partir d'un objectif financier global pour aboutir à des objectifs financiers analytiques, par désagrégation, mais de partir d'objectifs stratégiques pour aboutir à des objectifs opérationnels locaux à travers une analyse causes-effets.

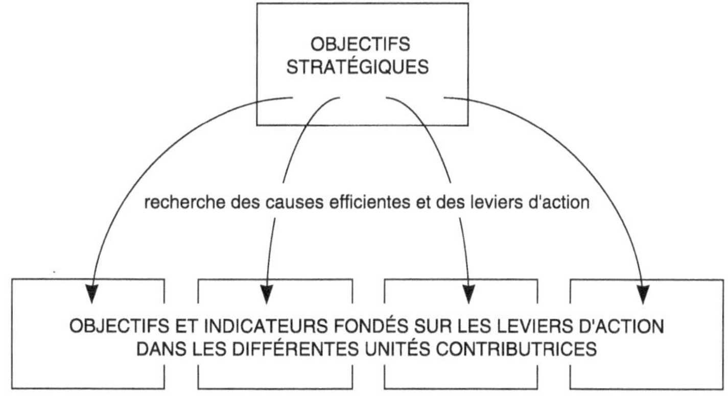

Schéma 2 : *Logique de pilotage stratégico-opérationnelle*

Le déploiement de stratégie dans des indicateurs et des objectifs via analyse causes/effets contraint à sortir du langage purement financier et à entrer dans la réalité technique des divers processus (entrer « dans la boîte noire »). À ce titre, la logique stratégico-opérationnelle est plus complexe et plus délicate à utiliser que la logique financière. Elle exige un dialogue fluide entre spécialistes de gestion et opérationnels de divers métiers. Mais elle est indispensable dès que l'activité de l'entreprise présente un certain niveau d'intégration entre les unités et les fonctions (interdépendances, synergies) et un certain degré de complexité. Dans ce cas, en effet, la recherche des causes de performance pourra rarement s'inscrire à l'intérieur d'un seul secteur de responsabilité. Il est alors indispensable de construire un diagnostic collectif, fréquemment réajusté, pour identifier les leviers d'action pertinents, pour coordonner le déroulement de l'action et pour assurer la capitalisation collective de l'expérience (voir chapitres 3, 4 et 5).

Exemple : France Télécom

France Télécom vend de multiples produits (mobiles, téléphone fixe, cartes, Internet, liaisons numériques, réseaux...) sur des infrastructures-réseaux fortement intégrées, à de multiples segments de marché (particuliers, professionnels, entreprises), sur de multiples territoires, certains clients (par exemple, les grandes entreprises) étant eux-même implantés sur plusieurs territoires et consommant une grande variété de produits. Il y a donc de fortes interdépendances entre les performances des diverses branches, des divers réseaux de communications et des diverses agences commerciales. Il semble difficile, dans ces conditions, de ne jouer que la carte de la responsabilisation sur des objectifs financiers locaux, sans déployer de manière spécifique sur l'ensemble de la structure certains objectifs stratégiques, tels que la percée rapide de nouveaux produits innovants, la construction d'un réseau de partenariats avec des sociétés de service informatique, la conquête ou la fidélisation de quelques grands comptes clés.

■ *Logique de pilotage « permanente » versus logique de projets « à géométrie variable »*

Selon les secteurs d'activité et les périodes, les principaux enjeux de pilotage peuvent relever d'une démarche permanente, sur des objets stabilisés (des métiers, des lignes de produits, des processus), ou d'une démarche qui se redéfinit de manière plus ou moins continue, selon une configuration à géométrie variable, sur des événements et des objets temporaires. Dans ce dernier cas, la gestion par projets offre le mode de pilotage le plus adéquat. La culture de l'entreprise (aversion au changement, besoin de référentiels stables) influera également sur la place accordée à la démarche de projets.

■ *Comment définir la logique de pilotage de l'entreprise ?*

La définition de la logique de pilotage de l'entreprise relève d'un débat de direction.

1re question : veut-on opter pour une gestion financière par centres de responsabilité (centres de profit/centres de coûts) ou pour une gestion stratégico-opérationnelle par déploiement d'objectifs sur des indicateurs ? La réponse étant généralement mixte, sur quelles parties de l'entreprise, à quels niveaux de responsabilité privilégiera-t-on l'une ou l'autre des approches ?

Listons quelques critères de choix :

Logique financière	Logique stratégico-opérationnelle
linterdépendances limitées entre centres de responsabilité	Interdépendances potentiellement importantes entre centres de responsabilité
Culture de gestion dominée par les approches financières	Culture de gestion orientée vers l'opérationnel et le stratégique
Culture orientée vers l'autonomie de fortes personnalités, « entrepreneurship »	Culture orientée vers le travail d'équipe et les résultats collectifs
Environnement stratégique et technologique relativement stable, possibilité de relier simplement résultats de court terme et de long terme	Fortes incertitudes stratégiques, dynamiques de changement rapides, besoin de réactivité et d'éventuels redéploiements rapides
Métiers et marchés bien connus, maîtrisés et cloisonnés	Métiers et marchés en évolution et très imbriqués

Tableau 2 : *Logique financière versus logique stratégico-opérationnelle (1)*

Le choix d'une logique implique des choix connexes pour assurer une certaine cohérence :

Logique financière	Logique stratégico-opérationnelle
On n'impose de politiques spécifiques et d'objectifs non financiers que de manière limitée et « par exception »	Jeu d'objectifs multicritère et diversifié, déduit de la stratégie
Importance de la contractualisation individuelle d'objectifs	Eventuelle contractualisation d'objectifs, mais avec une certaine flexibilité et dans des cadres volontiers collectifs
Délimitation stricte et précise des responsabilités	Existence d'objectifs partagés entre plusieurs responsables

Méthodes et pratiques de la performance

Logique financière	Logique stratégico-opérationnelle
Architecture de reporting financier et comptable performante et stable	Construction pragmatique d'indicateurs ciblés et jetables
Contrôle de gestion à dominante comptable indépendant des structures de management opérationnel	Contrôle de gestion fortement intégré aux fonctions opérationnelles
Pilotage hiérarchique	Introduction de formes de pilotage transversales

Tableau 3 : *Logique financière versus logique stratégico-opérationnelle (2)*

2ᵉ question : doit-on introduire des structures de projet et, si oui, quelle place leur réserve-t-on dans le dispositif de pilotage ?

L'activité de l'entreprise peut justifier la mise en place de structures et de pratiques de projets (voir chapitre 9). Ceci peut se faire selon des modalités diverses :

a. Les projets sont introduits en nombre limité, « par exception », et ils constituent en quelque sorte des « enclaves » au sein de l'entreprise, enclaves où les pratiques de pilotage « normales » sont mises entre parenthèses.

b. Les projets sont insérés dans le schéma de pilotage, comme un élément parmi d'autres. Par exemple, dans une entreprise où prévaut la logique stratégico-opérationnelle avec un pilotage permanent de processus transversaux, la gestion de projets peut être le mode de pilotage normal de certains processus (les processus de conception et développement, par exemple : développement de produits, de systèmes d'information...).

c. Enfin, dans certains secteurs (par exemple, dans le BTP), les dirigeants peuvent considérer que l'essentiel de l'activité de l'entreprise relève d'une démarche de projets. Dans ce cas, ce que l'on définit « par exception », ce ne sont pas les projets, mais les grandes missions permanentes « hors projets », qui doivent assurer le succès des projets et la capitalisation de l'expérience d'un projet à l'autre : par exemple, la gestion financière, le service juridique et le contentieux, la recherche technologique...

Exemple : l'équipementier automobile Rochelle

Rochelle est un grand groupe international producteur d'équipements pour l'automobile : pare-soleil, sièges, serrures de portières, lève-vitres automatiques. Il est organisé en trois divisions : les « accès » (serrures, ouvertures de portières et de toits ouvrants), les lève-vitres, les équipements de confort intérieur (pare-soleil et sièges). Chaque division possède ses propres usines, ses propres bureaux d'études, ses services de promotion et de vente. Les divisions reçoivent un soutien administratif du siège (finance et contrôle, ressources humaines, informatique).

La grande autonomie des divisions et la forte culture financière du groupe conduisent la Direction Générale à privilégier le découpage du groupe en quatre entités responsabilisées sur leurs résultats : chaque division est un centre de profit dont la performance est essentiellement identifiée à la rentabilité du capital investi, le siège est un centre de coûts prestataire, qui facture ses prestations au prix coûtant.

Au sein de chacun des centres de profit, les interdépendances entre équipes sont fortes : les commerciaux conditionnent l'efficacité de la production et des bureaux d'études par les conditions contractuelles qu'ils négocient (volumes, délais, qualité, spécifications techniques) et la qualité de l'information qu'ils transmettent, le bureau d'études a une grande influence sur la performance de l'usine (conception de produits faciles à fabriquer) et sur la performance des commerciaux (capacité d'innover, de résoudre les problèmes techniques posés par les clients), etc... Il est donc décidé d'opter au sein de chacun des centres de profit (les divisions) pour une logique de pilotage technico-opérationnelle déduite de la stratégie par une analyse des processus-clés (« préparer des propositions technico-commerciales », « développer les produits », « gérer le flux de composants et de produits », « fabriquer »...). Le siège est également piloté par processus (« gérer le contrat de travail », « gérer la ressource financière »...).

Certains processus, de par leurs caractéristiques propres (« développer les nouveaux produits », « développer les systèmes informatiques », « préparer des propositions »), font l'objet d'un pilotage par projets.

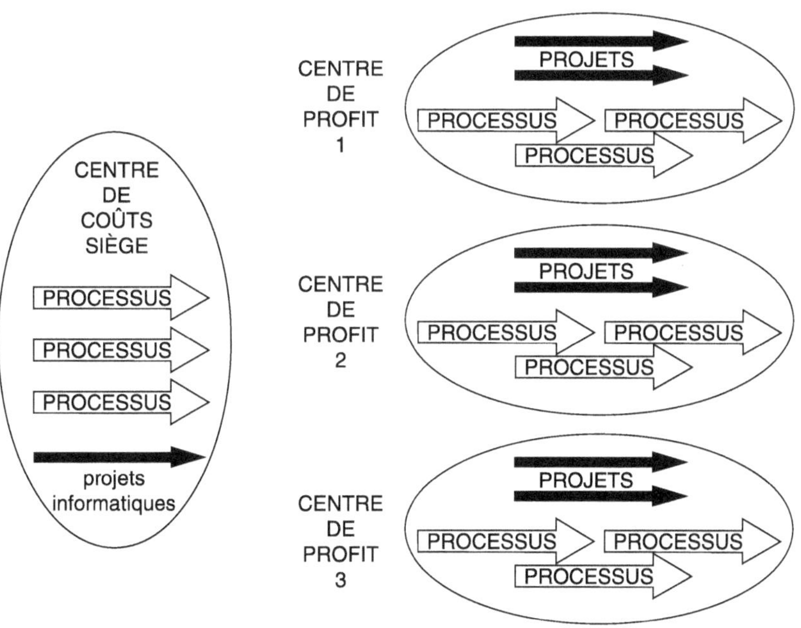

Schéma 3 : *Le schéma de pilotage de Rochelle*

3. Choix d'une structure de pilotage

Définir une structure de pilotage, c'est répondre à la question : qui pilote quoi ?

■ *La définition des niveaux de pilotage*

L'organisation de l'entreprise définit différents niveaux hiérarchiques, par exemple : des branches, puis des directions, des unités, des départements, des équipes.

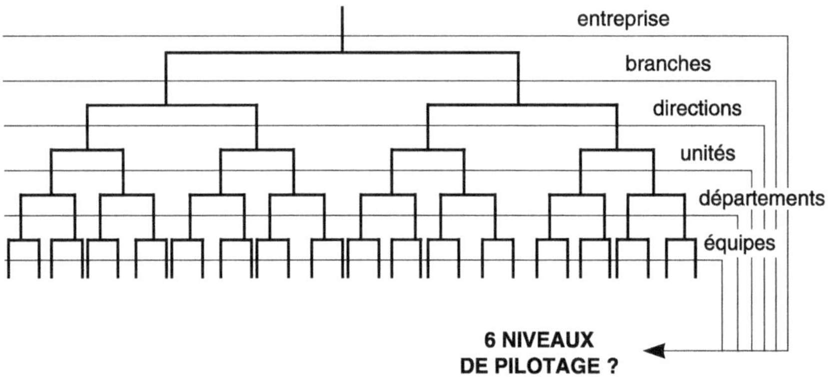

Schéma 4 : *Les niveaux de pilotage (1)*

Il faut définir les niveaux hiérarchiques appelés à jouer un rôle de pilotage effectif, en fonction de la taille de l'entreprise, de la complexité et de la diversité du portefeuille d'activités, de la dispersion géographique. La superposition d'un trop grand nombre de niveaux de pilotage fait courir des risques en matière de réactivité, de fiabilité de l'information, de lourdeur et de coût de fonctionnement.

Pour chacun des niveaux retenus, il y a lieu de définir les moyens de pilotage sur lesquels il s'appuiera :

- délégation budgétaire,
- indicateurs et tableau de bord comptables (donc, niveau de restitution comptable),
- indicateurs et tableau de bord exclusivement physico-opérationnels (pas de restitution comptable à ce niveau),
- contrats de gestion (Direction Par Objectifs)...

Ce faisant, on est conduit à définir l'architecture et le contenu du reporting. La mise en place d'indicateurs physiques peut souvent descendre plus bas dans la structure que la délégation budgétaire et les restitutions financières, dont le maillage ne doit pas être trop fin pour éviter une lourdeur excessive.

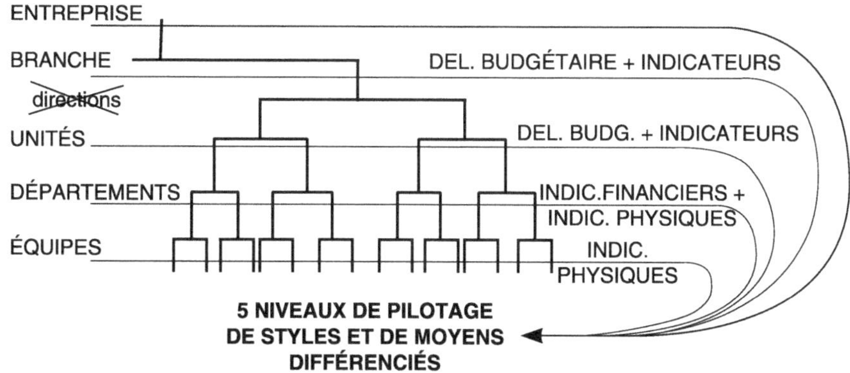

Schéma 5 : *Les niveaux de pilotage (2)*

■ La définition des axes de pilotage

Une entreprise a presque toujours plusieurs axes de pilotage, c'est-à-dire plusieurs manières de segmenter ses analyses de coûts, ses performances et ses résultats. Les axes de pilotage, ce sont les dimensions du pilotage. On peut ainsi trouver, entre autres axes possibles :

- les produits,
- les marchés,
- les clients,
- les projets ou les affaires,
- les territoires géographiques,
- les technologies,
- les métiers...

Les axes de pilotage peuvent être différents d'un secteur de l'entreprise à l'autre. Par exemple, une entreprise peut décider de piloter par produits et par technologies les performances du bureau d'études et des usines, par produits et par secteurs géographiques celles du réseau commercial. On ne peut faire coexister trop d'axes de pilotage concurremment, des choix s'imposent. Il faut identifier les axes cohérents avec les enjeux stratégiques, ce qui peut conduire à en changer lorsque le contexte stratégique change.

Exemple : les constructeurs informatiques

Dans les années 70, les constructeurs informatiques vendaient de la puissance informatique indifférenciée aux directeurs informatiques des entreprises clientes. Ils pilotaient leurs réseaux commerciaux autour des axes « produits » (quelles plateformes hardware) et « territoires géographiques ». Puis, dans les années 80 et 90, ils ont dû se transformer en offreurs de solutions informatiques finalisées et intégrées, destinées à des usages professionnels spécifiques (par exemple, la paye du person-

nel, la gestion des comptes courants bancaires, la gestion de production industrielle, la gestion de réseaux de transports) et vendues à des managers opérationnels non informaticiens (par exemple, les Directeurs Financiers, les Directeurs des Ressources Humaines). Le pilotage des réseaux commerciaux a donc dû progressivement abandonner les axes « produits » et « territoires » au profit des axes « solutions » (identifiées par des types d'applications, par exemple « gestion d'agence bancaire », et non plus par des plateformes hardware) et « secteurs de marché » (industrie, banque, assurances, transports...) (voir « cas Eurocomputer » au chapitre 14).

Pour chacun des axes identifiés, en fonction de :

- son importance stratégique,
- sa pérennité,

il faut définir son statut en termes de pilotage :

- prise en compte explicite et systématique de cet axe dans les systèmes d'information (système comptable, par exemple) ou retraitements de données « artisanaux »,
- prise en compte explicite et systématique de cet axe dans la structure organisationnelle ou formule d'animation transversale temporaire,
- pilotes dédiés sur cet axe ou pas (ex. chefs de projet, chefs de produits, pilotes de processus, responsables métiers),
- mise en place de comités de pilotage,
- budgets spécifiques,
- tableaux de bord spécifiques,
- articulation avec les autres axes (comment le chef de projet doit-il travailler avec les directeurs de métiers, le chef de produit avec les directeurs commerciaux géographiques, le directeur chargé d'une technologie avec le responsable d'un segment de marché...).

4. Les politiques d'entreprise et les services fonctionnels

Les entreprises se dotent souvent de **politiques** générales d'entreprise, à caractère permanent, qui s'imposent à toutes les entités responsables. Ces politiques définissent un cadre structurel pour l'action et sont vécues par les managers opérationnels comme des contraintes plutôt que comme des objectifs. Elles obéissent à différentes considérations :

a. elles retranscrivent à l'intérieur de l'entreprise des contraintes imposées par l'environnement institutionnel ; par exemple, elles répercutent les réglementations concernant la protection de l'environnement, la sécurité, la réglementation sociale, la fiscalité, le fonctionnement des marchés financiers... ;

b. elles imposent aux acteurs de l'entreprise des règles de comportement générales pour des raisons éthiques (l'entreprise citoyenne), relationnelles (l'aide aux collectivités locales d'implantation), d'image (sponsoring, propreté et esthétique des bâtiments ou des véhicules de l'entreprise...) ;

c. elles imposent des règles pour faire prévaloir l'intérêt général de l'entreprise sur les intérêts particuliers des entités responsables (par exemple, recherche d'économies d'échelle sur les achats de fournitures ; compatibilité des choix informatiques et bureautiques ; cohérence du vocabulaire employé...).

Quelles qu'en soient les raisons, les politiques d'entreprise limitent l'autonomie des managers, le contrôle qu'ils peuvent avoir de leur propre performance et donc leur niveau de responsabilité sur le terrain.

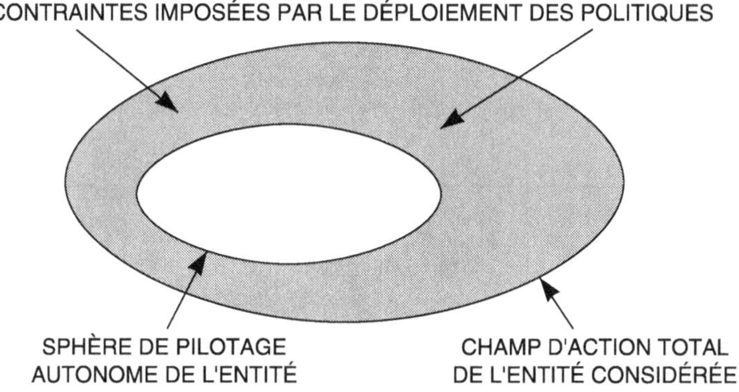

Schéma 6 : *Les politiques d'entreprise*

Les politiques peuvent entraîner un degré de contrainte variable selon leur caractère plus ou moins centralisé et plus ou moins obligatoire :

Politique...	Obligatoire	Non obligatoire
Centralisée	aucune marge de liberté locale	des solutions standard sont proposées
Décentralisée (+ OU -)	un cadre de règles est imposé mais laisse de la (+ou -) marge de choix locale	un soutien méthodologique est proposé

Tableau 4 : *Le statut des politiques d'entreprise*

■ *Analyse des politiques*

Il peut de temps en temps être utile de balayer les politiques par domaines d'activités et de préciser pour chacune d'elles le niveau et les modalités de décentralisation et leur statut obligatoire ou facultatif, afin de faire un point sur les réelles marges de manœuvre des managers opérationnels et d'identifier les zones d'ombre où les règles sont mal définies. Dans certains cas, l'accumulation historique des contraintes imposées par le siège s'avère excessive, et de tels bilans peuvent être l'occasion de « nettoyer » le champ d'action de toutes les contraintes non indispensables.

Exemple : dans une grande entreprise publique

Domaines	Statut de la politique (O : obligatoire ; F : facultatif ; N : pas de politique)	Centralisation	Délégation branche	Délégation unité
Achats	O	> achats 1 MF	<1MF et > 200 KF	<200 KF
Publicité	O	presse nationale, TV, radio, foires internationales	foires, manifestations sportives et culturelles locales	
Achats bureautiques	O	règles de base : environnement PC-Windows, Pack Office Microsoft		choix des matériels et choix des logiciels hors Pack Office
Comptabilité analytique par activités	F	soutien méthodologique proposé par le siège		décision de principe et mise en œuvre
Gestion de production	N			choix libre de chaque unité

■ *Articulation fonctionnel / opérationnel*

Une politique d'entreprise peut exiger une maintenance importante (réguliè-rement mettre à jour le fonds documentaire, informer les utilisateurs des évo-lutions des règles et des normes), qui exige, d'une part, des compétences et des moyens en gestion documentaire et en diffusion de l'information (bases de données, réseaux, services en ligne...), d'autre part, une compétence technique spécifique dans le domaine. Généralement cette maintenance des politiques est confiée à des services fonctionnels experts :

- service informatique pour la politique informatique,
- service d'achats pour la politique d'achats,
- direction des affaires sociales pour la politique sociale,
- service technique pour les politiques techniques...

Ces services peuvent avoir une grande variété de missions qui font peu ou prou partie du pilotage :

- décisions opérationnelles,
- définition de règles et de normes,
- conseil et assistance technique,
- formation,
- contrôle et audit...

La définition précise de ces missions fonctionnelles et de leur articulation avec les entités opérationnelles est un point sensible du schéma de pilotage, l'un des domaines où l'on risque de produire des conflits ou des carences de res-ponsabilisation.

Politique...	Obligatoire	Non obligatoire
Centralisée	service fonctionnel : • décide, réalise • exerce une tutelle spécialisée • contrôle • met en place et forme	service fonctionnel : • prestataire de service (clés en mains) • informe • forme à la demande
Decentralisée (+ OU -)	service fonctionnel : • définit normes et règles • audite • informe et forme	service fonctionnel : • prestataire de service (conseil) • informe • forme à la demande

***Tableau 5** : Politiques d'entreprise et services fonctionnels*

5. Les fonctions spécialisées dans l'expertise du pilotage

■ *Répartition des rôles entre ligne managériale et contrôle de gestion*

Pour que l'entreprise soit pilotée de manière efficace, il faut que chacun des managers de l'entreprise maîtrise une double compétence : la compétence technique de son métier (marketing, vente, production, informatique...) et une compétence générale de pilotage et de gestion (concevoir et utiliser des outils et des méthodes de pilotage, animer l'action collective, gérer les compétences de ses collaborateurs...), qui, sans être sa première expertise, n'en fait pas moins partie intégrante de son métier de manager. Il lui sera toutefois utile, dans ce second domaine, de s'appuyer sur des fonctions spécialisées, expertes des divers domaines du pilotage (contrôle de gestion, qualité, planification, organisation, ressources humaines...).

Faire vivre le système de pilotage fait appel à deux types de missions, que ces fonctions spécialisées et les fonctions opérationnelles devront se répartir, selon un équilibre qui varie d'une entreprise à l'autre :

- des missions d'expertise, telles que la conception des outils de pilotage (indicateurs, tableaux de bord, budget, comptabilité de gestion), la formation des cadres à l'utilisation de ces outils et à la gestion en général, le conseil aux dirigeants sur les choix de méthodes en matière de pilotage, la veille technologique sur les méthodes de gestion,
- des missions de mise en œuvre, telles que la fiabilisation des données de gestion, la production des indicateurs en temps et niveau de qualité requis, la circulation de l'information, la maintenance du fonds documentaire en matière de pilotage (actualisation des procédures, des règles), l'organisation matérielle des réunions de pilotage.

La définition précise des rôles respectifs de la ligne managériale et de la fonction « contrôle de gestion » est un point sensible du schéma de pilotage. En effet, le flou dans cette répartition des rôles peut engendrer des situations néfastes : déresponsabilisation des managers opérationnels quant aux enjeux économiques (« l'intendance n'est pas mon affaire »), maintien du contrôleur de gestion dans un « ailleurs » technocratique par rapport aux processus opérationnels concrets (utilisation d'un langage exclusivement comptable et financier, ignorance des contraintes et des potentiels opérationnels).

Exemple : délimitation des rôles dans la banque IMMOBANCO

	Ligne managériale	Fonction « contrôle »
Budget	• Elaboration du budget (itérative) • Analyse et explication des performances	• Production des tableaux de bord (suivi des budgets) • Aide à l'élaboration des budgets • Assistance méthodologique
Mise en œuvre (animation de gestion, réactivité, **principes et règles)**	• Vérifie la cohérence des objectifs • Identifie les leviers d'action pertinents • Définit les plans d'action • Suit les plans d'action, pilote la réactivité et les actions correctrices • Vérifie la pertinence du cadre de règles existant	• Favorise le suivi et la mise en place de plans d'action • Prépare les réunions d'animation de gestion • Aide dans l'analyse des dérives et la réalisation de projections • Assistance méthodologique • Propose des nouvelles règles validées par la ligne managériale
Expertise **(Outils)**	• Forme ses collaborateurs directs pour qu'ils puissent participer à l'animation de gestion • Spécifie et valide les outils	• Réalise des synthèses économiques au niveau de la banque • Développe la formation spécialisée • Veille technologique sur les méthodes de gestion • Déclenche les modifications d'outils • Gère les outils

■ *Positionnement et organisation de la fonction « contrôle de gestion »*

Les termes du débat sur l'organisation et le positionnement de la fonction « contrôle de gestion » sont bien connus :

- la fonction « contrôle » doit-elle être indépendante des fonctions opérationnelles, structurée en filière hiérarchique autonome et rattachée au siège, ou chaque contrôleur doit-il être rattaché à sa structure opérationnelle (usine, réseau commercial...) ?
- la fonction « contrôle » doit-elle être rattachée à la direction financière ou doit-elle être rattachée directement à la direction générale ?

- la fonction « contrôle » doit-elle couvrir la planification opérationnelle pluriannuelle ou faut-il séparer le court terme (contrôle budgétaire) et le long terme (fonction « plan ») ?

Les réponses à ces questions dépendent du type d'activité de l'entreprise, de sa culture et de son histoire, et de la logique globale de pilotage retenue par les dirigeants :

a. Dans le cas d'une logique à dominante financière, la structuration du contrôle en filière indépendante rattachée au siège (souvent à la Direction Financière) est envisageable.

b. Dans le cas d'une logique stratégico-opérationnelle, il semble préférable de privilégier la proximité du contrôle et des fonctions opérationnelles pour favoriser une véritable osmose entre culture économique et culture opérationnelle. La filière « contrôle » peut faire l'objet d'une animation de métier, sous l'égide du Directeur du Contrôle de Gestion, qui exerce ainsi sur elle une sorte de « parrainage professionnel » sans pouvoir hiérarchique. Dans ce cas, il semble peu opportun de localiser le contrôle de gestion « corporate » à la Direction Financière, qui n'est plus qu'un interlocuteur parmi d'autres.

6. L'animation de gestion

Les indicateurs, tableaux de bord et autres outils ne valent que ce que vaut l'animation de gestion à laquelle ils servent de support. L'animation de gestion est donc, last but not least, le point d'orgue du schéma de pilotage. Elle doit :

- inclure une part de rituel bien réglé, avec des rôles clairement définis,
- être orientée vers la satisfaction du client et le diagnostic de performance,
- assurer un retour d'expérience continu favorisé par une certaine liberté d'expression (les « porteurs de mauvaises nouvelles » ne doivent pas se faire fusiller, pas même du regard...),
- être axée sur le suivi de plans d'action finalisés par des objectifs clairs,
- assurer la vigilance quant aux évolutions de l'environnement, donc être très ouverte sur l'extérieur,
- être fortement sélective (économie d'attention : le temps est la ressource la plus précieuse, il faut éviter la dispersion),
- intégrer les différents aspects du pilotage dans une approche unique (suivi d'indicateurs et de plans d'action, suivi des plans et budgets), afin d'éviter le développement de plusieurs pilotages parallèles, éventuellement divergents (contrôle budgétaire, pilotage de performance, pilotage stratégique, pilotage de la qualité...).

Même s'il est évident qu'une grande part d'autonomie et d'initiative doit être laissée aux managers opérationnels dans l'animation de gestion, des lignes directrices peuvent être données, en ce qui concerne notamment :

- les différents types d'enceintes pour l'animation de gestion (animation hiérarchique, animation de projets, animation de processus, animation de filières métiers, coordinations géographiques...),
- le type d'animation attendu pour chacune de ces enceintes : réunions, périodicité, configuration, objectifs, en louvoyant entre les deux écueils du pilotage technocratique, en chambre et sans concertation, et de la réunionnite sans effets pratiques,
- la diffusion d'une véritable méthodologie en matière d'animation (techniques d'animation, de remue-méninges), assortie de formations,
- les méthodes d'analyse (comment décrypter les indicateurs de gestion, quels outils d'analyse et de résolution collectives de problèmes employer), assorties de formations.

7. Le pilotage transversal (processus, projet)

■ *L'articulation entre pilotage transversal et pilotage hiérarchique*

L'introduction de formes de pilotage transversales (projet, processus, métier) peut constituer un changement culturel important. Si l'on veut dépasser le stade d'une simple animation inter-services sans grands effets pratiques, il est nécessaire d'introduire explicitement la dimension transversale dans la contractualisation d'objectifs et dans les plans et budgets, ce qui exige de clarifier la répartition des rôles et pouvoirs entre le responsable hiérarchique et le pilote d'axe transversal

Exemple

Une agence commerciale rapportera sur l'ensemble de son activité au Directeur des Ventes, mais elle rendra particulièrement compte de ses performances en matière de gestion du stock commercial et de fiabilité de ses prévisions de vente au pilote du processus logistique (flux transversal des produits et composants).

■ *Lieux de pratiques collectives*

Le processus ou le projet n'ont d'intérêt comme objets de gestion que s'ils permettent la communication entre domaines de connaissance différents (connaissance mutuelle des contraintes, des potentialités et des modes d'action), pour assurer la coordination et le diagnostic permanents, identifier de manière continue les problèmes qui entravent la création de valeur dans la chaîne d'activités et inventer collectivement des solutions à ces problèmes. Il doivent donc constituer des **lieux de diffusion et de construction de connaissances**.

À cette fin, chacune des entités composant le processus ou le projet formalise son savoir pour le rendre communicable, mais ce n'est qu'en partie possible. Une part du savoir local échappe à la communication à travers le processus ou le projet, et cette part n'est pas un « incident », une imperfection du pilotage. L'existence de dynamiques d'apprentissage purement locales est au contraire constitutive du pilotage transversal. Processus ou projet, sans cela, se trouveraient réduits à une chaîne de tâches mécanisée, sans que leurs acteurs aient besoin de se parler. **Processus et projet sont tout autant définis par la connaissance qui ne circule pas que par celle qui circule.**

À la lumière de ce constat, on comprend mieux les limites de toute démarche de modélisation descriptive et prescriptive. Un modèle de processus ou de projet ne peut jamais rendre compte que du visible, du communicable, du « circulant ». Il ne peut en aucun cas constituer une « image fidèle » et infaillible du processus ou du projet, mais plus modestement un outil destiné à faciliter l'analyse et l'action collectives, dans le cadre d'une animation de gestion vivante. Le pilotage transversal se ressource continûment dans les connaissances **non transférables** des acteurs. Il s'appuie donc sur des **rites d'animation** définis par des règles de réunion, d'information, de coordination... Le pilotage transversal consiste à construire un minimum de contexte partagé entre des acteurs qui sont séparés par la division du travail et par l'organigramme.

■ *Le pilotage transversal : un pilotage continu*

Dans la vision verticale du fonctionnement de l'entreprise, la coordination est assurée :

- Soit par des normes, des contraintes de fonctionnement « décrétées » de haut en bas. On suppose bien identifiés et à peu près répétitifs les problèmes de coordination à résoudre, et la hiérarchie peut légiférer une bonne fois pour toutes. **Les interdépendances entre métiers sont traitées par des règles formalisées et stables qui contraignent l'action.**
- Soit par un fonctionnement « client-fournisseur » codifié en cahiers des charges. Chaque métier formalise ses contraintes, ses objectifs et ses exigences. Puis les différentes équipes négocient sur ces bases avec leurs partenaires et contractualisent la fourniture de prestations réciproques (« cahier des charges négocié » ou « contrat client-fournisseur »). Dans le déroulement des opérations ultérieures, le simple respect des contrats ou des cahiers des charges est censé assurer la coordination. Les conditions sont ainsi créées pour **autonomiser l'exercice de chaque compétence**

sur son territoire. Le seul moment où les interdépendances jouent vraiment est le moment de la rédaction négociée des contrats.

La coopération inter-métiers réglée par des normes décrétées d'en haut ou par des procédures contractuelles s'inscrit donc dans un déroulement discontinu du temps :

- conception et mise en place ponctuelles de règles de coordination ou de cadres contractuels,
- dans les intervalles de temps entre ces actes de réglementation ou de contractualisation, fonctionnement indépendant des métiers, à l'intérieur de contraintes stables et connues.

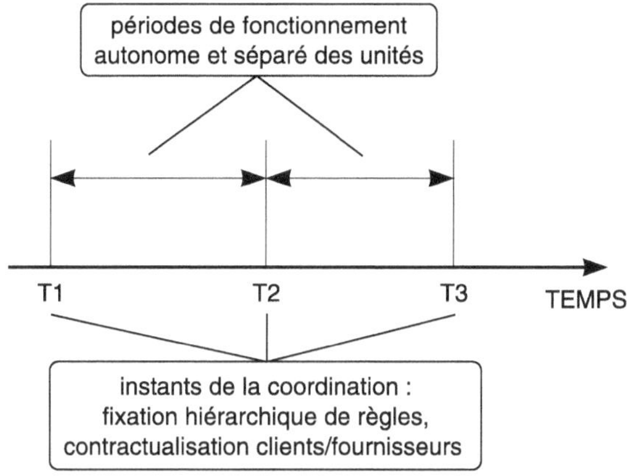

Schéma 7 : *Pilotage discontinu*

Le pilotage transversal part de deux constats simples :

- les besoins de coordination sont complexes : aucun acteur ne détient une connaissance suffisamment intime et exhaustive du processus pour établir des normes de coopération fiables et complètes ;
- les besoins de coordination sont changeants et ne peuvent être totalement prévus à l'avance : ils doivent **continuellement être réajustés**, par une concertation continue.

Par conséquent toute norme de coordination portant sur le contenu des activités (que faut-il faire pour tenir compte des contraintes des autres ?) ne peut être que fugace et incertaine. Plutôt que d'édicter des normes d'action figées, il s'agit d'organiser, à travers le pilotage transversal, **un travail collectif et une animation de gestion continus**.

■ *Les activités amont et aval des processus ou des projets*

Au sein d'un projet ou d'un processus, plus une activité se trouve en amont, plus elle est libre dans ses choix et produit des contraintes pour son aval ; plus elle est en aval, plus elle subit de contraintes accumulées au long de la chaîne en amont. L'amont crée les irréversibilités, l'aval en hérite et gère les marges de manœuvre résiduelles. Il faut donc prêter une attention particulière au pilotage des activités amont.

■ *L'animation de gestion transversale*

L'animation de gestion doit être d'autant mieux définie que le pilotage transversal heurte de nombreuses habitudes, interfère avec des pouvoirs établis et risque d'être rapidement « phagocyté » par les pratiques verticales traditionnelles :

- définir clairement les pouvoirs et les attributions du « pilote transversal »,
- reconnaître formellement le temps consacré par les acteurs au pilotage transversal,
- fournir des outils et des méthodes adaptés.

Le décloisonnement des métiers exige le développement de savoirs qui ne sont pas des savoirs de métiers, mais des **savoirs spécifiques d'intégration**, développés dans l'espace intersticiel entre les métiers : constituer et animer des réseaux, élaborer des langages de communication inter-métiers, faire circuler l'information, développer une culture de coopération, définir des méthodes de gestion des carrières individuelles qui soient compatibles avec l'objectif de solidarité, identifier les besoins de coordination, mettre en place des procédures de synchronisation, favoriser la créativité par la fertilisation croisée, définir des procédures d'arbitrage. Détenir ces savoirs d'intégration devient l'un des attributs essentiels du manager : « Le manager de l'adhocratie s'occupe rarement de gestion au sens courant du terme, pas plus que de donner des ordres, affirme Mintzberg [MINTZBERG (1990)] ; au lieu de cela, il passe une grande partie de son temps en tant qu'**agent de liaison pour coordonner les travaux de façon latérale** entre les différentes équipes et unités ». Le pilotage transversal peut donc apparaître comme un véritable **apprentissage de direction**.

8. Les obstacles potentiels

La clarification du schéma de gestion peut se heurter à des obstacles de nature culturelle, qu'il faut savoir prendre en compte et lever progressivement.

- Certaines pratiques qui existent de manière informelle peuvent s'avérer difficilement « avouables » (rétention d'information, non-respect des procédures, fuite des responsabilités par « l'ouverture du parapluie »...).

- Certains dirigeants peuvent être réticents à se lier les mains dans des pratiques par trop formalisées ou en explicitant leurs objectifs. Expliciter, c'est se soumettre à l'épreuve du feu. Il est indispensable de dédramatiser en tuant le dogme du dirigeant infaillible pour débattre ouvertement des choix.

- Le recours à des pratiques collégiales et la participation à des formes de pilotage transversales non purement hiérarchiques peuvent heurter la culture budgétaire, la force du sens hiérarchique et le sens du territoire.

- L'identification collective des marges de manœuvre peut entrer en conflit avec une gestion locale voire individuelle du risque : une opacité relative permet de garder par devers soi des marges de sécurité (au risque d'accumuler les marges de sécurité à tous les niveaux, en cascade). La mise en commun de l'information exige donc une prise en charge non exclusivement individuelle du risque.

- La distance entre la culture de gestion et les cultures opérationnelles peut être grande, rendant le dialogue difficile. Les opérationnels ont parfois de la peine à accepter d'investir une part significative de leur temps dans le pilotage : ce temps est perçu comme « perdu » pour leur mission principale. Il est essentiel de former les opérationnels à la gestion, valoriser leur mission, leur temps et leurs réalisations dans ce domaine.

- La mise en place d'un schéma de pilotage peut être compliquée par la confusion entre pilotage et évaluation des personnes. On ne sait pas toujours si le mot « performance » renvoie à la performance d'une entité organisationnelle ou aux perspectives de carrière d'un individu. Pour être efficace, le pilotage doit souvent s'appuyer sur l'analyse des échecs et des erreurs, mais sera-ce aussi l'occasion d'« épingler » les échecs de personnes ? Pour éviter l'autocensure, il est donc opportun de déculpabiliser et valoriser le retour d'expérience et de distinguer clairement entre évaluation personnelle et pilotage organisationnel.

3

Stratégies fondées sur les compétences et les processus

Contrôler le cap d'un navire n'a de sens que si ce navire a une destination. Piloter l'entreprise suppose la définition d'une stratégie, fût-elle floue et évolutive (on pourra se reporter, en illustration de ce chapitre, au cas Port-Express présenté au chapitre 15)[1].

1. Définir une stratégie à partir du marché, des compétences et des processus

■ *Concevoir la chaîne de valeur*

L'entreprise doit définir :

- comment elle compte créer durablement de la valeur, c'est-à-dire identifier les besoins (actuels ou futurs) de clients potentiels auxquels elle se propose d'apporter des réponses,
- et aussi, dans ses grandes lignes, le système d'action (division du travail : faire ou faire faire, grands choix technologiques, partenariats, canaux de distribution...) grâce auquel elle pourra produire la réponse à ces besoins dans de bonnes conditions d'efficacité et d'efficience.

Pour avoir des chances de créer durablement de la valeur, c'est-à-dire de se faire reconnaître durablement par ses clients comme source « de valeur », l'entreprise doit fournir des prestations que ses concurrents ne peuvent pas fournir ou ne peuvent pas fournir dans d'aussi bonnes conditions de perfor-

---

1. Pour partie, ce chapitre est directement inspiré d'un article rédigé par l'auteur en collaboration avec Jean-Claude Tarondeau [LORINO, TARONDEAU].

mance. En d'autres termes, elle doit concevoir des chaînes de valeur (voir chapitre 1) [NORMANN, RAMIREZ] au sein desquelles elle pourra s'assurer des avantages concurrentiels pérennes et défendables, sans lesquels son potentiel de création de valeur risquerait de s'émousser vite du fait de concurrents mieux placés.

Définition

*(**Stratégie**) Définir la **stratégie** de l'entreprise, c'est concevoir la ou les chaînes de valeur auxquelles elle doit prendre part et la position qu'elle doit y occuper, de manière à s'assurer des avantages concurrentiels pérennes et défendables.*

*(**Chaîne de valeur**) Définition 1 [PORTER] : la **chaîne de valeur** décompose la firme en activités pertinentes au plan de la stratégie, dans le but de comprendre le comportement des coûts et de saisir les sources existantes et potentielles de différenciation (de création de valeur distinctive).*

*(**Chaîne de valeur**) Définition 2 : la **chaîne de valeur** est la combinaison des activités nécessaires à la fourniture de valeur aux clients, par delà les frontières juridiques entre entreprises et les frontières techniques entre métiers.*

Exemples

La chaîne de valeur du papier inclut des exploitants de forêts, des producteurs de pâte, des transformateurs, des distributeurs ; la chaîne de valeur des meubles IKEA inclut le client, puisque c'est lui qui réalise la livraison et l'assemblage finaux ; la chaîne de valeur d'une compagnie aérienne inclut la réservation, l'entretien des avions, le service à bord et la restauration, sous-traitée à l'extérieur.

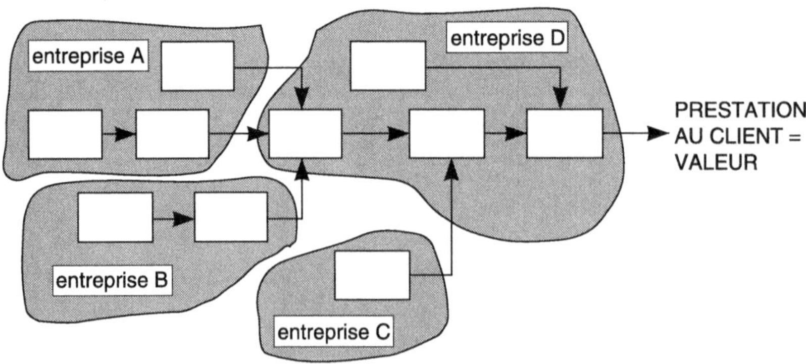

UNE CHAÎNE DE VALEUR RÉPARTIE SUR QUATRE ENTREPRISES

Schéma 1 : *La chaîne de valeur (1)*

La chaîne de valeur est parfois jalonnée de transactions de marché (par exemple, la vente de pneumatiques automobiles dans la chaîne de valeur de la construction automobile). Dans ce cas, le prix auquel s'effectue la transaction (le prix des pneumatiques) « révèle » des composantes chiffrées de la valeur globale (la valeur du pneumatique, composante de la valeur de la voiture). Lorsque les composantes de la prestation au client final font l'objet d'échanges internes (par exemple, le transfert d'un atelier à l'autre d'une caisse automobile non peinte), les éléments correspondants de la valeur (la valeur pour le client de la caisse automobile non peinte) ne sont pas apparents. Ils ne peuvent faire l'objet que de supputations (pas de marché, pas d'acheteur, pas de besoin : qui a besoin d'une caisse automobile non peinte ?) [SHANK, GOVINDARAJAN].

Le concept de chaîne de valeur est pertinent pour comprendre la genèse de la valeur et le positionnement stratégique de l'entreprise. Toutefois, le modèle précis de chaîne de valeur présenté par Porter [PORTER] pour préciser ce concept, étroitement calqué sur l'organisation industrielle traditionnelle (appros / production / distribution / ventes / SAV), est relativement pauvre. Il n'intègre les activités dites « de soutien » que comme supports latéraux, subordonnés au processus de production industrielle, alors même que les chaînes critiques du point de vue de la création de valeur (gestion de la qualité, prévision-planification, gestion du flux, gestion des compétences) peuvent parfois se situer en dehors du processus proprement industriel.

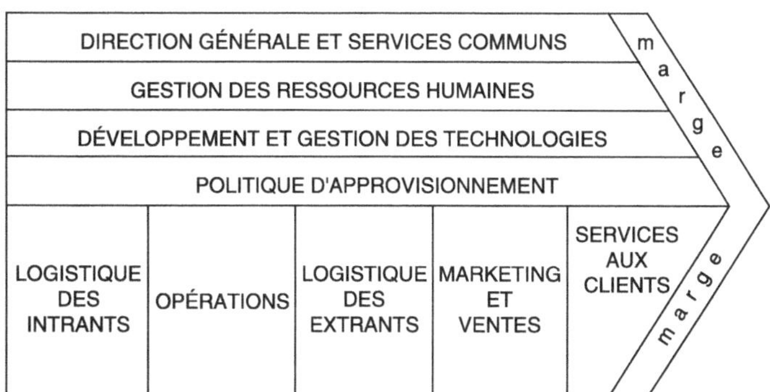

Schéma 2 : *La chaîne de valeur selon M. Porter (2)*

Porter, en privilégiant le processus logistico-industriel manipulateur et transformateur de matière, ignore largement, par exemple, le processus d'ingénierie, manipulateur d'information (le cycle du produit-concept : études de marché / spécifications / conception / développement / modifications de conception du produit en cours de vie / abandon du produit : voir chapitre 10), pourtant souvent le plus important, comme le relèvent Clark et Fujimoto : « La vue informationnelle de l'éventail complet des activités de l'entreprise s'oppose à la vue conventionnelle, qui se concentre sur le flux de matière. Dans cette dernière perspective, le développement du produit est une activité secondaire ou de support. Se centrer sur le flux informationnel remet le développement du produit au premier plan » [CLARK, FUJIMOTO].

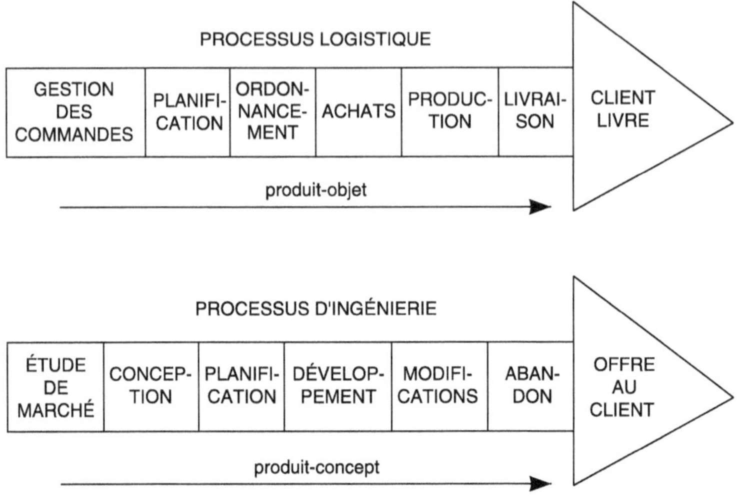

Schéma 3 : *Processus et valeur*

En tout état de cause, la chaîne de valeur est trop complexe et trop diversifiée en fonction des marchés, des produits et des entreprises pour obéir à un modèle universel. La valeur se crée par **agencement en réseau d'une multiplicité de processus**. Tant la définition de ces processus que leur mode d'articulation dépendent de chaque cas concret. À titre d'exemple, montrons ci-dessous la chaîne de valeur « simplifiée » (même ainsi, elle semble passablement complexe...) d'une entreprise d'emballages plastiques, articulation d'une dizaine de processus entre eux.

Commentaire sur le schéma ci-dessous

Les processus sont représentés par des rectangles. Les flux (transactions) inter-processus sont représentés par des flèches, accompagnées d'une désignation de transaction. Exemple : le processus « développer les produits et les processus » fournit des devis aux clients. Le processus « acheter » fournit des « disponibi-lités » au processus logistique (c'est-à-dire des fourchettes de quantités de matières premières contractualisées au sein desquelles le processus logistique peut s'approvisionner de manière normale). Lorsque deux processus sont reliés par une double flèche (dans les deux sens), cela signifie qu'il y a transactions entre eux dans les deux sens. Le nom de chaque transaction figure au plus près du processus pour lequel elle représente un input. Exemple : les processus « vendre » et « gérer le flux logistique » sont reliés par une double flèche. Les « prévisions et commandes fermes » sont un input du processus « gérer le flux logistique » fourni par le processus « vendre ». Les « dates » (échéances de fourniture que l'on peut proposer aux clients) sont un input du processus « vendre » fourni par le processus « gérer le flux logistique ».

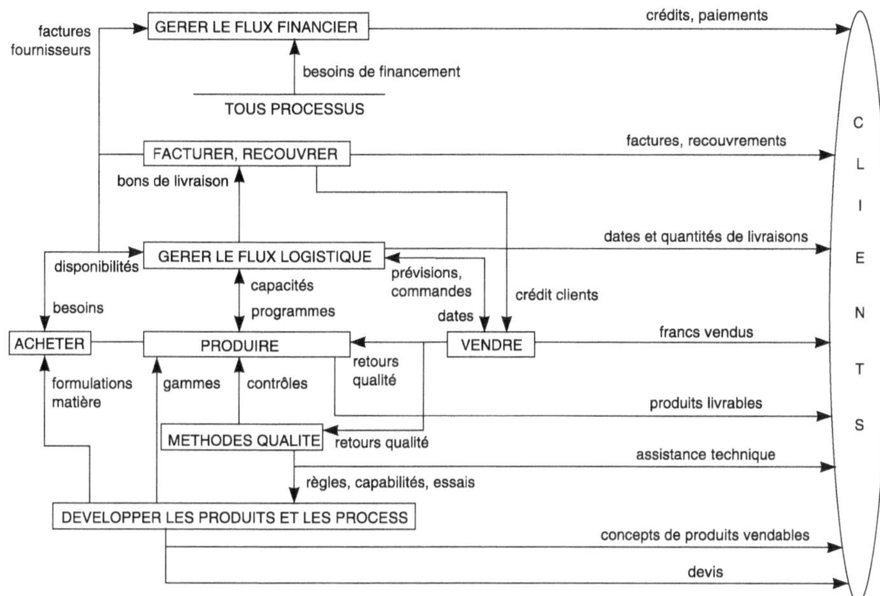

Schéma 4 : *La chaîne de valeur de Plastisac*

◼ *De la stratégie de positionnement à la stratégie fondée sur les compétences*

Définir la stratégie comme conception de la chaîne de valeur marque un changement radical de perspective par rapport aux courants traditionnels de réflexion stratégique. En effet, s'inspirant des stratégies militaires, la stratégie d'entreprise a longtemps été définie comme l'art de combattre sur le champ de la concurrence [LORINO, TARONDEAU]. Elle visait à obtenir un avantage sur les rivaux par des manœuvres concurrentielles : confrontation, partage, dissuasion ou évitement du combat. Il s'agissait donc de stratégies de positionnement : choix du terrain, du moment, des adversaires et des alliés, et de stratégies d'allocation de ressources : nature et importance des ressources allouées à ces manœuvres. Dans ces théories, l'ensemble des firmes présentes dans une même industrie était considéré comme homogène, car soumis aux mêmes facteurs structurels, ce qui était évidemment réducteur et ne permettait guère d'expliquer les avantages concurrentiels défendables de certaines entreprises par rapport à d'autres dans un même secteur d'activité. L'idiosyncrasie propre de chaque entreprise, les spécificités de sa chaîne de valeur, étaient ignorées.

Depuis quelques années, la conception dominante de la stratégie, baptisée « théorie de la ressource », s'est tournée vers l'acquisition et la maîtrise de ressources permettant à la firme de se différencier de ses concurrents. Pour ces théories, chaque firme dispose d'un portefeuille spécifique de ressources qui lui fournit des avantages dans la mise en œuvre de certaines stratégies. Les théoriciens de la ressource considèrent donc les industries comme hétérogènes car composées de firmes possédant des combinaisons de ressources spécifiques. Chaque firme est protégée de la concurrence par l'originalité de son portefeuille de ressources et par son aptitude à préserver cette originalité au cours du temps. Développer une stratégie consiste alors pour l'entreprise à chercher une bonne adéquation entre son portefeuille de ressources et les actions qu'elle engage : choisir l'ensemble d'actions qui exploite le mieux les spécificités de son portefeuille de ressources et, réciproquement, se constituer un portefeuille de ressources qui maximise les chances de victoire sur les terrains d'action retenus.

La théorie de la « ressource » cherche donc à pénétrer la boîte noire « entreprise » que les approches traditionnelles de la stratégie comme guerre de position et de mouvement considéraient comme un pion sur l'échiquier. Mais que sont les « ressources » dont il est ainsi question ? Le mot « ressources », peu défini, devient un « mot-valise » qui désigne tout et n'importe quoi, depuis l'accès à un gisement pétrolier jusqu'à la tradition de dévouement des employés, en passant par une trésorerie bien fournie, un réseau de relations dans les milieux gouvernementaux, une pratique bien établie de coopération avec les meilleures universités, la détention exclusive d'une technologie, la présence dans l'entreprise d'un innovateur de génie... Ce caractère vague et « attrape-tout » du concept de ressource limite sérieusement son pouvoir explicatif (dire qu'une entreprise est stratégiquement victorieuse parce qu'elle maîtrise des ressources-clés que ses concurrentes ne maîtrisent pas revient un peu à dire qu'elle est victorieuse parce qu'elle peut gagner...). En fait, d'un point de vue stratégique, on peut distinguer deux types de ressources :

1. Des ressources qui ne peuvent pas fonder d'avantages comparatifs défendables [BARNEY], parce qu'elles peuvent être :

   - soit abondantes et accessibles à tous,
   - soit aisément imitables,
   - soit substituables, c'est-à-dire faciles à remplacer par d'autres types de ressources ayant la même efficacité,
   - soit relativement faciles à formaliser, à abstraire de leur contexte et à transférer d'un utilisateur à l'autre, par exemple accessibles et négociables sur un marché ouvert où n'importe quelle entreprise peut les acquérir.

On retrouve là les « facteurs » de production évoqués dans la théorie économique de la fonction de production, tout ce qu'on désigne par le terme « ressources » dans le langage courant : capitaux, travail, énergie, information, brevets... Pour que de telles ressources, a priori mobiles, imitables ou accessibles sur des marchés (marché du travail, des capitaux, de l'information...), puissent fonder un avantage stratégique pérenne pour l'entreprise, il faut que celle-ci jouisse d'une manière ou d'une autre d'un monopole d'accès, d'une exclusivité : par exemple, la découverte d'un gisement minier de qualité exceptionnelle est source d'une rente durable, de même que le bénéfice d'un monopole légal de distribution, une autorisation exclusive de mise sur le marché, la détention d'une technologie protégée par un brevet, l'exploitation d'un patrimoine unique (la Société de la Tour Eiffel !), une localisation géographique exceptionnelle. De telles rentes de situation se font de plus en plus rares, compte tenu de l'ouverture des marchés, de leur globalisation, de la fluidité des moyens de communication et d'information, de la mobilité des savoirs techniques.

2. Des ressources qui fondent des avantages comparatifs défendables, parce qu'elles sont [BARNEY] :

- reconnues par le marché comme sources de valeur,
- rares,
- imparfaitement imitables,
- difficilement substituables.

Mais quelles sont ces ressources ? Qu'est-ce qui sert à produire de la valeur, ne se remplace pas, ne s'imite pas, ne s'acquiert pas aisément, est rare et précieux, sinon le savoir-faire, la compétence, « la main du maître » ? Pour produire un bon plat, le plus difficile n'est sans doute pas d'accéder aux bons ingrédients (même si cela a son importance), mais bien de disposer de l'art du chef, de son « inimitable » tour de main...

Si l'entreprise **sait faire** des choses utiles que ses concurrents **ne savent pas** (ou pas encore) **faire,** ou ne savent pas **faire** aussi bien qu'elle, elle dispose de **compétences distinctives.** S'il s'avère difficile pour les concurrents d'apprendre à faire les mêmes choses, ces compétences distinctives sont source d'avantages comparatifs défendables. Dans ce cas, l'avantage comparatif ne procède pas des « ressources » stricto sensu mobilisées par le système d'action, mais du système d'action lui-même. Non de ce que l'entreprise utilise « pour faire », mais de ce qu'elle **fait.** Les « ressources » sources d'avantages stratégiques ne sont donc pas à proprement parler des ressources, mais les compétences de l'organisation, largement fondées sur des effets d'expérience et sur un contexte culturel et organisationnel propre à l'entreprise. Contrairement aux **savoirs** formalisés, « livresques » (un manuel, un brevet, une procédure), les **compétences** ne s'échangent pas. Elles ne peuvent guère faire l'objet de transactions (il ne suffit pas à une entreprise d'acheter une machine performante ni même de recruter une personne experte pour acquérir la compétence collective correspondante : l'expert peut se retrouver englué dans une organisation inadaptée, la machine peut être utilisée bien en-deçà de ses capacités). C'est pourquoi les avantages compétitifs défendables sont généralement fondés sur des compétences. Outre les savoirs formalisés, les compétences incluent des composantes tacites et informelles, étroitement liées au contexte social et culturel particulier, à l'expérience spécifique de l'entreprise, qui évolue en permanence. La compétence est donc ancrée dans l'histoire propre de l'entreprise. De ce fait, elle est difficile à imiter, malaisée à formaliser et transférer d'une organisation à une autre, ambiguë, floue. Enfin, la compétence ne se stocke pas, car elle évolue en permanence.

Ressources ne fournissant aucun avantage comparatif défendable	« Ressources » sources d'avantage comparatif défendable...	... ce qui recouvre les compétences
parfaitement imitables	non parfaitement imitables	existence d'un contenu tacite important
a-historiques	base historique précise, historicité	intégration d'effets d'expérience
déterministes, cernables, recours exclusif aux éléments de définition formels	ambiguïté causale, complexité logique, définition floue, recours à l'informel	interprétabilité par les acteurs, subjectivité, marge étendue laissée à l'apprentissage
décontextualisation, possibilité d'abstraction du contexte socio-culturel, transférabilité	complexité sociale, dimension culturelle, inscription dans un contexte socio-culturel	intégration du contexte social et culturel et d'un bagage de connaissances implicites collectives
figées	évolutives	processus dynamique de construction de compétences et de savoirs
possibilité d'existence d'un marché	pas de marché possible	impossibilité de détacher complètement la ressource de son contexte et des acteurs qui la portent

***Tableau 1** : Avantages comparatifs défendables et compétences*

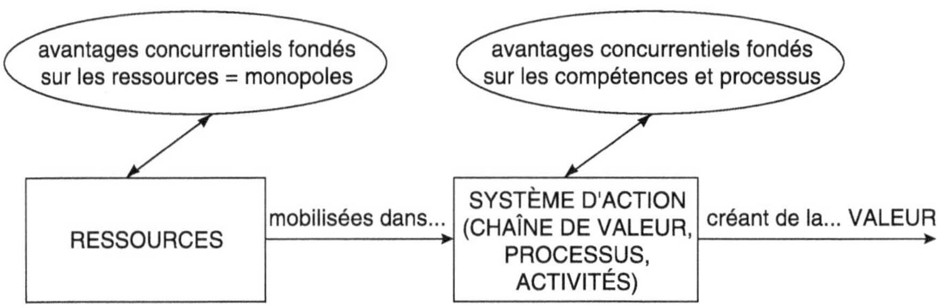

***Schéma 5** : Avantages concurrentiels fondés sur les ressources ou sur les compétences*

■ *Le concept de compétence*

Pour la notion de compétence, on empruntera la définition de Guy Le Boterf [LE BOTERF] : « (la compétence est) l'aptitude à combiner des ressources pour mettre en œuvre une activité ou un **processus d'action** déterminé », légèrement amendée et complétée :

Définition

> Une **compétence** est l'aptitude à mobiliser, combiner et coordonner des ressources dans le cadre d'un processus d'action déterminé, pour atteindre un résultat suffisamment prédéfini pour être reconnu et évaluable. Cette aptitude peut être individuelle ou organisationnelle.

Dans l'entreprise, la compétence, aptitude à produire un résultat, est donc aptitude à créer de la valeur, à produire un élément de valeur pour un marché ou un groupe d'usagers. Elle mobilise une combinaison de ressources, par exemple du capital, du travail, des matières, des savoirs formalisés (un brevet, un process chimique, le guide d'utilisation d'un équipement). Elle n'est cependant pas définie par cette combinaison de ressources, mais par le **processus d'action** qu'elle permet de mettre en œuvre et son résultat (« mobiliser, combiner et coordonner (...) pour atteindre un résultat... »). Une même compétence peut être obtenue avec des combinaisons de ressources différentes. Par exemple, un bon diagnostic de maintenance peut être réalisé par un jeune et brillant diplômé muni de bons outils (manuels, logiciels, systèmes experts d'aide au diagnostic) ou par un autodidacte expérimenté. La compétence organisationnelle est la même dans les deux cas (l'organisation peut exécuter efficacement le processus « diagnostiquer les incidents et pannes ») même si les combinaisons de ressources utilisées sont distinctes. La compétence ne se résume en aucun cas au mix des ressources auxquelles elle fait appel : il ne suffit pas de disposer des ressources pour pouvoir mettre en œuvre le processus d'action avec succès. Si le chef du service de maintenance évite de faire appel à l'autodidacte expérimenté parce qu'il pourrait lui faire ombrage, la ressource existe, mais elle est stérilisée par le fonctionnement organisationnel.

Aux ressources, la compétence ajoute des savoir-faire informels et incommunicables, des tours de main, des intuitions, acquis à la faveur du parcours d'expérience antérieur, de réalisations passées, de pratiques testées. Il ne suffit pas de disposer d'un logiciel de CAO (Conception Assistée par Ordinateur) et de jeunes ingénieurs fraîchement diplômés pour concevoir de bonnes voitures ! La compétence s'appuie sur l'expérience, donc sur une **histoire**, et l'histoire ne se transporte guère d'une organisation à une autre.

Aux ressources, la compétence organisationnelle ajoute aussi un réseau de rapports interpersonnels, de relations de pouvoir, de division du travail, de modes de communication et de coopération. Le bon orchestre n'est pas seulement constitué de bons musiciens, il exige des musiciens qui savent bien jouer ensemble (ce qui implique généralement qu'ils ont une histoire commune).

Enfin, la compétence est aussi enracinée dans les éléments contextuels, sociétaux et culturels qui « vont sans dire » (par exemple, les écrans de contrôle des moyens de production automatiques s'adressent à des opérateurs qui savent lire ; les calculateurs scientifiques supposent un approvisionnement en courant électrique extrêmement stable). Ces éléments contextuels implicites réapparaissent de manière explicite quand leur carence fait échouer le processus, donc remet en cause la compétence : tel processus industriel éprouvé ne fonctionne plus dans une région où le taux d'alphabétisation est faible ou la fourniture d'électricité irrégulière.

■ *Compétence et action*

La compétence n'existe qu'en situation. Elle est indissolublement liée à l'action organisée, donc aux processus. **La compétence est origine et aboutissement de l'action**. La compétence organisationnelle est origine et aboutissement de l'action organisationnelle. L'orchestre est obligé de répéter pour s'approprier collectivement une œuvre ; réciproquement, il ne peut interpréter l'œuvre que s'il est compétent : en interprétant, il construit, démontre et met en œuvre sa compétence.

En jouant, non seulement l'orchestre met en œuvre sa compétence, mais il l'accroît. Alors que les ressources sont le plus souvent usées, consommées par l'usage, les compétences sont au contraire développées par leur mise en œuvre, grâce aux effets d'expérience. Plus on consomme de kilos de fonte ou d'heures de travail, moins il reste de kilos de fonte ou d'heures de travail disponibles. Au contraire, plus on fait, plus on sait faire. Plus on met en œuvre une compétence, plus la compétence disponible est grande.

Une compétence est étroitement associée à un processus [LORINO, TARONDEAU]. Elle en est le soubassement invisible. La compétence ne devient visible et vérifiable que lorsqu'elle est mise en œuvre à travers un processus. La compétence est un potentiel, le processus est la réalisation de ce potentiel. « Réaliser un processus » est synonyme de « mettre en œuvre une compétence ». Sans compétences, l'entreprise ne peut mettre en œuvre les processus. Mais, réciproquement, le processus produit la compétence. Si elle ne met pas en œuvre ses compétences dans des processus, l'entreprise ne les développe pas et finit même par les perdre.

Les processus sont la base de l'apprentissage individuel et collectif. Ils sont le lieu des interactions et des échanges entre acteurs. Le processus offre au développement des compétences :

- Une base **de validation** : il révèle et confirme l'existence d'une compétence. C'était évident pour l'artisan : on juge de la compétence du potier à la qualité des pots de céramique qu'il fabrique. On l'a parfois oublié pour l'entreprise.
- Une base **d'expérience** : il alimente en expérience les équipes qui le mettent en œuvre : acquisition de tours de main, retour d'expérience sur les améliorations possibles, repérage des dysfonctionnements et des opportunités d'amélioration, essai d'actions correctrices. De là découle l'existence de courbes d'expérience : plus le processus est répété, plus ses performances (productivité, délai, qualité) s'améliorent.
- Une base **d'expérimentation** : il permet de critiquer les modes opératoires existants et d'en tester de nouveaux ; il permet, par les coopérations entre métiers qu'il met en jeu, de croiser des compétences différentes et de confronter les acteurs à des représentations « exotiques » de l'action, sources d'innovations. Par exemple, les ingénieurs d'études d'un constructeur automobile expérimentent le remplacement des prototypes physiques du véhicule par des prototypes virtuels dans le cadre du processus de développement.
- Une base de **mémorisation** : c'est souvent dans le cadre de processus que se développent, se stabilisent et se formalisent des routines d'action, constitutives d'une véritable mémoire organisationnelle. Cela est connu depuis longtemps pour les processus de production industrielle : c'est en observant et formalisant les méthodes de travail des opérateurs qui produisent que les ingénieurs des méthodes mettent au point les gammes opératoires, mémoire technologique de l'entreprise.

Le couplage de la compétence avec le processus, donc avec l'action, le mouvement, explique l'évolution continue de la base cognitive de l'entreprise. Le processus est le lieu de l'apprentissage organisationnel (voir chapitre 12), qu'il s'agisse d'apprentissage progressif (amélioration, progrès continu) ou d'apprentissage de rupture (innovation). Il permet [NONAKA, TAKEUCHI] :

- la diffusion de connaissances informelles par compagnonnage, observation et imitation, à travers les coopérations entre acteurs qu'il met en jeu (= la « socialisation » des connaissances, selon Nonaka et Takeuchi),
- l'explicitation et la codification de connaissances informelles, pour répondre aux besoins de communication entre acteurs d'un même processus, par exemple dans le cadre de procédures d'Assurance-Qualité (= l'« externalisation » des connaissances, selon Nonaka et Takeuchi),
- la combinaison de savoirs de natures différentes (par exemple, de métiers différents impliqués dans le même processus), engendrant de nouvelles connaissances,

- l'appropriation pratique de connaissances nouvelles par leur mise en œuvre répétée dans le cadre d'un processus, jusqu'à ce que ces connaissances nouvelles deviennent partie intégrante des connaissances tacites de l'entreprise, partie, en somme, de ses connaissances réflexes (= l'« internalisation » des connaissances, selon Nonaka et Takeuchi).

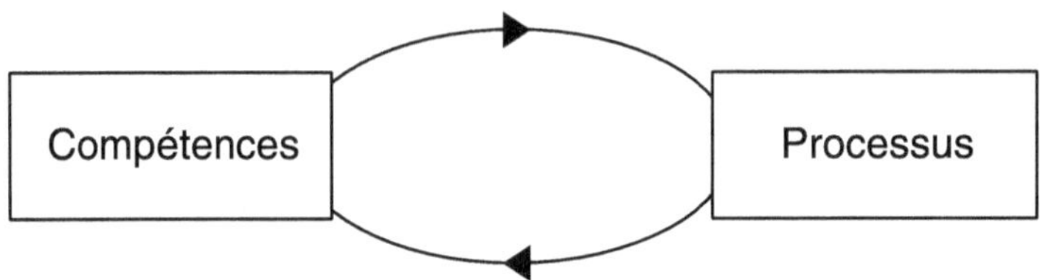

Schéma 6 : *Processus et compétences*

Il y a donc quasi-identité entre compétence organisationnelle et processus : « *La compétence n'est pas un état ou une connaissance possédée. Elle ne se réduit ni à un savoir ni à un savoir-faire (...). Il n'y a de compétence que de compétence en acte (...). La compétence ne réside pas dans les ressources (connaissances, capacités...) à mobiliser mais dans la mobilisation même de ces ressources (...). Le concept de compétence désigne une réalité dynamique, un processus (...). La compétence fait ses preuves dans l'action.* » [LE BOTERF].

Processus et compétence organisationnels présentent la même nature combinatoire et complexe. Le processus n'est pas simple juxtaposition de ressources, ni d'activités isolées les unes des autres. Il exige des liens de coordination, car il doit déployer ressources et activités en un ensemble organisé. Pareillement, la compétence qui le sous-tend n'est pas simple juxtaposition de compétences individuelles. Elle inclut des aptitudes à assembler, coordonner, synchroniser, reconfigurer au fil du temps.

■ *Les processus définissent les ressources*

Un processus mobilise différents types d'objets matériels ou immatériels : des machines, des bases de données, de l'espace, le temps de travail et les efforts des individus. Ces objets ne deviennent des ressources qu'à partir du moment où ils sont mobilisés par un processus pour remplir une fonction déterminée. Aucun objet n'est en soi une ressource. Il le devient par la grâce des processus (et donc des compétences) qui le mobilisent.

Exemple : histoire de tournevis...

*Pour illustrer ce propos, suivons les péripéties de la vie d'un tournevis. Un agent de maintenance l'utilise pour régler des équipements mécaniques dans l'atelier. Le tournevis, mobilisé par le processus **d'entretien**, est une **ressource** pour ce dernier. Un jour, l'agent de maintenance égare le tournevis derrière une machine. L'outil oublié se couvre de poussière dans un coin. Il a cessé d'être une ressource : il n'est plus mobilisable par aucun processus. Quelques semaines plus tard, l'opérateur de la machine derrière laquelle le tournevis est tombé est ennuyé : la machine vibre, ce qui nuit à la qualité des pièces. En tentant de remédier au problème, il se glisse entre la machine et le mur et il marche sur le tournevis. Il le ramasse et le fourre dans une poche. Il constate alors que les vibrations de la machine sont dues au jeu qui existe entre deux tôles mal ajustées. Il suffirait de glisser un objet entre elles pour les bloquer et résoudre le problème. Sa main entre alors en contact avec le tournevis. Il l'empoigne et en enfonce la pointe dans l'interstice entre les deux pièces fautives. Il met la machine en marche : les vibrations ont cessé. Le tournevis est redevenu une ressource, mais une ressource mobilisée cette fois par le processus de **production**. Il ne sert plus à visser, mais à éviter des vibrations (ce qui n'est peut-être pas une utilisation optimale pour lui...). Jusqu'à ce que quelqu'un s'avise que la machine doit être réparée pour ne pas vibrer et que le tournevis peut servir de nouveau à visser. Le tournevis est ainsi passé par quatre phases de mobilisation par les processus, qui ont chaque fois transformé son statut de ressource : ressource d'entretien, non-ressource, ressource de production, ressource d'entretien.*

Autre exemple : histoire de journal (contée par Julio Cortazar)...

« Un monsieur prend le tramway après avoir acheté le journal, qu'il porte sous le bras. Une demi-heure plus tard, il descend du tramway avec le même journal sous le même bras.

Mais ce n'est plus le même journal, maintenant c'est un tas de feuilles imprimées que le monsieur abandonne sur un banc de la place.

À peine a-t-il été laissé seul sur un banc, le tas de feuilles imprimées se transforme de nouveau en journal, jusqu'à ce qu'un garçon le voie, le lise et le laisse, converti en un tas de feuilles imprimées.

À peine abandonné seul sur le banc, le tas de feuilles imprimées se transforme de nouveau en journal, jusqu'à ce qu'une vieille le trouve, le lise et le convertisse en un tas de feuilles imprimées. Puis elle l'emporte chez elle et, en chemin, elle s'en sert pour envelopper une livre de haricots verts, destination normale des journaux après toutes ces excitantes métamorphoses. » [CORTAZAR].

Une ressource n'a donc pas de caractère stratégique en soi. Ce qui peut avoir un caractère stratégique, ce n'est pas la ressource, mais le processus qui la mobilise et la compétence qui le sous-tend.

■ *Les processus stratégiques*

Face à des menaces ou des opportunités stratégiques, la réponse de l'entreprise prend nécessairement la forme de processus d'action. Pour neutraliser (verbe d'action) une menace stratégique, pour exploiter (verbe d'action) une opportunité stratégique, il faut mettre en œuvre des processus, donc des compétences.

Seuls quelques-uns parmi les multiples processus observables dans l'organisation présentent un caractère stratégique : ce sont ceux qui influent sur les conditions d'insertion de la firme dans son environnement et sont susceptibles de lui procurer des avantages concurrentiels défendables. L'analyse stratégique rejoint donc l'analyse de processus et s'attache à sélectionner ceux des processus qui seront qualifiés de stratégiques.

On peut ainsi appréhender la relation stratégie-performance de manière plus directe que dans les démarches fondées sur les ressources. En effet, le processus, action productrice de résultats, influe directement sur les performances et la réalisation des objectifs stratégiques, tandis que la relation entre ressources et performances finales est plus indirecte, car médiatisée par les processus. Alors qu'il est difficile de répondre à la question : « comment telle ressource influe-t-elle sur telle performance stratégique ? », il est plus aisé de répondre aux deux questions : « comment tel processus influe-t-il sur telle performance stratégique ? » et « comment telle ressource influe-t-elle sur tel processus ? ». L'analyse stratégique formulera ainsi les deux questions-clés : « quels sont les processus qui influent de manière significative sur les performances stratégiques ? » et « quelles sont les caractéristiques du processus (ressources, compétences, autres facteurs) qui influent de manière significative sur ses résultats ? ».

Pour être stratégique, un processus doit remplir deux conditions :

1. Il doit être **critique**, c'est-à-dire avoir un impact significatif sur une performance stratégiquement sensible. En d'autres termes, il doit contribuer à saisir une opportunité stratégique ou à parer une menace stratégique.

2. Il doit être source d'avantages concurrentiels défendables. Il ne peut remplir cette condition qu'en mobilisant des compétences qui soient :

   - difficilement substituables, non accessibles sur un marché,
   - rares,
   - difficiles à imiter.

On ne doit pas pouvoir atteindre les mêmes résultats (réaliser le processus avec le même niveau de performances) par un autre ensemble de compétences aisé à obtenir et à maîtriser. Par exemple, le processus de développement interne de nouveaux produits ne sera source d'un avantage comparatif défendable que s'il mobilise des compétences rares, difficiles à imiter, non substituables par le recours à des bureaux d'études sous-traitants accessibles aux concurrents.

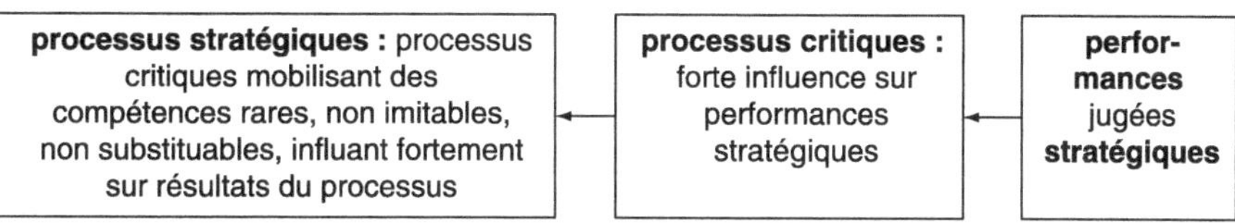

Schéma 7 : *Processus critiques et stratégiques*

Qui dit « processus stratégique » dit généralement « compétence stratégique », également désignée par le terme « compétence distinctive », rare et difficile à imiter. Les compétences reposent sur un mix de savoirs explicites et tacites, sur une expérience historique, un contexte social et culturel particulier (l'habileté des Jurassiens pour la micromécanique...), toutes choses difficiles à reproduire ailleurs et à un autre moment. En outre, la compétence organisationnelle met en jeu des modes de fonctionnement collectifs et des relations sociales, ce qui la rend d'autant plus difficile à imiter.

Exemple : l'entreprise d'emballages plastiques Polyfilm

Polyfilm produit des emballages de polyéthylène, sous forme de rouleaux de film, de rouleaux de film imprimé ou de sacs de plastique. Les dirigeants constatent que le processus logistique (planification-ordonnancement du flux de matière, de la commande du client à la livraison) mobilise les ressources suivantes :

– un logiciel de GPAO : certes, il y en a de meilleurs que d'autres, mais les concurrents peuvent se les procurer sans difficulté sur le marché,
– des données sur le marché : elles sont fournies par des banques de données bancaires et professionnelles auxquelles tout un chacun peut accéder,
– des machines de conditionnement que toute entreprise peut acquérir,
– des services de transporteurs disponibles sur le marché...

Aucune de ces ressources ne peut manifestement être source d'un avantage compétitif défendable. Par contre, on peut constater que la grande expérience de l'entreprise en matière de Juste-A-Temps lui permet de tirer de ce portefeuille de ressources des performances, en termes de délais et de régularité, qu'une autre entreprise moins expérimentée ne pourra atteindre de sitôt. C'est la répétition, l'expérience, les savoir-faire, les ajustements mutuels formels et informels, conscients ou inconscients, les automatismes comportementaux individuels et collectifs, les scénarios répétitifs assimilés en routines collectives, les langages spécifiques, qui fondent le « Juste-A-Temps inimitable » de l'entreprise. L'avantage compétitif se construit sur un ensemble de compétences individuelles et collectives acquises au fil de l'histoire et concrétisées dans un processus d'action (qui déborde parfois les frontières de l'entreprise, si, par exemple, la compétence stratégique réside dans l'aptitude à gérer des partenariats avec des fournisseurs) dont elles sont inséparables.

■ *Le modèle d'analyse*

L'analyse stratégique enchaînera donc :

- l'identification des performances stratégiques (réponses à des menaces ou à des opportunités stratégiques),
- l'identification des processus critiques (influant fortement sur les performances stratégiques),
- l'identification des processus et compétences stratégiques (processus critiques mobilisant des compétences rares, difficiles à imiter ou à substituer).

L'analyse stratégique consiste à tenter de relier des avantages compétitifs défendables à des processus et des compétences : quels sont les processus stratégiques et, à travers eux, les compétences distinctives qui fondent des avantages compétitifs défendables ? Quels sont les leviers d'action stratégiques correspondants ?

L'avantage compétitif défendable peut se fonder à trois niveaux distincts de l'action organisationnelle :

1. Il peut procéder d'un avantage de l'entreprise dans la maîtrise d'une activité-clé spécifique au sein d'un processus : l'avantage stratégique est alors fondé sur des compétences distinctives très locales.

> ### *Exemple*
>
> *Une entreprise productrice de chips électroniques détient une avance significative en matière de photogravure et obtient ainsi des taux de rendement sensiblement supérieurs à ceux de ses concurrents.*

2. Il peut procéder d'un avantage de l'entreprise dans la maîtrise d'ensemble d'un processus, y compris l'organisation générale du processus et les coordinations entre activités au sein du processus. L'avantage stratégique est alors fondé sur des compétences organisationnelles transversales mais ciblées (à l'échelle d'un processus qui traverse l'organisation et fournit un output précis).

> ### *Exemple*
>
> *La maîtrise des méthodes de prototypage rapide ou de développement concourant peut permettre à un groupe automobile de développer ses nouveaux produits plus vite et pour moins cher que ses concurrents, donc de renouveler sa gamme plus fréquemment et à un moindre coût.*

3. Il peut enfin procéder d'une différenciation dans l'articulation globale des processus entre eux, dans la structure générale de la chaîne de valeur. L'avantage stratégique est alors fondé sur des compétences organisationnelles globales qui ont trait à l'agencement général des métiers dans l'entreprise, voire en-dehors de l'entreprise (implication des fournisseurs, distributeurs et autres partenaires).

Exemple

L'entreprise japonaise National Bicycle, en abaissant ses délais de production en-deça du délai de livraison commercial de deux semaines, peut produire et vendre des bicyclettes sur mesure là où les concurrents sont contraints de produire des modèles de série pour des stocks. Ceci permet à National Bicycle d'intégrer totalement vente, distribution et fabrication sur commande pour ses bicyclettes haut de gamme en un seul processus, avec disparition des stocks de produits finis. Pour la bicyclette haut de gamme, la chaîne de valeur de National Bicycle est complètement transformée (conception et production sur mesure, à la demande).

Selon que l'avantage stratégique repose sur une logique d'innovation et de rupture (l'entreprise maîtrisant alors une compétence de manière exclusive) ou sur une logique d'expérience et de progrès continu (l'entreprise détenant alors une avance significative sur une compétence-clé également détenue par des concurrents), on pourra identifier six types de leviers d'action stratégiques et d'avantages compétitifs défendables :

	Différenciation liée à l'expérience acquise	**Différenciation liée à l'innovation**
Avantage fondé sur la performance d'une activité du processus	1. construction/maintien d'une compétence distinctive localisée (portant sur une activité précise) à portée stratégique, par l'accumulation et la capitalisation d'expérience sur cette activité (parcours d'expérience localisé)	2. construction/maintien d'une compétence distinctive localisée (portant sur une activité précise) à portée stratégique par l'innovation (programme d'expérimentation localisé)
Avantage fondé sur la performance d'un processus dans son ensemble	3. construction/maintien d'une compétence d'organisation et d'intégration (portant sur la configuration globale d'un processus), par l'accumulation et la capitalisation d'expérience sur ce processus (parcours d'expérience organisationnel ciblé),	4. construction/maintien d'une compétence d'organisation et d'intégration (portant sur la configuration d'un processus), par l'innovation (programme d'expérimentation organisationnel ciblé).

	Différenciation liée à l'expérience acquise	Différenciation liée à l'innovation
Avantage fondé sur la structure globale de la chaîne de valeur et sur la coordination entre processus distincts	5. construction/maintien d'une compétence d'organisation et d'intégration portant sur les modes de coordination entre processus et sur la configuration globale de la chaîne de valeur, par l'accumulation et la capitalisation d'expérience (parcours d'expérience global).	6. construction/maintien d'une compétence d'organisation et d'intégration portant sur les modes de coordination entre processus et sur la configuration globale de la chaîne de valeur, par l'innovation (programme d'expérimentation global).

Tableau 2 : Les six types d'avantages comparatifs défendables

2. Le déploiement de la stratégie par les processus

Il ne suffit pas de se doter d'une stratégie pertinente, encore faut-il s'assurer qu'elle va être mise en œuvre et passer dans les faits : il faut la déployer, c'est-à-dire **concevoir et mettre en place un système de pilotage** (indicateurs de pilotage, indicateurs de résultats, tableaux de bord) destiné à assurer la mise en œuvre et la conduite de la stratégie. Une finalité première de la gestion, même si on l'a parfois un peu oublié, est de s'assurer que les comportements opérationnels permettent d'atteindre les objectifs stratégiques de l'entreprise. Cette concordance ne va pas de soi. Nombreuses sont les entreprises qui affichent une stratégie (par exemple, « la qualité avant tout », le « juste à temps », le « renouvellement rapide de la gamme de produits », le « développement de l'innovation », le « développement du service »), **tout en continuant à évaluer les performances opérationnelles avec des systèmes hérités du passé, qui renvoient de fait à une stratégie différente**. Pour bien approcher cette délicate question des rapports entre stratégie et pilotage opérationnel (voir à ce sujet le cas Eurocomputer, traité au chapitre 14), nous commencerons par analyser plus précisément la notion de performance.

■ *Stratégie et performance*

Rappelons la définition de la performance donnée au chapitre 1 :

- **est performance dans l'entreprise tout ce qui, et seulement ce qui, contribue à atteindre les objectifs stratégiques,**

et la définition du pilotage qui en résulte :

- **le pilotage est une boucle entre stratégie et opérations ; piloter, c'est déployer la stratégie en règles d'actions opérationnelles (déploiement de la stratégie = stratégie vers opérations)...**

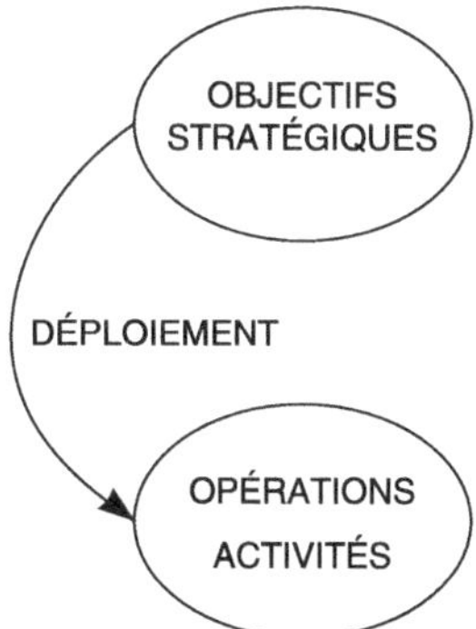

Schéma 8 : *Pilotage et déploiement d'objectifs*

- **... et capitaliser l'expérience acquise dans l'action (retour d'expérience = opérations vers stratégie).**

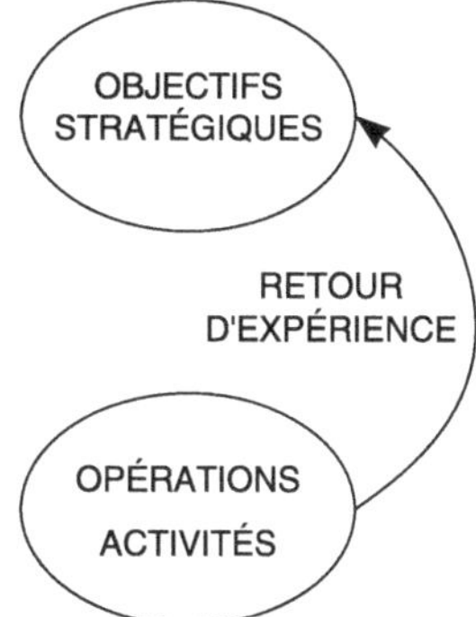

Schéma 9 : *Pilotage et retour d'expérience*

Le pilotage est donc accomplissement continu de deux fonctions : déploiement de stratégie et retour d'expérience.

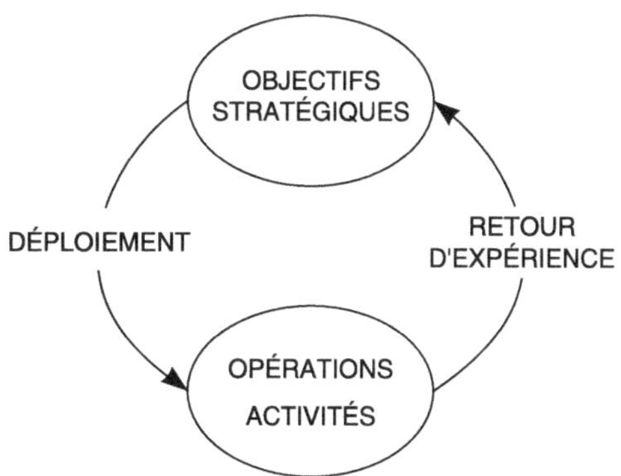

Schéma 10 : *La boucle du pilotage*

De ces définitions découle une conséquence pratique importante : **la notion de performance est relative à la définition des objectifs**. Ce qui est performance dans une situation donnée, caractérisée par des objectifs précis, peut ne pas l'être dans une autre situation, caractérisée par d'autres objectifs. Ce propos est clairement illustré par l'exemple de La Poste (Annexe 2 du chapitre 4) et par le cas Eurocomputer, présenté au chapitre 14.

Le contenu concret de la performance est donc contingent aux objectifs stratégiques. Il n'y a pas de « performances courantes » indépendantes de la stratégie. La vision selon laquelle le pilotage juxtaposerait un domaine d'« actions stratégiques » et un domaine de « gestion courante » est erronée. En dernier ressort, l'action est une, et le patrimoine de ressources dans lequel elle va puiser est le même, appelant des arbitrages entre ce qui serait supposé stratégique et ce qui ne le serait pas. Prétendre séparer les deux sphères conduit tôt ou tard à de graves mécomptes : la stratégie est piégée par les effets stratégiques de la gestion prétendument « courante », ou la gestion courante est piégée par les effets quotidiens de l'action « stratégique ».

L'exemple de la Compagnie des Eaux de Mirebourg

Le Centre des Eaux de Mirebourg assure la distribution de l'eau et de certaines énergies (réseau de vapeur) sur la ville de Mirebourg et le département dont elle est préfecture. À ce titre, il assure une mission commerciale (développer les usages de ses fluides, notamment pour le chauffage résidentiel collectif et pour les activités industrielles), une mission de contact avec la clientèle (accueil, information, analyse de besoins, contractualisation, interventions techniques chez les clients, facturation et recouvrement) et des missions techniques (construction, modernisation et maintenance des réseaux de distribution d'eau et de vapeur). Le Centre s'est doté d'un plan stratégique à cinq ans, construit autour de quatre axes stratégiques prioritaires :

* *développer la qualité du service aux clients,*
* *développer les partenariats avec la ville de Mirebourg,*
* *renouveler les canalisations les plus anciennes,*
* *améliorer la qualité environnementale des réseaux en refaisant les ouvrages les plus dommageables pour le cadre de vie.*

Par ailleurs, les impératifs opérationnels des métiers de base du Centre (faire fonctionner le réseau dans des conditions satisfaisantes de continuité et de qualité de la fourniture, réparer les pannes, facturer et recouvrer les livraisons, assurer la sécurité du public et des agents) sont laissés hors Plan Stratégique, puisque impératifs évidents de la gestion courante. « Les missions de base vont sans dire ! », s'exclame le Directeur Adjoint du Centre.

Pour préciser les voies d'amélioration de la qualité du service, une enquête détaillée est effectuée auprès des clients. Entre autres éléments de satisfaction importants, il en ressort que le public est particulièrement sensible à la rapidité avec laquelle le

Centre réalise les interventions demandées en clientèle (changement de compteur, pose de compteur, déplacement de compteur, pose de mesureurs de chaleur, vérifications techniques).

Ces interventions, dites « interventions courantes » (IC), sont réalisées par un corps d'agents techniques spécialisés, les « agents d'IC ». Ce sont les mêmes agents qui réalisent les coupures des clients qui ne règlent pas leurs factures après un processus de relances et de mises en demeure. Ces agents constituent une ressource critique, car, par périodes, la charge de travail dépasse les capacités de l'équipe, et il se crée des phénomènes de files d'attente. Ce sont les contremaîtres qui arbitrent quotidiennement entre les différents besoins, en établissant des tournées et des programmes d'interventions qui mixent les coupures des clients non recouvrés et les « interventions courantes » auprès des clients qui en ont fait la demande.

Priés de traduire dans leur activité les quatre axes prioritaires du Plan, les responsables des équipes d'IC décident d'établir une politique d'intervention qui privilégie systématiquement la réponse rapide aux demandes des clients. Ils proposent comme indicateur de pilotage stratégique le délai moyen de réalisation des IC demandées par les clients (« DEMIC »). Effectivement, l'action se révèle efficace, puisqu'en trois mois le « DEMIC » (délai moyen de réalisation des IC) diminue de sept jours à deux jours. Au bout de quelques semaines, cependant, les dirigeants constatent une détérioration alarmante de la performance de trésorerie du Centre : les coupures des clients qui ne paient pas sont réalisées plus tardivement, la quantité de fluides ainsi livrée sans règlement croît significativement, les chances de recouvrement amiable ou contentieux se dégradent rapidement avec le temps de réaction (dans ce domaine, plus on réagit vite, avant que le problème ait pris des dimensions trop considérables, plus on a de chances de trouver des solutions négociées).

L'action « stratégique » « rapidité de réponse aux clients » a interféré intempestivement avec la « gestion courante » de la trésorerie et du recouvrement, tout simplement parce qu'elles tirent toutes deux sur la même ressource (les agents d'IC). L'objectif « performance de trésorerie » aurait dû être inclus dans la réflexion stratégique. De fait, un arbitrage stratégique entre « performance de trésorerie » et « satisfaction de la clientèle courante » est rendu quotidiennement... par la maîtrise technique, lorsqu'elle établit les tournées des agents d'IC. La stratégie est construite quotidiennement « à l'inspiration » par les contremaîtres. Chassez la stratégie du niveau de direction, elle rentre au galop aux niveaux d'exécution...

Les systèmes de pilotage doivent donc être explicitement conçus pour mettre en œuvre la stratégie : ils doivent assurer *le déploiement de la stratégie dans l'organisation.* À défaut d'un tel déploiement, la stratégie se condamne à ne rester qu'une proclamation incantatoire, et le contrôle de gestion, quant à lui, risque de poursuivre obstinément des objectifs totalement dépassés.

■ *Le processus, pont entre les activités et la valeur*

Le pilotage de la performance se heurte à une contradiction majeure [LORINO, CRP, 1995] :

1. Il lui faut juger de la création de valeur (la réponse aux besoins des clients) par l'entreprise. À cette fin, le pilotage doit estimer par anticipation la future valeur qu'attribueront les clients aux **prestations** offertes par l'entreprise à travers ses produits et ses services.

Définition

> *On appelle prestations les éléments de satisfaction de leurs besoins fournis par l'entreprise à ses clients ou à ses usagers. Elles correspondent aux caractéristiques fonctionnelles du produit ou du service principal, mais aussi au niveau de qualité et au délai de livraison garantis, aux conseils d'utilisation, au service après-vente et aux autres services d'accompagnement assurés, par exemple un crédit à l'acheteur. Les prestations portent la valeur.*

2. Mais ce qu'il s'agit de piloter, concrètement, ce sont les **activités** réalisées dans l'entreprise : il faut orienter les acteurs de l'entreprise dans leurs activités.

Or, il n'y a généralement pas de correspondance simple entre les activités dont il faut piloter la performance et les prestations offertes aux clients, pour deux raisons :

1. Du fait de la division du travail, pour obtenir une même prestation il faut généralement combiner plusieurs activités de manière souvent complexe (par exemple, la date de livraison du produit au client dépend directement des activités « gérer les commandes », « gérer les stocks », « gérer les approvisionnements », « programmer la fabrication », « fabriquer », « expédier », et indirectement, de dizaines d'autres activités de l'entreprise). Symétriquement, une activité donnée contribue, directement ou indirectement, à l'obtention de prestations multiples.

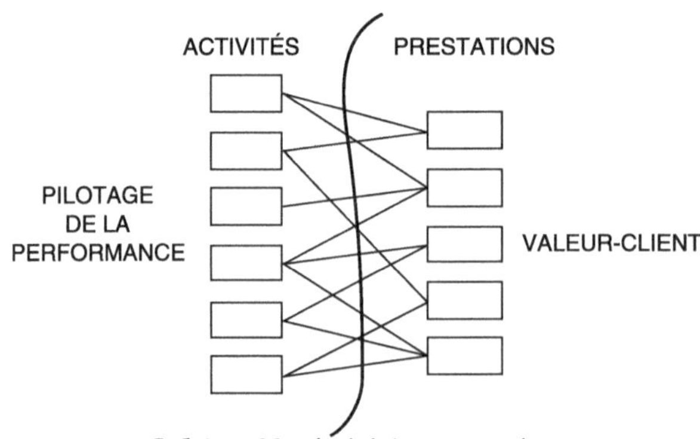

Schéma 11 : *Activités et prestations*

2. Les activités contribuant à la fourniture d'une prestation sont presque toujours exécutées **avant** que la prestation puisse effectivement être fournie au client. Des centaines d'activités de conception, développement, planification, fabrication, achat, contrôle, formation, paye... ont lieu à des dates différentes, avant que prenne forme pour le client la voiture avec sa motorisation, son freinage, son habitacle intérieur, sa planche de bord, son manuel d'entretien, le crédit qui l'accompagne. Lorsque les activités sont réalisées, les prestations auxquelles elles contribuent ne sont qu'une perspective d'avenir, et la valeur qu'elles auront pour le client n'est qu'un espoir entaché d'incertitude (le produit sera-t-il vendable, le client l'appréciera-t-il « à sa juste valeur » ?).

La division du travail, qui éclate le processus entre des métiers et des lieux multiples, et l'étalement du processus dans le temps rendent donc la correspondance prestation/activité problématique. Le pilotage de performance ne peut pas porter de jugement direct sur une activité considérée isolément : **en soi, la performance d'une activité n'existe pas**. Elle n'existe que parce que l'activité participe à des chaînes productrices de valeur pour le client, à des processus. Le pilotage de performance porte donc d'abord sur les **processus**, combinaisons d'activités multiples, **ponts entre activités et prestations, entre performance et valeur, entre compétences internes et besoins des clients**. Le processus est un instrument essentiel pour répondre à la question : comment piloter la valeur des **futures prestations** dans les performances des **activités présentes** ?

■ *Processus et création de valeur : déployer les besoins du client*

La vision en termes de processus est le regard jeté sur le système d'activités à partir du résultat fourni, du client, du besoin satisfait. Une structuration par métiers, familles de compétences, correspond à un regard interne, lié à une certaine forme de division du travail. Une structuration par domaines de responsabilité correspond à un regard interne par territoires, lié aux choix organisationnels. Le seul regard « extraverti » est celui qui structure le système d'activités en processus, **à partir des résultats et des produits obtenus,** tangibles pour le client. Chaque acteur du processus, même s'il est situé très en amont, à travers la vision « processus » est relié à un output final et à la satisfaction du client destinataire de cet output : le processus « déploie » le besoin du client dans tous les méandres de l'organisation. La mise en œuvre d'un pilotage par les processus fait apparaître les liens existant entre le travail de chaque équipe, fût-elle très éloignée de l'acte de vente, et les demandes du client final.

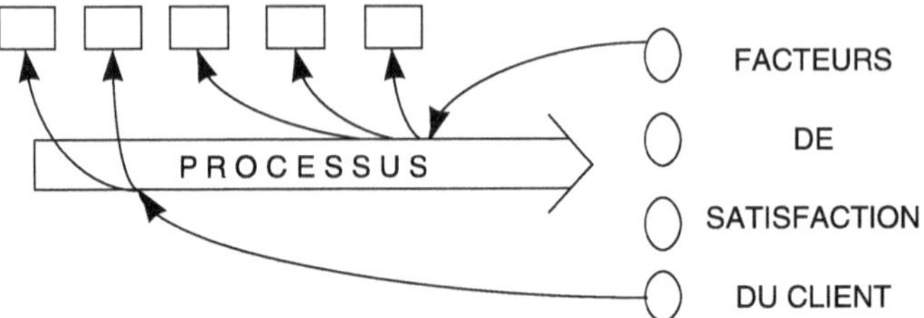

Schéma 12 : *Déployer la valeur par les processus*

La logique de processus est donc celle qui agence les activités selon une logique de création de valeur, répondant à la définition donnée par Alain-Charles Martinet : « Des actions toujours locales, mais susceptibles de produire une œuvre globalement viable et cohérente » [MARTINET] : des activités participant à des processus, donc à une chaîne de valeur. L'articulation des activités en processus apparaît ainsi comme la mise en œuvre pratique du concept de **chaîne de valeur** de Porter [PORTER].

■ *Le déploiement de la stratégie par les processus*

Décrire l'entreprise en termes de processus, c'est se tourner vers la réalité « physique » de l'entreprise, ses **activités**, et les ordonner par rapport aux outputs composant la valeur (produits, services, information, facture...). Le processus constitue un « pont », le **lien entre les opérations** telles qu'elles se déroulent aujourd'hui **et les éléments de valeur** visés pour demain. Or mettre en place un système de pilotage, c'est concevoir des **outils de pilotage** (tableaux de bord, indicateurs) et des **pratiques de pilotage** (animation de gestion) qui :

- déploient de manière explicite et systématique les objectifs stratégiques dans l'action opérationnelle (**déploiement**),
- assurent une base de lecture et d'interprétation permanentes des résultats de l'action pour alimenter la réflexion sur les objectifs (**retour d'expérience**).

Le système de pilotage place l'activité opérationnelle dans une perspective stratégique et met en évidence les chaînes de satisfaction du client auxquelles elle contribue. Il relie la stratégie globale à la réalité des opérations qui devront assurer sa mise en œuvre. Le système de pilotage **construit des ponts entre local et global**, entre activité opérationnelle et besoin du client, entre technique et marché : on retrouve là la définition même des **processus**.

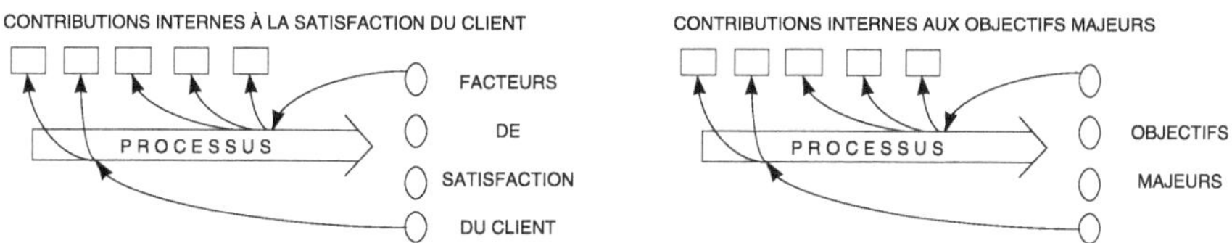

Schéma 13 : *Déployer la stratégie par les processus (1)*

Le déploiement de la stratégie sera donc logiquement porté par la vision de l'entreprise en termes de processus, le processus constituant le truchement tout désigné entre finalités stratégiques et activités opérationnelles.

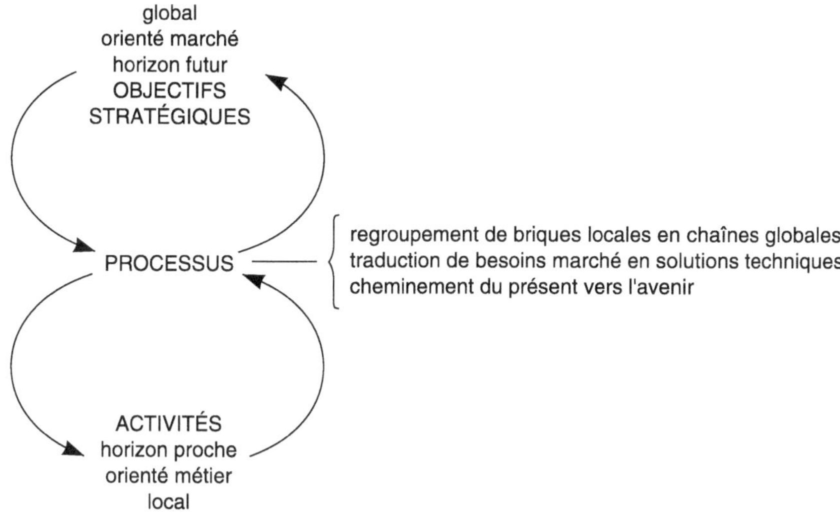

Schéma 14 : *Déployer la stratégie par les processus (2)*

3. Démarche de déploiement de la stratégie dans le pilotage en 8 étapes

Il s'agit, à travers les processus, d'identifier les principales contributions locales à un objectif stratégique donné, les leviers d'action permettant d'atteindre cet objectif. Il faut donc mettre en évidence les enchaînements causes/effets par lesquels une action de terrain a un impact sur une performance globale. À cette fin, il faut analyser la genèse des performances désignées comme stratégiques (parts de marché, profit, chiffre d'affaires, qualité, sécurité, délai de fabrication, innovation, réactivité commerciale...). On se met ainsi en situation de produire le résultat désiré (objectif stratégique) en réalisant les actions locales ayant un impact significatif sur ce résultat (= causes pertinentes, = leviers d'action).

Le déploiement se fait par étapes (voir chapitres 4 et 5), en tentant d'apporter à chaque étape des réponses collectives aux questions suivantes (ces réponses collectives ont valeur de jugements débattus et avancés de manière hypothétique pour validation par l'expérience) :

1. Formulation des objectifs stratégiques : quelle est notre cible ?

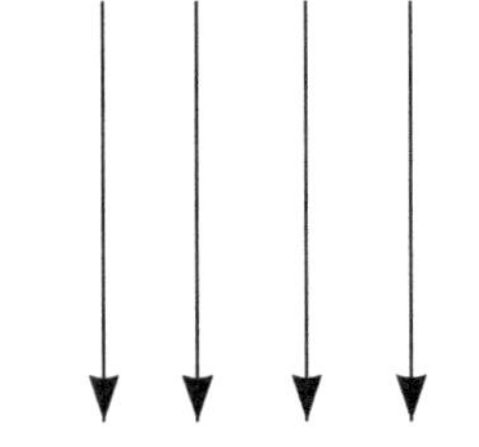

Schéma 15 : *Déployer la stratégie, étape 1*

2. Analyse des processus de l'entreprise : comment pouvons-nous décrire notre chaîne de valeur actuelle en termes de processus ? Quels sont, parmi les processus, ceux qui présentent la plus grande sensibilité stratégique ?

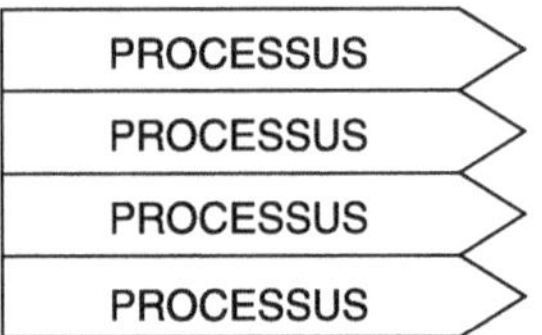

Schéma 16 : *Déployer la stratégie, étape 2*

3. Analyse d'activités : quels sont les contenus concrets en activités des processus (étape facultative, qui permet de préciser les périmètres des processus, au moins pour les processus les plus sensibles, et le cas échéant, d'analyser les coûts et les allocations de ressources par processus, selon une démarche ABM – voir chapitres 7 et 8) ?

4. Déploiement des objectifs sur les processus : comment chaque processus contribue-t-il à la stratégie de l'entreprise (impacts positifs ou négatifs) ? En d'autres termes, quels sont les enjeux majeurs de performance par processus ?

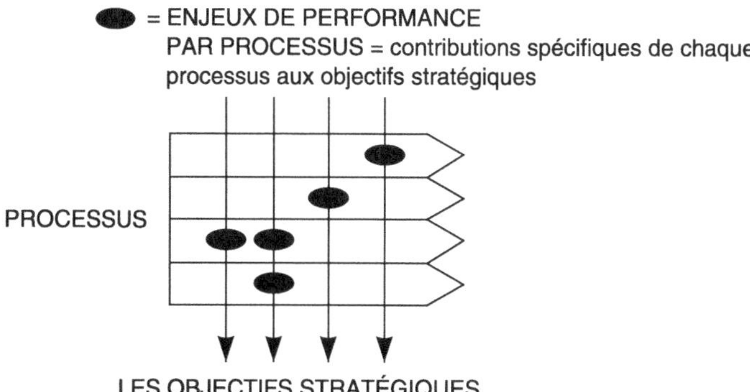

Schéma 17 : *Déployer la stratégie, étape 4*

5. Analyse causes-effets à partir des processus et de leurs enjeux majeurs de performance, on **recherche les leviers d'action** : quelles sont les causes influant effectivement sur les performances des processus ? Quels sont les leviers d'action concrets et opérationnels qu'il faudra manier pour maîtriser les enjeux de performance par processus, donc pour atteindre les objectifs stratégiques ?

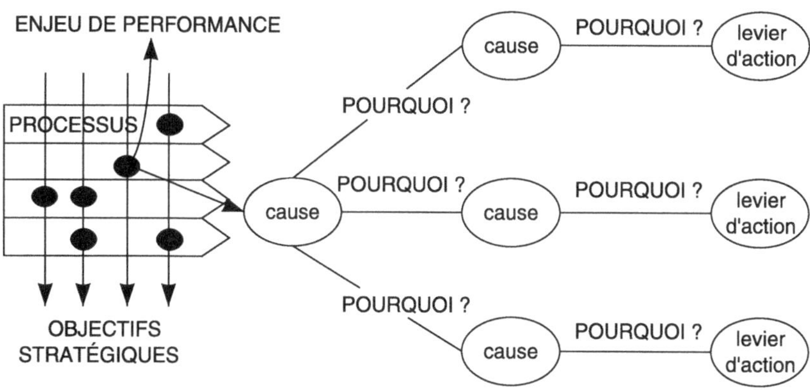

Schéma 18 : *Déployer la stratégie, étape 5*

6. Définition des plans d'action : pour chaque levier d'action identifié, quelles seront les modalités précises de l'action à mener pour atteindre la cible (plan d'action) ?

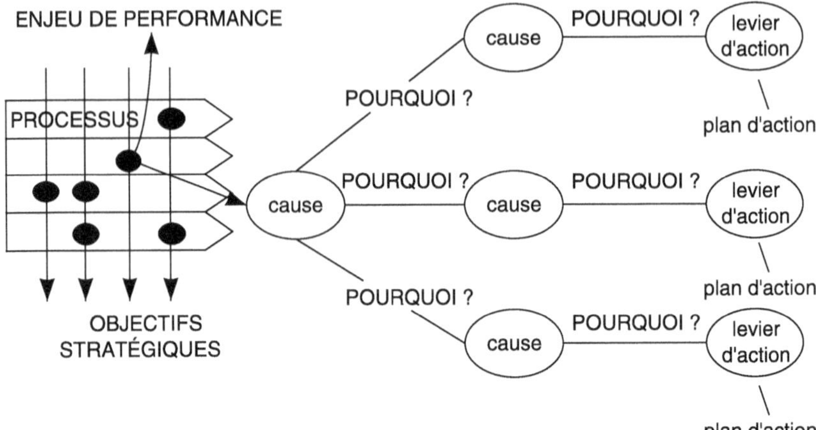

Schéma 19 : Déployer la stratégie, étape 6

7. Définition et mise en œuvre de l'animation de gestion par centres de responsabilité et/ou par processus, destinée à assurer une bonne réactivité, le suivi des plans d'action et un diagnostic de performance continu.

8. Choix, définition et mise en œuvre des indicateurs et des tableaux de bord : pour suivre les plans d'action et mesurer les résultats obtenus, quels indicateurs de pilotage et quels indicateurs de résultats retiendra-t-on ? Comment les organisera-t-on en tableaux de bord, de la Direction Générale aux niveaux les plus opérationnels ? Comment met-on en œuvre ces indicateurs dans les systèmes d'information (analyse de faisabilité, maquettage, glossaire, développement informatique) ?

D'où le schéma global de déploiement de la stratégie :

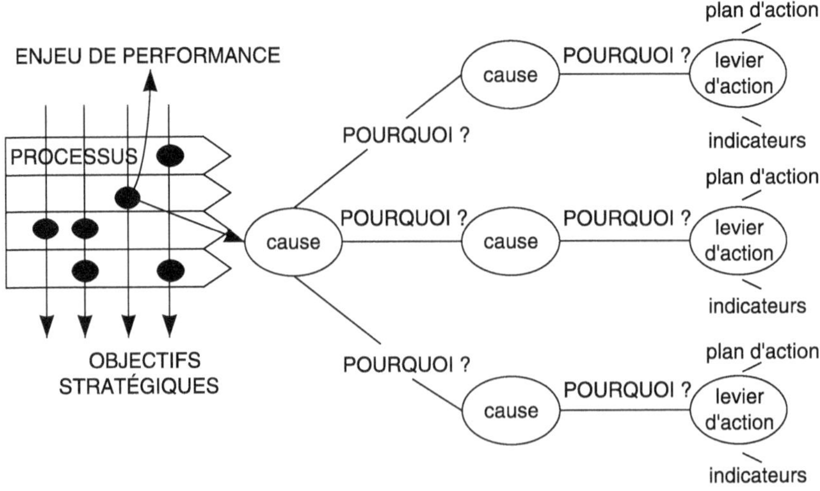

Schéma 20 : Déployer la stratégie, schéma d'ensemble

Une grande **sélectivité** est requise à toutes les étapes pour éviter lourdeur et complexité : pas plus de 4 ou 5 enjeux majeurs de performance par processus, pas plus de 4 ou 5 leviers d'action par enjeu, pas plus de 20 à 30 indicateurs par tableau de bord... Ceci exige d'alterner des phases d'analyse, où l'on « décortique » les problèmes et où l'on produit des propositions souvent foisonnantes, et des phases de synthèse, où l'on se contraint à simplifier, hiérarchiser et choisir avant de passer à l'étape suivante.

■ *Une mobilisation collective*

Dans l'acte de concevoir un système de pilotage à partir de la stratégie, la démarche est au moins aussi importante que le résultat auquel elle conduit. Les principaux enjeux sont liés à la mobilisation collective des acteurs de l'entreprise autour de la stratégie et de sa mise en œuvre : communication, appropriation des objectifs, construction de visions partagées, pédagogie (dans tous les sens : former les opérationnels aux questions économiques, former les dirigeants et les gestionnaires aux réalités opérationnelles, former tous les acteurs à l'analyse stratégique, les ouvrir sur l'environnement, produire du sens...). Le déploiement de la stratégie dans le système de pilotage ne doit donc surtout pas être vu comme une affaire de spécialistes, mais bien comme l'affaire de tous, l'occasion de relier le travail de chacun au destin général de l'entreprise et de construire des jugements collectifs et partagés sur l'action. Comme on le verra dans les chapitres suivants, une grande partie de cette démarche peut être réalisée par des groupes de travail constitués par processus.

Annexe

L'exemple de l'entreprise de confection ALVEST

L'entreprise alsacienne de taille moyenne ALVEST (600 personnes, 250 MF de chiffre d'affaires) fabrique et vend des costumes et des vestes industriels pour hommes. L'organisation « classique » de l'industrie de la confection repose sur une division claire du travail entre la distribution (gros et détail) et la production, dont fait partie ALVEST. Dans cette vision traditionnelle du secteur :

- les performances-clés pour les clients finaux sont le coût, la qualité, notamment l'adéquation à la mode, la diversité et la personnalisation des modèles proposés, et le délai de livraison (le client n'est pas prêt à attendre plus de quelques jours),
- les processus critiques qui ont un impact déterminant sur ces attributs sont a priori les processus de conception, d'approvisionnement, de production et de distribution.

Les processus influent sur les performances stratégiques de la manière suivante :

Perform. strat. Processus	Délai de livraison	Coût	Personnalisa-tion de l'offre	Qualité
conception		choix de matériaux pas trop coûteux	diversité des modèles	adaptation rapide à la mode, qualité du concept
approvisionnement		efficacité-prix des achats	diversité des matériaux achetés	qualité des matériaux
production		coût de production	flexibilité du process de production	qualité de fabrication
distribution	niveau des stocks de produits finis	coût des stocks	diversité des produits stockés	

En analysant cette matrice, les responsables d'ALVEST n'identifient pas de facteur stratégique évident qui leur permette de construire un avantage comparatif défendable sur le choix des matériaux (leurs concurrents ont les mêmes fournisseurs), la qualité de la conception, la diversité des modèles, l'approvisionnement. Par contre, ils pensent pouvoir accéder rapidement à un avantage comparatif défendable sur le couple coût-flexibilité du processus de production. En effet, ils conduisent depuis plusieurs années une recherche et une coopération technologiques exclusives avec l'Université de Mulhouse et avec l'entreprise Lectra-Systèmes, qui conçoit et produit des équipements automatisés programmables de découpe de matériaux souples tels que les tissus. Ils ont de plus bénéficié de subventions du gouvernement français pour industrialiser les résultats de recherches universitaires dans le domaine de la découpe automatique de matériaux souples (tissus). Les dirigeants d'ALVEST estiment donc que la situation est mûre pour investir dans l'automatisation flexible du processus de production, notamment de la découpe, ce qui leur permettra de réduire le coût de production et, surtout, de flexibiliser la fabrication, en rentabilisant le passage de petits lots, voire de produits à l'unité, sur leur chaîne de fabrication. En effet, avec l'automatisation programmable des opérations, le réglage des machines se fait de manière rapide et fiable, les ordinateurs de CAO[1] commandant directement le déplacement des outils sur les machines.

De ce fait, le délai de production à partir d'une commande se trouvera réduit à environ 24 heures. L'idée émerge alors de produire sur commande ferme d'un client, plutôt que pour des stocks de distribution, ce qui permettrait de supprimer les stocks de distribution. Mais cela force à repenser intégralement le processus de distribution : la vente ne se faisant plus de la façon traditionnelle, sur stock et sur essayage « physique » des produits par le client dans un magasin de vêtements, comment sera-t-elle réalisée ? La voie est alors ouverte à une reconception complète, non seulement du processus de production, mais aussi du processus de distribution et de vente, et de l'articulation d'ensemble entre production et distribution. En effet, la nouvelle technologie, en raccourcissant radicalement les délais, permet en fait d'inverser la séquence produire-stocker-vendre en une séquence vendre-produire (sur commande).

Par analogie avec la confection artisanale pratiquée par les tailleurs, les dirigeants d'ALVEST pensent à une vente fondée sur le choix d'un modèle sur catalogue (« patron ») et le choix d'un matériau sur échantillons, sans recourir à un produit fini « vêtement » stocké en magasin. Le produit vendu est ainsi fabriqué sur mesure. Toutes les combinaisons matériau-couleur-patron-taille sont éligibles, puisqu'on n'est pas limité par la disponibilité physique de produits stockés : la gamme des choix possibles est multipliée par 100. Cette nouvelle configuration production/vente permet de réaliser la vente sur mesure de

---

1. CAO : Conception Assistée par Ordinateur.

produits industriels et de marier la personnalisation et la qualité élevées du tailleur artisanal avec le coût réduit du produit industriel.

Ceci suppose :

- la prise des mensurations du client sur le point de vente, standardisée, fiable, directement et rapidement utilisable par la production,
- une transmission rapide de la commande accompagnée des caractéristiques du produit (mesures, matériau, patron, couleur) du point de vente à l'usine.

Or ALVEST sait disposer expérimentalement, dans le cadre des recherches en cours dans le secteur de la confection, de moyens de mesure automatique par laser des mensurations d'une personne. Les mensurations sont alors directement formulées et enregistrées en langage informatique, communicables par des moyens électroniques (Internet) à l'usine, où la commande, les codes du matériau, du patron et de la couleur et les mensurations peuvent être téléchargés dans les équipements de fabrication automatisés. Il s'agit donc en fait de développer un nouveau logiciel de gestion, qui assure la transmission des données électroniques définissant la commande (mensurations, patron, couleur, matériau) et leur intégration directe à la gestion de production de l'usine.

En fait, ALVEST a ainsi identifié :

1. Des performances stratégiques : la personnalisation du produit et la gamme des choix offerts au client, la rapidité de production-livraison, le coût de production-distribution, la qualité du produit.

2. Des processus critiques :

- le processus de conception,
- le processus d'approvisionnement,
- le processus de production,
- le processus de distribution.

3. Quatre leviers d'action stratégiques, quatre compétences distinctives qui transforment les processus « production » et « distribution » en processus stratégiques :

- Trois leviers « de type 2 » (innovation focalisée sur une activité), par l'application d'innovations aux activités de :
  - découpe des tissus (de la découpe mécanisée de produits standard en grande série à une découpe automatisée flexible de produits à l'unité, sur fichiers informatiques),
  - vente (passage de la vente par essayage de vêtements en stock à la vente sur patrons et échantillons),
  - mesure des mensurations du client (passage d'une situation « classique », où l'on se contente de chercher la meilleure adaptation possible

aux mensurations du client des vêtements disponibles dans le stock du magasin, à une nouvelle situation où l'on procède à une mesure effective et précise des mensurations du client par laser et moyens électroniques).

- Un levier de type 6 (innovation au niveau de la structure globale de la chaîne de valeur), par l'application d'une innovation importante à la coordination entre processus de distribution et processus de production (passage d'une liaison/coordination « souple » par la gestion de stocks de distribution à une intégration électronique directe, « en ligne », pour produire sur commande ferme : la vente commande la production ; produire, c'est distribuer, puisque tout produit fabriqué est déjà vendu et aussitôt distribué).

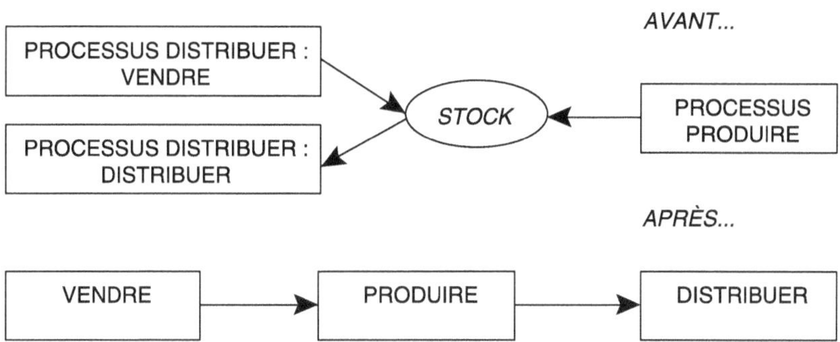

Ce dernier levier stratégique a une portée fondamentale, puisqu'il conduit à réviser en profondeur la configuration de la chaîne de valeur d'ALVEST : désormais, l'étroite intégration de la distribution et de la production impose de ne plus considérer les processus de distribution et de production comme deux processus distincts, découplés par un stock, mais de considérer **l'ensemble vente/production comme un nouveau processus intégré unique (et stratégique),** l'activité de vente constituant le déclencheur direct de la production. Il s'agit désormais d'un processus unique : « vendre et produire sur mesure ». De fait, l'entreprise accède à un avantage compétitif défendable en inventant ce processus nouveau, que seul ALVEST maîtrise pour l'heure dans le secteur, clé de son approche du marché. Ce processus stratégique est fondé sur une combinaison complexe de cinq compétences distinctives :

- maîtriser les technologies de découpe automatisée et flexible,
- maîtriser les technologies de mesure électronique par laser,
- savoir produire rapidement en juste à temps,
- savoir concevoir et opérer un réseau de prise de commande électronique et de gestion de production intégrées,
- savoir vendre sur patron et sur échantillon (vendre de la confection

comme du sur-mesure...), notamment convaincre le client que l'éventail des choix possibles compense le manque de contact physique avec le produit.

Cette maîtrise d'une architecture spécifique de processus permet à ALVEST d'atteindre des performances stratégiques en matière de combinaison « personnalisation du produit (ampleur des choix offerts) – coût ».

4

Leviers d'action et plans d'action stratégiques

Nous allons examiner en détail dans ce chapitre les étapes 1 à 6 du déploiement de stratégie évoquées au chapitre précédent (ce chapitre est illustré par les exemples présentés en annexes et par le cas Plastisac faisant l'objet du chapitre 13).

1. Les premières étapes : les objectifs stratégiques et l'analyse des processus

■ *Choix d'un périmètre de travail pilote*

Il serait imprudent de lancer une telle démarche d'emblée sur la totalité de l'entreprise et pour la totalité des objectifs stratégiques. Il est donc préférable de définir un périmètre de démarrage limité, sur lequel on pourra tester la méthode et mettre au point les outils.

Il y a trois manières de délimiter un périmètre :

- **délimitation organisationnelle** : on découpe un sous-ensemble de l'entreprise, sur lequel on met en œuvre la démarche ; il faut que ce sous-ensemble constitue un « microcosme » de l'entreprise : suffisamment autonome pour que son pilotage puisse être envisagé indépendamment du reste de l'entreprise, mais assez représentatif de l'entreprise dans sa globalité pour que l'expérience soit considérée comme démonstrative ;

- **délimitation en termes d'objectifs** : on commence par déployer un ou deux objectifs stratégiques sur tout ou partie de l'entreprise ; ce choix conduit à mettre en place des groupes de travail par objectifs stratégiques ; il présente une difficulté : les mêmes acteurs risquent d'être sollicités de manière réitérée, pour plusieurs objectifs stratégiques successifs, car la notion d'objectif stratégique est souvent très diffuse et chaque objectif concerne beaucoup de monde au sein de l'entreprise ; par exemple, qui n'est pas concerné par l'amélioration de la qualité du service au client ?

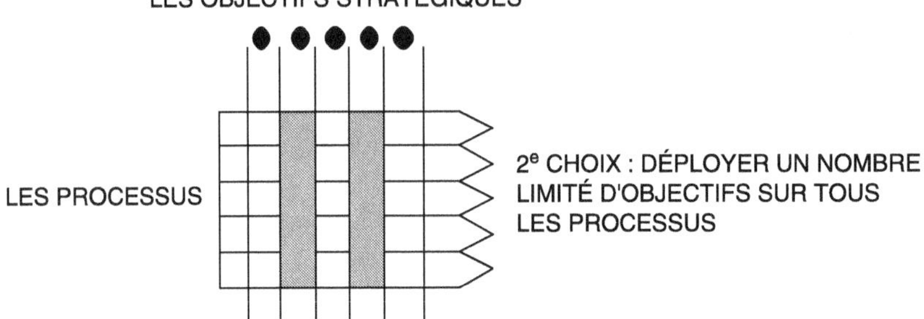

Schéma 1 : *Déploiement d'un nombre limité d'objectifs*

- **délimitation en termes de processus** : il s'agit de déployer l'ensemble des objectifs sur un ou deux processus retenus à titre pilote, avant de généraliser à l'ensemble des processus stratégiques. Cette approche présente l'avantage de traiter la totalité de la stratégie pour un groupe d'acteurs déterminé, sans fractionner l'analyse. C'est la méthode la plus systématique. Elle présente aussi l'avantage de fournir une vision synthétique des « outputs » destinés aux clients et de traduire concrètement l'orientation vers le client, par delà les frontières entre métiers ou entre centres de responsabilité. Elle est a priori indispensable pour les entreprises qui mettent l'accent sur les besoins de décloisonnement entre fonctions et entre services. Par sa transversalité, c'est toutefois la moins compatible avec les fonctionnements hiérarchiques en place. Elle risque donc de susciter des réticences politiques et culturelles.

Exemple

Le CRIC décide de démarrer son opération « pilotage stratégique de la performance » par le processus « gérer le crédit aux particuliers ».

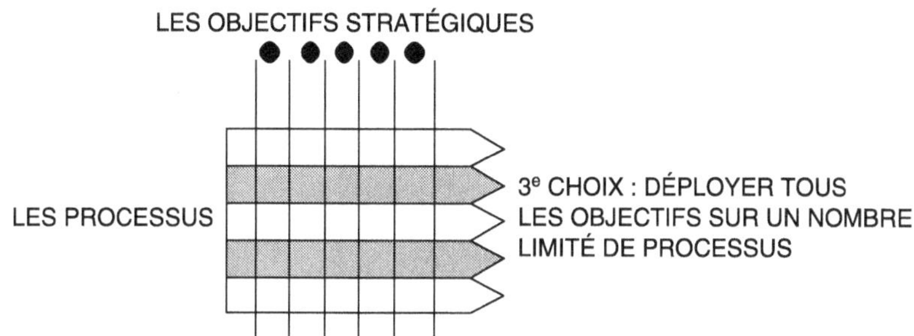

Schéma 2 : *Déploiement sur un nombre limité de processus*

Quelle que soit la méthode de délimitation retenue, le choix du périmètre initial, important pour la suite, doit se faire en tenant compte de plusieurs impératifs : éviter une complexité excessive (critère de faisabilité technique), tenir compte des réticences éventuelles ou, au contraire, des motivations des acteurs (critère de faisabilité politique), s'assurer que ce périmètre est considéré comme raisonnablement représentatif du reste de l'entreprise (critère de représentativité), s'assurer que des enjeux significatifs justifient l'effort d'amélioration des pratiques de pilotage (critères de démonstrativité, incluant, par exemple, le poids économique du périmètre et le choix de processus réellement stratégiques tels que définis au chapitre 3).

Le choix définitif du périmètre peut se faire sur la base d'une évaluation multicritère, en donnant par exemple à chaque solution possible une note entre 1 et 10 pour chacun des critères finalement retenus.

Périmètres envisagés	Critères d'évaluation					Total
	Faisabilité technique	Faisabilité politique	Représenta-tivité	Poids économique	Pertinence stratégique	
Périmètre A	9	6	8	5	8	36
Périmètre B	7	7	8	6	5	33
Périmètre C	4	8	6	9	3	30

Tableau 1 : *Évaluation multicritère des périmètres de pilotage par processus*

■ *Conditions de démarrage*

Pour démarrer avec quelques chances de succès, certaines conditions doivent être remplies :

- les objectifs stratégiques doivent être formulés de manière claire ;
- ils doivent être communiqués aux acteurs de l'entreprise, surtout, bien sûr, aux acteurs impliqués dans l'opération pilote ;
- ceux-ci doivent se les être suffisamment appropriés pour qu'on puisse attendre d'eux une participation constructive à la démarche de déploiement ;
- la direction de l'entreprise doit être nettement engagée dans la démarche, ce qui implique, par exemple, qu'elle soit prête à accepter que certains pans de sa stratégie soient discutés, voire critiqués, à cette occasion ;
- il doit y avoir un dispositif de projet adapté, en termes de ressources et de profils des acteurs clés (compétences, comportements) ;
- les finalités poursuivies (conception d'un système de pilotage) doivent être claires afin d'éviter les craintes injustifiées (restructuration, réorganisation) ;
- on a recensé les sources d'information disponibles (analyses Qualité, chartes organisationnelles, schémas de systèmes d'information, définitions de missions...) pour éviter de réinventer ce qui existe déjà.

■ *Les pièges à éviter*

La démarche est fondée sur l'existence d'un vrai dialogue de gestion entre les niveaux hiérarchiques et les métiers. Elle suppose donc une grande ouverture de la part des dirigeants et de l'encadrement : si les objectifs sont verrouillés dès le départ, les jeux de rôles bloqueront rapidement toute avancée réelle.

La tentation est souvent grande de sauter directement à des solutions techniques (mise en place de tableaux de bord, de bases de données d'indicateurs, d'architectures informatiques). Les visions étroitement techniques sont confortables, car elles évitent de poser les questions les plus délicates (arbitrages, problèmes managériaux)... Elles paraissent économes en temps (peu de réunions, peu de discussions). Mais ne pas poser les vraies questions, c'est laisser celles-ci se venger à terme... en risquant de faire échouer la démarche.

Déployer la stratégie, concevoir un système de pilotage constituent un objectif clair. Il n'est pas toujours judicieux d'essayer de « poursuivre plusieurs lièvres à la fois » en en profitant, par exemple, pour refondre l'organigramme. Certes une démarche de déploiement révèle souvent les défauts de l'organisation en place. Mais il est souvent de bonne politique de garder d'éventuels changements organisationnels pour plus tard, une fois digérés les acquis du déploiement (animation de gestion, outils de pilotage). « **À chaque jour suffit sa peine** »...

Il faut être attentif au vocabulaire que l'on emploie et tenir compte des connotations culturelles propres à l'entreprise. Par exemple, le vocable « contrôle de gestion » est étroitement associé, dans certaines firmes, au contrôle budgétaire et au reporting financier, voire à la comptabilité. Désigner une démarche de déploiement stratégique par l'expression « contrôle de gestion » peut produire une image déformée de ce que l'on cherche à faire. **Il n'y a qu'un seul bon vocabulaire : celui que les acteurs comprennent.**

> • **étape 1 : la formulation des objectifs**
> • étape 2 : analyse de processus
> • étape 3 : déploiement des objectifs sur les processus
> • étape 4 : analyse causes-effets
> • étape 5 : définition de l'animation de gestion
> • étape 6 : définition des indicateurs

Étape 1 : la formulation des objectifs

Nous ne nous étendrons pas sur cette étape, qui relève de l'analyse stratégique (voir chapitre 3). Précisons cependant la notion d'objectif stratégique. Les objectifs stratégiques servent de point de départ à un diagnostic de performance et à la définition de plans d'action : ils doivent donc être relativement proches de l'action. Ils se distinguent en cela d'autres concepts, tels que les finalités stratégiques ou les facteurs-clés de succès :

- **finalités stratégiques :** cibles globales et plus ou moins floues, donnant un sens général à l'action de l'entreprise à long terme ; par exemple : « devenir le N°1 européen sur tel ou tel marché », « imposer une image de qualité », « se mondialiser »...
- **facteurs-clés de succès :** ce sont les facteurs qui ont un impact décisif sur les positions de compétitivité dans un secteur donné, quelle que soit l'entreprise ; par exemple, le délai de livraison est un facteur-clé de succès dans le secteur de la vente par correspondance ; la clarté pédagogique des notices est un facteur-clé de succès dans le secteur de la vente en kit.
- **objectifs stratégiques :** ils traduisent les finalités stratégiques en termes plus précis, souvent quantifiables, et dessinent des grands domaines d'action. Par exemple, la finalité stratégique « devenir N°1 européen » peut se traduire en objectifs stratégiques tels que « renouveler la moitié de la gamme des produits dans les 5 ans », « réduire le coût des produits grand public de 10 % par an dans les 5 ans qui viennent », « doubler la couverture territoriale des points de vente », « racheter un grand opérateur allemand d'ici 4 ans »...

La définition des objectifs stratégiques est évidemment une affaire de direction générale, mais elle peut être préparée par des débats plus ou moins larges selon la culture de l'entreprise et le degré de confidentialité des questions traitées. Plus le débat est large en amont, plus l'appropriation collective de la stratégie est aisée.

L'entreprise de sous-traitance mécanique MECA se fixe pour objectif stratégique de développer l'activité de fabrication sur commandes de pièces détachées mécaniques pour livraison en moins de 24 heures à raison de 5 millions d'euros la 1re année, 8 millions la 2e, 12 millions la 3e.

- étape 1 : la formulation des objectifs
- **étape 2 : analyse de processus**
- étape 3 : déploiement des objectifs sur les processus
- étape 4 : analyse causes-effets
- étape 5 : définition de l'animation de gestion
- étape 6 : définition des indicateurs

Étape 2 : l'analyse de processus

Le modèle de déploiement de stratégie proposé ici repose sur le croisement processus / objectifs majeurs. Il est donc nécessaire de disposer d'une description de la chaîne de valeur en termes de processus. L'analyse peut être réalisée par l'équipe dirigeante, dont l'implication directe dans ce chantier présente un intérêt pédagogique essentiel : l'effort collectif de retour sur soi, la réflexion sur la chaîne de valeur et sa structure en processus, est un moyen excellent de dépasser des visions fragmentées de l'entreprise et de prendre du recul, tout en se forçant à analyser les réalités opérationnelles avec la vision en processus. L'équipe dirigeante peut s'appuyer sur un ou plusieurs experts, par exemple sur un groupe d'acteurs représentatifs des principales fonctions de l'entreprise, mais capables d'une vision transversale et globale.

Le découpage en processus est un choix de gestion, et non un constat mathématique : il y a toujours de multiples manières de cartographier les processus de l'entreprise. Considérons, par exemple, l'exploitation et la maintenance des applications informatiques de l'entreprise. Lors d'une analyse de processus, on pourra traiter cet ensemble d'activités de deux manières :

1. Soit on regarde l'exploitation d'un système informatique spécialisé comme une activité parmi d'autres au service du processus opérationnel auquel l'application est dédiée. Par exemple, l'exploitation du système informatique de facturation n'est qu'un élément du processus « facturer ». L'exploitation des systèmes de C.A.O. (Conception Assistée par Ordinateur) n'est qu'un élément du processus « concevoir et développer les produits ». On privilégie, pour ces activités d'exploitation informatique, des objectifs liés aux processus opérationnels auxquels elles se rattachent, par exemple la rapidité de facturation (processus « facturer ») ou le coût de développement (processus « développer les produits »).

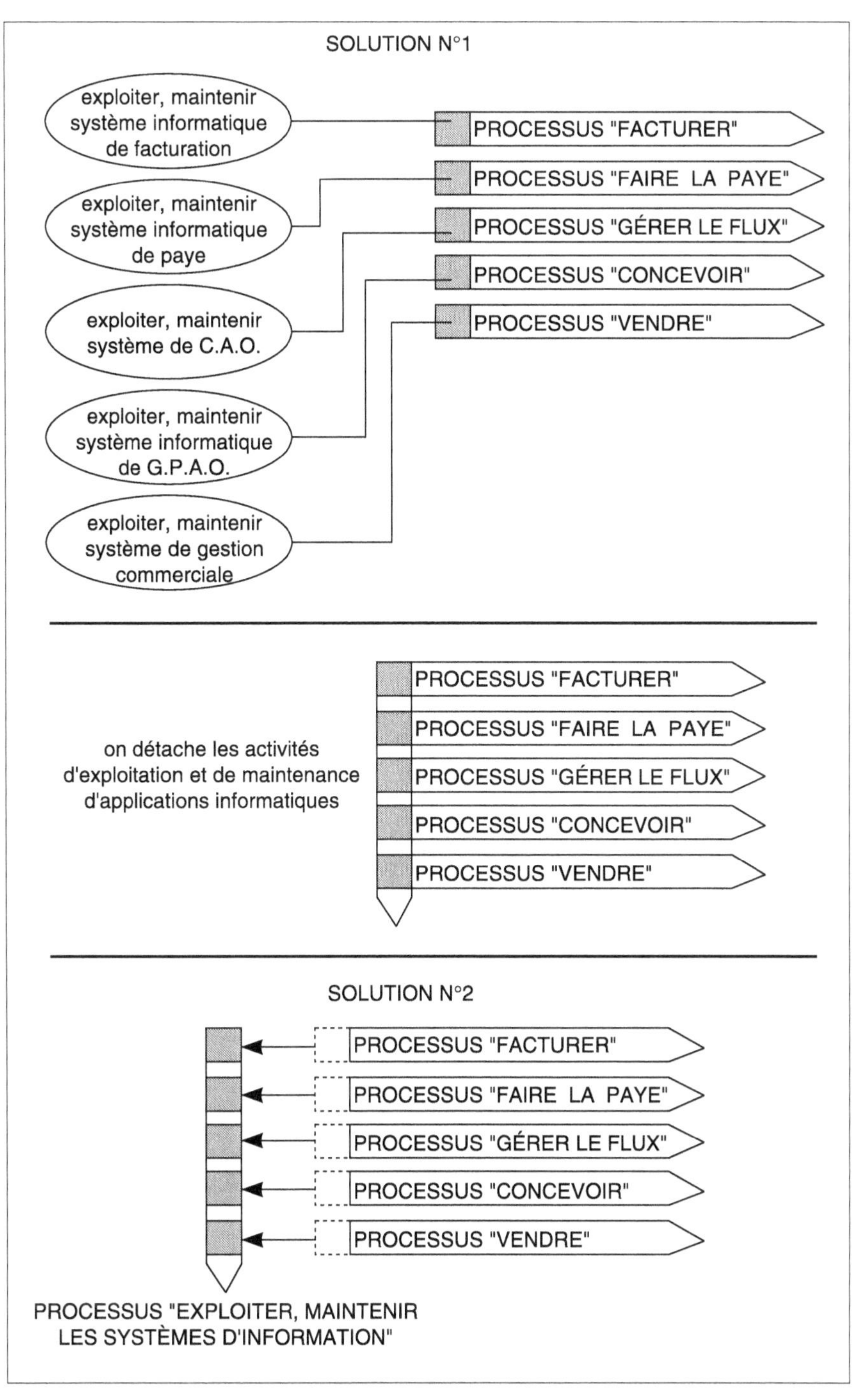

Schéma 3 : *Analyse de processus*

2. Soit on fait de l'exploitation et de la maintenance des applications informatiques un processus en soi ; on extraira alors les activités d'exploitation informatique de tous les domaines utilisateurs pour constituer ce processus ; on privilégie, pour ces activités, des finalités liées à la gestion de l'informatique (économies d'échelle, cohérence technique).

Quel est le bon choix ? L'un ou l'autre, selon les enjeux et les priorités stratégiques. Si l'entreprise juge qu'elle a un défi stratégique de première importance à relever sur l'efficacité de l'exploitation informatique dans son ensemble, si elle considère que l'un de ses enjeux de progrès fondamentaux se situe dans une meilleure coordination des activités d'exploitation informatique actuellement trop dispersées, qu'il s'agit là d'un élément sui generis (éventuellement externalisable) de sa chaîne de valeur, le choix N°2 s'impose. Si elle souhaite privilégier les enjeux liés aux processus opérationnels, si, par exemple, l'exploitation informatique semble trop éloignée des préoccupations des utilisateurs, alors, c'est le choix N°1 qui sera retenu.

Etablir un découpage en processus, c'est désigner des chaînes d'activités transversales, donc sélectionner des liaisons entre activités et des **besoins de coordination** comme prioritaires. Or toutes les activités de l'entreprise sont peu ou prou reliées les unes aux autres. Il y a des liaisons très fortes, pratiquement incontournables (programmation des ventes, gestion des stocks et programmation de la production, par exemple). Il y a aussi des liaisons faibles, pratiquement négligeables (entre l'ordonnancement de la fabrication et le conseil juridique, par exemple). Entre ces deux situations, il y a une zone « grise » importante de liaisons « moyennes », ce que certains auteurs anglo-saxons tels que Herbert Simon [SIMON 82] baptisent le « couplage lâche » « « loose coupling ») : interactions fortes mais peu fréquentes, interactions fréquentes mais faibles.... Il faudra faire passer les périmètres des processus à travers cette zone grise, parfois trancher ces liaisons « moyennes », parfois les retenir comme constitutives des processus, faire des choix (braquer le projecteur sur certains liens de coordination plutôt que sur d'autres). La définition des processus est donc un choix de gestion, l'expression d'une vision qui privilégie certaines liaisons, parmi d'infinies possibilités.

> ### *Exemple*
>
> *L'entreprise MECA identifie entre autres les processus « produire production planifiée », « produire sur commandes », « gérer flux commande-livraison planifié », « gérer flux commande-livraison sur commandes », « facturer-recouvrer », « entretenir machines »...*

> - étape 1 : la formulation des objectifs
> - étape 2 : analyse de processus
> - **étape 3 : déploiement des objectifs sur les processus**
> - étape 4 : analyse causes-effets
> - étape 5 : définition de l'animation de gestion
> - étape 6 : définition des indicateurs

Étape 3 : l'analyse d'activités

Il s'avère parfois utile, voire nécessaire, de détailler l'analyse des processus en activités (pour formuler les choses de manière un peu schématique, il s'agit de passer d'un modèle de 15 à 20 processus à un modèle de 80 ou 100 activités). Ce niveau de détail est souvent souhaitable au moins pour les quelques processus retenus comme prioritaires. L'analyse d'activités permet :

- de préciser le contenu opérationnel des processus, donc d'en définir plus rigoureusement le périmètre,
- à partir de ce contenu opérationnel, de se livrer à des analyses sur les modes opératoires du processus, par exemple pour maîtriser la qualité (recherche des causes de défaillance, des maillons critiques, normalisation/formalisation des modes opératoires), les délais (politiques de Juste À Temps, compacification du processus), la productivité (suppression des redondances, amélioration des coordinations), à travers les diverses démarches de re-engineering de processus,
- à partir du contenu en activités, chiffrer les consommations de ressources des processus, donc leurs coûts, à condition de disposer d'une comptabilité de gestion structurée par activités (« activity-based costing » : voir chapitres 7 et 8) ,
- de disposer donc d'une vision plus analytique et plus proche du terrain pour déployer la stratégie et identifier de manière plus pertinente et précise les points critiques du système d'action de l'entreprise et les leviers d'action stratégiques.

Cette étape peut être menée par une équipe de projet à l'aide d'interviews et/ou par la diffusion d'un questionnaire.

2. L'identification des leviers d'action stratégiques

On dispose, au terme de l'étape 3 :

- d'une description de l'entreprise comme système de processus, éventuellement détaillés en activités,
- d'une formulation des objectifs stratégiques.

- étape 1 : la formulation des objectifs
- étape 2 : analyse de processus
- étape 3 : déploiement des objectifs sur les processus
- **⟫▸ étape 4 : analyse causes-effets**
- étape 5 : définition de l'animation de gestion
- étape 6 : définition des indicateurs

⟫▸ *Étape 4 : déploiement des objectifs stratégiques sur les processus*

On tente alors de répondre à des questions du type :

Comment le processus X impacte-t-il l'objectif stratégique N ?
**Comment le processus X peut-il contribuer (positivement ou négativement)
à l'objectif stratégique N ?**

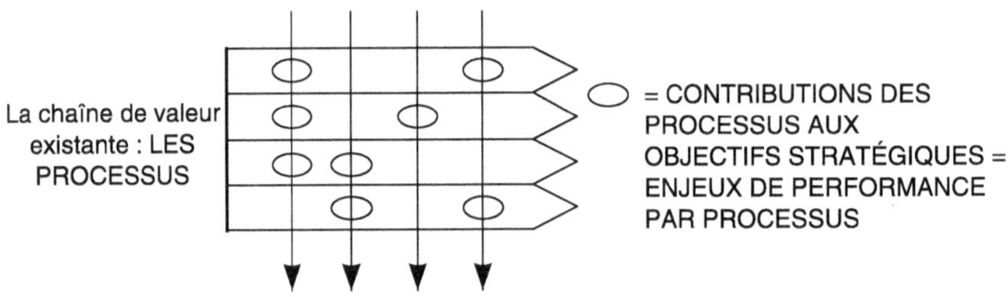

***Schéma 4** : déploiement de la stratégie sur les processus (1)*

Pour réaliser cette analyse, une méthode de travail souvent féconde consiste à mettre en place, pour chaque processus X étudié, un groupe de travail de 5 à 10 personnes, représentatives des principales parties prenantes au processus. Le groupe doit d'abord compléter et valider la description du processus (liste des activités du processus, liaisons input-output entre activités structurant le processus) à l'aide d'outils méthodologiques simples (conventions graphiques de représentation du processus). Puis il tente de répondre, pour chaque objectif stratégique N, aux deux questions :

**1. Le processus X impacte-t-il significativement
l'objectif stratégique N ?**
**2. De quelle(s) manière(s) le processus X impacte-t-il
l'objectif stratégique N ?**

Pour répondre à ces questions, on peut s'appuyer sur un outil matriciel qui croise objectifs stratégiques et processus :

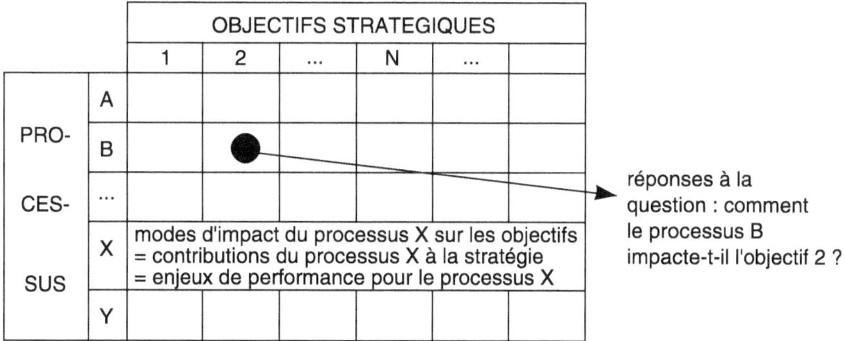

Schéma 5 : *Déploiement de la stratégie sur les processus (2)*

Exemple

Dans le croisement « processus/objectifs », l'entreprise MECA identifie l'impact majeur du processus « gérer flux commande-livraison sur commande » sur le développement de la vente de pièces détachées pour livraison en moins de 24 heures, par la « capacité de garantir la tenue du délai de 24 heures par la planification à court terme de l'activité ».

■ *Retour sur la stratégie*

Les divers stades de la démarche de déploiement sont autant d'occasions de retours sur la stratégie, pour en valider ou en infléchir les choix. En effet, déployer les objectifs stratégiques dans l'action revient à les mettre à l'épreuve des faits. À l'étape 4 par exemple, il est instructif d'examiner ce que les résultats du croisement objectifs/processus apportent comme éléments de validation de la stratégie, par exemple dans les cas suivants :

A. *L'un des processus ne fait apparaître aucune contribution, aucun enjeu de performance (ligne de la matrice vide)*

- Soit le processus n'a effectivement aucun impact stratégique d'aucune sorte, auquel cas on peut s'interroger sur l'opportunité pour l'entreprise de le conserver (éventuelle **externalisation**).
- Soit le processus a de fait une certaine sensibilité stratégique, mais celle-ci n'apparaît pas parce que l'on est parti d'une **liste d'objectifs stratégiques lacunaire** (exemple : dans le cas du Centre des Eaux de Mirebourg cité plus haut, on a oublié l'objectif de trésorerie, ce qui peut se traduire par une ligne vide pour le processus « facturer-recouvrer » dans la matrice de déploiement).

B. *L'un des objectifs stratégiques ne fait apparaître aucune contribution (colonne de la matrice vide)*

- Soit, effectivement, aucun processus de l'entreprise n'a le moindre impact sur cet objectif. Dans ce cas, cela signifie que l'objectif échappe à toute action de l'entreprise : à ce titre, il n'est pas pertinent de le retenir parmi les objectifs stratégiques puisque aussi bien on ne pourra jamais agir sur lui.
- Soit, en réalité, certains processus ont une influence sur cet objectif, mais cette influence est indirecte et n'a pas été vue en première analyse, on a eu une **vue trop étroite de l'impact stratégique de certains processus** (exemple : dans le cas de la Poste décrit en annexe, le processus « gérer le parc véhicules » a un impact sur l'objectif stratégique « acquérir une image d'entreprise de service auprès du public », mais cet impact n'a pas été vu dans un premier temps, car on n'avait vu dans le parc véhicules qu'un actif coûteux, et non un vecteur d'image).

C. *Certaines contributions sont contradictoires*

Des contributions figurant dans des cases distinctes de la matrice peuvent s'avérer contradictoires. Par exemple, dans le cas des Eaux de Mirebourg, on pourrait trouver dans une case de la matrice la contribution « envoyer les agents d'interventions courantes en priorité effectuer les interventions demandées par les clients » dans la colonne « améliorer la qualité du service » et, dans une autre case, la contribution « envoyer les agents d'interventions courantes en priorité effectuer les coupures des clients qui ne paient pas » dans la colonne « améliorer la performance de trésorerie ». Cela signifie que deux objectifs stratégiques distincts présentent un certain degré de contradiction, puisqu'ils mobilisent la même ressource, et exigent des arbitrages.

- étape 1 : la formulation des objectifs
- étape 2 : analyse de processus
- étape 3 : déploiement des objectifs sur les processus
- étape 4 : analyse causes-effets
- **étape 5 : définition de l'animation de gestion**
- étape 6 : définition des indicateurs

Étape 5 : analyse causes-effets pour identifier les leviers d'action

Comme nous l'avons vu au chapitre 1, la démarche de pilotage (déployer la stratégie, assurer le retour d'expérience) s'apparente souvent à une recherche de causes :

- déployer la stratégie, c'est, partant des résultats que l'on vise pour **demain** (objectifs stratégiques), chercher les causes agissantes sur lesquelles on doit intervenir **aujourd'hui** (**leviers d'action**).

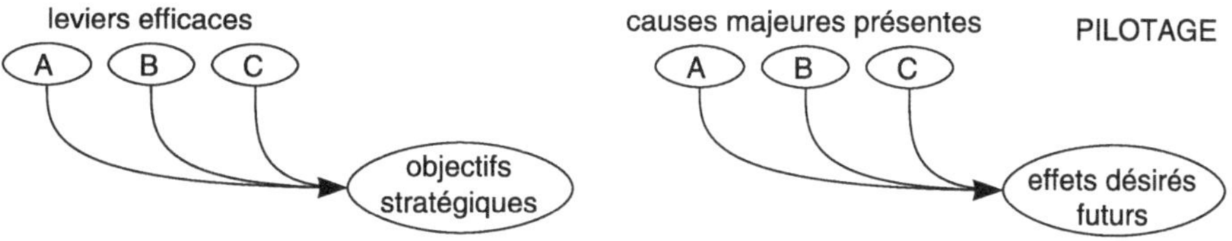

Schéma 6 : Analyse causes-effets pour le pilotage

- assurer le retour d'expérience, c'est chercher les causes passées des résultats enregistrés aujourd'hui (diagnostic) pour mieux comprendre les ressorts de la performance.

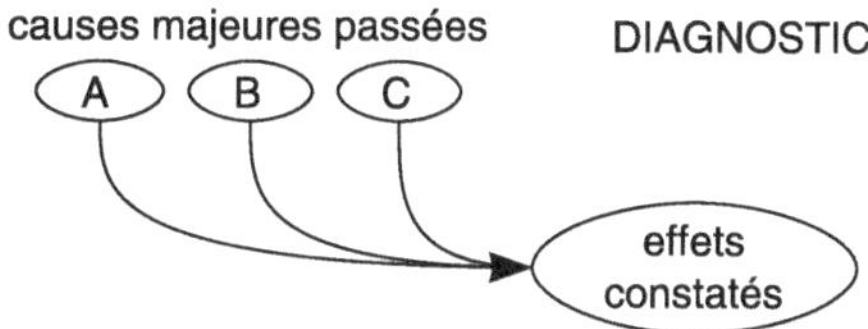

Schéma 7 : Analyse causes-effets pour le diagnostic

On réalise à l'étape 5 une enquête collective sur les causes des performances essentielles, en mobilisant les mêmes groupes de processus qu'à l'étape 4 précédente. Les groupes effectuent une analyse causes-effets à partir des enjeux majeurs de performance par processus identifiés à l'étape 4, pour identifier les leviers d'action pertinents. Ils cherchent les réponses aux questions : quels sont les facteurs ayant une influence significative sur les principales performances des processus, pourquoi le processus X contribue-t-il plus ou moins à l'atteinte des objectifs stratégiques ? Cela revient à se poser, de manière itérative et en groupe, la question : « pourquoi ? », jusqu'à ce que l'on estime être remonté assez haut pour toucher à des facteurs structurels « premiers », et non à des résultats intermédiaires.

Exemple

Dans l'entreprise MECA, on s'intéresse au processus « gérer flux commande-livraison sur commandes », sur lequel on veut garantir le délai de livraison. Un premier niveau d'analyse montre que le délai de livraison est souvent mis en cause par le délai de fabrication (pas de stocks : on fabrique à la commande, on est donc tributaire du délai de fabrication) ; or le délai de fabrication s'explique essentiellement par des phénomènes de files d'attente devant deux machines A et B goulots d'étranglement ; ces files d'attente s'expliquent par les caractéristiques d'utilisation des machines : elles ont des temps de réglage très longs ; on fait donc des groupages de commande pour les faire tourner (un réglage pour chaque commande conduirait à les utiliser de manière très inefficace). Or ces groupages imposent des files d'attente ; un facteur essentiel du délai de livraison est donc, de proche en proche,

> *le temps de réglage de ces deux machines A et B ; si on pense pouvoir le réduire, le temps de réglage des machines A et B devient un levier d'action privilégié pour développer les ventes sur commandes urgentes.*

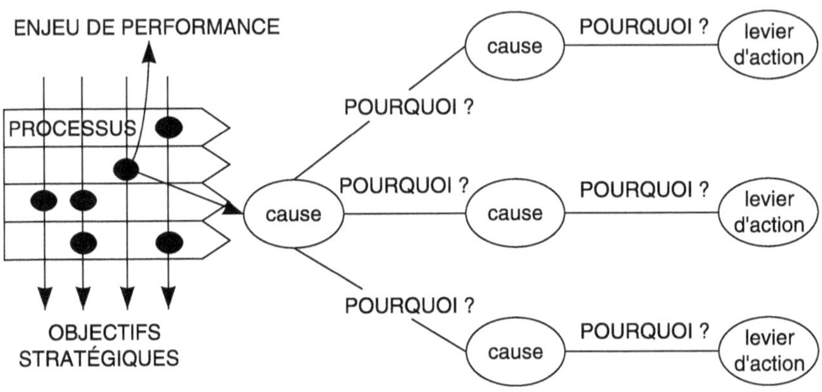

Schéma 8 : *Leviers d'action*

L'enquête collective sur les causes de performance peut de fait s'attaquer à des problèmes de nature différente (voir méthodologies d'analyse en annexe 4) :

- lorsque le problème posé est structuré de manière claire et hiérarchisée, l'analyse peut suivre un cheminement arborescent (« l'arbre des causes ») ;
- mais lorsque le problème est peu structuré, flou, complexe, avec des interdépendances en boucle plutôt que des liens causes-effets univoques entre les divers facteurs, les méthodes arborescentes ne sont guère applicables et l'on aura alors recours à d'autres méthodes (diagrammes d'affinité, diagrammes de relations) [MITONNEAU].

On dispose, au terme de l'une ou l'autre des démarches, d'une représentation visuelle structurée des facteurs associés à un enjeu de performance donné. Il reste à déterminer, parmi les facteurs de performance ainsi identifiés, ceux sur lesquels on estime qu'une action sera possible et efficace : ce sont les **leviers d'action**. Le levier d'action est donc un choix managérial, parmi un grand nombre de facteurs possibles. Il résulte d'un **jugement** collectif, fondé sur l'**enquête** d'une équipe : sur quoi pouvons-nous et devons-nous agir pour produire les résultats attendus ?

Définition

*Un **levier d'action** est une cause de performance (un facteur ayant une influence sur les enjeux majeurs de performance des processus) sur laquelle on a choisi d'agir.*

Les causes rejetées peuvent l'être notamment pour l'une des raisons suivantes :

- elles sont externes à l'entreprise et on n'estime pas pouvoir agir sur elles (incontrôlabilité),
- d'autres actions sont déjà engagées dans l'entreprise, rendant dans l'immédiat ce levier d'action inaccessible ou inopportun (manque d'opportunité politique ou technique),
- d'autres causes paraissent plus importantes (faible priorité).

Prenons l'exemple du processus de mise en œuvre du chantier pour une entreprise de bâtiment. L'enjeu de performance examiné sur ce processus est la durée du chantier. Après analyse causale (diagramme arborescent), on a identifié six causes « premières » :

- la bonne coordination des tâches à réaliser et de l'amenée de matériel,
- la fiabilité des fournisseurs dans le respect des dates promises,
- les conditions climatiques,
- la compétence de la maîtrise de chantier,
- l'entretien préventif des engins de chantier,
- la responsabilisation du technicien qui effectue l'étude de terrassement préalable.

On retiendra dans un premier temps cinq leviers d'action sur ces six causes, en écartant les conditions climatiques sur lesquelles il semble difficile d'agir. Toutefois, à l'examen, il apparaît que l'ensemble de l'interface avec les fournisseurs fait l'objet d'une révision en profondeur : réexamen des cadres contractuels, modernisation des modes de communication (EDI et radiomobiles), mise en place de nouveaux outils informatiques. Dans ces conditions, il ne semble pas opportun d'interférer avec l'action en cours dans ce domaine, d'autant que les nouvelles méthodes introduites permettront peut-être de maîtriser la fiabilité des fournisseurs en délai.

Dans certains cas, des facteurs qui échappent apparemment totalement au contrôle de l'entreprise (les conditions climatiques dans l'exemple précédent) pourront être finalement retenus comme leviers d'action : en effet, même si l'on ne peut agir directement sur eux, on peut parfois agir sur la **sensibilité** de l'entreprise à leur égard. Dans le cas des chantiers de bâtiment, si l'on peut mettre au point des formules de fabrication et d'assemblage de composants de construction en atelier, hors chantier, avant la mise en œuvre sur site, il sera possible de raccourcir fortement les temps de travail sur site, donc l'exposition au risque d'aléas climatiques. Plus on en fait « à l'abri », moins on est sensible aux intempéries.

> * étape 1 : la formulation des objectifs
> * étape 2 : analyse de processus
> * étape 3 : déploiement des objectifs sur les processus
> * étape 4 : analyse causes-effets
> * étape 5 : définition de l'animation de gestion
> **➤➤ • étape 6 : définition des indicateurs**

➤➤ *Étape 6 : définition de plans d'action*

Une fois les leviers d'action déterminés, il est possible de définir et mettre en œuvre des plans d'action. Il faut aussi définir des indicateurs de pilotage (voir chapitre 5), soit pour piloter l'exécution des plans d'action, soit pour mettre sous surveillance des paramètres importants sur lesquels on n'agit pas directement.

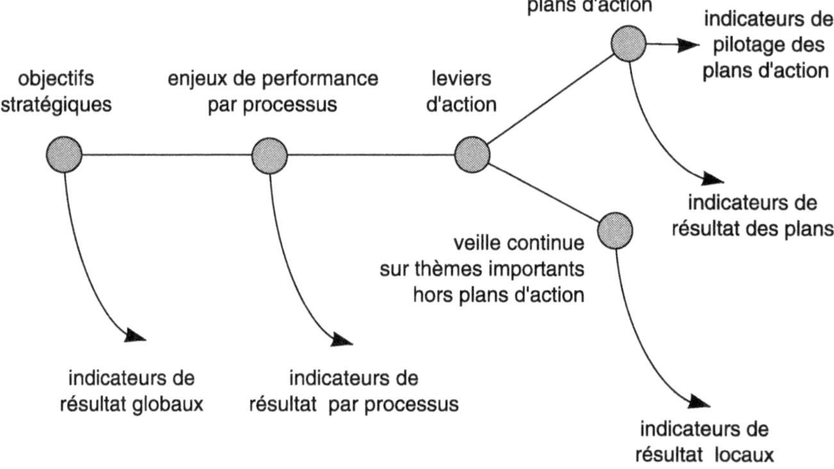

Schéma 9 : *Plans d'action*

En première approximation, lorsqu'il s'agit de recenser et comparer des plans d'action pour prendre des décisions de principe (les lancer ou non, définir des priorités), une description très sommaire suffit : pour chaque plan d'action, la charge de travail et le budget approximatifs, une esquisse de calendrier, l'enjeu et les objectifs poursuivis. Pour les plans d'action retenus, une analyse plus fine devient nécessaire. Il faut alors désigner un responsable, qui décompose son plan d'action en un programme phasé d'actions précises, situées dans l'organisation et dans le temps, pesées en termes de ressources et de charges.

Exemple

M. Royer, ingénieur au service d'entretien de MECA, est chargé d'un plan d'action pour réduire les temps de réglage des machines A et B. Il dispose de 6 mois et d'un budget de 300 000 euros, pour réaliser un gain de 50 % sur ces temps.

■ *Classement multicritère des plans d'action*

Il est fréquent que le déploiement de la stratégie conduise à proposer des plans d'action trop nombreux. On peut les inter-classer sur la base d'une évaluation multicritère, avec trois grandes familles de critères :

- la **faisabilité** : celle-ci peut être approchée sous l'angle technique (complexité, difficulté de mise en œuvre), politique (résistances potentielles, compatibilité avec la culture existante), économique (importance des ressources requises)...
- la **pertinence** : celle-ci peut être approchée sous l'angle de la stratégie (criticité stratégique de l'action envisagée), de l'économie (importance des gains attendus), de la communication (démonstrativité des résultats attendus), de l'apprentissage (acquisition de compétences liée à cette action)...
- la **temporalité** : le plan d'action doit-il produire des résultats rapides ou lointains ?

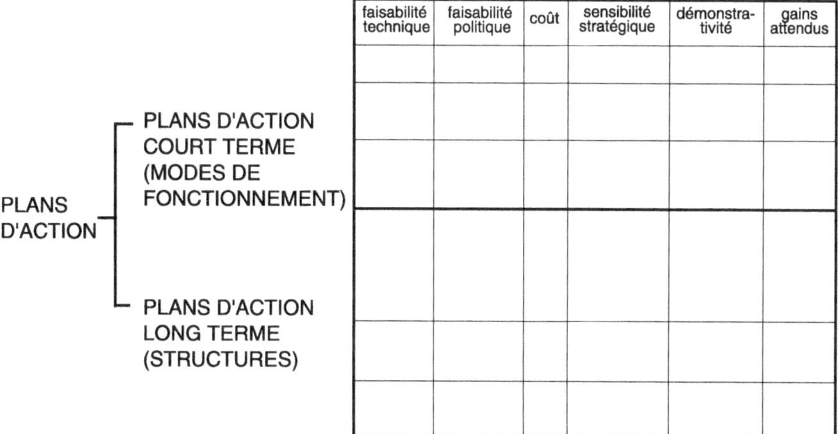

Schéma 10 : *Évaluation et sélection des plans d'action*

Il semble généralement justifié de classer les plans d'action en deux grandes catégories, en s'appuyant sur la troisième famille de critères :

- les plans d'action à court terme, portant souvent sur les modes de fonctionnement,
- les plans d'action à moyen-long terme, portant souvent sur les structures.

On peut ensuite inter-classer les plans au sein de chacune des deux catégories, sur la base de critères pondérés de pertinence et de faisabilité.

Un exemple complet de déploiement des objectifs stratégiques en plans d'action, celui du centre EDF GDF Services de Marsigny, est présenté en annexe 4.

Conclusion

Au terme de cette phase de travail, la stratégie a été déployée dans des leviers d'action et dans des plans d'action. Il nous reste à définir les outils de pilotage (indicateurs, tableaux de bord), ce que nous allons examiner au chapitre suivant, et les pratiques de pilotage, ce qui a été examiné au chapitre 2.

Annexe

L'exemple du Crédit Régional Immobilier et Commercial (CRIC)

■ *Présentation du Crédit Régional Immobilier et Commercial (CRIC)*

Le Crédit Régional Immobilier et Commercial (CRIC) est la filiale française d'une grande banque étrangère, ayant acquis récemment le réseau d'agences d'une banque française. Banque de taille moyenne, le CRIC a 480 salariés et fait un chiffre d'affaires de 460 MF. Il est en train de migrer d'une spécialisation dans l'immobilier vers une clientèle de particuliers moyen/haut de gamme.

Le CRIC perd de l'argent. Ses principales difficultés sont : le manque de compétences en agences, avec un turn over de personnel élevé, un outil informatique obsolète et peu performant, le manque de procédures et de méthodes de travail formalisées, l'effondrement du marché immobilier sur lequel le CRIC s'était spécialisé.

■ *L'analyse stratégique*

Les dirigeants du CRIC procèdent à une analyse stratégique et en déduisent les enjeux majeurs suivants :

- développer les ventes sur deux canaux distincts et majeurs : les agences, d'une part, et les partenaires, d'autre part (des partenariats ont été conclus avec des entreprises de secteurs différents et complémentaires de la banque telles que la grande distribution ou les compagnies aériennes) et fidéliser la clientèle de particuliers existante,
- personnaliser l'offre selon les grands segments de marché traités (avec trois segments essentiels : les professionnels de l'immobilier, les professionnels hors immobilier et les particuliers),
- développer les compétences du personnel,
- améliorer la qualité de service (régularité, fiabilité, disponibilité, simplicité), notamment en matière de crédits, de moyens de paiement et de gestion d'épargne,
- réduire les coûts,
- mieux maîtriser les risques,
- mettre en place un véritable outil de pilotage de la performance opérationnelle, cohérent avec la stratégie, par grands processus.

■ *L'analyse de processus*

Ces considérations stratégiques sont donc suivies d'une analyse de processus.

Les **produits** principalement identifiés sont :

- des ventes à de nouveaux clients, segmentées par canaux (agences, partenaires),
- des crédits, segmentés par grands segments de marché (professionnels de l'immobilier, autres professionnels, particuliers),
- des moyens de paiement, segmentés par moyens (chéquiers, cartes de crédit),
- de l'épargne et des placements pour clients,
- des concepts de nouveaux services.

Les **ressources critiques** identifiées, en cohérence avec l'analyse stratégique, sont :

- les effectifs (à stabiliser),
- les compétences,
- l'informatique,
- l'organisation formalisée et les procédures.

Un débat en comité de direction permet d'élaborer ainsi une première cartographie de processus, soumise aux commentaires et à la validation individuels des principaux responsables. La cartographie finalement retenue pour démarrer le projet « pilotage de performance » est la suivante :

Processus	Produits
Développer les ventes réseau agences	Chiffre d'affaires nouveaux clients agences
Développer les ventes réseau partenaires	Chiffre d'affaires nouveaux clients partenaires
Gérer crédits aux professionnels immobilier	En-cours crédits professionnels immobilier
Gérer crédits aux autres professionnels	En-cours crédits professionnels
Gérer crédits aux particuliers	En-cours crédits particuliers
Gérer moyen de paiement « chèques »	Chéquiers délivrés, chèques traités
Gérer moyen de paiement « cartes bancaires »	Cartes délivrées, transactions sur cartes
Gérer collecte et épargne	En-cours épargné/placé
Concevoir nouveaux services	Lancements nouveaux services
Concevoir et mettre en œuvre organisation	Procédures
Concevoir et mettre en œuvre systèmes d'information	Nouvelles applications, transactions informatiques

Processus	Produits
Financer les emplois	Francs de financement
Gérer les ressources humaines	Effectifs
Gérer les compétences	Postes qualifiés
(Administrer)	XXX

Dans un premier temps, le CRIC décide de déployer ses objectifs sur le processus le plus lourd : « gérer les crédits aux particuliers ». La matrice de déploiement se présente comme suit :

Processus ⇩	OBJECTIFS STRATÉGIQUES (exemples)				
	Développer ventes réseau	Fidéliser	Personnaliser l'offre	Réduire les coûts	Maîtriser les risques
Gérer les	Qualité de l'analyse des besoins client	Qualité de l'analyse des besoins client	Qualité de l'analyse des besoins client	Productivité des activités du processus	Pertinence de définition des taux
	Qualité de l'accueil	Qualité de l'accueil	Qualité des études de dérogations	Itérations des opérations (« refaisage »)	Appréciation initiale du risque
crédits aux	Qualité de la solution proposée	Délai de traitement	Pourcentage de prêts avec dérogations		Efficacité de gestion du contentieux
particuliers	Délai de proposition	Suivi personnel de la relation client	Délai d'octroi des dérogations		Efficacité de gestion des impayés
	Suivi de la relation commerciale	Domiciliation des salaires des clients emprunteurs			

On identifie ainsi, pour le processus « gérer les crédits aux particuliers », des contributions du processus aux objectifs stratégiques telles que : « délai de traitement du dossier », « qualité des études de dérogations », « pertinence de définition des taux »...

Annexe

L'exemple de La Poste

La Poste est une grande entreprise publique de service qui gère un parc important de véhicules routiers de transport portant son nom et ses couleurs. Il y eut une période où ces véhicules étaient souvent conduits de manière imprudente, voire agressive. Un camion jaune pouvait ainsi susciter l'ire de plusieurs centaines de personnes au cours d'une journée de circulation urbaine et dégrader fortement l'image de La Poste auprès d'une population importante, au moment même où l'entreprise dépensait des sommes non négligeables à la télévision, à la radio et dans la presse écrite pour développer son image d'entreprise de service. Derrière ces efforts, la volonté de La Poste de se placer comme établissement de services financiers auprès du grand public.

L'auteur de ces lignes ayant eu l'occasion de se faire accrocher par un camion postal qui s'est enfui, il a conduit une enquête qui a permis de mettre en évidence les contradictions entre le discours stratégique et la gestion opérationnelle.

Discours et action stratégiques	Réalité de la gestion opérationnelle
Affirmer l'image d'une entreprise de service auprès du public	Réduire les coûts de fonctionnement, notamment du parc auto
S'appuyer sur le réseau d'agences locales pour développer de nouveaux services	Maximiser le taux d'utilisation des véhicules, accélérer les rotations, pousser les conducteurs à la faute
Lancer des campagnes de publicité institutionnelle fortes sur les médias	Minimiser l'entretien d'aspect des véhicules
Améliorer la qualité des interfaces guichet avec le public	Tolérer des modes de conduite « acrobatiques »

Pourquoi cette contradiction ? Probablement parce que le déploiement des objectifs stratégiques dans le pilotage opérationnel n'a pas été assuré de manière systématique. Les préoccupations ont été inconsciemment et artificiellement cloisonnées : le changement d'image passait par la Communication, la maîtrise des coûts par les activités opérationnelles « courantes », notamment le transport, sans se rendre compte que les véhicules de l'entreprise constituaient l'un de ses principaux vecteurs d'image.

Annexe

Méthodologie d'analyse de la performance et de recherche des leviers d'action par processus

■ *Composition des groupes de travail*

Dans chaque groupe de processus, les principales parties prenantes au processus doivent être représentées. Il faut notamment s'assurer de la présence de vrais **opérationnels** du processus, susceptibles d'apporter les fruits de leur expérience de terrain, ainsi que d'**experts** ayant une bonne connaissance des règles, des méthodes et des outils.

■ *Profil des participants*

Le goût du travail en groupe, la capacité de s'exprimer sans autocensure, l'aptitude à prendre du recul lorsque c'est nécessaire, l'ouverture au changement sont évidemment des qualités personnelles appréciées dans une telle démarche.

■ *Principes de conduite du travail de groupe*

Il n'est pas souhaitable qu'un consultant (interne ou externe) ou toute autre personne extérieure au processus (un expert « siège ») assure l'animation du groupe. Les personnes extérieures au processus analysé, en nombre restreint, se limitent à apporter le soutien méthodologique nécessaire. Il est préférable que l'animation du groupe soit prise en charge par un acteur du processus qui, par sa personnalité ou par son rôle central au sein du processus, bénéficie, aux yeux des autres acteurs, d'une certaine légitimité pour jouer un tel rôle. Il faut éviter que l'animateur du groupe établisse des relations de type hiérarchique avec les autres participants.

■ *Première étape : pour un enjeu de performance donné, recenser les causes importantes*

On aborde les enjeux de performance du processus un par un (après avoir éventuellement procédé à un premier tri pour en réduire le nombre). Pour chaque enjeu X, il faut d'abord lister les facteurs ayant une influence significative sur lui. Une manière commode de procéder consiste à distribuer à chaque participant un certain nombre de « Post-it » de grande taille (susceptibles d'être collés sur un tableau et lisibles par tous), puis de leur demander de désigner par écrit les 4 ou 5 facteurs qui leur paraissent avoir la plus forte influence sur

115

l'enjeu de performance, à raison d'un facteur par Post-it. La méthode par « Post-it » présente l'avantage d'assurer à tous les membres du groupe la possibilité de s'exprimer en toute indépendance. La question à laquelle chacun doit répondre en remplissant les Post-it est la suivante : quels sont les facteurs qui influencent significativement l'enjeu de performance X du processus ?

Par exemple, si l'on s'intéresse à l'enjeu « réduire le coût » sur le processus « entretenir les équipements », chaque membre du groupe liste sur cinq fiches les cinq facteurs qui selon lui influencent le plus le coût du processus.

Tous les facteurs qui paraissent importants doivent être listés, même s'ils ne sont pas sous le contrôle des services représentés dans le groupe. Il ne faut pas omettre de noter des facteurs cruciaux sous prétexte qu'ils ne pourront être traduits en leviers d'action maîtrisables par les services auxquels appartiennent les membres du groupe. Celui-ci doit disposer d'un droit de proposition à l'ensemble de l'entreprise, dans tous les domaines. Il peut être utile pour le groupe de consulter des experts qui ne participent pas régulièrement à ses travaux, sur certains points spécifiques. Prenons l'exemple d'un groupe travaillant sur le processus « accueillir la clientèle » dans une entreprise prestataire de services au grand public. Si l'on constate qu'un élément déterminant de la performance en ce domaine est la saturation de l'accueil téléphonique, donc la capacité des commutateurs installés, il faudra auditionner un spécialiste du réseau de télécommunications de l'entreprise.

Inversement, il ne s'agit pas non plus d'identifier uniquement des facteurs de performance non maîtrisables par les services représentés (au risque de constater systématiquement que « c'est la faute des absents »). L'objectif final pour le groupe est de proposer des actions crédibles sur l'efficacité desquelles il s'engage. À partir de là, deux démarches sont possibles, selon la nature du problème posé.

■ *Diagramme d'affinités et de relations*

Lorsque le problème de départ paraît d'une assez grande **généralité** et d'une assez grande **complexité**, exigeant un travail de défrichement et de filtrage préalables importants, avec un risque d'imbrication de facteurs dans de nombreuses directions croisées, il est peu recommandé de tenter de construire un arbre causes-effets à structure hiérarchique et arborescente. On utilisera alors une méthode dite de « diagramme d'affinités et de relations » [MITONNEAU]. Les membres du groupe sont invités à organiser les fiches dans l'espace, par exemple en éliminant les redondances, en regroupant les facteurs voisins en familles, en les agençant sur des zones concentriques en fonction de leur nature plus ou moins immédiate ou plus ou moins structurelle, en tentant de faire apparaître les relations entre familles de facteurs. Organiser les fiches dans l'espace apparaît donc comme une méthode pratique et ouverte pour structurer l'enquête collective autour de l'enjeu analysé.

■ *Diagramme arborescent (« arête de poisson » ou « diagramme d'Ishikawa »)*

Lorsque le problème paraît relativement **simple**, bien **structuré** et clairement **circonscrit**, avec des liaisons causales non ambiguës et facilement séparables, le modèle d'analyse sera plus facile à présenter sous la forme d'un « diagramme arborescent » [ISHIKAWA]. L'arbre des causes se construit par étapes, en tentant d'identifier à chaque étape, de manière systématique et aussi exhaustive que possible, tous les facteurs importants qui sont à l'origine d'un effet donné. Il force à remonter progressivement jusqu'aux causes réelles de la performance et évite de conclure prématurément (voir la règle formulée par Ohno, père du « système Toyota » : « il faut poser la question *pourquoi ?* au moins cinq fois ») [OHNO].

Annexe

Le déploiement des objectifs stratégiques au centre EDF GDF Services de Marsigny

■ *Présentation du Centre*

Le centre EDF GDF Services de Marsigny est une entité de 1200 personnes qui a en charge :

- la commercialisation des énergies gaz et électricité,
- l'interface clientèle pour ces énergies (accueil, gestion contractuelle, information et conseil, petites interventions techniques sur les installations des clients),
- l'entretien et le développement du réseau de distribution,
- la gestion des comptes clients (facturation, recouvrement, gestion de trésorerie).

Le Centre couvre un territoire équivalent à un département. Il englobe la grande agglomération de Marsigny (450 000 habitants), pôle universitaire et industriel important (industries de transformation et industries de pointe).

■ *Les objectifs stratégiques*

Marsigny se caractérise par des zones de développement industriel dynamiques, au voisinage de concentrations universitaires ou technologiques (technoparcs, cité scientifique). Cette région est l'une de celles qui, en France, ont le taux de croissance le plus élevé, avec une consommation d'énergie en net développement. Tous les fournisseurs d'énergie industrielle (notamment les pétroliers) s'y intéressent et la concurrence est donc forte. La part de marché du Centre auprès des clients industriels apparaît donc comme l'un des principaux objectifs stratégiques. Les autres objectifs stratégiques du Centre sont :

- la réduction des coûts,
- l'amélioration de la qualité de service à la clientèle courante,
- le développement des services aux collectivités locales, notamment à la ville de Marsigny,
- une meilleure insertion environnementale des réseaux (l'urbanisation rapide de la contrée fait de la qualité environnementale un sujet de plus en plus sensible).

■ *Les processus*

Une analyse de processus a été réalisée sur le Centre. Une quinzaine de processus a été identifiée, comme, par exemple :

- répondre aux demandes de la clientèle courante,
- conduire les affaires concernant la clientèle industrielle, de la prospection avant-vente à la résiliation,
- facturer et recouvrer,
- exploiter et entretenir le réseau gaz,
- exploiter et entretenir le réseau électricité,
- planifier et développer le réseau gaz,
- planifier et développer le réseau électricité,
- analyser et prospecter les marchés...

■ *Le déploiement des objectifs stratégiques sur les processus*

Les responsables du Centre déploient les objectifs stratégiques sur les processus à l'aide d'une matrice de déploiement, en notant l'importance des enjeux de performance par processus (X, XX ou XXX) (voir résultat ci-contre).

XXX : enjeu majeur
XX   : enjeu potentiellement important
X   : enjeu réel mais moindre

Les enquêtes de marché auprès de la clientèle industrielle font apparaître clairement, parmi ses principales exigences, la continuité de la fourniture. En effet, des coupures prolongées, en immobilisant des équipements indispensables à la production (fours, centres d'usinage, ponts roulants...), peuvent avoir des conséquences économiques désastreuses.

	Réduire les coûts	Accroître part de marché auprès des industriels	Améliorer qualité de service à la clientèle courante	Développer services aux collectivités locales	Améliorer insertion environne-mentale des réseaux
Répondre aux demandes de la clientèle courante	coût des petites interven-tions XX coût de l'accueil X		qualité de l'accueil XXX qualité du conseil XXX rapidité de réalisation des petites interventions XXX		
Entretenir le réseau élec.	coût d'entretien XXX	**continuité de la fourniture XXX** qualité de la fourniture XXX		optimisation de l'occupation de la voirie X	
Développer le réseau élec.	coût d'investisse-ment XXX	rénovation du réseau des zones industrielles XX		concertation amont sur programme de travaux XX	enterrer lignes XX refaire les ouvrages les plus contestés XXX
Réaliser affaires pour clientèle entreprises		qualité du service aux entreprises industrielles XXX			
Facturer/ recouvrer	niveau de non-recou-vrement XXX fraudes XX	facturation unique pour entreprises XX qualité de facturation XXX	qualité de facturation XXX	qualité de facturation XXX	

Prenons un exemple particulier d'enjeu de performance par processus : la continuité de fourniture (coupures minimales) (processus « entretenir le réseau électricité » croisé avec objectif stratégique « Accroître part de marché auprès des industriels »).

Précisons cet enjeu. Le temps de coupure a deux composantes :

- les coupures programmées pour travaux ne sont pas très gênantes, car les industriels sont prévenus à l'avance,
- les coupures pour incidents posent évidemment plus de problèmes aux entreprises.

L'enjeu de performance pour ce processus peut donc se préciser : il s'agit de **minimiser le temps de coupure pour incidents dans les zones industrielles**. À cet enjeu correspond un indicateur de résultat évident : le temps moyen des coupures dues à des incidents, sur les zones industrielles.

ENJEUX STRATÉGIQUES DU CENTRE

■ *Recherche des leviers d'action*

Un groupe de travail est créé pour concevoir les plans de progrès et le système de pilotage sur le processus « exploiter et entretenir le réseau électricité ». Ce groupe commence par valider le périmètre et le contenu en activités du processus. Puis il procède à une analyse causes-effets à partir des enjeux de performance du processus, notamment la continuité de fourniture en zones industrielles. Pour cela, il construit un diagramme arborescent. Le temps de coupure en cas d'incident se décompose en trois durées complémentaires :

- le temps de l'alerte,
- le temps de localisation de la panne,
- le temps de réparation du défaut.

L'analyse causale arborescente est donc menée à partir de ces trois éléments :

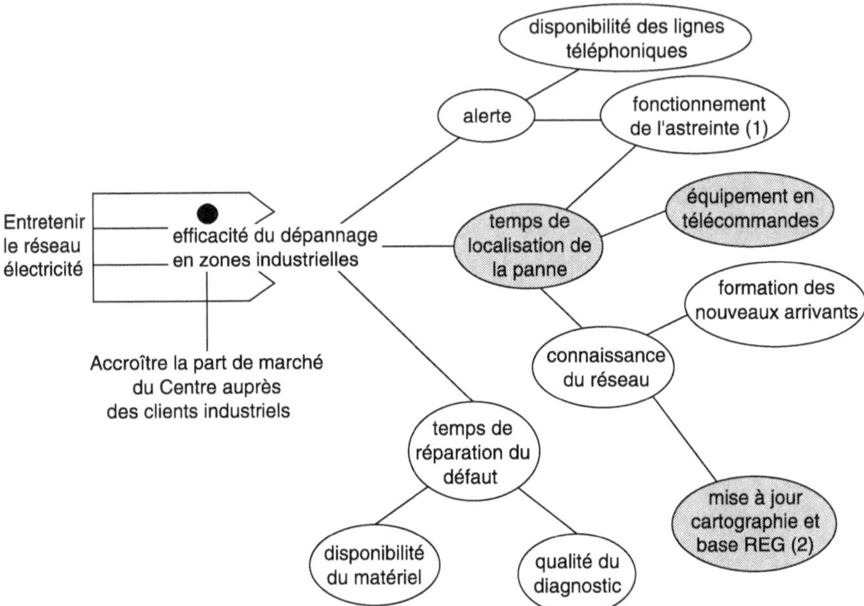

(1) Le système d'astreinte assure que, 24 h sur 24, un cadre du Centre est joignable sans délai en cas de problème.
(2) La base REG est la base de données techniques concernant l'état précis, cartographique et technique, du réseau électrique.

On a ainsi identifié sept leviers d'action :

- redimensionner l'installation téléphonique,
- améliorer le fonctionnement de l'astreinte,
- développer l'équipement en télécommandes,
- créer un module de formation systématique des nouveaux arrivants à la structure du réseau du Centre,
- mettre à jour la cartographie et la base REG,
- améliorer la disponibilité du matériel pour réparations (gestion du magasin),
- mettre au point un outil simple d'aide au diagnostic d'incident.

On s'intéressera particulièrement, à titre d'exemple, à l'équipement en télécommandes et à la mise à jour des bases, qui influent toutes deux sur le temps de localisation de la panne (éléments grisés sur le schéma). On définira des plans d'action :

- accroître l'équipement en télécommandes du réseau, jusqu'à atteindre un taux d'équipement de trois par poste de départ,
- mettre en place une collecte systématique des caractéristiques du réseau constatées par les agents lors de toutes leurs visites sur le réseau et saisie de ces données par un agent spécifiquement chargé de la mise à jour de la base de données techniques du réseau.

On choisira des indicateurs pour ces deux leviers d'action (voir schéma).

■ *Le choix des indicateurs*

Les indicateurs sont choisis, processus par processus, par les groupes de travail qui ont identifié les leviers d'action. Pour des développements plus approfondis sur la notion d'indicateur, on se reportera au chapitre 5.

Parmi les leviers d'action, certains sont retenus pour mettre en œuvre des plans d'action. Ils exigent des **indicateurs de résultats** (résultats des plans d'action) et des **indicateurs de suivi** (suivi du déroulement des plans d'action) (voir chapitre 5). D'autres leviers d'action ne sont pas retenus pour définir des plans d'action, mais sont simplement mis « sous contrôle » (indicateurs de résultats), pour s'assurer qu'ils ne subissent pas de détérioration sensible. Une action sera déclenchée si l'indicateur franchit un seuil d'alerte.

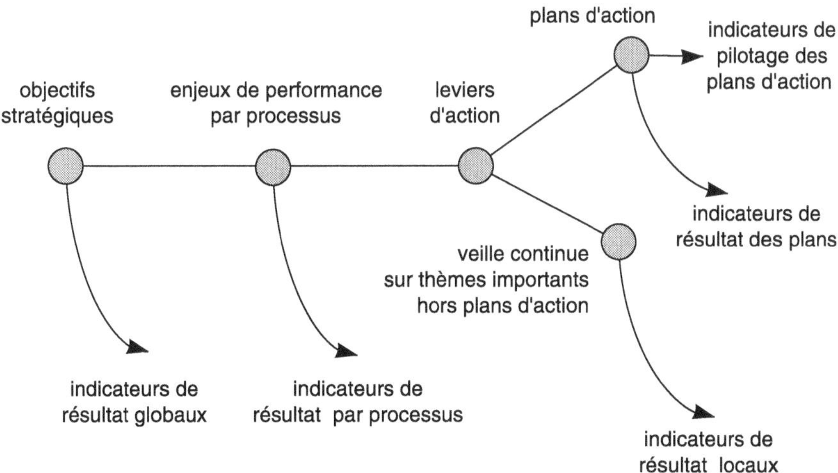

Compte tenu des exigences auxquelles le système de pilotage doit satisfaire (voir chapitre 5), les indicateurs retenus doivent :

- être en nombre limité ;
- être accessibles à un **coût** raisonnable et dans un **délai** bref, sous peine d'arriver « après la bataille » ;

- correspondre à un **levier d'action,** car suivre des indicateurs qui ne correspondent pas à des capacités d'action, c'est disperser l'attention ;
- être choisis par la voie de la **concertation** avec les acteurs concernés : il est impératif que ceux-ci s'approprient les indicateurs ;
- correspondre de manière **pertinente** à l'objectif stratégique et à l'enjeu de performance visés ;
- ne pas être trop « **nerveux** », trop sensibles à des variations aléatoires instantanées (d'où la nécessité de prendre parfois des indicateurs « lissés » sur des durées significatives : suivre mensuellement la moyenne des trois mois antérieurs, par exemple...) ;
- être **remis en cause périodiquement**, notamment lorsqu'ils ont été mis en place pour piloter un plan d'action qui s'achève, afin d'éviter l'accumulation stratifiée d'indicateurs au fil du temps : la création de nouveaux indicateurs devrait toujours être « gagée » sur la suppression d'anciens.

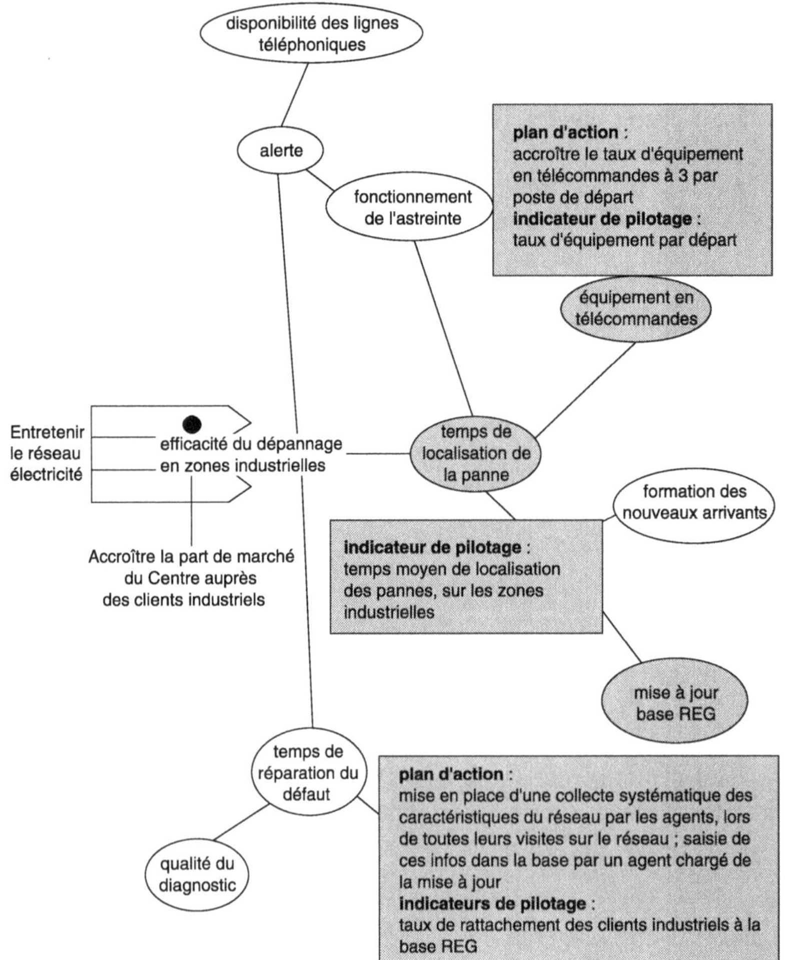

■ *Récapitulatif des étapes de déploiement*

Etapes de déploiement	Outils de suivi	Niveaux de pilotage
Enjeux stratégiques : **Accroître la part de marché du Centre auprès des clients industriels**	indicateurs de résultats : – part de marché – part de marché réelle / objectif fin d'année	Tableau de bord Centre
Enjeux de performance du processus : **Efficacité du dépannage en zones industrielles**	indicateurs de résultat : – temps moyen des coupures dues à des incidents, sur les zones industrielles	Tableau de bord Processus
Résultats intermédiaires (1er niveau) : **– temps de localisation de la panne**	indicateurs de pilotage : – temps moyen de localisation des pannes, sur les zones industrielles	Tableaux de bord Services
Leviers d'action : **– mise à jour de la base REG** **– taux d'équipement en télé-commandes**	plans d'action ⇨ indicateurs de pilotage : – mise en place d'une collecte systématique des caractéristiques du réseau par les agents lors de toutes leurs visites sur le réseau (auscultation, entretien, dépannage) ; saisie de ces informations dans la base par un agent chargé de la mise à jour ⇨ taux de rattachement des clients industriels à la base REG – accroître le taux d'équipement en télécommandes à 3 par poste de départ ⇨ taux d'équipement par départ	Tableaux de bord service exploitation service conduite

5

Indicateurs et tableaux de bord : le pilotage de performance

Pour parachever le déploiement de la stratégie, il convient de mettre en place des outils (indicateurs et tableaux de bord) pour aider au pilotage de l'action. Nous avons vu comment déterminer les leviers d'action destinés à faire passer la stratégie dans les faits et comment choisir les indicateurs correspondants. Il nous faut à présent analyser avec plus de précision les outils de base du pilotage de la performance : les indicateurs et les tableaux de bord. Nous commencerons par distinguer l'**information de pilotage**, directement destinée à conduire l'action, de l'**information de gestion de base**, infrastructure informationnelle de l'entreprise, fournie par des systèmes lourds et permanents tels que la comptabilité, et matière première de l'information de pilotage. Nous préciserons ensuite la notion d'indicateur. Nous verrons comment le système d'indicateurs peut s'organiser en tableaux de bord, en nous appuyant sur les apports de la notion de « balanced scorecard »[1], dont on montrera les limites pour essayer de les dépasser.

1. Système d'information et système de pilotage

■ *L'illusion de la gestion automatique*

Les systèmes d'information de gestion, tels que la comptabilité générale ou la comptabilité analytique, n'ont d'intérêt que s'ils permettent de déboucher sur l'action. Sinon, ils représentent un gaspillage de temps, de compétences et

---

1. Le concept de « Balanced Scorecard » a été défini et développé par Kaplan et Norton [KAPLAN, NORTON].

d'argent. Mais cela ne signifie pas qu'ils constituent effectivement les instruments directs de l'action.

Il n'y a pas d'outils informationnels universels et tout-puissants, images chiffrées de la performance, permettant d'avoir à la fois :

- une description fidèle, précise et quantifiée des phénomènes,
- un diagnostic sur leurs causes qui, du même mouvement, dicterait clairement les actions à mener.

Attendre de tels outils universels serait une illusion, celle de la « gestion automatique » où tout effort de compréhension et de diagnostic se trouverait « encapsulé », prédigéré, dans les systèmes d'information de gestion.

Exemple

*Un archétype de cette illusion est fourni par certains systèmes d'**analyse d'écarts** en gestion industrielle, où l'écart (coût réel – coût standard), produit automatiquement par le système de gestion, est décomposé tout aussi automatiquement en une quinzaine d'éléments préformatés, depuis la panne machine jusqu'au problème de qualité sur l'input, en passant par la pause sandwich de l'opérateur, la rupture d'outil, le manque de matière, la coupure de courant, l'intervention d'entretien préventif, l'inspection qualité, la formation sur poste, la difficulté de démarrage de la machine, les réglages, l'exécution de retouches, la réalisation d'essais, le retard du poste amont, une petite réparation, et même quelques ratons laveurs... : toutes les situations aléatoires ou incidentelles sont ainsi préprogrammées et l'exploitation automatique des reportings de fabrication par le système de gestion est censée livrer un diagnostic immédiat et sûr sur les causes de performance et de non-performance... à condition bien sûr :*

- *qu'aucune cause imprévue de dysfonctionnement n'apparaisse,*
- *que les formulaires à quinze ou vingt rubriques aient été remplis avec sérieux et patience par les opérateurs de fabrication, ce qui est pour le moins douteux !*

■ *L'information de base destinée à l'analyse*

En fait, les qualités exigées d'un système d'information de base, d'une part, et d'un système de pilotage, d'autre part, sont souvent opposées. L'information de base destinée à l'analyse doit coller d'aussi près que possible aux modes de fonctionnement réels (réalisme), pour limiter les jugements a priori qui peuvent conduire à ignorer des enjeux potentiellement décisifs et induire des diagnostics erronés (neutralité). Elle doit donc être relativement complète (exhaustivité) et livrer beaucoup de données « brutes ». Les systèmes de base sont donc souvent lourds et complexes. Il faut leur assurer une bonne stabilité dans le temps, afin de pouvoir effectuer des comparaisons d'une période à l'autre. De toute manière, leur complexité interdit de les modifier trop souvent.

Les systèmes de base les plus courants sont les systèmes comptables (comptabilité financière et comptabilité de gestion), le système d'information sur la qualité, le système de gestion industriel et logistique (flux) pour les quantités, les dates et les délais, les systèmes de gestion techniques (bases de données techniques sur les produits et les processus), le système de gestion commerciale (bases clients, produits, territoires, ventes par périodes...) et le système de gestion des ressources humaines (effectifs, classifications, salaires, compétences...).

■ *L'information destinée au pilotage*

À l'inverse, un système de pilotage (conduite directe de l'action) doit répondre à un certain nombre de conditions qu'un système de base ne remplit généralement pas.

- Il doit être **simple**, facile à manier et facile à modifier. Il doit donc être constitué d'un nombre limité d'objectifs et d'indicateurs de pilotage pour chaque décideur (ergonomiquement, le décideur ne peut prendre en compte un nombre élevé d'indicateurs). Cela exige que le système d'information de pilotage soit **sélectif,** ne vise pas à l'exhaustivité et repose sur des choix guidés par la stratégie.

- Il doit être **interprétable pour l'action**. Il doit donc être **clair**, constitué d'indicateurs compréhensibles par les personnes concernées. Ce n'est généralement pas le cas de données « brutes », issues des systèmes de base, à partir desquelles s'imposent des choix, des regroupements, des retraitements et des combinaisons en fonction des priorités pour l'action.

- Pour être interprétable, il doit être **structuré**. Par exemple, des indicateurs différents peuvent fournir des messages contradictoires. Il faut donc parfois les assortir de règles de priorité. Autre exemple : on suppose que l'évolution de certains indicateurs est explicable par celle d'autres indicateurs (ex. un gain de qualité devrait améliorer la satisfaction des clients). Le système de pilotage repose, au moins implicitement, sur des liaisons causes-effets avancées comme hypothèses vérifiables ou falsifiables par l'expérience.

- Il doit être **orienté vers la stratégie.** Les indicateurs de pilotage ne sont pas choisis *bottom up*, « à l'inspiration », en fonction de logiques locales, ni *top down*, en fonction de l'humeur du chef, mais ils traduisent l'élaboration collective des objectifs stratégiques et des principaux leviers d'action associés. Cette « contingence stratégique » du système de pilotage exige qu'il soit **évolutif** et s'adapte aux fluctuations de la stratégie.

2. La notion d'indicateur de performance

■ *La définition de l'indicateur de performance*

Définition

> *Un indicateur de performance est une information devant aider un acteur, individuel ou plus généralement collectif, à conduire le cours d'une action vers l'atteinte d'un objectif ou devant lui permettre d'en évaluer le résultat.*

Avec cette définition, on voit d'emblée ce que l'indicateur n'est pas : ce n'est pas une mesure « objective », attribut du phénomène mesuré indépendant de l'observateur, mais il est construit par l'acteur [LORINO, CRP, 1995], en relation avec le type d'action qu'il conduit et les objectifs qu'il poursuit. L'indicateur n'est pas nécessairement un chiffre : il peut prendre toute forme informationnelle répondant à l'une ou l'autre des deux fonctions évoquées dans la définition (conduite de l'action, évaluation de résultats) : jugement qualitatif, signe binaire oui/non, graphique...

Un indicateur est plus qu'une simple donnée. C'est un outil de gestion élaboré, réunissant une série d'informations, notamment :

- sa raison d'être : l'objectif stratégique auquel il se rattache, la cible chiffrée et datée qui lui est impartie, éventuellement des références comparatives, par exemple le résultat d'un benchmarking,
- la désignation d'un acteur chargé de le produire (celui qui accède le plus facilement aux informations requises),
- la désignation d'un acteur responsable de la performance ainsi représentée,
- la périodicité de production et de suivi de l'indicateur,
- sa définition technique : la formule et les conventions de calcul, les sources d'information nécessaires à sa production (applications informatiques, bases de données, saisies manuelles),
- les modes de segmentation pour décomposer une forme agrégée de l'indicateur en formes plus détaillées (exemples : segmentation géographique – décomposition par territoires, segmentation par types de marchés, segmentation par lignes de produits, segmentation par centres de responsabilité...),
- les modes de suivi (budgété, réel, écart budgété/réel, historique sur N mois, comparaison même période année antérieure, cumul depuis le début de l'année...),
- le mode de présentation (chiffres, tableaux, graphiques, courbes...),
- la liste de diffusion.

■ *Indicateur de résultat et indicateur de suivi*

La définition proposée distingue deux situations correspondant à des fonctions distinctes de l'indicateur, selon son positionnement par rapport à l'action :

- Soit il s'agit d'évaluer le résultat final de l'action achevée (degré de performance atteint, degré de réalisation d'un objectif) – on parlera alors d'**indicateur de résultat**. Par définition, l'indicateur de résultat arrive trop tard pour infléchir l'action, puisqu'il permet de constater que l'on a atteint ou non les objectifs : c'est un outil pour formaliser et contrôler des objectifs, donc des engagements.

Exemple

Le taux de défauts sur le produit fini est un indicateur de résultat pour la fabrication ; c'est évidemment une mesure a posteriori, un **constat**.

- Soit il s'agit de conduire une action en cours, d'en jalonner la progression en permettant, si nécessaire, de réagir (actions correctives) avant que le résultat soit consommé – on parlera alors d'**indicateur de processus ou de suivi**. Un indicateur de suivi doit révéler les évolutions tendancielles dans les processus et fournir une capacité d'anticipation ou de réaction à temps. Citons Masaaki Imai : « D'un côté, l'encadrement a besoin de concevoir des critères tournés vers les processus (n.d.a. : indicateurs de suivi). De l'autre, l'encadrement du genre *contrôle* ne s'intéresse qu'aux seuls critères tournés vers les résultats. La seule mesure dont le chef d'entreprise occidental dispose est de vérifier si l'objectif a été atteint ou non ».

Exemple

Les caractéristiques dimensionnelles d'échantillons prélevés régulièrement au cours de la fabrication permettent d'anticiper d'éventuels problèmes de qualité avant que ceux-ci soient mesurés en fin de parcours par un taux de défauts.

La distinction entre indicateur de résultat et indicateur de suivi est floue et relative à l'action considérée. L'indicateur de résultat d'une action courte peut se transformer en indicateur de suivi d'un programme d'action plus large et de plus longue durée. Supposons par exemple qu'un plan d'action à un an ait été décomposé en plans d'action à trois mois et l'objectif global en objectifs partiels. À chacune des actions à trois mois sera attaché un indicateur de résultat, qui constitue un indicateur de suivi pour le plan d'action à un an.

> ### Exemple : le centre EDF-GDF de Marsigny
>
> *Le Centre décide de lancer une série d'actions pour fidéliser sa clientèle en chauffage électrique afin de réduire de moitié en trois ans le nombre de clients qui abandonnent le chauffage électrique chaque année. À cette fin, il crée un label de qualité destiné à homologuer en un an les électriciens installateurs de chauffage et garantir la qualité de leurs prestations. Le plan d'action « homologation des installateurs » aura pour indicateurs de résultat le nombre d'installateurs homologués, le pourcentage du marché ainsi couvert, la notoriété du label auprès du public. Mais ces divers indicateurs de résultat deviennent des indicateurs de suivi par rapport à l'action plus vaste et de plus longue haleine « fidéliser la clientèle du chauffage électrique », dont les indicateurs de résultat seront le nombre de clients qui abandonnent le chauffage électrique chaque année et le taux de satisfaction de la clientèle à l'égard du chauffage électrique.*

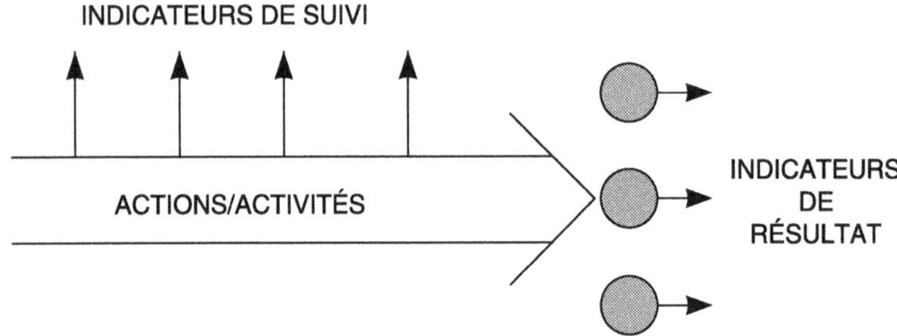

Schéma 1 : *Les indicateurs de résultat*

■ *Indicateurs de pilotage et indicateurs de reporting*

On distingue deux types d'indicateurs selon leur positionnement par rapport à la structure de pouvoir et de responsabilité :

- Les **indicateurs de reporting** servent à informer le niveau hiérarchique supérieur sur la performance réalisée et le degré d'atteinte des objectifs. Ils ne servent pas nécessairement de manière directe au pilotage du niveau qui rend compte. L'indicateur de reporting correspond souvent à un engagement formel (contractuel) pris par un responsable vis-à-vis de sa hiérarchie et permet d'en mesurer l'accomplissement (dans le cadre de la Direction par Objectifs). Il s'agit d'un indicateur de résultat, d'un constat *a posteriori*.

- Les **indicateurs de pilotage** servent à la propre gouverne de l'acteur qui les suit, pour l'aider à piloter son activité. L'indicateur de pilotage doit guider une action en cours, et n'a pas nécessairement vocation à remonter aux niveaux hiérarchiques supérieurs pour permettre un contrôle a posteriori. Pour la plupart, les indicateurs de pilotage ne doivent pas remonter. En effet, si trop d'indicateurs remontent, les niveaux hiérarchiques supérieurs sont engorgés et perdent la vision de leurs propres objectifs. Les indicateurs de pilotage sont liés, soit au suivi d'actions en cours, soit à des points sur lesquels le responsable veut maintenir un état de vigilance en contrôlant régulièrement les résultats atteints.

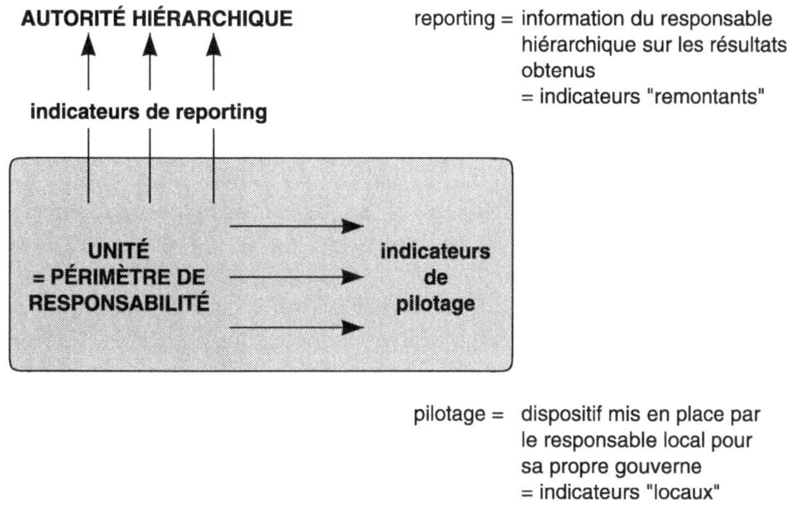

Schéma 2 : *Les indicateurs de pilotage*

■ *L'indicateur doit avoir une pertinence opérationnelle*

L'indicateur n'a d'utilité que relativement à une **action** à piloter (à lancer, à ajuster, à évaluer), donc est étroitement lié à un processus d'action précis (par exemple, processus d'usinage, processus d'accueil des clients). Il doit avoir une **pertinence opérationnelle. L'indicateur est-il correctement associé à une action à piloter ?** Cette condition est loin d'être systématiquement assurée. Elle soulève notamment le vieux problème, délice des manuels de gestion depuis des décennies, de la « contrôlabilité » de la performance : le manager, ou l'entité concernée, ont-ils en mains les leviers d'action qui leur permettent d'influer de manière décisive sur le niveau de performance atteint et mesuré par l'indicateur ?

■ *L'indicateur doit avoir une pertinence stratégique*

L'indicateur doit correspondre à un **objectif**, qu'il mesure l'atteinte de cet objectif (indicateur de résultat) ou qu'il informe sur le bon déroulement d'une action visant à atteindre cet objectif (indicateur de pilotage). Il doit avoir une

pertinence stratégique. L'indicateur est-il correctement associé à un objectif à atteindre ? Cette condition, la « pertinence stratégique » de l'indicateur, est loin d'être systématiquement assurée. Steven Kerr [Kerr, 1975] écrivit un article il y a vingt ans « sur la folie de récompenser A, quand on désire B », à propos de la pratique de nombreuses entreprises de mesurer des performances différentes des objectifs qu'elles poursuivent réellement. Epstein et Manzoni [Epstein, Manzoni, 1998] rapportent une enquête conduite par l'Academy of Management auprès de 50 dirigeants de grandes entreprises au niveau mondial sur l'état de cette question : « 90 % de ceux qui ont répondu estimaient que la folie de Kerr est encore prégnante dans les entreprises américaines ».

■ *L'indicateur doit avoir une efficacité cognitive*

L'indicateur est destiné à l'utilisation par des **acteurs** précis, généralement collectifs (équipes, y compris équipe de direction), qu'il doit aider à orienter leur action et à en comprendre les facteurs de réussite. Il doit avoir une **efficacité cognitive et ergonomique**. Cette condition signifie qu'il doit pouvoir être lu, compris et interprété aisément par l'acteur auquel il est destiné, dans le cadre de son action. Cette préoccupation n'est que marginalement présente dans les entreprises (sauf les rares exceptions où les enjeux, notamment de sécurité, ont justifié des efforts particuliers : citons le cas des centrales nucléaires, notamment après l'accident de Three Mile Island). Elle est pourtant essentielle, et appelle le développement d'une véritable ergonomie cognitive des outils de gestion, encore balbutiante.

■ *Le triangle stratégie / acteur / processus d'action*

L'indicateur se trouve ainsi au centre d'un « triangle stratégie traduite en objectifs / processus d'action / acteur (collectif) ».

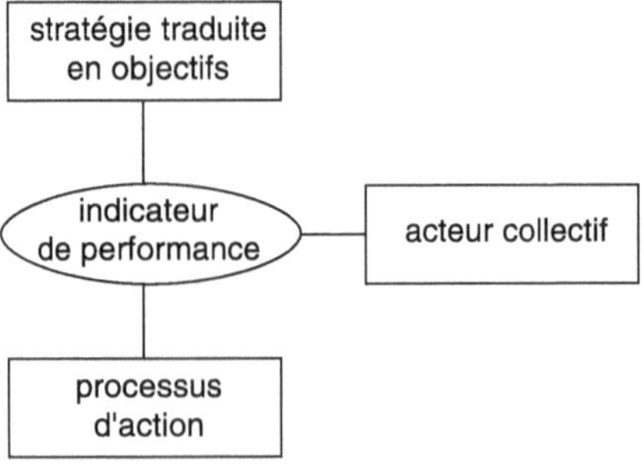

Schéma 3 : Le triangle stratégie/acteur/processus d'action

■ *Les problèmes soulevés par les indicateurs de performance*

Au vu du triangle « processus/acteur/stratégie », certaines questions fréquemment posées à propos des indicateurs apparaissent comme de faux problèmes :

1. Les indicateurs doivent-ils être financiers, non financiers, un mélange des deux ? La nature « financier » ou « non financier » importe peu et il n'y a pas de règle rigide en la matière. Les critères pertinents sont autres (pertinence stratégique, pertinence opérationnelle, efficacité cognitive) et peuvent être remplis, selon les cas, par des indicateurs financiers ou non financiers.

2. Les indicateurs non financiers (exemples : délais, qualité) doivent-ils donner lieu à une valorisation monétaire des enjeux ? Par exemple, faut-il impérativement traduire les améliorations de qualité en gains financiers ? Les liens à assurer entre indicateurs de pilotage et objectifs stratégiques sont des liens de type causes-effets relevant de jugements collectifs souvent complexes, multiformes et indirects. L'amélioration de la qualité va permettre de réduire les coûts de rebuts, retouches, réclamations, ce qui peut être relativement aisé à mesurer (et encore...). Mais elle devrait permettre aussi d'améliorer la satisfaction des clients, de les fidéliser, d'améliorer l'image globale de l'entreprise, de gagner à terme des parts de marché ou de vendre à des prix moyens plus élevés, grâce à une « rente de réputation »... Tous ces éléments, parfois essentiels, sont plus difficiles à chiffrer, et ne peuvent en tout état de cause pas être chiffrés comptablement. Il est, dans la majorité des cas, illusoire de croire qu'on peut rendre compte des liens causes-effets par des valorisations directes simples (exemple : valoriser directement et systématiquement les améliorations de qualité ou le taux de satisfaction des clients en gains de chiffre d'affaires ou les réductions de délais de production en diminutions de Besoins en Fonds de Roulement). Il s'agit en général de porter un jugement sur des chaînes causales complexes plutôt que d'appliquer un algorithme de conversion directe d'unités physiques en unités monétaires (n % de défauts en moins = X dollars de résultat en plus...).

3. Quel est « le bon » nombre d'indicateurs ? La contrainte en la matière est l'efficacité cognitive, c'est une contrainte d'ergonomie cognitive. Celle-ci ne se traduit pas en « nombre d'indicateurs », mais en lisibilité/interprétabilité du **système** d'indicateurs, qui dépend autant de la structure globale du système (type de liens existants entre indicateurs, clarté des liaisons causes-effets) que du nombre des informations qui y figurent. L'ergonomie du tableau de bord d'une voiture ne se mesure pas simplement par le nombre de données qu'il fournit : les liens établis entre ces données, leur présentation, l'indication claire de seuils d'alerte, influent fortement sur l'interprétabilité. La **complexité** du tableau de bord (sa difficulté de décryptage) ne se résume pas à sa **complication** (le nombre de données qui y figurent).

Le choix d'indicateurs pertinents dépourvus d'effets pervers significatifs n'est pas toujours aisé. Illustrons-en la difficulté par un exemple.

L'exemple de Résotelmat

Résotelmat est un opérateur de télécommunications spécialisé dans la communication d'entreprise (réseaux télématiques, transmission de données...). L'entreprise souffre de difficultés de coordination entre les différents métiers opérationnels, notamment dans l'interface avec la clientèle. La direction de Résotelmat décide de mettre en place un système de pilotage à partir d'une analyse de processus. Le premier processus examiné est le processus « vendre et raccorder les nouveaux clients ». L'un des principaux enjeux de performance retenus sur ce processus est la réactivité. Un indicateur de résultat est choisi pour rendre compte de cet enjeu : baptisé « DRC » (Délai de Raccordement Client), il est égal au temps écoulé entre la signature du contrat et la mise en service opérationnelle de l'installation du client.

Après quelques mois de pilotage du processus, deux évolutions sont constatées :

* *d'une part, le DRC s'améliore, en passant en moyenne de six semaines à trois semaines,*
* *d'autre part, le nombre d'affaires perdues après un premier contact commercial prometteur augmente.*

Il s'avère en fait que le DRC a un effet pervers grave. Beaucoup d'entreprises planifient leur projet télématique plusieurs mois à l'avance, compte tenu des investissements requis. Les commerciaux de Résotelmat sont cependant réticents à signer un contrat plusieurs mois à l'avance, car cela dégraderait le DRC. Ils ont tendance à renvoyer ces clients à une signature de contrat ultérieure, plus proche de la date de mise en service opérationnelle souhaitée par le client. L'affaire reste donc commercialement fragile pendant plusieurs semaines, voire plusieurs mois, exposée aux surenchères éventuelles de la concurrence ou aux changements d'avis du client. La volonté de réactivité se traduit donc par une prise de risque commerciale répondant à des motivations purement internes.

Car c'est là que le bât blesse : la définition du DRC traduit une compréhension erronée de l'enjeu de réactivité. La seule réactivité qui importe est celle qui répond aux besoins du client, et celle-là n'est pas mesurée par le DRC, puisque certains clients prévoyants et planificateurs ne souhaitent pas une mise en service rapide après signature du contrat. Le DRC reflète une conception interne de la réactivité.

En fait, l'objectif de réactivité sera correctement traduit par un couple d'indicateurs :

* *le délai que Résotelmat est capable de proposer à ses clients (« délai possible »),*
* *le pourcentage de raccordements faits à l'heure (« taux de service »).*

Si les opérationnels tentent d'améliorer le premier indicateur en surestimant leur réactivité, ils augmenteront le pourcentage d'affaires en retard et dégraderont le deuxième indicateur. S'ils affichent vis-à-vis de leurs clients des délais confortables pour éviter les retards et améliorer le deuxième indicateur, ils dégraderont le premier. Les deux indicateurs se complètent et établissent un contrôle « croisé », autorégulateur.

Le recours à deux indicateurs complémentaires, qui se contrôlent et s'équilibrent mutuellement, est souvent une bonne solution. Les indicateurs font système : parfois, comme dans cet exemple, leur complémentarité évite des effets pervers ; parfois, certains indicateurs anticipent sur d'autres, auxquels ils sont reliés par des liaisons causes-effets ; d'autres fois, leur évolution contradictoire appelle des règles d'arbitrage.

■ *La nature subjective de l'indicateur de performance*

Le lien d'un indicateur avec un objectif se fait à travers un double processus d'interprétation par les acteurs, résumé par les deux questions suivantes :

- pour atteindre cet objectif, quelle(s) action(s) faut-il engager (interprétation de type 1, ou causes-effets) ?
- pour évaluer le déroulement ou le résultat de l'action ainsi choisie, quelle information faut-il utiliser (interprétation de type 2, ou mesure) ?

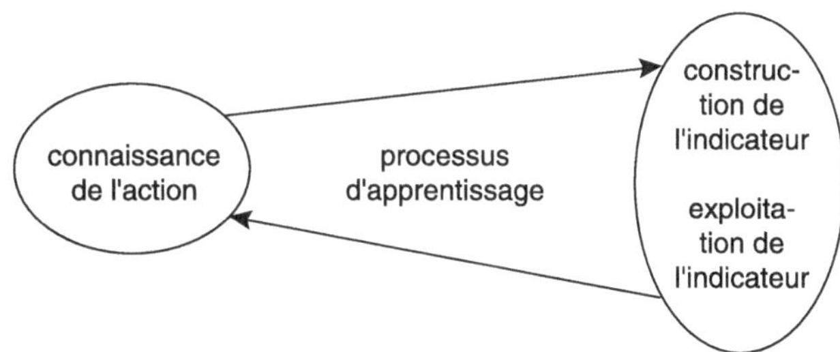

Schéma 4 : Indicateur et processus d'apprentissage

Interprétation de type 1 (causes-effets) : le choix d'un indicateur renvoie nécessairement au choix d'une **action** comme moyen pertinent d'atteindre un **objectif**. On a là un jugement « subjectif », de type **cause-effet**. Le lien d'un indicateur avec un objectif est rarement direct. On ne choisit pas directement des indicateurs de pilotage pour poursuivre un objectif, on choisit des actions permettant d'atteindre l'objectif, puis on sélectionne des indicateurs de pilotage par rapport à ces actions. Ce modèle causes-effets est proche de ce que les théoriciens de l'apprentissage organisationnel [Argyris, Schön] appellent « **théorie de l'action** », du type : « si nous faisons cela, nous obtenons tel type de résultat ; pour obtenir tel type de résultat, nous devons faire cela ». L'indicateur est donc étroitement lié à une **connaissance collective de l'action** : il faut une certaine connaissance de l'action et de ses effets pour le construire,

137

mais, une fois en place, il doit contribuer à faire évoluer cette connaissance en fournissant des modes de représentation. Il constitue une **base d'apprentissage** sur les enchaînements causes-effets de l'action. C'est même là sa principale fonction (voir schéma 4).

Interprétation de type 2 (mesure) : par ailleurs, si l'indicateur est en place, c'est que certains acteurs ont jugé qu'il constitue une **mesure** pertinente du déroulement ou du résultat de l'action engagée. Or la mesure n'est jamais « donnée » par la réalité observée, elle est construite par l'acteur : elle résulte d'une interprétation. Par exemple, le taux de réclamations des clients est jugé offrir une appréhension pertinente de la qualité du service, parce qu'on estime que la cause fondamentale des réclamations, c'est la non-qualité du service. Pourtant, on pourrait avoir d'autres interprétations, voir par exemple dans les réclamations le reflet de la dureté des temps pour les clients, source de stress et de mauvaise humeur, ou l'effet dépressif de conditions climatiques exceptionnellement mauvaises... La mesure est un jugement qui fonde le choix de l'indicateur comme « indicatif » de ce que l'on veut connaître.

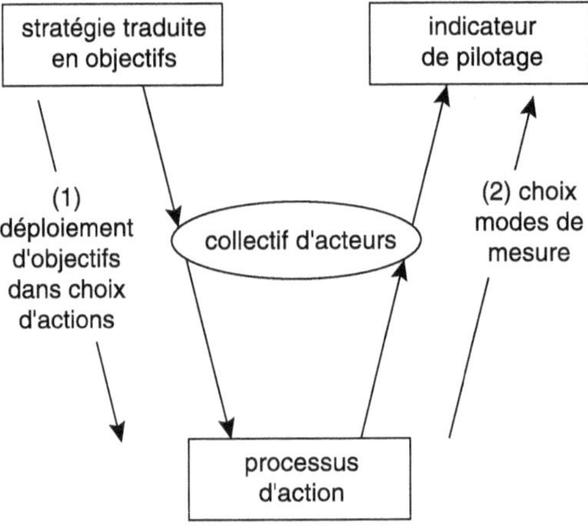

Schéma 5 : *L'indicateur repose sur deux types d'interprétation*

3. Le tableau de bord, du « balanced scorecard » au tableau de bord stratégique

■ *Les tableaux de bord*

Définition

> *Les indicateurs sont regroupés en **tableaux de bord**, qui en assurent une présentation lisible et interprétable, avec une périodicité régulière adaptée aux besoins du pilotage. Chaque tableau de bord correspond à une unité de pilotage donnée (centre de responsabilité, processus, projet, fonction, produit, marché) sur laquelle ont été définis un schéma de responsabilité et une animation de gestion, en vue d'atteindre des objectifs de performance.*

On trouve divers tableaux de bord dans l'entreprise, notamment :

- tableaux de bord des centres de responsabilité, par niveaux hiérarchiques, depuis le tableau de bord de l'entreprise jusqu'à celui de l'équipe de base,
- tableaux de bord « transversaux » : tableaux de bord de processus, de projets, de lignes de produits...

Les tableaux de bord sont liés entre eux. Certains indicateurs sont **communs** à plusieurs tableaux de bord. D'autres sont **liés par des liens logiques** d'un tableau de bord à l'autre (ces liens doivent être précisés dans le glossaire d'indicateurs) :

- consolidation des indicateurs figurant dans plusieurs tableaux de bord pour fournir un indicateur agrégé dans un autre tableau de bord (ex. dépenses locales, dépense globale ; ventes par agence, consolidées dans les ventes de la division),
- combinaison de deux indicateurs figurant dans deux tableaux de bord pour en fournir un troisième (ex. délai moyen de fabrication suivi dans l'atelier de production+ délai moyen d'approvisionnement suivi au service des achats = durée moyenne du cycle de production pour la direction industrielle).

Dans l'animation de gestion destinée à suivre les plans d'action et réaliser un diagnostic continu de la performance de l'entreprise, chaque entité concernée s'appuie sur son tableau de bord pour contribuer à l'analyse collective. **L'architecture des tableaux de bord reflète la structure de l'animation de gestion**.

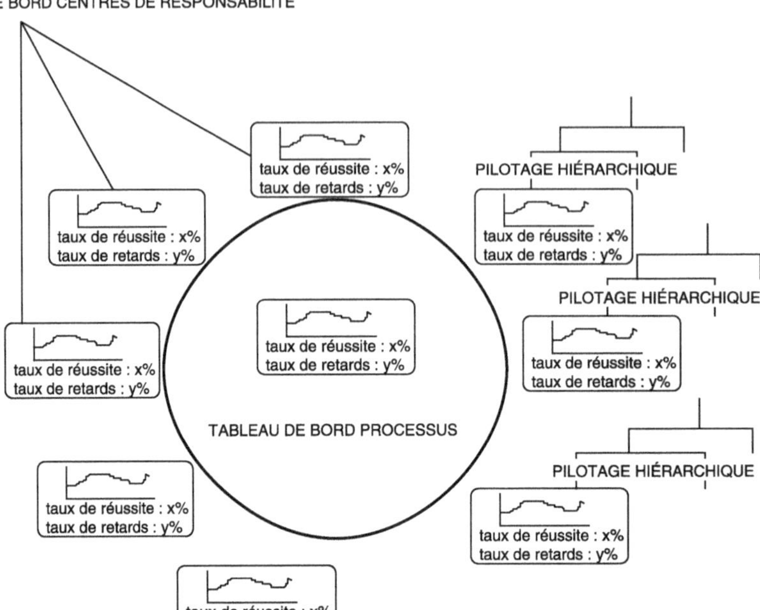

Schéma 6 : *Architecture des tableaux de bord et animation de gestion*

■ *Le « balanced scorecard » et ses apports*

Robert Kaplan et David Norton [KAPLAN, NORTON, 1992] ont, par un article publié dans la *Harvard Business Review*, jeté un pavé dans la mare du pilotage de performance dans les entreprises américaines. Dans un pays où le monde des affaires ne jure souvent que par le résultat financier (profit ou rentabilité), ils rappellent dans leur texte quelques vérités de bon sens, en particulier le fait que la performance stratégique de l'entreprise est multidimensionnelle et ne se résume pas aux seuls résultats financiers. Ils prônent donc le recours à un tableau de bord dit « équilibré », dans lequel :

- coexistent des indicateurs financiers et non financiers ;
- les indicateurs sont structurés en quatre parties reflétant, en allant du court terme au long terme, (1) la perspective de l'actionnaire (résultats financiers), (2) la perspective du client (qualité, satisfaction du client, performances commerciales), (3) la perspective des processus internes (productivité, délais, réactivité, fiabilité), (4) la perspective de l'innovation et des compétences (formation, recherche, développement) ;
- les indicateurs sont reliés entre eux par un modèle causal, les indicateurs non financiers permettant de prévoir avec anticipation les évolutions ultérieures des indicateurs financiers.

Ne pas se limiter à suivre des indicateurs financiers est de simple bon sens. En effet, rien n'assure que le cheminement correct vers les objectifs stratégiques s'assimile à la recherche d'un bon résultat financier à court terme. On sait par exemple que, dans bien des cas, une méthode simple pour améliorer les résultats financiers à horizon rapproché consiste à faire des coupes claires dans les actions d'innovation, de recherche ou de développement. Le résultat financier de l'exercice ne représente en aucun cas un « juge de paix » qui sanctionnerait la pertinence des actions stratégiques retenues, du fait des décalages dans le temps.

Ce constat conduit à s'interroger sur l'une des pierres angulaires des travaux de Kaplan et Norton [KAPLAN, NORTON, 1996], à savoir l'arbitrage des performances en dernier ressort par leur traduction financière : *« While these goals (quality, customer satisfaction, innovation, employee empowerment) can lead to improved business unit performance, they may not if these goals are taken as ends in themselves. The financial problems of some recent Baldridge Award winners give testimony to the need to link operational improvements to economic results (...). Ultimately, causal paths from all the measures on a scorecard should be linked to financial objectives »* [1].

On pourrait remarquer, à propos de cette affirmation de Kaplan et Norton, qu'ils se livrent à un constat correct (il peut évidemment arriver que des actions orientées vers la qualité, l'innovation, la satisfaction du client etc. se traduisent par des échecs économiques pour l'entreprise), mais qu'ils en tirent des conclusions erronées. En effet, de tels échecs ne sont pas imputables au manque de lien explicite avec les objectifs financiers. Le problème est plus profond ! Ces échecs ne procèdent pas d'une quelconque « faille technique » dans la conception du tableau de bord (ce serait merveilleusement simple), comme le manque de liens entre indicateurs non financiers et financiers, mais plus élémentairement et plus gravement de choix stratégiques malheureux. Si l'amélioration planifiée de la qualité ne se traduit pas par une amélioration des résultats économiques, c'est qu'on avait mal estimé l'impact d'une meilleure qualité sur la part de marché, le chiffre d'affaires, les coûts et les marges futurs, à horizon plus ou moins éloigné : on perd un pari stratégique. La qualité n'est pas le facteur-clé de succès sur le marché que l'on avait espéré.

Kaplan et Norton veulent éviter ce type de situation en assortissant le plan d'amélioration de la qualité d'objectifs financiers qui lui soient propres (mesure des gains financiers strictement imputables au plan qualité). C'est là une réponse contradictoire, superficielle et irréaliste.

---

1. On prend ici « stratégique » dans un sens très large : projet de développement et de positionnement de l'entité par rapport à son environnement, traduit dans des objectifs quantitatifs ou qualitatifs.

1. **Contradictoire** : on voit mal comment les indicateurs financiers permettraient d'éviter des désillusions quant aux effets économiques de la stratégie suivie, puisque, aux dires mêmes de Kaplan et Norton, ils interviennent après coup, décalés par rapport aux indicateurs non financiers « précurseurs ». Ce décalage est particulièrement net pour la partie 4 du tableau (indicateurs portant sur les compétences et l'innovation), mais il est partout vérifié (l'amélioration de la satisfaction de la clientèle, par exemple, a sans doute des effets économiques à retardement). Il est difficile d'éviter qu'un contrôle ultime par les résultats financiers ne se réduise à une gestion « au rétroviseur », « après la bataille ».

2. **Superficielle** : les objectifs stratégiques peuvent être carrément contradictoires avec l'amélioration à court terme des résultats financiers, comme l'exemple de coupes claires dans le budget de recherche d'une entreprise pharmaceutique le montre. Faire moins de recherche permet de gagner plus d'argent pendant deux ou trois ans, mais n'assure pas le renouvellement du patrimoine de l'entreprise à horizon plus éloigné. L'articulation entre indicateurs financiers et non financiers ne pose pas seulement des problèmes techniques de chiffrage.

3. **Irréaliste** : comment isoler, dans les résultats financiers, ce qui est imputable à l'amélioration de la qualité de ce qui est imputable aux dizaines d'autres facteurs influençant les coûts, le chiffre d'affaires, les marges ?

Il est tentant d'essayer d'introduire des verrous de contrôle chiffrés quasi automatiques dans le tableau de bord (si tel objectif est atteint, je continue, sinon, j'arrête) pour supprimer le risque managérial (celui qu'assume le manager en portant un jugement sur la situation), mais c'est simplement souvent une illusion, pour des raisons de décalage dans le temps et de flux d'information : lorsqu'on **sait**, positivement, qu'on s'est trompé, il est trop tard. Il faut décider lorsque l'on **croit** qu'on s'est trompé, ou lorsque l'on **croit** être sur la bonne voie, à un moment où, bien souvent, les indicateurs financiers ne démontrent rien de définitif, voire rien du tout... Les priorités du pilotage sont un choix stratégique. La stratégie est un jugement, un jugement humain, faillible et risqué. C'est pourquoi le risque managérial existe, et c'est aussi pourquoi il y a de bons et de mauvais managers...

■ *La pertinence stratégique et opérationnelle du système d'indicateurs*

Un modèle causes-effets

Le système d'indicateurs devrait logiquement être l'image d'un modèle causes-effets portant sur l'action :

à partir des objectifs poursuivis,	indicateurs de résultats globaux/finaux
on tentera de répondre plusieurs fois de suite à la question *pourquoi ?*,	indicateurs de résultats intermédiaires
jusqu'à identifier les leviers sur lesquels on souhaite agir,	indicateurs de résultats intermédiaires
et définir des plans d'action.	indicateurs de pilotage

Exemple (qui pourrait s'appliquer aux domaines de la banque, de l'assurance ou des télécommunications)

objectif : augmenter la part de marché,	*indicateur de résultat final : part de marché*
pour cela, différencier la qualité du service,	*indicateur de résultat : taux de satisfaction des clients quant à la qualité du service,*
pour cela, réduire le temps de réponse aux demandes des clients,	*indicateur de résultat : délai moyen de réponse,*
former et équiper les vendeurs pour une analyse rapide des besoins des clients.	*indicateurs de pilotage : taux de formation, taux d'équipement des vendeurs*

Le système d'indicateurs flanque les étapes jugées clés du modèle causes-effets « stratégico-opérationnel » (quelles actions pour quels objectifs ?) d'indicateurs destinés à évaluer l'avancement des actions (réalisons-nous les actions décidées ?) et, à travers les résultats enregistrés, la validité du modèle causes-effets (les actions décidées et réalisées conduisent-elles bien aux résultats attendus ?).

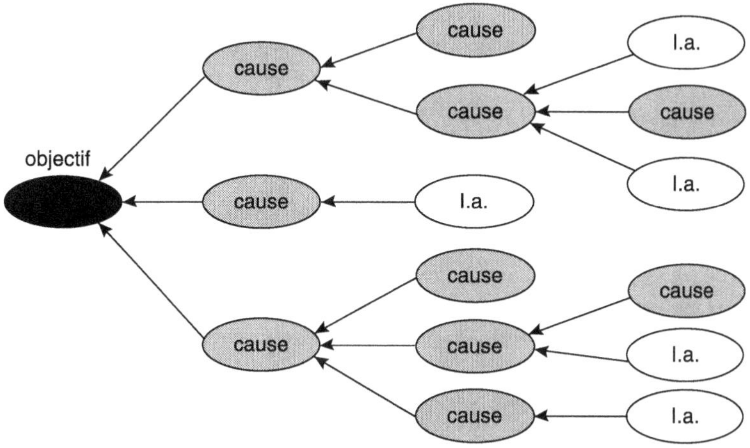

Schéma 7 : *Analyse causale arborescente (« l.a. » = levier d'action) : une structure causes-effets reflétée par...*

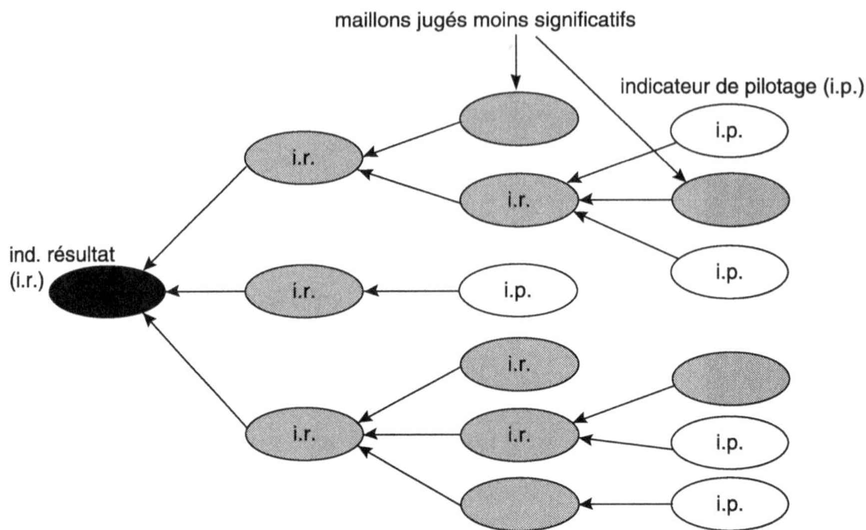

Schéma 8 : *... un système d'indicateurs*

La structure du modèle causes-effets

Dans sa forme logique la plus simple, le modèle causes-effets est arborescent, et fonde une structure d'indicateurs elle-même arborescente : un effet peut avoir plusieurs causes, bien identifiables, selon des niveaux successifs de causalité qui nous éloignent de l'objectif visé (lien de plus en plus indirect avec le résultat) mais nous rapprochent des potentiels d'action pertinents (agir sur les causes amont et non sur des symptômes intermédiaires).

Cependant, chaque fois que le problème posé par l'objectif étudié est complexe, mal structuré, interagissant fortement avec un environnement incertain, une telle structure arborescente des causes et des effets est impossible à construire. Tout d'abord, la relation causes-effets devient mal déterminée, non linéaire, plus proche d'interactions en boucle, avec des niveaux variables de corrélation entre phénomènes. Ensuite, parce que des facteurs génériques peuvent influer significativement sur plusieurs objectifs simultanément, et parfois de manière contradictoire. Un même facteur peut influer de manière très directe sur un objectif (cause de niveau 1 ou 2) et de manière très indirecte et peu mesurable sur un autre objectif (cause de niveau n, avec n très supérieur à 1). Par exemple, accroître la productivité de l'accueil téléphonique des clients (répondre à plus de clients en moins de temps) peut conduire à en détériorer le contenu informationnel. Mais l'accroissement de compétence des agents chargés de l'accueil peut agir positivement sur la productivité (moins d'hésitations, moins de recherche, réponse rapide) **et** sur le contenu informationnel (réponse plus sûre et plus pertinente).

Il faut alors se contenter de structures d'analyse plus floues, de type « nuages de facteurs », « zones d'influence », « diagrammes d'affinités ». Dans de telles structures, on identifie des facteurs ayant une influence sur le jeu d'objectifs (pris dans sa globalité), en les ordonnant selon l'influence plus ou moins directe ou plus ou moins hypothétique qu'ils exercent sur les objectifs. On ne cherche pas à affecter directement et systématiquement causes et leviers d'action à tel ou tel objectif, mais on peut essayer de regrouper les leviers d'action et, donc, les indicateurs de pilotage selon des zones d'affinités plus ou moins fortes avec tel ou tel objectif (par exemple, regrouper les leviers d'action « influant plutôt sur la qualité du service au client, ou « influant plutôt sur le délai de développement des nouveaux produits » etc.). Ces regroupements ne sont ni rigides, ni tranchés, la disposition en nuages avec des distances mesurant des degrés d'affinité plus ou moins élevés permettant de rendre compte de la complexité des liens.

■ *De la structure « standard » du « Balanced Scorecard »*
à une structure stratégique

L'approche stratégique proposée ici dicte logiquement la forme du tableau de bord, qui doit être dictée par les logiques d'action. On devrait donc retrouver dans le tableau de bord les grandes familles d'indicateurs reflétant les différents objectifs stratégiques, avec des indicateurs dont on sait qu'ils seront « frontaliers », car correspondant à des facteurs communs à deux ou plusieurs objectifs. Il n'y a aucune raison que la structure des objectifs, et donc celle du tableau de bord, soit standard, quelle que soit l'entreprise, et permanente dans le temps. Elle est au contraire contingente à la stratégie.

Comment construire le modèle causes-effets ? Construire un système de pilotage de la performance (plans d'action, indicateurs organisés en tableaux de bord), c'est tenter de comprendre selon quelles modalités d'action on peut influer sur les résultats finaux et par quels outils informationnels on peut évaluer l'action. L'analyse des causes de performance et des leviers d'action stratégiques présentée aux chapitres précédents met en évidence les enchaînements d'activités par lesquels sont obtenus les outputs de l'entreprise et est produite la valeur.

Exemple

On vise l'objectif stratégique « accélérer l'innovation-produit ». Cet objectif conduit à se poser la question : « comment peut-on influer significativement sur le rythme d'innovation-produit ? » Les éléments de réponse peuvent être : développer plus de produits, développer les produits plus vite, développer des produits plus innovants. Il est clair que, pour les deux premiers éléments de réponse, on s'intéressera prioritairement au processus de développement des nouveaux produits, pour tenter d'en réduire le coût et le délai. Pour le troisième élément (degré d'innovation des produits), on s'intéressera particulièrement au processus de recherche et à son inter-face avec le processus de développement.

Pour Kaplan et Norton [KAPLAN, NORTON 96], le tableau de bord (le « Balanced Scorecard ») se structure en fonction des grandes catégories de points de vue, avec une structure causale sous-jacente : l'innovation et le développement des compétences (zone 4) influencent l'efficience des processus internes (zone 3) et la satisfaction de la clientèle (qualité) (zone 2), l'efficience des processus internes (zone 3) influence les coûts (zone 1) et la satisfaction de la clientèle (qualité) (zone 2), la satisfaction de la clientèle (zone 2) impacte le chiffre d'affaires (zone 1). Il semble y avoir une certaine incohérence de leur part à prôner une telle structure standard et à insister par ailleurs sur la nécessaire liaison causale du tableau de bord avec la stratégie. L'architecture qu'ils proposent peut difficilement rendre compte des enchaînements critiques pour une stratégie donnée, plus spécifiques. On ne peut se passer d'une analyse des processus et de leur rapport avec la stratégie.

Séparer les points de vue du client, de l'innovation et des processus internes peut paraître très artificiel, voire acrobatique, dans certains cas, notamment lorsqu'on observe une intégration croissante des processus internes et de l'interface client, sous l'égide des nouvelles technologies d'information et de communication. Changer le processus, changer le produit, innover, modifier l'interface client, co-construire avec le client de nouvelles formes de prestation, tous ces aspects sont de plus en plus imbriqués. C'est la chaîne de valeur et ses changements qui sont en cause, avec le re-engineering intégré des processus « internes » (impliquant souvent des partenaires externes) et des prestations rendues aux clients. Le client peut d'ailleurs parfois être difficile à identifier de manière univoque : dans le secteur de la Santé, est-ce le client final, le médecin prescripteur, l'agence qui autorise les mises sur le marché, la Sécurité Sociale ?

Par ailleurs, comment mettre en évidence, dans la structure en quatre parties proposée par Kaplan et Norton, la dimension spécifique des grands projets stratégiques que la direction de l'entreprise doit piloter avec attention, et qui ont souvent les quatre dimensions à la fois (client, processus interne, finance, innovation) ?

En fait, à notre sens, il ne peut y avoir d'autre point de départ à la réflexion sur le tableau de bord que les **objectifs stratégiques**. À partir d'eux on conduit l'analyse de performance par **processus**. Puis on structure les tableaux de bord autour des objectifs stratégiques et des processus critiques, sans séparer les points de vue internes, externes, financiers (impact des processus sur les objectifs stratégiques, leviers d'action essentiels). **La « charpente » du tableau de bord est fournie par la table « processus (et projets) / objectifs stratégiques » :**

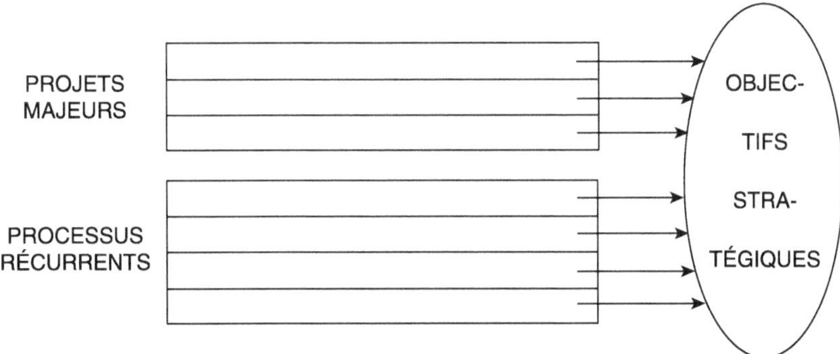

Schéma 9 : *Charpente stratégique du tableau de bord*

Un exemple d'application à une entreprise du secteur énergétique est fourni en annexe 1.

■ *L'efficacité cognitive du système d'indicateurs*

Economies d'attention (« méthode de l'iceberg »)

La pertinence stratégique (cohérence avec les objectifs) et opérationnelle (cohérence avec les actions pilotées) des indicateurs ne suffit pas à assurer la réussite du système de pilotage. Encore faut-il que les indicateurs soient lisibles, compréhensibles, interprétables de manière rapide et utile par les acteurs. Ils doivent présenter des qualités ergonomiques et cognitives qui en fassent des supports d'apprentissage efficaces.

Ceci suppose d'abord que la quantité d'information véhiculée par le système d'indicateurs soit absorbable et utilisable intelligemment par l'acteur. Plusieurs auteurs, notamment Herbert Simon, ont insisté sur le fait que la ressource rare dans l'organisation n'est pas l'information, mais l'attention des acteurs [SIMON, 1982]. La quantité d'information disponible et potentiellement pertinente pour l'action est immense, bien supérieure à ce que l'attention des acteurs permet normalement de prendre en compte. Il faut donc trouver des procédés pour économiser et focaliser l'attention, et, d'abord, sélectionner un nombre limité d'axes de travail (5 ou 6 axes prioritaires), autour desquels va s'organiser l'effort de vigilance et de compréhension des acteurs. Il peut s'agir des grands **objectifs** stratégiques ou de quelques **processus** critiques.

Exemple

La Compagnie d'Assurances Interco organise sa démarche de pilotage, soit autour des objectifs stratégiques :

- *développer les ventes de produits pour particuliers sur les réseaux non traditionnels,*
- *développer des services intégrés (gestion des flottes automobiles, gestion des risques professionnels) pour les entreprises,*
- *réduire les coûts et délais d'opérations,*
- *offrir un guichet unique aux clients...*

soit autour des processus critiques :

- *gérer les contrats des particuliers,*
- *gérer les sinistres,*
- *apporter un soutien technique et commercial au réseau des agents et des courtiers,*
- *gérer la réassurance...*

Ce ciblage implique des choix, donc une prise de risques : au jour J, les autres axes, comme l'objectif « réduire le taux de sinistralité » ou le processus « analyser les risques » ne sont pas jugés aussi stratégiques (prometteurs ou menaçants) que les axes retenus. Mais l'analyse est-elle bonne ? Même si elle est bonne aujourd'hui, l'évolution de la situation ne changera-t-elle pas ce constat à terme ? Il est donc indispensable, sur les axes non prioritaires, de placer des indicateurs de vigilance, « pour le cas où... » : par exemple, surveiller toute dérive du taux de sinistralité.

On court alors le danger de disperser l'attention des acteurs sur un nombre trop élevé de sujets et de dégrader leur capacité de concentration. Les systèmes d'information modernes aident à résoudre cette contradiction entre **focalisation de l'attention** et **exhaustivité de la vigilance**. On peut, par exemple, recourir à des systèmes d'indicateurs de vigilance « muets », « invisibles », normalement masqués, mais qui émergent automatiquement et sont signalés à l'attention des acteurs dans le seul cas où des **seuils d'alerte** sont franchis. Les axes non retenus sont alors maintenus sous surveillance, mais n'apparaissent que par exception, si l'évolution de l'indicateur le justifie. On pourrait parler à ce sujet de la « méthode de l'iceberg » : on ne rend visible qu'une petite partie des indicateurs, ceux qui sont directement liés aux leviers d'action et aux objectifs en vigueur, mais la partie invisible de l'iceberg est surveillée et des clignotants sont prévus... Dans l'exemple Interco, l'attention du manager sera attirée sur le taux de sinistralité si celui-ci franchit un certain seuil.

Explicitation des liens de causalité (« la vérité vit à crédit »)

C'est l'analyse causes-effets qui justifie le choix des leviers d'action et donc des indicateurs. Or l'une des leçons majeures de l'expérience peut être précisément la remise en question de l'analyse causes-effets initiale sous-jacente au système d'indicateurs. Il est donc essentiel de faire entrer les liaisons causales retenues pour l'analyse dans le champ de l'argumentable et du criticable, donc du conscient, de l'explicite. Le risque existe en effet qu'une fois l'analyse causes-effets initiale réalisée, on entre dans le régime de l'habitude. La « compétence inconsciente » (la mise en œuvre réflexe d'une analyse pertinente) se transforme en « incompétence inconsciente », prisonnière de ses schémas et inapte à tout apprentissage. Il est donc nécessaire que les hypothèses relatives au modèle causes-effets soient explicitées sous une forme simple, précisément parce que les liens causes-effets ne sont que des hypothèses que **l'action et ses résultats doivent valider**. Le modèle causes-effets sous-jacent au système d'indicateurs est en quelque sorte, pour reprendre l'expression du philosophe américain William James [James], une « vérité qui vit à crédit » : on l'avance, pour pouvoir agir, mais ce crédit de vérité doit être « remboursé », validé, par les faits.

> ### Exemple
>
> *La Compagnie d'Assurances Interco juge prioritaire le potentiel de distribution des produits d'assurances par la grande distribution, tout particulièrement par l'entreprise Titan, du fait de son positionnement marketing, et elle noue avec elle un partenariat exclusif. Peut-être l'analyse se révélera-t-elle erronée : la vente de produits d'assurances par la grande distribution ne se développera qu'à un rythme décevant, ou elle progressera plus rapidement chez les concurrents de Titan que chez Titan, pour des raisons diverses (localisation et structure de clientèle des magasins Titan, erreurs de marketing, mauvais ciblage des produits Interco, mesures réglementaires défavorables à la grande distribution...), initialement non prévues ou sous-estimées. Il est important de pouvoir juger de la pertinence de l'analyse sur laquelle repose l'action présente pour pouvoir, le cas échéant, la réviser (remettre en cause l'alliance Titan au profit d'autres alliances dans la grande distribution, remettre en cause l'orientation vers la grande distribution, remettre en cause le principe de l'exclusivité...). Ceci exige l'explicitation des modèles de causalité.*

La complémentarité des indicateurs : indicateurs ciblés et indicateurs synthétiques

Le système d'indicateurs doit permettre, dans la mesure du possible, d'anticiper sur les résultats futurs des actions, de manière à donner aux acteurs une capacité de réaction précoce, voire de « proaction » (agir préventivement, de manière à éviter les dérives ou les problèmes). Une telle fonction d'anticipation repose sur des indicateurs « précurseurs ». La qualité de « précurseur » d'un indicateur découle toujours, de manière implicite ou explicite, d'un scénario où les phénomènes s'enchaînent logiquement et chronologiquement. L'indicateur précurseur précède chronologiquement le résultat anticipé parce qu'il le précède logiquement, il en est la cause. Ce scénario de type causal doit en outre avoir un pouvoir discriminant fort. Le couplage entre l'indicateur précurseur p et l'effet anticipé e doit être aussi systématique et exclusif que possible : p précède e, plutôt que f ou g. Le phénomène observé par l'indicateur « précurseur » discrimine les effets futurs probables. Les bons indicateurs précurseurs sont donc des informations analytiques et ciblées, plutôt que des informations générales et synthétiques pouvant annoncer de très nombreux scénarios.

Exemple

Dans l'entreprise Cristalys, productrice de produits de beauté féminins, le gonflement de stocks de produits-témoins particuliers anticipe un tassement général du marché quelques semaines ou quelques mois après.

Mais plus le scénario anticipé est précis, plus l'indicateur est analytique et ciblé, plus le risque d'erreur dans l'analyse est important, puisqu'on s'engage sur une liaison causes-effets très précise et sur un scénario relativement fermé.

Exemple

L'utilisation du taux de rotation du stock de produits-témoins comme indicateur précurseur suppose une certaine stabilité du modèle de consommation. Plus le choix des produits-témoins est précis et ciblé, plus le risque de déstabilisation du modèle de consommation est élevé (les possibilités de substitution sont plus importantes d'un produit à un autre que d'une famille de produits à une autre).

Pour limiter le risque d'erreur, on a intérêt à suivre des indicateurs plus ouverts, qui aiguillent sur des champs d'analyse vastes et n'enferment pas dans un scénario d'enchaînements logiques précis et univoque, donc risqué. Il s'agit alors d'indicateurs plutôt synthétiques, ramassant dans une même information une pluralité de scénarios plausibles. Dans ce cas, cependant, la valeur « précurseur » de l'indicateur devient très relative, puisque les interprétations sont peu sélectives.

Que faire ? Faut-il choisir des indicateurs synthétiques ouverts, ou des indicateurs très ciblés ? La réponse est bien sûr dans le compromis. Les indicateurs synthétiques ont une fonction de bilan, d'ouverture et d'éveil. Ils peuvent signaler l'émergence de nouveaux points critiques. Les indicateurs analytiques ont une fonction plus directement opérationnelle : ils permettent de suivre l'évolution de la situation sur des points critiques dûment identifiés. Par exemple, l'amélioration de la qualité passe par la sélection de quelques maillons clés, sur lesquels sont engagées des actions d'amélioration. Si l'analyse est pertinente, le progrès de ces indicateurs ciblés est précurseur de gains en matière de qualité globale et de satisfaction des clients. Un indicateur de qualité très synthétique mêlant des dizaines de facteurs possibles de non-qualité (l'Indicateur Renault de la Qualité, ou IRQ, par exemple, ou le critère G de qualité du kW-h EDF synthétisent des dizaines d'attributs de qualité du produit) permet une vigilance globale sur le terrain de la qualité. Le couplage des deux types d'indicateurs est essentiel. Des indicateurs ciblés sur les facteurs jugés aujourd'hui les plus déterminants permettent d'anticiper sur d'éventuels problèmes. Une dégradation de l'indicateur synthétique alors que les indicateurs ciblés sont satisfaisants tend à montrer que l'analyse des facteurs critiques de qualité et le choix résultant des indicateurs ciblés sont en train de perdre leur pertinence et qu'il faut les revoir.

Une présentation ergonomique

La présentation du système d'indicateurs n'est pas une question subalterne, car les modes de présentation renvoient à des options de fond : mise en évidence de certains liens, par exemple par l'utilisation de « cartes d'indicateurs » (au sens de « cartes » géographiques), mise en évidence de trajectoires historiques lorsque cela semble pertinent, présentations qui focalisent rapidement l'attention sur les paramètres d'analyse jugés les plus signifiants, qu'il s'agisse d'écarts par rapport à une norme, de degrés de dispersion statistiques, de sélection « parétienne » des paramètres les plus significatifs... Pour que la présentation serve efficacement l'apprentissage collectif, elle doit être fondée sur une analyse approfondie des cibles assignées à l'attention des acteurs et des mécanismes d'apprentissage recherchés.

■ *Cohérence du système d'indicateurs*

Les tableaux de bord des différentes unités de l'entreprise reflètent forcément des représentations « *stratégie – causes-effets – leviers d'action* » distinctes, puisqu'elles dépendent du jugement propre à chaque acteur collectif. Mais ces représentations doivent être suffisamment cohérentes entre elles pour permettre un certain niveau de communication, de coordination et de coopération. Aussi le système d'indicateurs doit-il être élaboré de manière à ce que les objectifs stratégiques et les liaisons causes-effets fassent l'objet d'une vision partagée, notamment dans le cadre d'un même processus transversal. Par ailleurs, les indicateurs doivent être définis de manière normalisée dans l'organisation, afin de fournir un vocabulaire commun : lorsque les divers acteurs parlent de « taux de réclamations » ou de « délai de réponse », ils doivent sous-entendre une définition cohérente à travers l'organisation et à travers le temps de ce qu'est un taux de réclamations ou un délai de réponse, sous peine de multiplier les malentendus. À cette condition sera assurée la comparabilité à travers le temps et à travers l'organisation, nécessaire à l'interprétation des indicateurs. Le « glossaire » des indicateurs (voir annexe 2) a notamment pour rôle de faciliter cette cohérence.

■ *Les pratiques socio-organisationnelles au cœur du pilotage*

L'apprentissage de la performance est collectif et s'inscrit dans la durée. Pour ces deux raisons, les pratiques socio-organisationnelles de pilotage jouent un rôle essentiel dans l'efficacité du système.

L'analyse des facteurs de performance est une sorte de puzzle, pour lequel chaque acteur dispose de sa propre pièce. Elle requiert donc des pratiques de recherche, d'« enquête » collective [DEWEY], pour construire un scénario hypothétique mais plausible. Les défis cognitifs sont multiples. Comment mener à bien une telle enquête, lorsque les acteurs impliqués appartiennent à des métiers différents, ont des cultures variées, parlent des langues distinctes ? Comment conduire une enquête qui, contrairement aux enquêtes policières, n'est jamais close (il faut toujours être performant), et préserver l'organisation de l'oubli et de la répétition ? Comme toute enquête, celle-ci ne peut être menée sans méthodes de recherche adaptées, pour identifier et formuler les problèmes, les résoudre, traduire les éléments de connaissance d'un contexte professionnel à l'autre, mémoriser les connaissances acquises... Les indicateurs ne sont qu'un rouage dans ce dispositif complexe.

En outre, l'apprentissage collectif de la performance s'inscrit dans la durée. Qui dit « durée » dit « changement des situations », donc nécessité de réactualiser, voire de revoir en profondeur, l'analyse causes-effets sous-jacente au système de pilotage. Les pratiques collectives d'enquête ne sont donc pas ponctuelles, mais continues. Elles doivent s'appuyer sur des modes d'animation et de concertation permanents.

Pour que les pratiques managériales de pilotage soient efficaces, le système de pilotage doit être soigneusement articulé avec la gestion des ressources humaines, notamment avec l'évaluation des performances individuelles et le système d'incitations de l'entreprise (rémunérations, gestion des carrières, reconnaissance des mérites). Dans ce domaine, on navigue entre deux écueils symétriques :

1. Identifier trop strictement pilotage de la performance et évaluation des personnes : si les indicateurs de pilotage sont utilisés pour fonder mécaniquement un système d'incitations individualisé, le mélange des finalités (pilotage et rétribution personnelle) risque fort de polluer le suivi des indicateurs et même leur choix préalable, l'indicateur manipulable ou flatteur étant préféré à l'indicateur pertinent pour la conduite de l'action.

2. Inversement, il est important d'assurer une certaine cohérence entre le système de pilotage et le système d'incitation des personnes. Par exemple, si les indicateurs de pilotage privilégient la réduction des délais et la tension des flux, un système de rémunération au rendement est mal venu, puisqu'il incite à maximiser la productivité locale, quitte à charger les stocks et à allonger les files d'attente. Système d'incitation du personnel et système de pilotage ne remplissent pas les mêmes fonctions, mais doivent au moins éviter les contradictions.

En résumé, le système d'indicateurs :

- est contingent au choix d'objectifs et de leviers d'action en nombre limité,
- repose sur des jugements collectifs avancés « à crédit », en attendant mieux,
- est une « auberge espagnole », qui vaut ce que les pratiques socio-organisationnelles concrètes des acteurs en font,
- tente d'établir des compromis ergonomiques et cognitifs aussi satisfaisants que possible entre divers types d'indicateurs, synthétiques ou ciblés, fermés ou ouverts,
- vaut en tant que système, aucun de ses indicateurs n'ayant grande utilité pris isolément.

C'est pourquoi l'ingénierie du système d'indicateurs, loin de constituer un simple développement informatique, fût-il très sophistiqué, est ingénierie d'un système d'apprentissage fondé sur la stratégie. Tous les acteurs concernés doivent y trouver de la connaissance et du sens. La vision instrumentale des tableaux de bord, comme outils informationnels « vendus clés en mains », est une impasse.

Annexe

Le cas de la grande entreprise énergétique Eurénergie

■ *Eurénergie*

Eurénergie est une grande entreprise qui produit et distribue du courant électrique en Europe. Elle emploie plus de 120 000 personnes. Comme beaucoup de ses pairs et concurrents, traditionnellement monopole de propriété d'Etat, elle est confrontée aux perspectives d'une déréglementation et d'une mise en concurrence rapides. Le réseau de distribution ne lui appartient pas : il est propriété des collectivités locales qui le lui concèdent pour exploitation. Dans la perspective de la mise en concurrence, les relations d'Eurénergie avec les collectivités locales, notamment les municipalités les plus importantes, est donc un enjeu essentiel, puisque les villes pourront bientôt décider de passer les contrats de distribution d'électricité à l'un de ses concurrents.

Eurénergie dispose d'un tableau de bord de Direction Générale souffrant de plusieurs insuffisances :

- manque de hiérarchisation des priorités, qui se traduit par un document lourd, surchargé de chiffres, difficilement utilisable de manière opérationnelle,
- pas de mise en évidence des liens causes-effets pouvant exister entre divers aspects de la performance,
- peu de capacités d'anticipation : on ne dépasse guère le constat,
- pas de liens explicites avec la stratégie de l'entreprise.

■ *Stratégie*

La stratégie de l'entreprise s'articule autour de six axes :

1. s'internationaliser, prendre une part de marché significative comme opérateur énergétique à l'étranger, pour préparer la déréglementation de manière offensive,
2. s'imposer comme partenaire indispensable de leur développement équilibré aux décideurs et aux collectivités locaux et régionaux, pour préparer le renouvellement des concessions,
3. développer les « nouveaux » marchés de l'énergie électrique, notamment la climatisation, le tertiaire professionnel et les usages industriels,
4. stabiliser la part de l'électricité dans le marché du chauffage résidentiel, fortement attaqué par d'autres sources d'énergie, en fidélisant les clients domestiques existants,

5. assurer la compétitivité de l'électricité thermonucléaire, par un taux de disponibilité des réacteurs nucléaires supérieur à 80 %,

6. construire un nouveau contrat social autour de la réduction du temps de travail et du développement des compétences.

Le choix de ces six axes implique un choix, donc une prise de risques : au jour J, la sécurité du personnel, le coût moyen de distribution du kw-h, la fiabilité du réseau, le développement de nouvelles technologies de mesure ou de distribution, l'introduction de nouvelles applications informatiques, la personnalisation du service pour les clients résidentiels ne sont pas jugés aussi stratégiques (prometteurs ou menaçants) que les axes retenus. Mais l'analyse est-elle bonne ? Si elle est bonne aujourd'hui, le restera-t-elle, en fonction de l'évolution de la situation ? Il est indispensable, sur les axes non prioritaires, de placer des indicateurs de vigilance, « pour le cas où... » : par exemple, surveiller toute dérive du coût moyen de distribution du kw-h, ou toute recrudescence des accidents du travail.

Pour éviter de surcharger l'attention des dirigeants, Eurénergie décide de limiter drastiquement la taille du tableau de bord de Direction Générale, en incluant les indicateurs de vigilance « pour le cas où... » dans une partie normalement masquée dotée de seuils d'alerte dont seul le franchissement rend l'indicateur visible dans le tableau de bord.

■ *Pertinence du système d'indicateurs*

C'est autour des six axes stratégiques que le tableau de bord d'entreprise doit logiquement se structurer et que les plans d'action et le pilotage de performance vont s'agencer dans l'ensemble de l'entreprise. Illustrons-le par quatre exemples.

Exemple A

L'objectif stratégique est « développer le chiffre d'affaires dans le secteur Professionnel Tertiaire ». L'analyse montre que le segment de ce marché qui a les plus fortes potentialités de développement est celui de la climatisation. Trois processus auront de manière évidente un impact significatif en la matière : « Vendre » (méthodes prospection et promotion), « Effectuer de la recherche » (mise au point de technologies de climatisation silencieuse), « Développer la coopération et les partenariats avec les installateurs électriques ». C'est l'analyse de ces trois processus qui permettra d'identifier les leviers d'action pertinents et les indicateurs correspondants.

Exemple B

L'objectif stratégique est « maintenir la part de marché énergétique dans les usages de chauffage dans le secteur Résidentiel ». L'analyse montre que le segment de ce marché qui est le plus attaqué et le plus vulnérable est en effet celui du chauffage électrique. Trois processus auront de manière évidente un impact significatif en la matière : « Vendre » (prospection / promotion auprès des opérations immobilières d'habitat collectif), « Certifier/maîtriser la qualité des applications de l'énergie électrique » (éviter les abandons et les contreréférences), « Développer la coopération et les partenariats avec les installateurs électriques ».

Eurénergie va donc piloter attentivement la certification de qualité d'un réseau d'installateurs partenaires. Ce faisant, elle doit maintenir explicite la théorie de l'action sur laquelle repose ce choix : « si les installateurs électriques privés produisent des prestations de qualité, nous fidéliserons les utilisateurs résidentiels de chauffage électrique et nous stabiliserons notre part de marché sur le segment du chauffage domestique ». Peut-être l'analyse se révélera-t-elle erronée : la certification progressera, mais le chauffage électrique régressera, pour des raisons autres, d'abord laissées de côté, telles que la structure des prix relatifs entre kw-h électrique et kw-h vapeur (chauffage urbain) ou l'effet d'image durable de contre-références antérieures mal traitées. Il est important de pouvoir juger de la pertinence de l'analyse sur laquelle repose l'action présente pour pouvoir, le cas échéant, la réviser.

Exemple C

L'objectif stratégique est « développer les partenariats avec les grandes villes ». Ces partenariats s'appuient sur les compétences-clés de l'entreprise, mais ils sont très variés, en fonction des besoins locaux. Ils peuvent aller de l'accueil organisé et coordonné de nouveaux résidents (information sur les réseaux de transport, sur les infrastructures sociales et culturelles) à la télésurveillance de personnes âgées, en passant par la coopération avec de grandes villes étrangères sur des sujets comme le chauffage ou l'éclairage...

On voit sur ce troisième exemple la sensibilité stratégique des actions (la construction d'une connaissance mutuelle et d'une relation de confiance étroite avec les dirigeants locaux influera de manière décisive sur les renouvellements de concessions à terme), leur grande diffusion dans l'organisation (ce sont les équipes opérationnelles locales qui peuvent identifier, négocier et mettre en œuvre ces partenariats) et l'horizon de temps éloigné auquel elles obéissent. On voit mal comment des objectifs financiers précis permettraient d'en contrôler la pertinence et la portée.

Exemple D

Eurénergie a constaté dans le passé qu'une hausse de l'absentéisme dans une caté-gorie précise et délimitée du personnel, sans doute plus exposée et plus fragile, permet d'anticiper de quelques mois la détérioration du climat social et d'éventuels conflits. Le scénario causes-effets peut rester en partie inconnu : des causes X de malaise social influent sur le moral de cette catégorie de personnel, puis, quelques mois plus tard, sur celui de l'ensemble du personnel, des facteurs spécifiques de vulnérabilité, peut-être mal connus, expliquant ce décalage dans le temps. Le taux d'absentéisme de cette catégorie de personnel constitue alors un indicateur pré-curseur du climat social. Pour que l'indicateur décrivant l'absentéisme d'une caté-gorie précise de personnel reste précurseur, il faut que le modèle sociologique sous-jacent demeure relativement stable. Des modifications peut-être invisibles dans le spectre des motivations et des attentes professionnelles peuvent transfor-mer les comportements et rendre l'indicateur précurseur inopérant.

Aussi est-il important de suivre également des indicateurs plus synthétiques, pro-bablement indicatifs d'un certain climat social, tels que le suivi général de l'absen-téisme ou le suivi des salaires relatifs du secteur d'activité où l'on se trouve par rapport à une moyenne salariale interprofessionnelle. Mais les scénarios correspon-dants sont multiples. Si le salaire relatif du secteur se dégrade, cela crée un terrain favorable aux tensions, voire à la conflictualité. Peut-être le conflit émergera-t-il dans une autre entreprise, ou peut-être ne se manifestera-t-il que de manière larvée, par exemple sous la forme d'une productivité ralentie, ou peut-être verra-t-on grim-per le turn-over des employés qualifiés...

■ **Structure du tableau de bord de Direction**

Le tableau de bord finalement mis en place est un document de cinq pages :

1re page : un petit tableau livre un « bulletin de santé financier » donnant les principaux ratios financiers du mois et un graphique schématise les principaux flux financiers.

2e page : indication sommaire des « événements marquants » internes et exter-nes (1/2 page) + état d'avancement des grands projets stratégiques (1/2 page).

Pages 3 à 5 : une demi-page pour chacun des six objectifs stratégiques (inter-nationalisation, partenariat collectivités locales, développement des nouveaux marchés, fidélisation chauffage électrique, disponibilité du nucléaire, nouveau contrat social), livrant pour chaque objectif 3 à 5 indicateurs de résultats, 4 ou 5 indicateurs ciblés « précurseurs », et quelques lignes de commentaire des res-ponsables opérationnels si nécessaire.

■ *Les pratiques managériales*

En fait, Eurénergie a tenu à ne pas définir isolément un nouvel outil de type « tableau de bord », mais plutôt une nouvelle procédure complète de pilotage de la performance au niveau de la Direction Générale. Une « revue d'affaires » mensuelle réunira l'état-major, y compris les directeurs des grands projets. Chacun fera un point synthétique du domaine dont il a la responsabilité, en commentant les éléments du tableau de bord. Les axes stratégiques font l'objet d'un pilotage transversal. Le contrôle de gestion prépare cette réunion, en s'assurant notamment que les analyses causes-effets sous-jacentes au choix des indicateurs « précurseurs » semblent validées ou au contraire démenties. Dans cette dernière hypothèse, la revue d'affaires peut conduire à réviser l'analyse causes-effets.

Le tableau de bord est plus un déclencheur, un outil de recherche et un support du travail collectif qu'un modèle à examiner en chambre en économisant le temps des réunions et des concertations. Au contraire, le rite de la revue d'affaires mensuelle devient l'élément constitutif essentiel du dispositif de pilotage, mais il est étayé par l'examen du tableau de bord qui lui donne un cadre référentiel.

Analyse de faisabilité et glossaire d'indicateurs

Une fois qu'ont été retenus des indicateurs, il faut vérifier leur faisabilité informationnelle. Il s'agit de définir pour chaque indicateur :

- les **sources d'information** qui permettent de l'obtenir (systèmes d'information existants ou comptage manuel) et leur repérage (chemin d'accès, service et personne responsables de la collecte),
- son **délai** de production et sa **fréquence** (date de disponibilité),
- son **algorithme** de calcul (la formule permettant de le calculer à partir de données brutes, si nécessaire),
- **l'unité** dans laquelle il sera exprimé (par exemple, francs par heure, défauts pour mille...).

Ce travail est formalisé à travers la réalisation d'un **glossaire** qui indique, pour chaque indicateur, son libellé, l'unité de mesure, la définition précise et le périmètre (affinés grâce à l'analyse de faisabilité), le ou les tableau(x) de bord dans le(s)quel(s) l'indicateur figure (cas d'usage de l'indicateur), l'algorithme de calcul, la fréquence, mais aussi :

- les modes de segmentation : si l'on veut décomposer plus finement l'indicateur, sur quels axes doit-on et peut-on le décomposer (par exemple par produits, par territoires géographiques, par marchés sectoriels...),
- les modes informationnels : par période, en cumul depuis le début d'année, en moyenne lissée, en prévision budgétaire, en prévision long terme, en objectif, en historique...

Si les sources d'information requises par l'indicateur n'existent pas aujourd'hui, l'analyse de faisabilité doit préciser :

- quelles sont les sources possibles,
- quel impact la mise en place de ces sources aurait sur les systèmes d'information (plan d'action sommaire, charge et coût approximatifs) ou sur la charge de travail en cas de saisies manuelles.

On procède ensuite au **maquettage** des indicateurs (pour fixer les modalités de leur présentation) : on construit, pour chaque indicateur, la maquette précise de sa présentation (graphiques, tableaux de chiffres, types de commentaires...).

6

Plans et budgets : construire des représentations

Nous désignerons ici, sous le terme générique de planification, l'ensemble des pratiques visant à élaborer et mettre en œuvre les plans et budgets de l'entreprise, depuis la planification stratégique jusqu'à la gestion budgétaire.

1. Renouveler les pratiques de planification

■ *Une pratique décriée*

Après avoir été présentée dans les années 60 et 70 comme une panacée pour assurer à l'entreprise des niveaux de performance élevés, la planification est aujourd'hui plutôt décriée. Elle se voit tour à tour reprocher, souvent à juste titre :

- la rigidité du cadre qu'elle impose à l'action, qui nuit à la réactivité,
- sa tendance à reproduire les schémas d'hier, à planifier l'avenir comme une extrapolation du passé (« gestion au rétroviseur »), ce qui nuit à la créativité et à l'innovation,
- ses dérives technocratiques, qui la conduisent à s'enfermer dans un formalisme éloigné de l'action et de ses contraintes ou à endormir les dirigeants dans une vision de l'avenir irréaliste et faussement rassurante,
- ses dérives bureaucratiques, qui se traduisent par un alourdissement excessif des procédures, l'accumulation de papier, le développement de services de planification pléthoriques,
- l'inaptitude à relier les décisions de court terme (notamment les arbitrages budgétaires) et les perspectives de long terme (notamment le plan stratégique),

- la tendance des pratiques budgétaires à conforter le cloisonnement de l'entreprise en territoires jalousement gardés,
- la vision distributive et patrimoniale qu'elle impose, centrée sur l'allocation et le contrôle des ressources au détriment du contenu de l'action (gestion par « enveloppes »...),
- l'imposition plus ou moins autoritaire et arbitraire d'objectifs par des dirigeants qui ignorent le contenu réel des activités de l'entreprise.

En résumé, la planification apparaît souvent comme la juxtaposition d'une fonction stratégique coupée du terrain (« tirer des plans sur la comète ») et d'une fonction budgétaire qui se contente de dimensionner les ressources par l'application de règles plus ou moins mécaniques d'ajustement par rapport au passé, sans prise de recul suffisante (repérage automatique des écarts les plus significatifs, mise en œuvre d'actions correctrices stéréotypées telles que la réduction des dépenses discrétionnaires...).

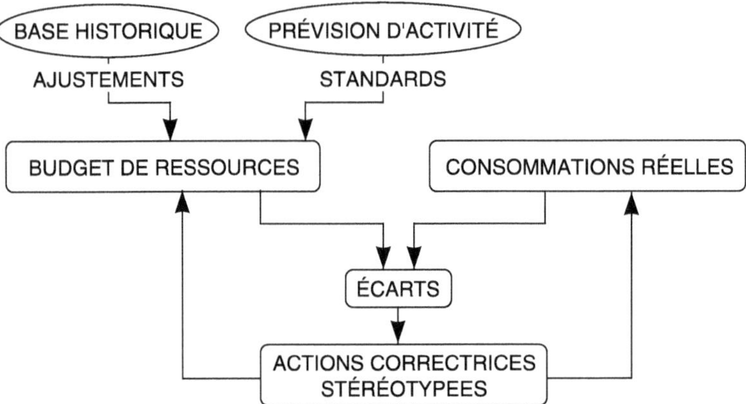

***Schéma 1** : L'approche mécaniste du budget*

■ *Les deux visages de la planification*

La planification présente des facettes multiples et parfois contradictoires. Elle apparaît tour à tour comme :

- un exercice de prévision,
- un jeu d'objectifs,
- un programme d'action avec une allocation de moyens et un jalonnement dans le temps,
- une enveloppe de ressources,
- un engagement, un contrat, cadre négocié de l'action,
- un scénario de référence pour l'action future, base d'un contrôle d'écarts,
- un dialogue vertical (entre niveaux hiérarchiques) et transversal (entre fonctions),

- un brainstorming organisé,
- un prétexte pédagogique pour poser des questions et inventer des réponses nouvelles,
- une procédure rituelle dénuée de tout enjeu pratique...

La planification oscille en fait entre deux pôles contradictoires mais complémentaires, que nous avons déjà évoqués dans d'autres chapitres de cet ouvrage : celui d'une **programmation déterministe** de l'avenir, fondée sur la prévision, et celui d'une base ouverte pour l'**apprentissage collectif,** fondée sur le projet. Dans la réalité, toute pratique de planification est un mélange des deux approches, selon un dosage variable. Le dosage optimal dépend évidemment du secteur d'activité, des marchés et de la culture de l'entreprise.

En univers stable, d'une complexité modérée, la programmation déterministe présente des avantages substantiels (possibilité, au fil du temps, de développer et d'affiner des modèles de prévision de plus en plus performants, des schémas de coordination éprouvés entre les acteurs, permettant d'économiser l'attention : on n'a plus besoin de prêter attention à ce qui est déjà connu, expérimenté, modélisé et normé : des techniques de prévision en livrent le visage futur). Dès que le monde dans lequel l'entreprise est plongée présente une instabilité ou une complexité plus élevées, la programmation déterministe devient faiblement efficace et doit faire une place plus grande à l'apprentissage collectif ouvert.

Planification comme programmation déterministe	Planification comme base d'apprentissage collectif
Apporter les bonnes réponses	Poser les bonnes questions
Exactitude de simulation (perfectionner le modèle de prévision)	Potentiel d'apprentissage (trouver les bons stimulants à la réflexion)
Le plan, cadre obligatoire de l'action	La planification, démarche de réflexion collective sur l'avenir
Maximiser l'information pertinente à traiter, ne rien oublier de significatif	Sélectionner des informations particulièrement aptes à alimenter une réflexion collective
Importance de l'expertise spécifique en planification (prévision, modélisation, recherche opérationnelle)	Importance de l'engagement actif de toutes les expertises opérationnelles et de la communication inter-métiers
Risque de lourdeur de l'exercice	Risque de gratuité ou de non-crédibilité de l'exercice
S'appuyer sur de bons modèles algorithmiques, grâce à l'expérience historique	Créer de bonnes heuristiques (de bons outils de recherche), à renouveler en permanence
Risque de conservatisme	Risque de manque de continuité
Réduire les aléas	Réduire la sensibilité aux aléas

Tableau 1 *: Les deux visages de la planification*

Si l'on sait réaliser le dosage adéquat, la planification, loin de constituer une survivance anachronique du passé, peut devenir le rendez-vous périodique de la cohérence (agir ensemble en harmonie) et de la pertinence (agir dans la bonne direction). Pour y parvenir, elle devra respecter quelques grands principes que nous développerons dans les parties suivantes :

- **expliciter les modèles** sur lesquels se construit la vision que les acteurs ont de leur activité (le « dévoilement » des représentations),
- articuler la représentation de l'avenir autour de **l'action comme pivot**,
- assurer le **retour d'expérience** et le pilotage continu des plans,
- **différencier la réflexion sur le long terme et la réflexion sur le court terme**, tout en assurant leur **cohérence** et leur **intégration**,
- maintenir une **tension permanente entre l'impératif de réalisme et la nécessité d'un projet volontariste**,
- **déployer les objectifs par les relations causes-effets**,
- ménager l'espace de l'initiative locale et de **l'émergence**,
- adapter **l'organisation et les pratiques** de la planification aux nécessités de l'apprentissage collectif.

2. L'explicitation (le « dévoilement ») des représentations

Un plan est une image de l'action future de l'entreprise. Il part a priori d'objectifs (ce que l'entreprise veut devenir) et en déduit des conditions à remplir, notamment en termes de ressources. Entre les objectifs et les conditions à remplir pour les atteindre, il y a nécessairement, fût-il totalement implicite, un modèle de l'action collective : toutes les entreprises s'appuient sur des représentations collectives de leur activité présente et future, liées à leur culture, à leur histoire, à l'expérience qu'elles ont accumulée au fil de leurs réussites et de leurs échecs (voir cas Eurocomputer au chapitre 14).

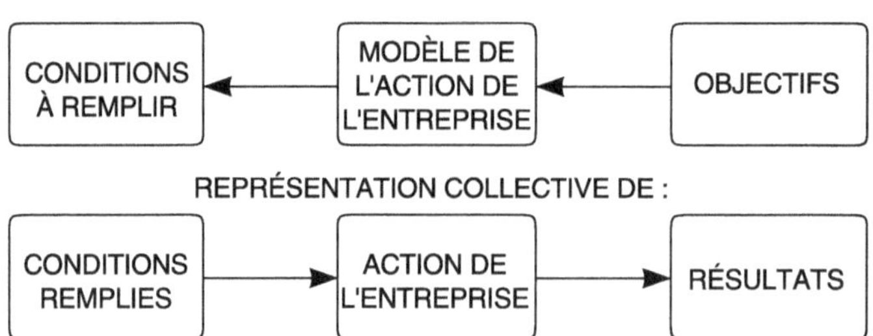

Schéma 2 : *Un modèle d'action au cœur de la planification*

Au cœur de la planification, tentative collective de représenter l'avenir, se situe un modèle de l'action collective, reliant les objectifs explicités et les conditions, notamment les dotations de ressources chiffrées. Lorsque des durées longues s'écoulent sans que les caractéristiques fondamentales du marché et de l'activité de l'entreprise ne soient remises en cause, ces représentations de l'action finissent par devenir **implicites**. Elles font partie du fonds commun, **axiomes** tacites, expressions d'une vérité qui « va de soi ». C'est alors qu'elles deviennent dangereuses !

En effet, un changement important dans les conditions de l'activité peut rendre ces représentations obsolètes, sans que les acteurs de l'entreprise s'en rendent compte, l'existence même de ces représentations étant sortie de leur champ de conscience (voir exemples EQUIPELEC et ELECTRONIX plus bas). Il est donc essentiel que la planification, et plus particulièrement la planification à long terme, s'attache à expliciter les représentations de l'activité et de l'environnement que véhiculent implicitement les acteurs de l'entreprise, afin de pouvoir les critiquer, si nécessaire. C'est ce que nous appellerons la fonction de **« dévoilement »** de la planification. Quelques méthodes de dévoilement, telles que l'usage de scénarios de rupture, de jeux d'entreprise, de métaphores, seront évoquées au chapitre 12.

L'exemple EQUIPELEC

EQUIPELEC est une entreprise de construction électrique qui a conquis des positions dominantes en Europe dans le domaine des turbines et des alternateurs (électrotechnique). Le marché présente de fortes caractéristiques de stabilité : technologie évoluant lentement, marché en croissance régulière mais faible, barrières à l'entrée importantes compte tenu des gros investissements requis dans ce secteur, parts de marché stables. Les clients sont peu nombreux, concentrés (producteurs d'électricité, compagnies de chemins de fer) et souvent publics. Ils attachent une très grande importance à la qualité technique et, de ce fait, apprécient la coopération étroite et continue entre leurs propres bureaux d'études et ceux d'EQUIPELEC.

La position dominante d'EQUIPELEC lui permet de réaliser des marges confortables sur ce marché, qui constitue une véritable « vache à lait » pour l'entreprise. Le mode de gestion adopté est simple :

- *sur ces secteurs mûrs et stables, la planification stratégique se réduit à la fixation d'objectifs de résultats financiers à moyen et long terme,*
- *production et vente de turbines et d'alternateurs sont organisées en deux divisions autonomes,*
- *celles-ci sont constituées en centres de profit et doivent répondre de leur taux de rentabilité annuel (Return On Investment),*
- *la relation entre le siège et les divisions est ainsi charpentée par le dialogue budgétaire, lui-même articulé autour d'un objectif de profit et de rentabilité annuel.*

Toutefois, les perspectives de croissance faibles interdisent de construire l'avenir d'EQUIPELEC sur ces seules familles de produits. EQUIPELEC décide de se diversifier dans les automatismes industriels (automates programmables, systèmes de contrôle industriel). Ce secteur est en effet en plein décollage, avec des taux de croissance très élevés. Il exige des investissements de recherche et de développement importants, ainsi que des investissements de production. EQUIPELEC n'y détient qu'une position moyenne (N°4 européen) et se doit d'accroître rapidement sa part de marché s'il veut faire de ce secteur la « vache à lait » de demain. Des objectifs stratégiques d'augmentation rapide de la part de marché sont donc retenus.

Electrotechnique secteur « type A »	Automatismes industriels secteur « type B »
« Vache à lait » : forte rentabilité, croissance faible	*« Dilemme » : fort potentiel de croissance, rentabilité limitée*
Position dominante sur le marché	*Position de challenger sur le marché*
Marchés concentrés, institutionnels	*Marchés diffus, professionnels privés*
Marchés à forte barrière d'accès	*Marchés fortement concurrentiels*
Technologie mûre et stable	*Technologie rapidement évolutive, R&D importante*
Marchés planifiés longtemps à l'avance	*Marchés « spot » : peu d'anticipation de l'achat*
Croissance faible	*Croissance forte*
Cycles de vie longs	*Cycles de vie courts*
Produits très standardisés	*Produits très personnalisés*

EQUIPELEC crée une nouvelle division, la division « automatismes de production », qui est aussitôt intégrée aux dynamiques de gestion existantes : négociation annuelle d'objectifs de profit et de rentabilité, à l'occasion de la discussion budgétaire. Etrangement, ni les responsables de la nouvelle division, ni les dirigeants du siège ne se rendent compte qu'il y a une incohérence majeure entre le cadre stratégique (priorité au développement de la part de marché, pour le secteur des automatismes industriels, donc priorité à l'investissement et à la recherche dans ce secteur) et le cadre de gestion adopté (centre de profit), qui privilégie le résultat à court terme, comme si ce nouveau secteur d'activité était une « vache à lait » comme les autres.

De fait, pour tous les décideurs d'EQUIPELEC, budget et planification à court terme équivalent à « objectifs de rentabilité ». Cette équivalence, sans doute justifiée dans le cas des turbines et des alternateurs, ne l'était évidemment plus pour les automatismes industriels, mais, représentation implicite « évidente », elle n'était ni explicitée, ni a fortiori remise en cause. Elle n'était pas apparue clairement comme un obstacle majeur à une stratégie de croissance rapide.

Données pour la planification *Secteurs « type A »*	*Données pour la planification* *Secteurs « type B »*
Avenir extrapolation du passé	*Changement rapide et difficilement prévisible*
Investissement R&D modéré	*Besoin d'investissement lourd en R&D*
Investissement commercial modéré	*Besoin d'investissement commercial important*
Besoin de planifier exclusivement les équilibres ressources/besoins	*Besoin de planifier les produits et les technologies*
Peu de nécessité de la réflexion stratégique	*Nécessité d'une réflexion stratégique spécifique*
Compatibilité profit/part de marché	*Contradiction profit/part de marché*

Cette occultation avait été aggravée par l'absence de véritable planification stratégique chez EQUIPELEC *(les anciens secteurs, stables et certains, reconduits d'année en année, programmables de manière simple sur base historique, ayant « déshabitué » l'entreprise à penser en termes de stratégies à risque). L'occasion de « poser les bonnes questions » sur les cadres structurels et les règles hérités du passé ne se présente donc pas de manière rituelle, à l'occasion d'un exercice stratégique systématique. Le risque est donc grand d'afficher des objectifs de croissance à moyen et long terme tout en imposant des objectifs budgétaires de profit immédiat, sans voir que les deux logiques, compatibles pour l'électrotechnique, ne le sont pas pour les automatismes (nécessité de changer de modèle). Des arbitrages « court termistes » risquent de sacrifier ainsi ce qui aurait dû prévaloir, sans que personne ne s'en rende clairement compte.*

L'exemple de la production de cartes électroniques d'ELECTRONIX

Electronix conçoit et produit des cartes électroniques qui sont le cœur de systèmes informatiques (gros calculateurs, stations de travail, PC) et de systèmes de contrôle électronique destinés au transport aérien et maritime, au contrôle de processus industriels et aux systèmes d'armes. La fabrication de cartes électroniques consiste à monter des composants (microprocesseurs, mémoires, condensateurs, transistors...) sur des panneaux nus où les connexions électriques ont été pré-imprimées (circuits imprimés). Nous sommes dans l'atelier d'assemblage des cartes électroniques. Cet atelier se caractérise par l'extrême complexité des flux qui le traversent : il y a en effet un millier de types de cartes électroniques différents à produire, et plus de trois mille types de composants à utiliser. L'assemblage de cartes, qui était jusqu'alors une opération intensive en main-d'œuvre coûteuse et une source de défauts de fabrication, a été fortement automatisé. Electronix a vu plusieurs avantages dans cette automatisation : augmenter le rendement, donc réduire le coût de production, améliorer la fiabilité, démontrer son aptitude à automatiser les productions les plus complexes et se doter ainsi d'une « vitrine » pour les clients industriels d'Electronix. En effet, « qui peut le plus peut le moins » : si les ingénieurs d'Electronix ont été capables d'automatiser un atelier caractérisé par une combinatoire de dizaines de milliers de scénarios possibles, quelles situations manufacturières pourraient leur résister ? Electronix, héritier de l'informatique des temps héroïques, a appris à vivre avec la complexité : chaque système, chaque gros ordinateur, est personnalisé et spécifique. Il n'y a pas deux machines identiques. « Notre métier, c'est la haute couture », comme aime à le dire le directeur industriel.

Le problème, c'est qu'au moment même où se réalise le coûteux investissement dans cette superbe unité technologique capable de traiter de hauts degrés de complexité, le marché de l'informatique commence à basculer vers les systèmes « standard » : stations de travail UNIX (UNIX étant un système d'exploitation développé par le groupe AT&T et mis à libre disposition des constructeurs informatiques) et PC (MS-DOS puis Windows). Le résultat en est que, progressivement, l'essentiel des besoins du marché en cartes électroniques se concentre sur un nombre limité de modèles de cartes standard destinées à ces systèmes produits en grande série, les cartes spécifiques et personnalisées étant peu à peu cantonnées aux systèmes de contrôle électronique professionnels, pour un flux de plus en plus modeste.

Dès lors, le système de production le mieux adapté aux défis à venir ne consiste certainement pas à automatiser le traitement de la complexité, la complexité étant de plus en plus marginale : le mouvement ne fait que commencer, mais on prévoit que, d'ici trois ans, 90 % de la production seront réalisés sur 10 % des références de cartes. Il aurait dû apparaître aux décideurs que les produits standard, le « gros du flux », avaient tout intérêt à être traités sur des lignes intégrées simples, dédiées, en Juste À Temps, et que les autres produits non standard, les « moutons à cinq pattes » dont le volume diminuait, ne justifiaient pas une installation complexe et automatisée aussi coûteuse, mais pouvaient être traités manuellement dans un coin de l'atelier... L'erreur vient de l'habitude de vivre avec la complexité : la complexité fait partie du paysage pour les décideurs d'Electronix. Ils tentent de rationaliser un monde complexe, sans voir que les règles du jeu sont en train de changer et que la complexité va progressivement se replier sur un espace résiduel...

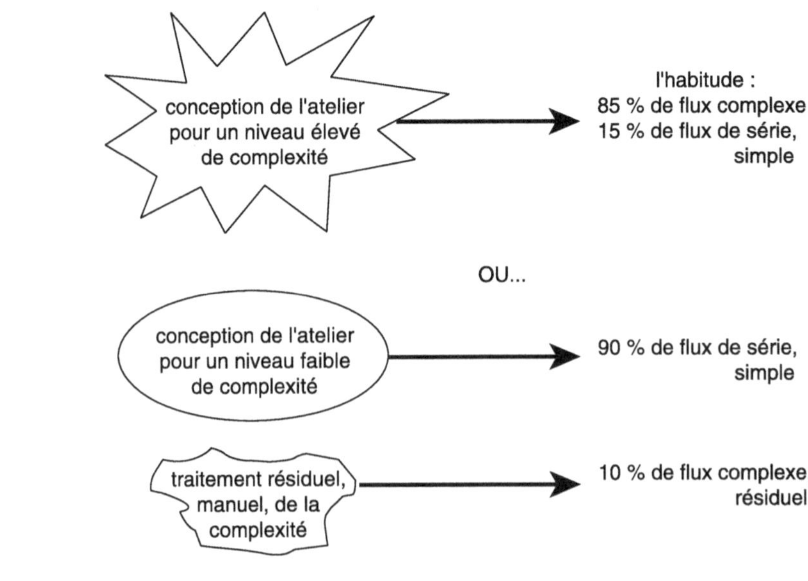

3. L'action, pivot de la planification

Le modèle d'action est parfois tellement « voilé » derrière la reproduction automatique du passé (base historique, extrapolations, standards) que les pratiques de planification finissent par occulter totalement le niveau de l'action. Nombre d'entreprises ont ainsi pris l'habitude d'organiser leur planification autour d'un **« couple objectifs-moyens »** : le projecteur est braqué sur les résultats visés (outputs du modèle d'action) et sur les moyens requis (inputs du modèle d'action), le modèle d'action lui-même étant passé sous silence. Cette absence s'explique sans doute par une hypothèse plus ou moins implicitement admise par tous : les modalités de l'action (les processus) sont stables et parfaitement connues sur le court terme, il est donc inutile de les expliciter et de les rediscuter en permanence.

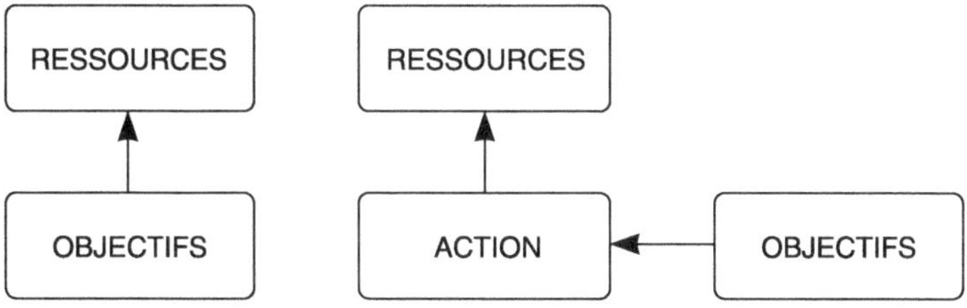

Schéma 3 : *Remettre l'action au cœur de la planification...*

En fait, un budget ou un plan, c'est d'abord et avant tout un **plan d'action**. Le lien du budget/plan avec l'action doit être étroit : le budget/plan n'est pas une simple allocation de ressources, mais une représentation de l'action, dans toutes ses dimensions, notamment la consommation de ressources, mais aussi les délais et les dates, les caractéristiques de qualité, l'acquisition de compétences, les technologies, la sécurité, l'image, l'innovation, les partenariats externes... La consommation prévisionnelle de ressources est liée aux actions ainsi programmées.

Exemple

Prenons l'exemple d'une entreprise de télécommunications où, pour améliorer la qualité d'un réseau (objectif), le diagnostic de la situation conduit à privilégier le renouvellement des connecteurs (action). La charge de travail des équipes techniques et les montants d'achats (ressources) peuvent alors être évalués pour différents scénarios de renouvellement des connecteurs. Mais peut-être la discussion révélera-t-elle que l'objectif (qualité du réseau) peut être atteint par d'autres moyens que le renouvellement des connecteurs.

Méthodes et pratiques de la performance

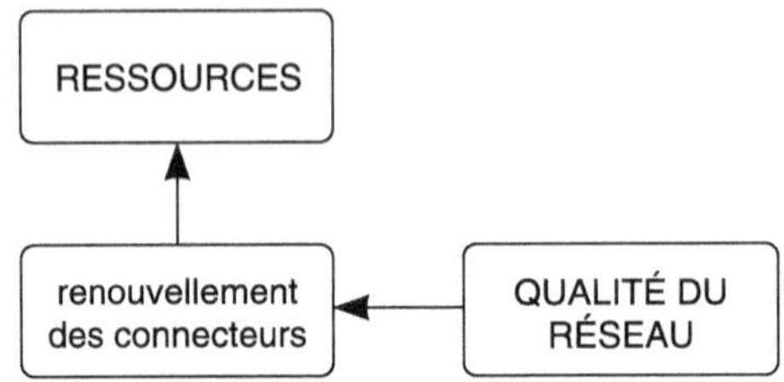

Schéma 4 : *Dimensionner les ressources via l'action*

■ *Activity-Based Budgeting*

Pour modéliser l'action future, le budget à base d'activités (Activity Based Budgeting = ABB) (et les autres plans, de manière moins détaillée) s'intéresse à deux types d'activités :

- **Les activités récurrentes**, appartenant aux processus répétitifs de l'entreprise, par exemple la production ou la vente. À technologie et méthodes inchangées, modéliser l'action dans ces processus, c'est **prévoir leur volume de réalisation** sur une période future donnée, quantifiée grâce à une **unité d'œuvre** (l'unité qui permet de mesurer la charge de travail et l'output de l'activité : nombre de pièces, nombre de lots, nombre de types de produits, nombre de kilos, nombre d'heures, nombre de clients...). Il faut englober dans cette catégorie les processus dysfonctionnels que la pudeur tendrait à taire mais qui consomment de fait des ressources... Par exemple, si une part non négligeable des activités de production est mobilisée par des retouches et par des modifications techniques de produits, il est vain de prétendre procéder à une budgétisation pertinente si l'on ne couvre pas de manière réaliste retouches et modifications. Tant que le zéro défaut n'est pas atteint, ces activités sont « fact of life » et il ne sert à rien d'en nier l'existence.
- **Les actions non répétitives**, liées à des besoins de changement, parfois pilotées dans le cadre de projets (ex. le développement d'un nouveau produit, la conception d'un nouveau système informatique de paye du personnel), parfois actions ponctuelles destinées à modifier certains processus (actions de re-engineering du processus de facturation, par exemple). Pour les actions non répétitives, le budget s'appuie sur des **plans d'action précis**, décrivant les principales tâches, leurs modalités, leur consommation de ressources, leur calendrier.

Il y a donc deux entrées pour la budgétisation ABB :

- **des prévisions de volumes d'activité** sur les processus récurrents, en unités d'œuvre ; ces prévisions de volumes peuvent être reliées aux allocations de moyens selon deux modalités distinctes :

– Un lien a priori : on budgète les ressources, par rapport à l'année précédente, en tenant compte de l'évolution du volume d'activité mesuré en unités d'œuvre et des gains de productivité visés.

Exemple

Nous prévoyons d'émettre 200 factures par jour l'année prochaine. En moyenne, l'émission d'une facture nous coûte 2 F cette année (1 F de salaire et 1 F de coûts informatiques et administratifs), et nous visons un gain de productivité de 25 %, pour passer à un coût par facture de 1,5 F l'an prochain (0,75 F de salaire et 0,75 F de coûts informatiques et administratifs) ; nous budgétons donc pour l'année prochaine 40 000 factures (200 factures/jour X 200 jours), soit 30 000 F de salaires et 30 000 F de dépenses informatiques et administratives pour la facturation.

– Un lien a posteriori : après établissement du projet de budget, on contrôle ce que ce projet de budget implique, quant à l'évolution des niveaux de productivité et des coûts unitaires du processus.

Exemple

Nous prévoyons deux salaires à 20 000 F et 40 000 F de supports informatiques et administratifs au service de facturation l'année prochaine, soit au total 80 000 F de budget pour ce service l'an prochain ; comme nous prévoyons par ailleurs d'émettre environ 40 000 factures, cela nous donne un coût moyen par facture de 2 F (1 F de salaire, 1 F de supports), niveau de coût égal à celui de cette année.

• **des plans d'action** jalonnés dans le temps pour les projets et les actions non récurrentes, chiffrant des consommations de ressources par phases.

■ *Les limites de l'Activity Based Budgeting*

La métrique fournie par le modèle activités/unités d'œuvre/coût unitaire (standard a priori ou calculé a posteriori) ne doit être appliquée à la planification qu'avec précautions, pour plusieurs raisons.

1. Pour que de tels calculs soient crédibles, il faut que le modèle activités/ projets/ unités d'œuvre/ coûts unitaires soit **réaliste**. L'élaboration d'un tel modèle, assez accessible lorsque l'on traite de processus répétitifs technologiques, comme un processus de production de série, dont la quantification par des standards est courante, devient difficile pour des processus immatériels, *a fortiori* s'ils sont empreints de créativité, peu répétitifs et peu prévisibles. Les éléments sur lesquels on s'appuie pour planifier, notamment les standards, risquent donc d'être très **fragiles**.

2. La consommation de ressources d'un processus inclut une part de coûts fixes plus ou moins importante selon les processus. Le coût moyen obtenu en rapportant les ressources au volume prévu reflète des **effets mécaniques de volume** pour une part non négligeable.

3. Les outputs des processus ne sont jamais parfaitement homogènes ; des effets de mix peuvent jouer (par exemple, les factures ne sont pas toutes également faciles à émettre) ; les taux standard ne reflètent qu'une **moyenne**.

Il n'y a pas de modèle de processus miraculeux, qui permette de traduire mécaniquement les objectifs de l'entreprise en enveloppes de ressources dans toutes les activités de l'entreprise, via des temps ou des taux standard. Cependant, disposer d'une métrique des charges de travail et des ressources prévisionnelles, même si elle est approximative et ne couvre pas toute l'entreprise, est utile :

1. Pour fournir une base d'analyse et de discussion collectives et une base de négociation.

2. Pour fournir un moyen de recoupement et de **contrôle a posteriori** de la pertinence du projet de budget ou de plan. On peut analyser les coûts moyens prévisionnels qui résultent du projet de budget pour les principales unités d'œuvre, leur évolution par rapport au passé et les comparer d'un site à l'autre.

Des modèles prévisionnels quantifiés doivent donc être vus comme des **supports à la négociation, des éléments de vérification, plutôt que comme des « planificateurs automatiques »**.

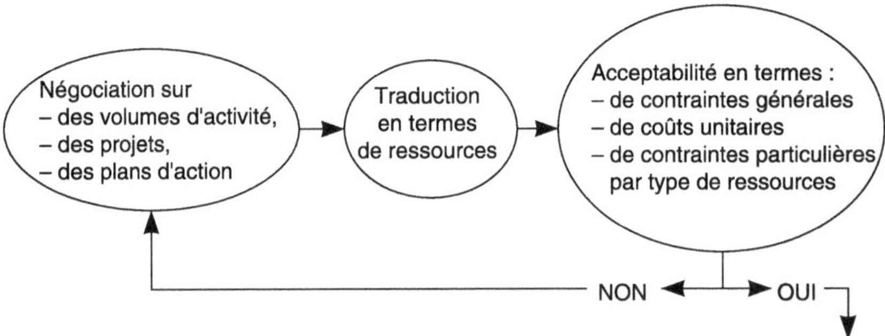

Schéma 5 : *Le modèle de prévision, support de négociation*

4. L'articulation des horizons de temps

■ *Distinguer clairement les cycles*

Dans certaines entreprises, les cycles de planification sont imbriqués et traités simultanément (par exemple, de juin à novembre, « on prépare le plan **et** le budget »). Ils sont parfois formalisés avec les mêmes outils, le plan constituant la prolongation du budget sur deux ou trois années supplémentaires (ou le budget, la première année du plan). Les mêmes formats de documents sont alors utilisés. De telles pratiques présentent de sérieux inconvénients :

- Lorsque l'on traite simultanément du long terme et du court terme, on mélange deux approches qui devraient être nettement différenciées ; le **niveau de détail** ne peut pas être le même dans un plan à trois ans et dans un budget (prévisions plus globales sur un horizon plus éloigné) ; le plan devrait manifester plus de recul ; il devrait être directement relié à la stratégie ; les axes d'analyse du plan et du budget peuvent donc être différents.
- Lorsque les deux démarches ne sont pas nettement distinctes, dans des zones différentes du calendrier, il y a gros à parier que les acteurs consacreront l'essentiel de leur temps et de leurs efforts à ce qu'ils perçoivent comme pressant et d'application immédiate : le budget, au détriment d'une réflexion sur le plus long terme, qui se réduira à une obligation formelle (risque de « **court-termisme** »).

Il est donc préférable de programmer les cycles de manière séparée, en commençant par le long terme et en poursuivant par le moyen et le court terme. On s'assure ainsi que chaque horizon bénéficie d'une réflexion spécifique, et que les horizons proches s'inscrivent dans le cadre défini par les plans à plus long terme. Chaque cycle de planification doit disposer de ses outils propres : analyses qualitatives, quantifications plus globales, études ciblées sur des points critiques (« zooms »), pour les horizons éloignés ; plans d'action précis, chiffrage plus détaillé, pour les horizons proches. Mais tous les cycles, planification stratégique comme budget, sont l'affaire de tous. Plus la dynamique de changement est forte et les défis affrontés difficiles, plus la réflexion sur le long terme doit être partagée et impliquer un grand nombre d'acteurs.

■ *Articuler les cycles*

Différencier les horizons et les cycles de planification ne signifie pas les découpler complètement. Il est essentiel d'assurer une bonne cohérence et un **couplage explicite** entre cycles de planification. L'animation de gestion qui préside à la préparation d'un budget devrait toujours démarrer explicitement d'une expression formalisée de la stratégie et de l'action à moyen terme. Planification et budget sont deux moments dans le déploiement de la stratégie. Le lien entre les propositions d'action (plan opérationnel, budget) et les objectifs stratégiques devrait être explicite et construit avec une certaine rigueur méthodologique.

Ce couplage n'est malheureusement pas toujours assuré, notamment entre stratégie et budget. Le cycle stratégique et le budget sont souvent mis en œuvre par des acteurs distincts, par exemple une Direction de la Stratégie et une Direction du Contrôle de Gestion. Facteur aggravant, ces acteurs ont souvent une culture très différente et s'ignorent. Si le budget est découplé de la stratégie et n'apparaît pas comme « le début du cheminement à long terme », il risque fort de se fonder sur des historiques reconduits (pas de volonté stratégique) ou de juxtaposer des visions locales sans lien (pas de projet collectif), réduisant le discours stratégique à une incantation.

Chaque cycle remplit un rôle précis :

- La **stratégie** permet à l'entreprise de **concevoir ou reconcevoir sa chaîne de valeur** (voir chapitre 3) : définir comment l'entreprise insère son système d'activités dans des chaînes de valeur ; déterminer les maillons critiques ; identifier les possibilités de transformer les chaînes de valeur au profit de l'entreprise.

L'exemple IKEA [NORMANN, RAMIREZ]

La chaîne de valeur du secteur de l'ameublement présente schématiquement les étapes suivantes :

concevoir – approvisionner – fabriquer – monter = amont industriel
distribuer dans les magasins – vendre – livrer = distribution commerciale

IKEA a bouleversé cette chaîne de valeur en déportant vers le client final l'un des maillons intermédiaires de la chaîne. En effet, ce maillon, le montage, n'exige pas d'environnement professionnel ou industriel pointu. De plus, il correspond au goût du bricolage d'une part croissante du public et coûte relativement cher en salaires lorsqu'il est réalisé par l'entreprise. IKEA a donc radicalement transformé la chaîne de valeur de son activité :

concevoir – approvisionner – fabriquer ou faire fabriquer = amont industriel
distribuer en kit – vendre en kit = distribution commerciale
emporter – monter = aval réalisé par le client

De telles décisions (vendre en kit), avec l'ensemble des dispositifs qui l'accompagnent (réseau des points de vente, modes de promotion et de vente, tarification, réseaux de fournisseurs), relèvent bien d'une planification stratégique dont l'objet consiste à concevoir/reconcevoir la ou les chaînes de valeur concernant l'entreprise.

- La **planification opérationnelle traduit la stratégie en plans d'action chiffrés**, couvrant, sur un horizon pluriannuel, l'ensemble des domaines d'activité de l'entreprise (recherche, conception, production, distribution, investissement, formation, emploi...). La planification opérationnelle joue un rôle clé. Elle vérifie les grands équilibres, la cohérence entre les différentes fonctions dans leur action à moyen terme. Elle assure le lien entre stratégie et budget.
- Le **budget** constitue un **plan d'action à un an**. Il projette le plan opérationnel sur l'horizon proche, assure la traduction en comptes prévisionnels et prévision de résultats, crée le cadre d'un bon retour d'expérience dans le suivi de l'action (rétroactions de l'expérience sur le budget, sur le plan opérationnel et sur la stratégie).

5. Le « Delta » : la gestion du progrès par la tension entre réalité et projet

Depuis Ansoff, l'école rationaliste en planification recommande de structurer la démarche de planification autour d'un **écart**, l'écart entre la **« prévision zéro »** (ce qui se passerait si aucune action de changement d'envergure n'était engagée) et la **cible**, ce que l'entreprise veut devenir, le projet qu'elle se fixe pour l'avenir. Cette vision de la planification s'articule ainsi de la manière suivante :

1. La prévision zéro, c'est ce qui arriverait à l'entreprise si aucun projet de changement d'envergure ne devait être réalisé, donc l'impact, sur les périodes futures, des projets et des programmes en cours, compte tenu de l'évolution prévue des marchés et de la concurrence (la **« tendance »**).

2. L'entreprise se propose par ailleurs d'atteindre une **cible** conforme à sa stratégie, en termes de chiffre d'affaires, de part de marché, de profits, de lancement de nouveaux produits...

3. L'écart entre prévision zéro et cible est appelé **« planning gap »**, **« écart de planification »**. C'est l'ampleur du défi lancé à l'entreprise, l'ampleur du progrès et du changement requis. La réflexion collective doit aboutir à des plans d'action permettant de résorber cet écart. Le « planning gap » est donc un point de départ pour la réflexion collective sur l'action future.

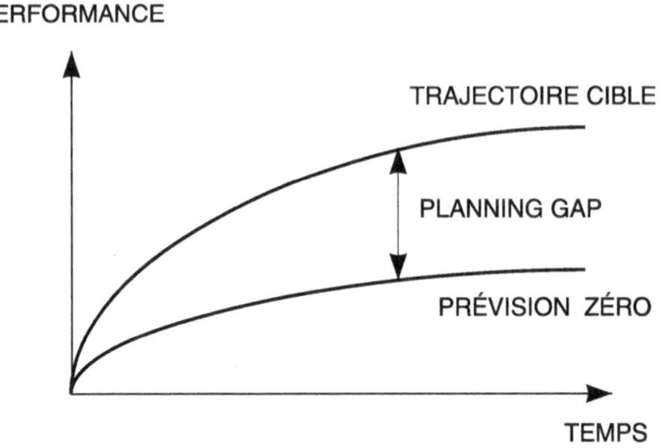

Schéma 6 : *Le « planning gap »*

Cette théorie du planning gap a été fortement critiquée. Il lui est notamment reproché de caler la planification sur une extrapolation du passé (la « prévision zéro »), de recouvrir des pratiques technocratiques et arbitraires (planning gap défini par la Direction sur la seule base d'objectifs financiers de rentabilité et redistribué par oukase entre les différentes divisions de l'entreprise) et de reposer sur une prévision zéro impossible à formuler.

Ces critiques, souvent fondées, correspondent cependant plus à un certain usage du planning gap qu'au concept lui-même. Il peut effectivement arriver que les entreprises fondent le planning gap sur une base exclusivement financière (gap de résultat ou de rentabilité par rapport à une attente supposée des actionnaires ou des marchés financiers), peu ancrée dans l'analyse des marchés et des métiers, et qu'elles s'en servent comme prétexte pour parachuter des objectifs quelque peu arbitraires aux différentes composantes de l'entreprise.

Pourtant, toute réflexion sur l'avenir doit bien se situer en **tension entre réalisme et ambition**, évolution tendancielle, sur la base des compétences maîtrisées aujourd'hui, et volontarisme, axé sur l'acquisition de compétences nouvelles... Par manque d'ancrage dans le réalisme et la connaissance des évolutions tendancielles, on sombre dans le « wishful thinking » (prendre ses désirs pour des réalités). La planification y perd vite toute crédibilité. À l'inverse, sans projet, sans ambition volontariste, on se contente de subir les pressions de l'environnement sans capacité d'initiative et de naviguer « au fil de l'eau ».

Il est important que les deux pôles, celui du réalisme (prévision) et celui du projet, soient clairement distincts pour amorcer la réflexion collective sur des bases claires. Rien de plus dangereux que la **confusion entre objectif (projet) et prévision (réalisme).** Cela est parfaitement clair, par exemple, dans la gestion d'un réseau commercial, comme en témoigne l'exemple CMC (Compagnie des Machines à Calculer).

L'exemple CMC

CMC est un fabricant d'ordinateurs européen. Son réseau commercial est structuré par grands secteurs de marché (industrie, banque et assurance, administrations, défense, recherche et éducation, transports, micro-informatique).

Chaque année les réseaux effectuent une prévision de ventes pour l'année suivante. Ces « prévisions courantes » font l'objet d'une consolidation du groupe et d'une traduction financière. La Direction Générale examine alors la compatibilité de ces prévisions avec ses propres objectifs de résultats, tels qu'elle souhaite les communiquer à ses actionnaires. Si la cohérence n'est pas assurée, elle impose à chaque réseau l'augmentation de ses prévisions de ventes nécessaire pour coller aux objectifs. Avec cette révision par la Direction Générale, la « prévision courante » est transformée en « plan courant ».

Il s'avère régulièrement que les plans courants sont démesurément optimistes et que les réalisations sont systématiquement bien en deçà. C'est d'autant plus ennuyeux que les stocks et les capacités de production industrielle sont dimensionnés sur la base du plan courant, donc coûteusement surdimensionnés.

Cas typique de confusion entre prévision et objectif. Que la « prévision zéro » des commerciaux soit réajustée en hausse pour devenir un objectif, cela n'est pas choquant en soi, au contraire. Mais que ce soit là une transformation « subreptice », sans douleur, donc sans fondement, en « injectant » simplement le volontarisme de la Direction Générale dans les prévisions commerciales des réseaux de vente, voilà l'erreur. Le passage de la « prévision courante » au « plan courant » n'est pas un « ajustement technique », mais un événement majeur, un acte de volonté fort. Il ne devrait se faire qu'en mettant clairement en évidence l'ampleur de l'écart à combler, le DELTA, et en définissant les plans d'action de nature à assurer ce comblement du « planning gap ». Or à aucun moment le « planning gap » n'apparaît comme objet de gestion, comme déclencheur de réflexion et d'action. L'écart est dissimulé presque honteusement, comme manifestation d'un désaccord entre la D.G. et les réseaux commerciaux, comme indice gênant du manque d'ambition des commerciaux ou du volontarisme débridé de la D.G. En face d'un tel écart « coupable », non formalisé, il est bien sûr hors de question de construire une logique d'action.

L'exemple CMC montre bien la différence entre une démarche où la D.G. commue magiquement des prévisions en objectifs en y insufflant un volontarisme gratuit et une démarche où la cible et la prévision se confrontent ouvertement pour mettre en évidence un « gap » à combler, **défi** à l'imagination, à la compétence et à la créativité collectives.

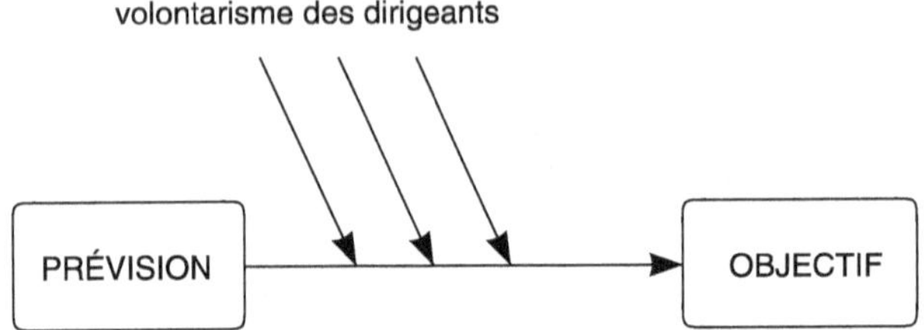

Schéma 7 : *Le « planning gap » illusionniste ou le modèle de la « transmutation magique » des prévisions en objectifs...*

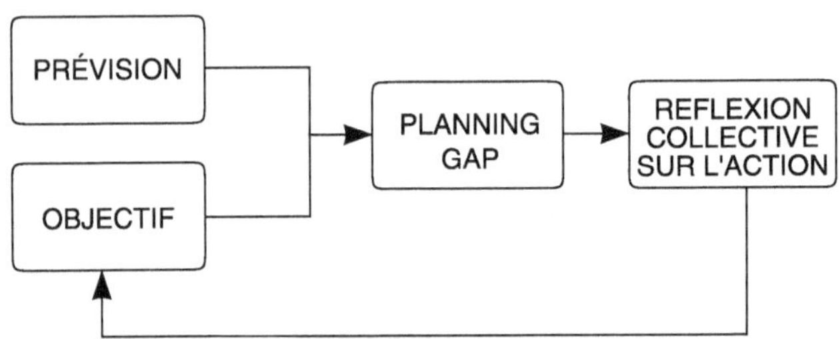

Schéma 8 : *Le « planning gap » base d'apprentissage organisationnel*

De ce point de vue, la démarche de « planning gap » peut présenter des avantages :

- La pratique de la « prévision zéro » contraint à analyser la réalité et les tendances spontanées : elle impose le **réalisme**.
- L'élaboration d'une cible séparément de la prévision contraint à construire un **projet**.
- La mise en évidence du « planning gap » est un déclencheur de réflexion, d'apprentissage et d'action. Le « gap » est en effet, non seulement un écart de résultat, mais aussi et surtout un **écart de savoir-faire et de compétence**. Le planning gap peut jouer le rôle d'un scénario de rupture pour « dévoiler » les représentations implicites de l'action actuellement dominantes (voir chapitre 12), s'il est vécu comme défi au statu quo et explicité comme problème collectif, à résoudre par le groupe.

6. Suivi des plans et budgets : organiser le retour d'expérience

La préparation d'un plan ou d'un budget n'est que la phase initiale du processus de planification. Celui-ci doit déboucher sur le **pilotage de l'action**. Après avoir préparé collectivement une représentation de l'action future, le plus important reste à faire : **l'apport de la planification est autant dans le suivi du plan que dans son élaboration**. Le suivi du plan se présente comme une animation de gestion continue, orientée vers l'organisation systématique du **retour d'expérience**, la vigilance à l'égard de l'environnement, la confrontation des événements réels et du scénario de référence, base du budget et du plan. Cette organisation collective de la réactivité peut déboucher :

- sur des ajustements de moyens et/ou de méthodes, destinés à assurer l'atteinte des objectifs auxquels on ne touche pas (**reprogrammation**),
- ou, plus rarement, sur des modifications d'objectifs liées aux grandes évolutions de l'environnement (**replanification**).

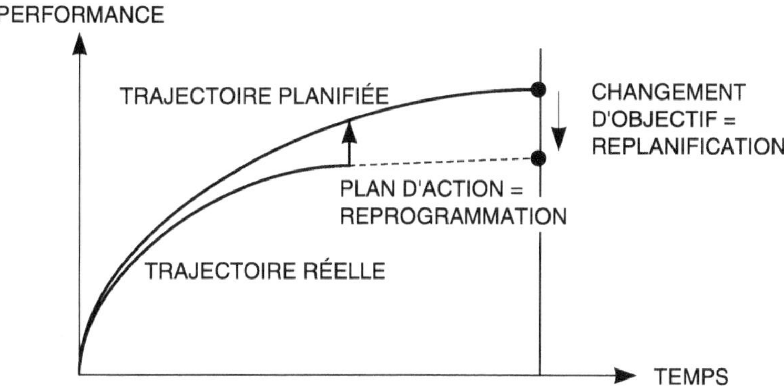

Schéma 9 : *Reprogrammation et replanification*

Le suivi du plan sert de base à la préparation du plan suivant. C'est ainsi que, chez Danone, l'élaboration du nouveau plan commence toujours par un retour sur le passé et un diagnostic de réalisation du plan en cours.

Pour que le suivi des plans et budgets soit une pratique vivante de diagnostic et de réactivité, et non une simple obligation formelle, il doit s'appuyer sur des méthodes de **suivi** (réestimation des volumes d'activité versus volumes de dépenses, suivi de projets et de plans d'action en termes de « reste à faire », indicateurs « précurseurs » de changements dans l'environnement) et sur des méthodes de **diagnostic** (arbres causes-effets, analyses AMDEC [1]...).

7. La planification au service de l'apprentissage organisationnel

Comme on l'a vu, la planification peut jouer un rôle clé dans l'apprentissage collectif par :

---

1. AMDEC = Analyse des Modes de Défaillance, de leurs Effets et de leur Criticité.

- le « dévoilement » des représentations implicites,
- la mise en évidence d'écarts de compétence à combler,
- l'utilisation de méthodes de diagnostic,
- le déploiement d'objectifs par les liaisons causes-effets...

Pour que ce rôle puisse être effectivement assuré, la pratique de la planification doit remplir certaines conditions d'« ouverture managériale » :

- faire la part de l'innovation : une bonne diffusion des pratiques innovantes dans les différents secteurs de l'organisation aide à faire émerger de nouveaux modes de fonctionnement.
- réserver une place importante à la communication directe : c'est dans l'interaction directe que se confrontent au mieux les points de vue et se fertilisent mutuellement métiers et expériences. La planification est par exemple l'occasion rêvée de rencontres systématiques et d'échanges structurés entre dirigeants et responsables opérationnels. Le prix à payer pour y parvenir, c'est une **dotation en temps** significative de la part des dirigeants. C'est ainsi que l'état-major de Danone consacre approximativement quarante jours par an (20 % de l'année) au processus de planification. On ne peut trouver dans la planification l'occasion d'une communication intense et d'un renforcement des liens personnels entre responsables, sans y consacrer du temps.
- décloisonnement transversal et orientation vers le client : la communication transversale est essentielle. L'orientation vers le marché et le client l'impose. Les processus transversaux producteurs de valeur : production, développement des nouveaux produits, gestion des compétences, service après-vente, peuvent ainsi être appelés à jouer un rôle important pour préparer le budget et le plan.

7

Maîtrise des coûts et méthode ABM (Activity Based Management)

Maîtriser ses coûts et parvenir à les réduire de manière régulière (ce que les Japonais appellent le « **cost kaizen** ») est un enjeu essentiel pour les entreprises, en ces périodes de concurrence exacerbée sur des marchés mondialisés. Pour supprimer les dysfonctionnements et les gaspillages les plus évidents, point n'est besoin d'outils de mesure raffinés. Mais, dès lors que les problèmes « béants » ont été ramenés à des proportions raisonnables, se pose la question des priorités : quels sont les leviers d'action les plus prometteurs ? Faut-il d'abord réduire la diversité ou, au contraire, compléter la gamme et différencier le service ? Elever les rendements des équipements critiques ou investir dans de nouvelles capacités ? Changer certaines technologies ? Simplifier les produits ? Attaquer la non-qualité résiduelle ? Externaliser certaines activités ? Réduire les dépenses des fonctions indirectes ? Fiabiliser les machines ? Réorganiser les flux physiques ? On a alors besoin d'un outil d'analyse qui permette de quantifier et comparer les enjeux, mesurer les gains espérés et piloter les actions de progrès continu. Face à ces exigences, les comptabilités analytiques classiques présentent un certain nombre d'insuffisances.

1. Les insuffisances des comptabilités analytiques classiques

■ *À quoi sert une comptabilité de gestion ?*

Les principaux usages d'une comptabilité de gestion sont :

- **La gestion opérationnelle des coûts**, notamment la réduction des coûts, le benchmarking sur les coûts, l'identification et l'évaluation des coûts de non-qualité, de complexité, de sous-activité... Cela exige de rattacher les dépenses à leurs causes principales. C'est à proprement parler la fonction « progrès continu » de la comptabilité de gestion (« comptabilité kaizen »).

- **Le pilotage des centres de responsabilité** (gestion budgétaire, comptes d'exploitation analytiques) : on cherche à rapporter les dépenses réelles comptabilisées aux centres de responsabilité, de manière à pouvoir comparer la prévision (dépense budgétée) à la réalisation (dépense comptabilisée). On nomme ce compartiment de la comptabilité de gestion « comptabilité budgétaire ».

- **Le pilotage stratégique des coûts de revient et des marges** des produits, pour la gestion de portefeuille (lancement de nouveaux produits, abandons), les analyses « faire ou acheter », la fixation des prix de vente, l'estimation des coûts futurs des nouveaux produits en développement. Le même type de pilotage stratégique des coûts de revient et des marges peut s'appliquer à d'autres objets que les produits (marchés, clients, projets, technologies...). On appellera « objet de marge » tout ce qui donne lieu à confrontation coût/revenu, suivi de marges et gestion de portefeuille (voir chapitre 8). Les coûts de revient des produits répondent aussi à des obligations comptables et réglementaires (valorisation comptable des stocks, respect des réglementations anti-dumping, contrôle de coûts attaché aux marchés publics). On nomme ce compartiment de la comptabilité de gestion « comptabilité analytique ».

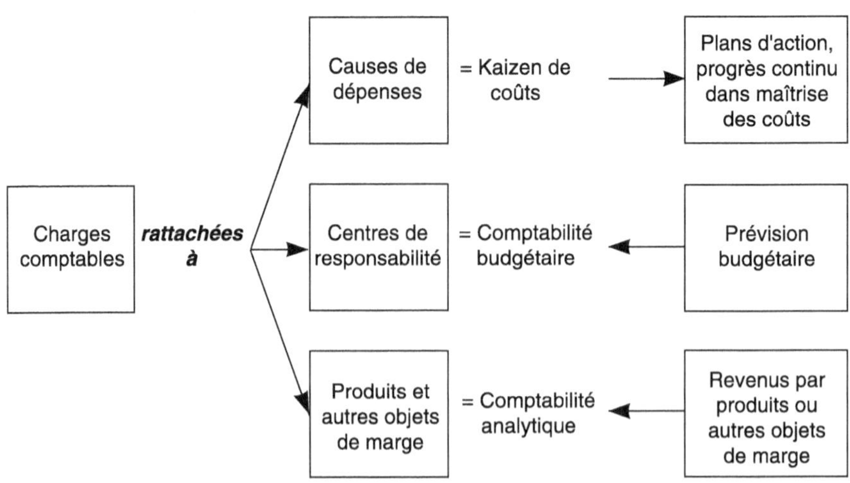

Schéma 1 : *Les trois domaines de la comptabilité de gestion*

Traditionnellement se sont imposés le second usage (en liaison avec les pratiques de contrôle budgétaire) et le troisième usage (en réponse aux impératifs de reporting financier et d'information externe : valorisation des stocks, marges par produits). Mais, sous le poids des préoccupations réglementaires, le suivi des coûts de revient des produits a souvent pris un caractère plus bureaucratique que managérial : il s'agit de produire un chiffre en se conformant à des règles de calcul conventionnelles, plutôt qu'un chiffre pertinent pour guider l'action.

Le premier usage, la gestion opérationnelle des coûts, a souvent été négligé. Les raisons en ont été mille fois formulées [JOHNSON, KAPLAN] et nous ne nous y attarderons pas. Insistons seulement sur un facteur essentiel dans la culture de gestion occidentale : le profond **clivage organisationnel et culturel entre la gestion économique et le pilotage opérationnel** a détourné les contrôleurs de gestion de toute véritable gestion opérationnelle des coûts (aux opérationnels de diagnostiquer les causes de coûts et de définir les actions nécessaires à la réduction des coûts) et a détourné les opérationnels des outils de costing, jugés trop éloignés de la réalité et destinés à des usages administratifs et comptables un peu obscurs.

Les usages de la comptabilité de gestion sont parfois vus de manière tellement biaisée que certaines entreprises industrielles structurent leur comptabilité de gestion autour du calcul des coûts de revient des produits, obtenu par un traitement des données élémentaires de coûts complexe et opaque (répartitions en cascades), puis tentent de piloter leur performance opérationnelle à travers le coût de revient des produits, au moyen d'analyses compliquées des écarts qui reviennent quasiment à reconstituer les données élémentaires (données physiques, coûts opératoires) dont on était parti !

Exemple : L'entreprise de carrosserie automobile Carbodies

Le groupe américain Carbodies conçoit et produit des modules de carrosserie (fenêtres et toits ouvrants, sièges...). Son reporting industriel est notamment fondé sur le suivi mensuel des coûts de revient complets des produits, par usine. Le coût complet est calculé de la façon suivante :

- *coûts directs de fabrication sur postes automatisés : temps machine X taux réel de l'heure machine,*
- *coûts directs de fabrication sur postes manuels : temps main-d'œuvre X taux réel de l'heure main d'œuvre,*
- *coûts de support (maintenance, méthodes, logistique, qualité, ressources humaines, gestion) répartis sur les produits au prorata des coûts directs.*

*Le coût de revient réel est comparé au coût standard et l'écart correspondant fait l'objet d'une analyse informatisée, par décomposition en **quatorze** types d'écarts distincts : l'écart de rendement main-d'œuvre, de rendement machine, de volume,* *de non-qualité interne, de non-qualité fournisseur, de retard interne, de retard fournisseur, de mise au point de la technologie, de modifications du produit, de changements de programme, de pannes machines, de rupture ou d'indisponibilité d'outils, d'absence d'opérateurs, d'autres causes. Chacun de ces écarts est calculé en s'appuyant sur des données physiques (les heures effectivement travaillées, les heures d'arrêt liées à une panne machine, les heures d'arrêt liées à l'absence d'opérateurs, les heures de machine consacrées à la mise au point de la technologie, le nombre de modifications de conception des produits, etc....) valorisées en taux standard (les taux standard étant calculés sur la base du budget).*

Cette analyse d'écarts résulte donc de retraitements complexes de données opérationnelles et comptables. Elle livre ses résultats en moyenne un mois après les événements. Les opérationnels n'en font aucun usage car leur propre diagnostic, sur indicateurs physiques, intervient dans des délais beaucoup plus rapides. Ils n'attendent pas les résultats d'analyse d'écarts pour constater que le taux de panne d'une machine a augmenté ou que la qualité des fournisseurs s'est dégradée !

■ **Structuration élémentaire des charges : nature, responsabilité, activité**

Toute donnée élémentaire de dépense peut notamment être rattachée à trois types de référentiels de base, souvent par la saisie comptable elle-même, sans passer par le biais d'analyses particulières :

- en réponse à la question « somme dépensée en consommant quoi ? », une **nature de ressource** (temps de main d'œuvre de telle catégorie, temps d'équipement, transactions informatiques, déplacements, études sous-traitées, matière achetée...),
- en réponse à la question « somme dépensée par qui ? », un **centre de responsabilité**,
- en réponse à la question « somme dépensée en faisant quoi ? », une **activité**.

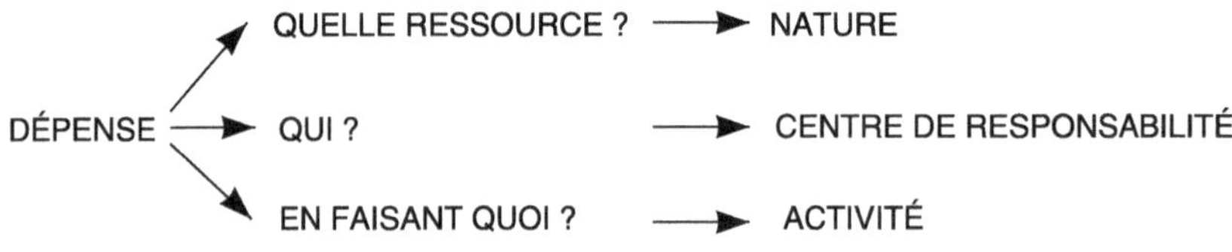

Schéma 2 : *Les trois rattachements élémentaires des charges comptables*

La dépense peut aussi être rattachée à des objets plus éloignés, à la suite d'analyses et d'imputations :

- en remontant vers l'amont, à ses causes, ses facteurs de variation, en réponse à la question : pourquoi a-t-on dépensé tant ?

- en allant vers l'aval, à sa destination finale en termes de valeur : cette dépense a été engagée pour fournir quelle valeur ? Par exemple, pour obtenir quel produit ? Pour satisfaire quel client ? Pour servir quel segment de marché ?

L'allocation d'une dépense à une destination finale, telle que les produits ou les clients, se fait, soit de manière directe (pour les coûts directs), soit à travers des regroupements intermédiaires, les « centres de frais » ou « sections ». On utilise souvent, comme base de définition des centres de frais, les centres de responsabilité (on parle alors de comptabilité à base de responsabilité) ou les activités (on parle alors de comptabilité par activités). Les deux approches peuvent se combiner, en considérant les activités comme un découpage plus fin au sein des centres de responsabilité (et en s'interdisant donc de définir des activités transverses aux centres de responsabilité).

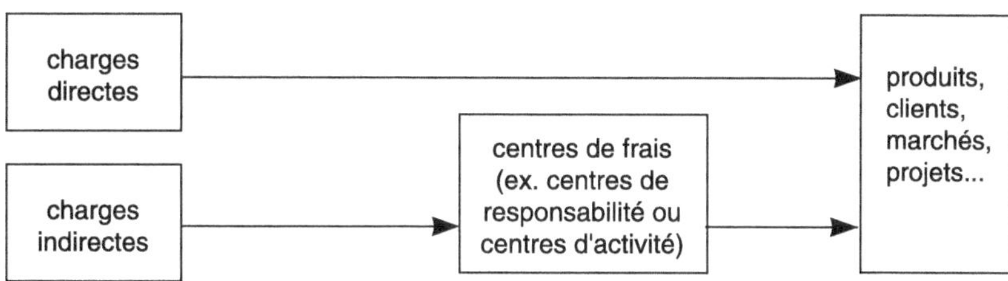

Schéma 3 : *Charges directes et indirectes et centres de frais*

Le choix des centres de responsabilité ou des activités comme bases de définition des centres de frais n'est pas indifférent : dans un cas, on privilégie la maîtrise des coûts par la responsabilisation personnelle des managers, dans l'autre, par l'analyse des bases physiques, techniques et opératoires des dépenses. La culture de gestion classique est fondée sur la **responsabilisation individuelle** des managers. Elle s'appuie sur diverses pratiques, telles que la gestion budgétaire, la direction par objectifs (D.P.O.), le découpage de l'entreprise en centres de profit. Il est donc compréhensible que la comptabilité de gestion ait le plus souvent fondé ses centres de frais sur les centres de responsabilité. Cependant, un tel découpage répond évidemment à une logique organisationnelle plutôt qu'opérationnelle. De ce fait, **les centres de frais de la comptabilité analytique regroupent souvent des activités variées, au comportement de coût très hétérogène.**

Les impératifs de responsabilisation et d'analyse des coûts sont d'ailleurs en partie contradictoires. Pour que la responsabilisation ait un sens, il faut que les centres de responsabilité aient une taille suffisante pour disposer d'une vraie autonomie. Pour que le comportement des coûts soit homogène et explicable (relié à des causes), il faut que les centres de frais soient assez fins.

HOMOGÉNÉITÉ DES COMPORTEMENTS DE COÛTS (pertinence de l'allocation, capacité d'analyse)	⇨ *MAILLE FINE*
DIRECTION PAR OBJECTIFS, DÉLÉGATION, CENTRES DE PROFIT	⇨ *MAILLE LARGE*

Le besoin de se « ressourcer » dans des comptabilités par activités a aussi surgi dans la période récente parce que l'évolution des formes d'organisation a aggravé le découplage entre centres de responsabilité et activités.

Traditionnellement	**Aujourd'hui**
Poids dominant des activités directes	Poids dominant des activités de soutien
Organisation des activités directes en sections homogènes = regroupement d'une même activité (ex. « fraiser ») dans un même service	Organisation des activités selon d'autres logiques : lignes de produit, projets...
centres de responsabilité = sections homogènes = activités	centres de responsabilité = regroupements d'activités diversifiées ≠ activités

Tableau 1 : *Le découplage activités / centres de responsabilité*

Le choix d'une maille large, pertinent du point de vue du pilotage des responsabilités, ne pose pas de problèmes tant qu'il s'agit de mesurer des résultats a posteriori. Il a des conséquences gênantes dès qu'il s'agit d'analyser les causes des coûts :

- les centres de frais (surtout indirects) regroupent des activités hétérogènes dont les facteurs de variation de la charge de travail sont eux-mêmes hétérogènes (« addition de choux-fleurs et de carottes »),
- dans ces conditions il est difficile de trouver un type d'unité unique (l'« unité d'œuvre ») pour mesurer la charge de travail et l'output de tout un centre de frais : on ne peut attribuer aux centres de frais que des unités d'œuvre relativement arbitraires,
- l'allocation des dépenses des centres de frais aux produits (ou à d'autres objets de marge), souvent réalisée sur la base des unités d'œuvre, s'en trouve biaisée,
- les logiques de performance des activités ainsi agrégées sont diverses et difficilement appréhensibles en bloc.

Exemple : le service achats de Carbodies

Le service Achats est un centre de frais. Ses charges sont allouées aux produits au prorata des montants d'achats en francs : chaque produit absorbe un montant de dépenses du service Achats proportionnel au montant de composants achetés à l'extérieur pour ce produit. Or une bonne part de l'activité du service est indépendante des volumes d'achats : négocier un contrat prend le même temps, que l'achat soit de 100 ou de 200. Il n'y a pas de loi générale pour l'ensemble du service : selon les activités, la charge de travail dépend de la complexité du produit (beaucoup de types de composants achetés distincts), de sa nouveauté (nouveaux fournisseurs à homologuer), de la taille des commandes (beaucoup de petites commandes ou quelques grandes commandes)...

Activités du service	Allocation traditionnelle	Logiques d'allocation possibles
Qualification des fournisseurs	Pour l'ensemble du service : montant en francs des achats	Nombre de fournisseurs homologués Nombre de couples fournisseur-produit homologués
Négociation des contrats		Nombre de contrats
Contrôle à réception		Nombre de colis reçus Nombre de colis contrôlés Différenciation possible suivant la nature des contrôles (statistiques, spécifiques)
Ordonnancement des livraisons		Nombre de modifications du programme de livraison Nombre de lots de livraison Nombre de références de produits
Gestion des stocks matières		Nombre de références de produits
Passation des commandes		Nombre de commandes Nombre de lignes de commandes

■ *Des fonctions indirectes peu ou mal analysées*

Les fonctions indirectes sont souvent traitées comme un appendice des activités directes (allocation des coûts sur la base des coûts directs) alors que leur poids relatif tend à croître. Or ces activités ont souvent des facteurs de charge et de coûts (diversité, complexité, non-qualité) très différents de ceux des activités directes (volume). En dehors du suivi budgétaire (contrôle de la conformité réel/budgété), les outils de pilotage de coûts destinés à ces fonctions sont relativement pauvres.

■ *Un suivi des coûts par natures de dépenses*

Autre biais fréquent des systèmes de gestion de coûts traditionnels : la tentative d'axer les politiques de réduction des coûts sur les natures de dépenses (réduire de X % les « frais de déplacement », les « études externes », les « recrutements », la « formation »...). On retrouve d'ailleurs ce type de comportement dans l'administration de l'Etat : lorsque le gouvernement souhaite obtenir des économies budgétaires importantes, raisonne-t-il en activités (c'est-à-dire en redéfinissant les missions des administrations) ? Non, il raisonne de fait en natures de dépenses (réduire les effectifs, réduire le « train de vie de l'état », notion aussi vague qu'inutile, puisque le discours sur le « train de vie » se réduit à un pléonasme : « pour réduire les dépenses de l'Etat, il faut faire en sorte qu'il dépense moins ».).

Pour réduire le coût des activités, il est moins important de savoir quels types de ressources on consomme que de savoir **pourquoi** on les consomme. La compréhension des causes de dépenses est la base des actions de réduction.

Pourquoi on dépense ?

⇩

Comment ne plus dépenser
ou comment dépenser moins dans l'avenir ?

Pour cela, l'analyse par natures est généralement d'un faible secours. Elle conduit assez inéluctablement à opérer des coupes forfaitaires et uniformes dans les dépenses, donc à réduire les ressources, toutes choses égales par ailleurs. Or, réduire les ressources en soi n'a pas grand sens, **c'est la charge de travail qu'il faut diminuer**, en repensant les activités et les modes opératoires. En d'autres termes, ce n'est pas tant la productivité des ressources qu'il faut rechercher directement (productivité de la main-d'œuvre, productivité des systèmes informatiques, productivité des sous-traitances externes...) que la productivité de l'organisation dans ses activités, qui rejaillira bien sûr sur celle des ressources.

2. Les solutions ABM

■ *Principes de base*

Pour répondre aux besoins identifiés ci-dessus, la comptabilité par activités se propose de rapprocher au maximum le suivi des coûts d'une description physique des processus de travail, afin de faciliter les analyses (recherche des facteurs influençant les niveaux de dépenses) et les allocations. Les principes de la comptabilité par activités consistent à :

- Identifier, pour chaque élément de dépense, séparément et simultanément : le centre de responsabilité, la nature de dépense et l'activité, celle-ci constituant la base d'analyse la plus proche de la réalité physique.

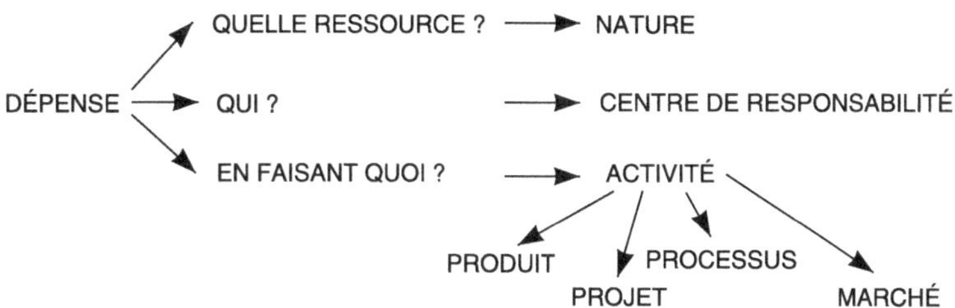

Schéma 4 : L'idée de base des comptabilités par activités

- Utiliser l'activité comme rattachement principal pour rechercher les causes (« cost drivers » ou inducteurs de coûts) qui influent significativement sur le coût.

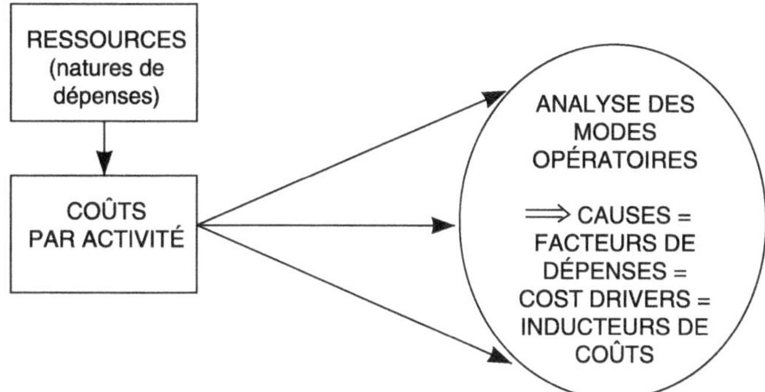

Schéma 5 : La comptabilité par activités pour chercher les causes (ABM)

- Rapprocher les données de coûts par activités d'autres informations de pilotage par activité, plus physiques (volume, temps, qualité...).

- Utiliser l'activité comme rattachement-pivot pour allouer la dépense à des objets de marge (tels que produits ou clients) :

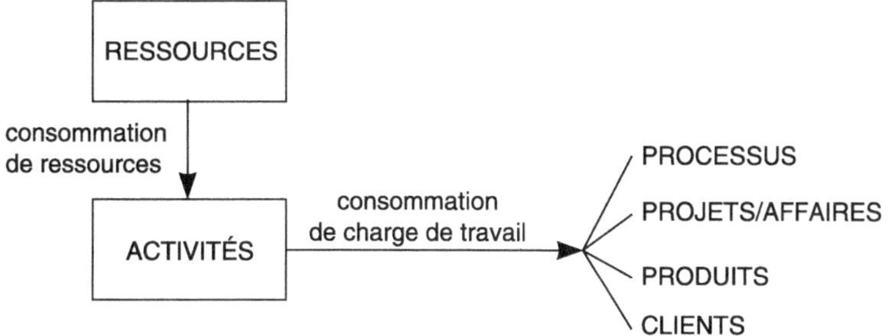

Schéma 6 : La comptabilité par activités pour allouer les charges
aux objets de marge (ABC)

On peut ainsi avoir trois types de « vues » des dépenses.

Exemple : direction logistique

Natures de dépenses	KF	Activités	KF	Unité d'œuvre	Centres de respons.	KF
salaires & charges	1 000	dédouanement	150	dossier	service A (plan/ordo)	361
amortissements	1 377	réception administrative	177	type d'article acheté (référence)	service B (appros)	632
voyages/ déplacements	35	réception physique / stockage	635	palette	service C (exp.)	949
énergie & fluides	110	ordonnancement des commandes	230	commande	service D (stocks/manut.)	635
téléphone	55	assemblage	770	caisse		
		expédition	500	commande		
		chargement	115	palette		
TOTAL	2 577	TOTAL	2 577		TOTAL	2 577

***Tableau 2** : Les trois vues des dépenses d'un service logistique*

■ *Quels usages ?*

Les solutions de comptabilité par activités ne sont destinées à améliorer, ni la justification comptable pure, ni la mesure des résultats. Elles visent :

a. À fournir une **métrique au progrès continu** qui soit :

- pertinente pour identifier et hiérarchiser les problèmes de coûts (y a-t-il des problèmes de coûts ? Où et de quelle ampleur ?),
- pertinente pour diagnostiquer les causes des coûts, organiser, cibler et suivre les actions de réduction (kaizen de coûts),
- facilement appropriable par les opérationnels,
- capable d'anticipation en identifiant les principaux leviers de coûts.

b. À fournir des coûts de revient fiables afin d'améliorer le **costing stratégique** (coûts des produits, des projets, des clients, des affaires...) pour :

- gérer les portefeuilles stratégiques de l'entreprise (portefeuilles de produits, de clients, de marchés, d'affaires : voir chapitre suivant),
- améliorer et sécuriser les devis,
- améliorer et sécuriser les analyses « make or buy »,
- éclairer les choix de conception et de planification en amont des cycles de vie, par une meilleure estimation des coûts futurs liés aux nouveaux

produits ou projets, notamment pour les coûts indirects (couplage avec le Target Costing : voir chapitre 10).

La première grande famille d'usages (gestion opérationnelle des coûts) utilise le modèle d'activités comme **base d'analyse causes-effets** (quels sont les facteurs qui font varier le volume et le coût de telle ou telle activité). La seconde grande famille d'usages (costing de portefeuilles stratégiques) utilise le modèle d'activités comme **modèle d'allocation** (combien de ressources consomme telle activité, combien de chaque activité consomme tel produit).

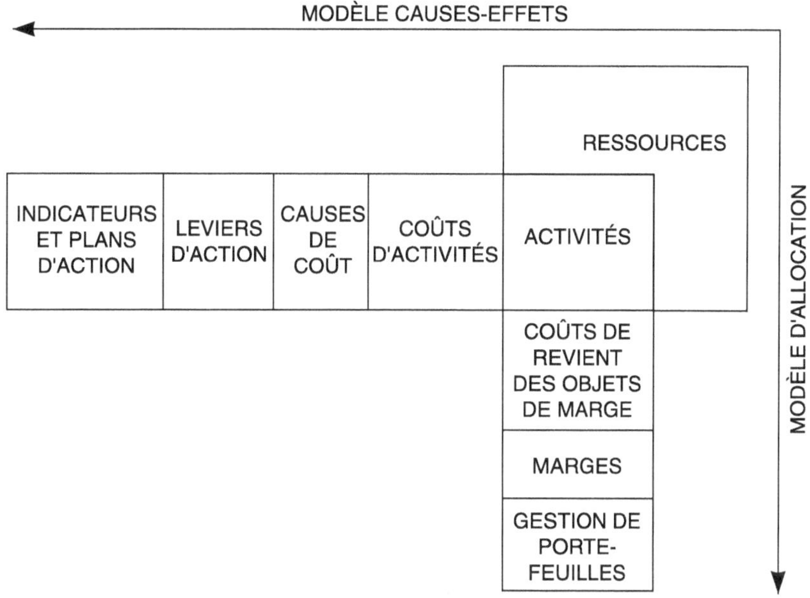

Schéma 7 : L'architecture des approches par activités (ABM / ABC)

■ *Quels apports ?*

En premier lieu, la gestion des coûts par activités construit le modèle de coûts sur la base des processus de travail opérationnels. De ce fait, le langage ABC est un langage des coûts à base opérationnelle, un langage mixte économique/ opérationnel. Il offre un vecteur de communication et de compréhension entre opérationnels et gestionnaires. C'est là peut-être son principal enjeu : **abattre la cloison entre culture opérationnelle et culture économique.**

La gestion des coûts par activités se prête à la construction d'**architectures souples** et cohérentes. Sur la brique de base « activité » peuvent en effet se construire toutes sortes d'applications : différents niveaux d'agrégation, différents regroupements d'activités (fonctions, processus, projets...), différents objets de marge (produits, marchés, clients, canaux de distribution...).

La gestion des coûts par activités présente également l'avantage de donner aux coûts un cadre cohérent avec le suivi des autres performances : **qualité, délai**. En effet, l'activité constitue le cadre le plus pertinent pour mesurer qualité et délai (la qualité se mesure dans ce que l'on fait, le délai ne peut être que le délai d'accomplissement d'une activité). Qualité totale et contrôle de gestion se vivent souvent comme des démarches séparées. L'introduction d'une comptabilité par activités peut offrir l'occasion de les réunir par une métrique des coûts adaptée aux objectifs de la Qualité Totale :

- possibilité de chiffrage des coûts de non-qualité (CONQ) et des coûts d'obtention de la Qualité (COQ), en identifiant les activités de prévention, correction et contrôle de la Qualité,
- chiffrage des gains prévisionnels et réels associés aux actions Qualité.

Les approches ABM assurent enfin une meilleure robustesse et une plus grande fiabilité de l'information sur les coûts :

- L'information issue de l'ABC dépend moins des choix organisationnels qu'une comptabilité exclusivement structurée par centres de responsabilité.
- L'ABM est un langage opérationnel des coûts. Les opérationnels peuvent plus facilement se l'approprier pour leur propre gouverne qu'un système comptable classique. La saisie des données, qui repose généralement sur eux, doit s'en trouver fiabilisée.

■ *Du coût direct au coût traçable : pilotage des coûts « indirects »*

Les approches ABC substituent à la notion de coût direct celle de **coût traçable**.

Définition

> *Le coût d'une activité est un **coût traçable** aux produits (resp. aux marchés, aux projets, aux clients...) si on sait le relier aux produits (resp. aux marchés, aux projets, aux clients...) par un lien non arbitraire d'affectation directe ou d'imputation, que l'activité correspondante soit on non en contact direct physique avec les produits (resp. avec les marchés, les clients...).*

Exemple

L'ordonnancement des commandes n'est pas une activité directe (elle ne touche pas directement aux produits). Si sa charge de travail varie avec le nombre de commandes ordonnancées, son coût est traçable au produit, puisqu'il suffira de le répartir sur les produits au prorata du nombre de commandes que chaque produit a connues sur la période. À condition, bien sûr, que les commandes soient décomptées par produits.

Les activités non traçables aux produits (resp. marchés) sont celles qui ne présentent aucun lien logique avec les produits (resp. les marchés), par exemple les activités liées à la seule existence de l'entreprise : activités juridiques, activités de Direction Générale...

3. Détermination du coût de l'activité

Généralement, un même service ou département conduit plusieurs activités différentes. Ses dépenses sont le plus souvent budgétées par grandes natures (main-d'œuvre, fournitures, énergie, sous-traitance, déplacements...) et suivies en réel selon les natures de la comptabilité générale. Pour piloter les coûts par activités, il faut donc d'abord répartir par activités les charges (budgétées et comptables) connues par natures, sauf dans les rares cas où la comptabilité générale est déjà organisée par activités.

■ A. *Dépenses de personnel*

La répartition des dépenses de personnel par activités (voir annexe 2) se fait sur la base d'une répartition des temps de travail, plus ou moins détaillée (par catégorie de personnel ou globalement) et plus ou moins robuste : une répartition déclarative par le chef de service est évidemment plus entachée d'incertitude qu'un véritable suivi des temps, chronomètre en main, mais ce dernier est souvent difficile à réaliser.

Exemple

L'agence de voyage Tourtour conduit six activités majeures (billetterie, réservation hôtelière, location de voitures, voyages organisés, information, gestion / administration). Elle emploie huit professionnels du voyage, dont trois débutants et cinq cadres expérimentés, deux secrétaires et un gestionnaire. La valorisation des activités peut être réalisée :

- *en répartissant le temps global du personnel sur les six activités, par observation ou sur la base des déclarations du responsable,*
- *en répartissant séparément sur les six activités le temps de travail des professionnels débutants, des professionnels expérimentés, des secrétaires et du gestionnaire.*

■ B. Autres dépenses

La répartition des autres dépenses peut se faire sur la base d'analyses spécifiques (ex. imputer les frais de déplacement aux activités qui les consomment, ou les amortissements des équipements au prorata de leur utilisation par les différentes activités) ou au prorata des dépenses de personnel (voir annexe 2).

■ C. La gestion des coûts : activités, natures, responsabilités

La gestion par activités conduit donc à superposer trois modes d'analyse (activités ; natures : salaires, amortissements, déplacements, consommables, énergie... ; centres de responsabilité). Pour que le modèle résultant ne soit pas d'une complexité excessive, il faut éviter un découpage trop fin des centres de responsabilité budgétaires et des activités et réduire au strict minimum le nombre de natures croisées avec les activités.

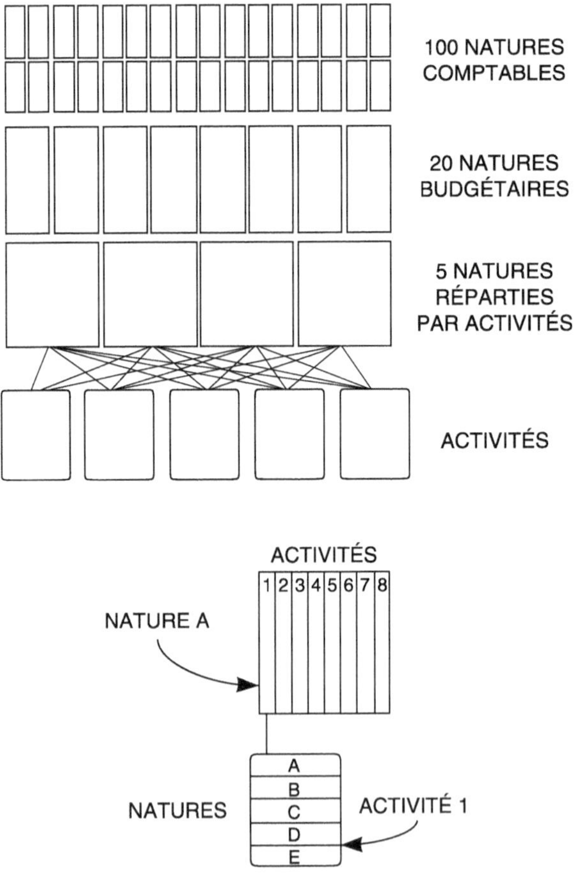

Schéma 8 : *Regrouper les natures de dépenses*

La nature de dépense A se répartit sur les activités 1 à 8 ; l'activité 1 reçoit des dépenses de macronatures A à E : le coût de chaque activité est suivi selon 5 natures. S'il y a N activités, il y aura donc $5 \times N$ chiffres à suivre.

■ *Produit de l'activité*

Une activité se caractérise par son produit :

Exemples

L'activité « négocier des contrats avec les fournisseurs » produit des contrats négociés. L'activité « transporter les produits à livrer » produit des colis transportés. L'activité « homologuer les fournisseurs » au service « achats » produit des fournisseurs homologués. L'activité « fraiser des pièces » produit des pièces fraisées.

■ *Unité d'œuvre, volume et coût unitaire de l'activité*

Pour gérer le coût d'une activité, il faut pouvoir le mettre en relation avec une mesure du volume réalisé, afin d'évaluer l'efficience et la productivité de l'activité (combien de ressources pour quel niveau d'activité ?). Il faut donc disposer d'une unité de mesure du **volume** d'activité (c'est-à-dire de sa charge de travail). Le volume d'activité intéressant du point de vue du pilotage, c'est le volume utile, mesurable par la quantité de produit sortant de l'activité. On appelle l'unité permettant de mesurer le volume d'activité « **unité d'œuvre** » de l'activité (=unité d'ouvrage, de travail). C'est souvent une mesure de l'output de l'activité, du moins lorsqu'on a affaire à des activités répétitives dont l'output est standardisé et stable dans ses caractéristiques.

Pour calculer le coût unitaire (réel ou budgété) d'une activité, il suffit de diviser ses dépenses globales (réelles ou budgétées) sur une période donnée par le nombre d'unités d'œuvre (produites ou budgétées) sur la même période. On obtient ainsi le coût unitaire, ou taux, de l'unité d'œuvre, ratio qui mesure la productivité de l'activité.

Exemples

- *L'activité « négocier des contrats avec les fournisseurs » est mesurée en nombre de contrats négociés ; sa dépense, rapportée au nombre de contrats négociés, donne le coût moyen de négociation d'un contrat (coût unitaire).*
- *L'activité « transporter les produits à livrer » est mesurée en nombre de colis transportés ; sa dépense, rapportée au nombre de colis transportés donne le coût moyen de transport d'un colis (coût unitaire).*

> • *L'activité « homologuer les fournisseurs » au service « achats » a pour unité d'œuvre le nombre de fournisseurs homologués. Soit N ce nombre sur le trimestre considéré, soit D (dépenses) le total des ressources consacrées à l'homologation de fournisseurs sur le même trimestre. Le coût réel unitaire de l'activité sur le trimestre est alors : D/N (francs par fournisseur homologué).*

Le choix de l'unité d'œuvre est à la fois essentiel (car, par ce choix, on désigne de fait ce qu'est censée produire l'activité, sa contribution propre à la création de valeur) et parfois difficile. En effet, il n'est pas toujours suffisant de se fier à une évidence physique (décompter les objets sortants). Par exemple, il est clair que, pour une activité de fabrication, le nombre de pièces sortantes n'est pas une unité d'œuvre idéale, puisqu'il ne permet pas de trier entre pièces bonnes et défectueuses – il faudrait donc, si cela est possible, décompter le nombre de pièces sortantes **bonnes**. Le nombre d'heures travaillées réellement ne permet pas de trier entre travail efficient et temps perdu, d'où la préférence que l'on a généralement pour les heures standard produites (les heures gaspillées n'étant alors pas décomptées comme output de l'activité).

L'exemple de l'atelier de cartes électroniques d'ELECTRONIX

Rappelons (voir chapitre 6, partie 2) qu'Electronix conçoit et produit des cartes électroniques qui sont le cœur de systèmes informatiques. Electronix a automatisé la fabrication des cartes, qui consiste à monter des composants (microprocesseurs, mémoires, condensateurs, transistors...) sur des panneaux nus où les connexions électriques ont été pré-imprimées (circuits imprimés). L'atelier d'assemblage des cartes se caractérise par l'extrême complexité des flux qui le traversent (un millier de types de cartes différents, plus de trois mille types de composants à monter). L'automatisation s'est traduite par l'implantation d'une « transitique » (systèmes de manutention et stockages automatisés et informatisés) complexe et coûteuse. Compte tenu de la combinatoire quasi-infinie des composants à assembler et des opérations à réaliser (l'atelier a été conçu dans un esprit de « sur-mesure »), on n'a pas cherché à identifier des « processus-types » ni à constituer des lignes de fabrication. Les postes de travail sont répartis dans l'espace de manière quelconque. Ils sont reliés par des convoyeurs à bande pilotés informatiquement. Chaque lot d'assemblage L est placé au départ dans un bac en plastique doté d'un code-barre. Le code-barre permet d'appeler automatiquement le processus de fabrication du lot L, avec les adresses des postes de travail qu'il doit parcourir (l'« itinéraire » du lot L). Chaque lot, selon sa complexité, doit passer par trois à neuf postes différents. Entre deux opérations, lorsqu'un poste de travail P est déjà occupé par un autre lot de fabrication, le lot L est renvoyé sur un stock-tampon automatisé (une gare de triage...) où il attendra que le poste de travail P se libère. Dès que le système de pilotage informatique signale que le poste P est disponible et que le tour du lot L est venu (il peut y avoir une file d'attente à gérer), le lot L est aiguillé vers le poste P par le chemin le plus commode.

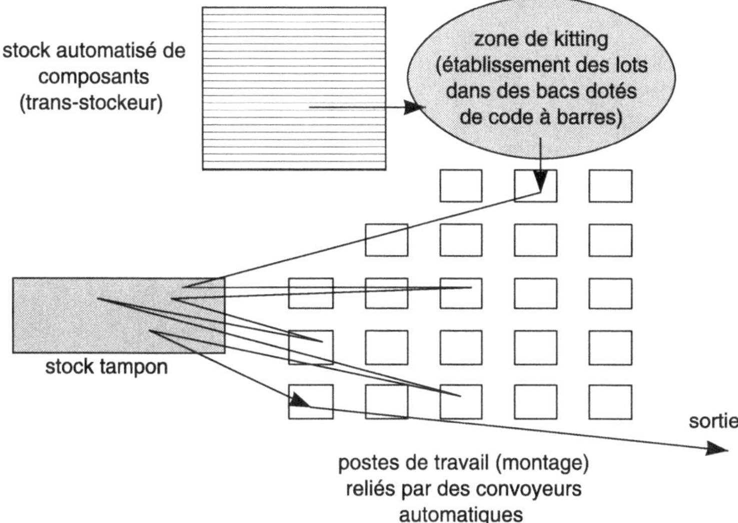

Les coûts de l'activité « assurer la circulation physique des lots (transitique) » sont élevés, compte tenu des amortissements importants de cet investissement d'automatisation complexe. Il s'agit d'essayer d'identifier l'unité d'œuvre qui rendra compte de l'output de cette activité (à la clef, bien sûr, la mesure de productivité de l'activité transitique et l'imputation de ses coûts aux différents types de produits).

L'équipe chargée de l'activité propose dans un premier temps de retenir comme unité d'œuvre le nombre de trajets effectués (un trajet = un déplacement entre deux postes ou entre un poste et le stock-tampon). Cette unité d'œuvre place sous les projecteurs la productivité de la nouvelle installation en trajets : faire le maximum de trajets dans le minimum de temps grâce au système transitique. Elle oriente vers des efforts d'amélioration des performances techniques de l'installation automatique (mouvoir les produits plus vite, traiter les données informatiques plus vite).

Toutefois, la question brutale alors posée à l'équipe concernée est : « votre activité est-elle destinée à produire des trajets ? ». En poussant le raisonnement jusqu'à l'absurde, on pourrait alors envisager d'améliorer la productivité de l'activité en complexifiant à plaisir les itinéraires des lots pour maximiser le nombre de trajets, à ressource donnée... Vieille histoire de la ligne de chemin de fer au tracé tortueux parce que l'entreprise de travaux était rémunérée au kilomètre...

Admettant que le nombre de trajets n'est pas la bonne unité d'œuvre, les opérationnels cherchent d'autres suggestions. Ils évoquent « le temps de traversée » : plus un produit restera dans l'atelier, plus il portera les coûts de l'activité transitique. Là encore, question brutale : « votre activité est-elle destinée à produire des heures de traversée ? ». Même raisonnement poussé aux extrêmes : complexifier les itinéraires permettrait de faire séjourner les produits plus longtemps, donc de produire plus d'heures de traversée, avec les mêmes ressources..., donc d'améliorer la productivité de l'activité...

C'est qu'en fait le décompte physique étroit de l'output de l'activité est trompeur : l'objectif réel de l'activité transitique n'est pas de mouvoir des produits dans l'espace, ce n'est là qu'un moyen. On ne déplace pas des lots pour le plaisir de les déplacer. La réponse donnée à la question : « que produit vraiment notre activité ? » est finalement : « l'activité produit les passages des lots par les opérations successives de leur processus de fabrication ; ces opérations étant séparées dans l'espace, ceci exige de déplacer les lots, mais ce n'est pas le but en soi : faire passer un lot d'une opération X à une opération Y est toujours le même output utile, quel que soit le nombre de trajets et le temps nécessaires pour assurer ce passage ». L'unité d'œuvre retenue fut donc le nombre d'opérations à faire parcourir aux produits, ce qui conduisait à piloter, non plus le coût du trajet (pour le minorer), mais le coût du passage d'une opération à l'autre (pour le minorer). Unité d'œuvre aisément accessible, car les opérations réalisées sont très simples à décompter. Il suffit de partir du flux des lots sortants, puisque, pour chaque lot sortant, la base de données informatique liste les opérations par lesquelles il a dû passer.

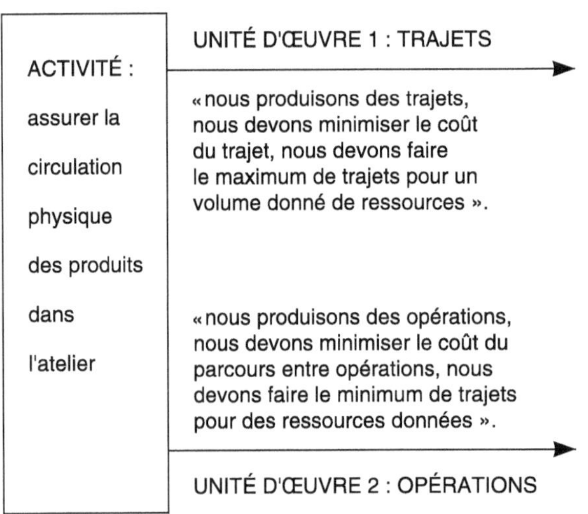

Le coût du passage d'une opération à l'autre résulte de deux paramètres : d'une part, le nombre de trajets effectués pour ce passage (nombre qui dépend de l'architecture générale du système, et notamment du recours plus ou moins fréquent au système de « stock-tampon/gare de triage » qui tend à augmenter le nombre de trajets), d'autre part, le coût unitaire du trajet, qui dépend du rendement physique de l'installation (performances techniques : vitesse de déplacement, vitesse de traitement des données, fiabilité).

Or, avec ce choix, il apparut vite que les produits standard avaient tout intérêt à être traités à part, sur des lignes intégrées en chaîne, minimisant leur nombre de trajets (leur fabrication se réduit à une opération unique enchaînant les tâches d'assemblage successives) et les traitements informatiques, et que les autres produits non standard, dont le volume tendait à devenir marginal, pouvaient être fabriqués de manière artisanale, à la main, sur des établis dans un coin de l'atelier... Plus rien ne justifiait une installation complexe et automatisée aussi coûteuse, dont il apparut que le démantèlement devrait améliorer la productivité de l'activité transitique...

4. La maîtrise et la réduction des coûts en ABM (Activity Based Management)

Pour réduire les coûts à partir d'une comptabilité d'activités, plusieurs voies sont possibles.

■ *Le re-engineering du modèle d'activités*

La première démarche consiste à identifier systématiquement **les processus et les activités sans valeur ajoutée,** afin de rationaliser (« re-engineering ») le modèle processus/activités. L'activité sans valeur ajoutée est le symptôme d'une organisation défectueuse : circuits trop compliqués, mauvaise maîtrise des flux ou de la qualité, mauvaise circulation de l'information, redondances dans les missions. Par exemple, les retouches, le stockage tampon, les manutentions complexes liées à une mauvaise configuration physique des équipements, la mise en urgence de commandes en retard, certains contrôles de qualité, le traitement des réclamations, les réparations de pannes. L'identification et la suppression des activités sans valeur ajoutée correspondent à la reconfiguration des processus (« business process re-engineering »), qui s'appuie sur les outils d'ingénierie des processus (méthodes d'analyse de processus, bases de données partagées, réseaux de communication, simplification des procédures...).

- Les activités sans valeur ajoutée configurent parfois de véritables **processus sans valeur ajoutée** : traitement des réclamations, rectification des factures, gestion des modifications tardives de conception du produit, gestion des modifications tardives de programme, traitement des retours clients... Il faut alors analyser les conditions de suppression de tels processus dysfonctionnels.
- Les activités sans valeur ajoutée résultent parfois de défauts de structure d'un processus à valeur ajoutée auquel elles contribuent :
  - circuits d'autorisation ou de décision trop longs et complexes,
  - goulots d'étranglement (d'où gestion des files d'attente),
  - activités parallèles non synchronisées, occasionnant des attentes et des stocks,
  - activités inter-dépendantes non coordonnées,
  - redondances,
  - défauts récurrents...

Il ne sert à rien de décréter la suppression d'une activité sans valeur ajoutée. C'est à ses causes qu'il faut s'attaquer.

Exemple

Si le traitement des réclamations des clients coûte cher à l'entreprise, gageons qu'il coûterait encore plus cher à l'entreprise de décréter que les réclamations des clients ne seraient désormais plus traitées !

La suppression des activités sans valeur ajoutée passe donc, selon les cas, par une meilleure maîtrise de la qualité, une meilleure implantation physique des équipements, la tension des flux, la simplification des circuits d'information ou de décision... Elle exige toujours **la responsabilisation et la mobilisation du personnel**, qui détient les connaissances opératoires nécessaires. Cette mobilisation du personnel n'est évidemment possible que si des règles du jeu claires et acceptables ont été préalablement fixées. Ces règles du jeu doivent notamment garantir le personnel concerné contre les risques de perte d'emploi et lui rendre supportables les impératifs de mobilité géographique ou professionnelle liés aux gains de productivité.

■ Le benchmarking (étalonnage concurrentiel)

La deuxième démarche consiste à **améliorer l'efficience des activités à valeur ajoutée**. Celles-ci ont presque toujours une part de gaspillage, de coût sans valeur ajoutée, qu'il faut identifier et s'efforcer de diminuer ou de supprimer. Ce n'est pas toujours très simple, car il n'y a évidemment pas de frontière nette entre ce qui est « à valeur ajoutée » et ce qui est gaspillage. La seule frontière que l'on puisse établir, c'est **« l'état de l'art »** : ce qui est à l'état de l'art est à valeur ajoutée, ce qui est en deçà de l'état de l'art est gaspillage. Par exemple, un contrôle de qualité est-il à valeur ajoutée ou sans valeur ajoutée ? Si, à l'état de l'art des processus technologiques (par exemple, pour produire des composants électroniques), la seule manière de garantir un niveau acceptable de fiabilité au client est de procéder à des test finaux, on peut considérer que de tels tests sont à valeur ajoutée (inutile de se référer à une technologie « zéro défaut » qui n'existe pas). Si une entreprise du même secteur met au point des processus de production parfaitement fiables (zéro défaut), les tests finaux deviennent une activité sans valeur ajoutée, le signe d'un retard, un gaspillage. La distinction entre valeur ajoutée et gaspillage dépend donc de la définition (plus ou moins subjective) de l'état de l'art à un instant donné.

Comment établir l'état de l'art ? On peut procéder de diverses manières :

- **Référence à une meilleure performance historique.** La méthode présente l'inconvénient de gérer par rapport au passé, « dans le rétroviseur » ; elle n'est applicable que dans des domaines très figés.

- **Référence à une analyse technique de l'activité** ou du processus, dégageant des potentiels d'amélioration. Le risque est alors de se laisser enfermer dans des cadres techniques obsolètes.

- **Référence aux « meilleures pratiques ».** Les avantages d'une telle approche sont nombreux (forte crédibilité des performances observées ailleurs, raisonnablement représentatives de l'état de l'art ; niveau d'exigence élevé). La meilleure pratique peut être observée en interne, par comparaison de sites différents de la même entreprise. Par exemple, une entreprise électronique qui fabrique sur plusieurs sites des cartes électroniques par insertion automatique de composants dans le circuit imprimé peut comparer le coût de l'insertion automatique d'un site à l'autre et retenir le coût le plus bas comme « meilleure pratique ». La « meilleure pratique » peut aussi être établie sur une base externe, si l'on a accès à des données sur le marché ou sur la concurrence. Ceci est évidemment plus satisfaisant qu'une meilleure pratique interne, car on peut alors vraiment se comparer à l'état de l'art du métier sur le marché. Mais de telles opérations de « benchmarking » sont relativement lourdes et complexes à monter (difficultés d'accès à l'information). Elles sont a priori réservées à des sujets sensibles et hautement prioritaires. Le risque de ce genre de démarche est de se situer systématiquement en suiveur (imiter les meilleurs) plutôt qu'en innovateur (devenir l'étalon des autres).

■ *L'action sur les inducteurs de coûts (rattachement des coûts à des causes)*

C'est en fait la voie la plus intéressante offerte par les approches ABM pour la maîtrise des coûts (voir en annexe 1 l'exemple de la SAMA). On s'efforce de regrouper les activités et les coûts correspondants en grandes familles correspondant à des **causes** de coûts communes, les inducteurs de coûts (« cost drivers »).

Exemples

- *Activités de traitement de la non-qualité et d'obtention de la qualité, coûts de non-qualité et d'obtention de la Qualité ; inducteurs : la non-qualité, le niveau d'exigence de qualité.*
- *Activités de traitement de la diversité des produits, coûts de diversité ; inducteurs : la non-standardisation, la diversité.*
- *Activités de traitement de la complexité des processus de travail, coûts de la complexité ; inducteurs : la complexité, le nombre d'opérations différentes.*
- *Activités d'acheminement des lots et commandes, coûts logistiques ; inducteurs : la taille moyenne des lots, le nombre de clients.*
- *Activités d'entretien du parc des équipements ; inducteurs : le nombre de machines, le niveau des immobilisations...*

Les unités d'œuvre mettent souvent sur la piste des inducteurs de coûts, mais ne s'identifient généralement pas à eux. On trouve souvent comme unités d'œuvre importantes le nombre de commandes des clients, le volume de production ou le volume des ventes. De là à déduire qu'il faut prendre moins de commandes, vendre ou produire moins... Les unités d'œuvre ne sont que le point de départ d'une analyse des causes.

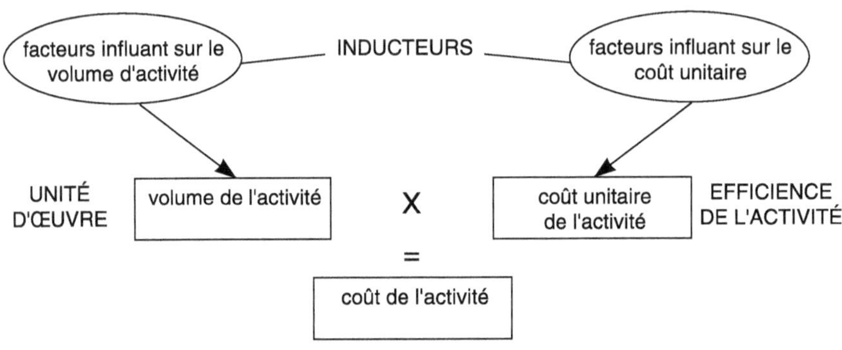

Schéma 9 : *Les inducteurs de coûts*

Exemple : étude de Stanford Business School sur les usines de Hewlett-Packard (George FOSTER) (1986)

La recherche des grands facteurs explicatifs des niveaux des coûts industriels, sur 37 sites industriels du groupe H.P., par la simple recherche de corrélations statistiques avec le montant de dépenses d'un site à l'autre, a fait émerger les facteurs suivants, en tête d'une liste d'une trentaine de facteurs, par ordre d'importance décroissante :

1) nombre de références d'articles actives
2) effectifs
3) surface industrielle
4) valeur des actifs
5) temps de main d'œuvre directe
6) coût de matière
7) nombre d'ordres d'achats

Le système ABC peut éventuellement adopter les paramètres correspondants comme unités d'œuvre. Il en ressort que les politiques de standardisation et de simplification de l'offre (facteur influant sur le nombre de références actives), la compacification des processus industriels (facteur influant sur la surface industrielle), la réduction des stocks, donc les politiques Juste À Temps (facteur influant sur la valeur de l'actif circulant et sur la surface industrielle), le partenariat et l'homologation des fournisseurs (livraisons sans ordres d'achats), sont des axes majeurs de la réduction des coûts.

Exemple : service Achats de l'entreprise

Après analyse, on retient 6 activités au service Achats, dont :

- *une (catégorie A) a pour unité d'œuvre le nombre de fournisseurs qualifiés,*
- *trois (catégorie B) ont pour unité d'œuvre le nombre de commandes passées,*
- *deux (catégorie C) ont pour unité d'œuvre le nombre de types d'articles achetés (références).*

On cherche alors les principaux inducteurs de coûts :

- *Les coûts de catégorie À sont notamment liés à la politique d'assurance qualité (étendue des achats couverte), à la politique de resserrement des fournisseurs (nombre moyen de fournisseurs par composant acheté) et au nombre global de références achetées (voir B et C).*
- *Les coûts de catégorie B sont notamment liés à la taille moyenne et la fréquence des livraisons, c'est-à-dire à la politique de flux (juste à temps ou stockage).*
- *Les coûts de catégorie C sont liés à la complexité organique des produits (nombre de composants par produit, standardisation des produits) et à la politique de make or buy (pourcentage de valeur achetée à l'extérieur).*

D'une manière générale, on essaie donc de constituer des familles de charges liées au même type de cause, par exemple :

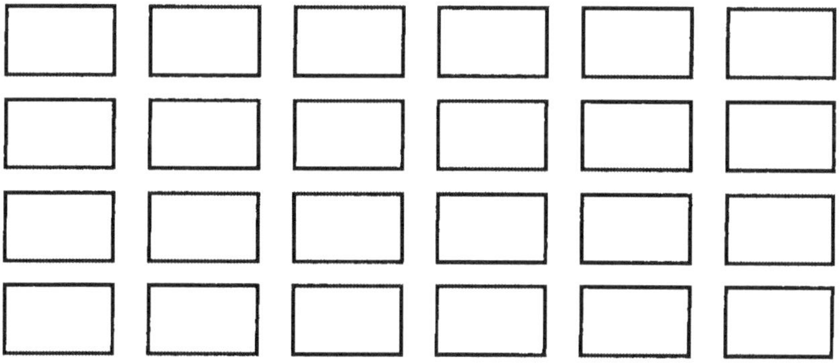

Schéma 10 : *De la structure d'activités « brute »*
résultant de l'analyse d'activités...

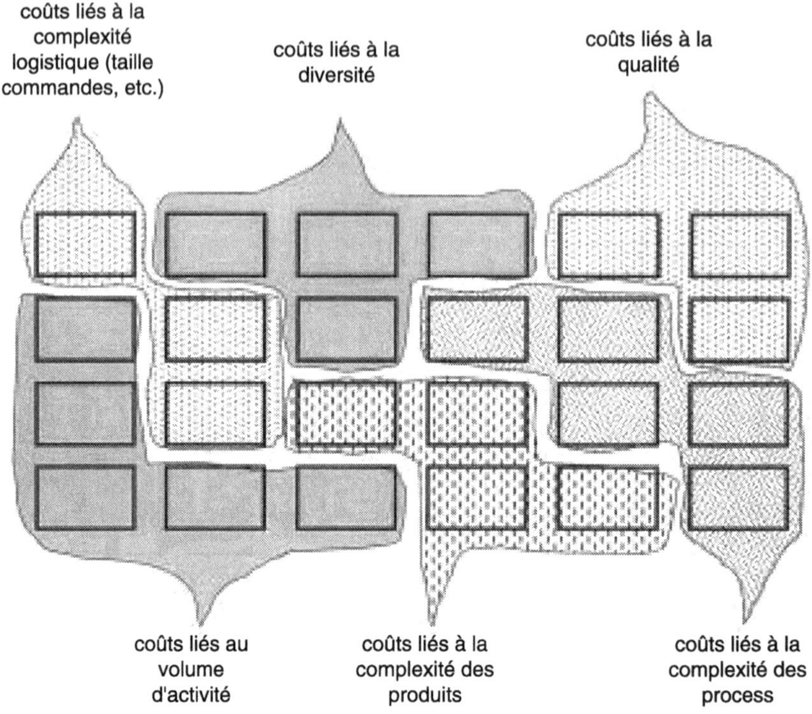

Schéma 11 : *... à des familles d'activités organisées*
par causes dominantes de coûts...

Les principaux « inducteurs de coûts » ainsi utilisés pour classer les activités et les dépenses correspondent grosso modo à des familles d'unités d'œuvre, comme l'illustre l'exemple du tableau suivant :

Inducteurs	Unités d'œuvre correspondantes
Volume d'activités	• Nombre de pièces • Nombre d'heures machine standard • Nombre d'heures main-d'œuvre standard • Volume de ventes, chiffre d'affaires • Tonnes, mètres linéaires, mètres carrés
Diversité	• Nombre de modèles au catalogue • Nombre de variantes et d'options • Nombre de types de contrats proposés
Complexité des produits	• Nombre de références de composants • Nombre de références de composants nouvelles • Nombre de composants

Inducteurs	Unités d'œuvre correspondantes
Complexité des process	• Nombre d'opérations • Nombre de machines • Nombre d'opérations nouvelles
Complexité du flux logistique	• Nombre de commandes • Nombre de livraisons • Nombre de points de stockage • Nombre de fournisseurs • Nombre de points de livraison • Nombre de changements de programme tardifs
Qualité	• Nombre de défauts • Nombre de retouches • Nombre de rebuts • Nombre de réclamations • Nombre d'inspections et de contrôles • Nombre d'homologations, de certifications • Nombre de procédures de test

Tableau 3 : *Inducteurs de coûts et unités d'œuvre*

On trouvera en annexe 1 l'exemple de la SAMA (Société Auvergnate de Mécanique Automobile), illustrant la recherche des grands leviers de réduction des coûts à travers une analyse ABM et l'agencement des activités par familles d'inducteurs (causes de coûts).

■ *Capacité d'anticipation*

L'identification des inducteurs de coûts dote les acteurs d'une capacité d'anticipation sur l'évolution future des dépenses. En observant les évolutions affectant aujourd'hui les inducteurs de coûts, on peut prévoir les évolutions qui affecteront demain les coûts. En agissant aujourd'hui sur les inducteurs de coûts, on agit sur les coûts de demain.

Exemple : service Achats de l'entreprise (voir ci-dessus)

Le modèle d'activités, d'unités d'œuvre et d'inducteurs de coûts permet d'anticiper les effets sur les dépenses d'un resserrement du portefeuille de fournisseurs (réduction du nombre de fournisseurs), d'un fractionnement des livraisons (dans le cadre d'une politique de Juste À Temps : accroissement du nombre de livraisons), de la standardisation des composants (réduction du nombre de types de composants achetés, et, par voie de conséquence, réduction du nombre de fournisseurs).

5. Coûts de surcapacité/sous-engagement : l'imputation rationnelle en comptabilité par activités

■ *Le problème des coûts fixes et des effets de volume*

Les comptabilités ABC/ABM soulèvent, comme la plupart des comptabilités de gestion, la délicate question des coûts fixes et des effets de volume. Le coût d'une activité est décrit comme produit d'un volume en unités d'œuvre et d'un coût unitaire.

$$C = V.t$$

C : coût de l'activité
V : volume de l'activité en unités d'œuvre
t : taux de l'unité d'œuvre en francs/unité

Prise à la lettre, cette formule signifie que le coût de l'activité est totalement variable en fonction du volume mesuré en unités d'œuvre, ce qui est manifestement faux.

Exemple : activité « produire les factures »

15 % des coûts de l'activité « produire les factures » sont constitués par l'amortissement du système informatique de facturation. Ce coût ne dépend évidemment pas du nombre de factures émises. Il est fixe.

Trop souvent, les comptabilités par activités mises en place dans les entreprises reposent ainsi implicitement sur l'hypothèse de coûts intégralement variables. Les variations du coût unitaire ($t = C/V$)) d'une activité sont censées rendre compte de sa performance-coût. Or pour les activités dans lesquelles les coûts fixes sont prédominants (coût C dominé par des dépenses fixes, par exemple, activités fortement capitalistiques), les variations du coût unitaire t reflètent aussi des effets de volume mécaniques (amélioration mécanique du coût t liée à l'accroissement du volume V, dégradation mécanique du coût t liée à la diminution du volume V), qui peuvent masquer toute autre évolution liée aux efforts de productivité ou aux dysfonctionnements.

■ *Identifier les coûts de surcapacité (ou de sous-activité)*

A priori, une activité est toujours « gréée » pour fournir un certain volume d'unités d'œuvre en vitesse de croisière. Désignons par :

- N ce volume d'activité de référence, exprimé en unités d'œuvre, que nous appellerons « **volume normal** » ou « **capacité** » de l'activité,
- Cf les coûts fixes de l'activité,
- Cv le coût variable de l'activité par unité d'œuvre, en euros par unité d'œuvre,
- V le volume de réalisation réel de l'activité, exprimé en unités d'œuvre.

Calcul du coût de surcapacité/sous-activité

À son volume « normal » N, le coût de l'activité est égal à : (Cf + Cv.N). Le coût par unité d'œuvre est alors de : (Cf + Cv.N) / N = Cf/N + Cv. Si le volume d'activité réel V est inférieur au volume normal N (sous-activité), le coût de l'activité est égal à : (Cf + Cv.V) et le coût par unité d'œuvre est de : (Cf + Cv.V) / V = Cf/V + Cv. Ce coût unitaire est évidemment plus élevé que le précédent en situation « normale » (V<N donc Cf/V > Cf/N). Le surcoût de sous-activité par unité d'œuvre est égal à : Cf/V – Cf/N. Le surcoût total Cs « de sous-activité », ou « de surcapacité », ou « de sous-absorption », de l'activité, est égal à ce surcoût unitaire multiplié par le volume d'activité V :

$$Cs = V. (Cf/V – Cf/N) = Cf. (1 – V/N)$$

Le coût de sous-activité ou de surcapacité est donc la part des coûts fixes non absorbée par le volume V d'activité :

$$\mathbf{Cs = Cf. (1 – V/N)}$$

Le coût total C de l'activité est donc égal à la somme de trois éléments : le coût variable, le coût fixe absorbé et le coût de surcapacité :

C = Cv.V + Cf
C = [Cv.V] + [Cf. (V/N)] + [Cf. (1 – V/N)]

C = coût variable + coût fixe absorbé + coût de surcapacité

■ *Les problèmes techniques de l'imputation rationnelle*

L'application de cette formule classique dite de l'« imputation rationnelle » pose évidemment un certain nombre de problèmes techniques, pour lesquels les solutions ont toujours une part d'arbitraire et relèvent de jugements collectifs et négociés (il s'agit de fixer d'un commun accord une **règle du jeu**).

- **Comment définir la capacité de l'activité N ?** Le volume d'activité de référence peut changer beaucoup selon l'organisation du travail et des horaires (deux ou trois équipes, par exemple). Toutefois, les effectifs, les machines ou les systèmes informatiques ont a priori été **planifiés** à un moment ou à un autre (notamment au niveau d'un dossier d'investissement) avec des objectifs d'activité qui en ont justifié le dimensionnement et la rentabilité prévisionnelle. La difficulté technique existe, mais elle est soluble, dans un cadre négocié et planifié.

- **Comment définir les coûts fixes ?** La notion de coûts fixes est floue et dépend évidemment de **l'horizon de temps** sur lequel on se place : ce qui est variable à un an peut être fixe à trois mois, et ce qui est variable à trois mois peut être fixe à un mois... Là encore, il s'agit d'une décision managériale, prise sur la base d'un jugement négocié entre les acteurs, en fonction des impératifs de flexibilité et d'adaptabilité à court ou moyen terme impartis à chacun. La notion de coût fixe pourra être relative aux acteurs responsabilisés de la réduction des coûts : le planificateur, le responsable du budget, l'acteur opérationnel de terrain...

L'exemple du pilotage des coûts de surcapacité dans l'entreprise de jouets électroniques Videorev

Le marché de Videorev croît en moyenne très vite, mais avec des oscillations du taux de croissance assez importantes et difficiles à prévoir et des incertitudes majeures sur les produits particuliers. Le pilotage des coûts de surcapacité est un véritable enjeu, qui met en cause :

- *la pertinence des prévisions à moyen-long terme qui fondent les plans et les décisions d'investissement (pilotage stratégique),*
- *la pertinence des prévisions à court-terme et des budgets qui fondent l'engagement de ressources (pilotage tactique),*
- *la flexibilité et la réactivité des opérationnels pour ajuster leurs moyens sur le court terme.*

Videorev décide de définir le coût de surcapacité comme « sous-absorption des coûts fixes ». Le niveau « normal » d'activité est le niveau d'activité planifié dans le dossier d'investissement. Le coût de surcapacité est décomposé en trois éléments complémentaires :

1. Le coût imputable à la différence entre activité planifiée et activité budgétée : ce coût est imputé aux planificateurs, qui en répondent. Ils doivent notamment déterminer si la situation de surcapacité est conjoncturelle ou durable et proposer des plans d'action en conséquence (réduction de la capacité si la surcapacité n'est pas simplement conjoncturelle).

2. Le coût imputable à la différence entre activité budgétée et activité réelle, jusqu'à concurrence de 10 % d'écart : ce coût est imputé aux opérationnels de production, à qui on demande de pouvoir s'adapter sans surcoût à des variations de charge de plus ou moins 10 %.

3. Le coût imputable à la différence entre activité budgétée et activité réelle, au-delà de 10 % d'écart : ce coût est imputé aux commerciaux, dont les prévisions de vente servent de base au budget de production. Au-delà de 10 % de variation de charge, on juge que les commerciaux ne peuvent pas s'en remettre à la flexibilité des usines.

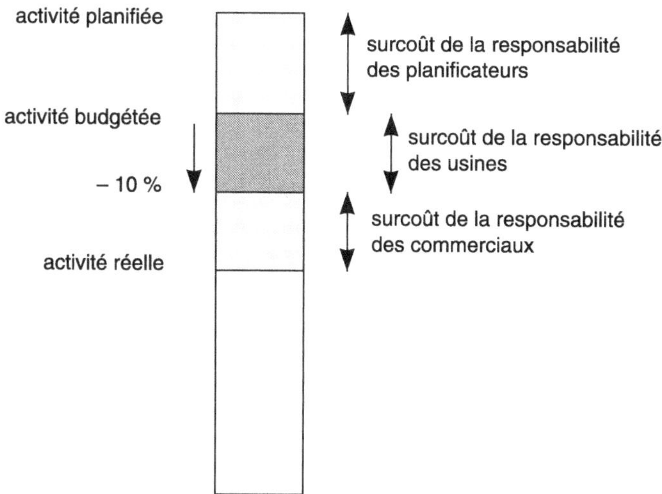

De cette façon, Videorev estime avoir établi des règles du jeu claires et équitables pour un bon pilotage des capacités et des coûts éventuels de surcapacité.

■ Le pilotage des centres de capacité

L'imputation rationnelle des coûts fixes pose une autre difficulté de nature plus structurelle. L'activité dont on veut évaluer les coûts fixes de surcapacité peut être en fait une activité de support dépendant, du point de vue de l'écoulement de sa production en aval ou de son approvisionnement en amont, du volume d'une autre activité plus critique (goulot d'étranglement), ayant une capacité inférieure.

Exemple : atelier de laminage à chaud

L'atelier considéré est équipé d'un laminoir quarto qui a représenté un investissement de 30 MF. Il est précédé d'un four de préchauffage qui a coûté 5 MF d'investissement, et d'un pont roulant qui l'alimente en tôles (4 MF d'investissement). L'évidente criticité du quarto a conduit les responsables de l'usine à surdimensionner légèrement le pont roulant et le four, pour ne pas se trouver dans la situation inadmissible d'un laminoir de 30MF bloqué par la saturation d'un pont roulant ou d'un four. Si le quarto n'est utilisé qu'à 60 % de sa capacité, les ingénieurs de production estiment, à juste titre, que les coûts de surcapacité des activités « manutentionner » (pont roulant) et « chauffer » amont (four) doivent être imputés à l'acti-

vité aval « laminer », puisque c'est de toute évidence le quarto qui commande le flux. Il serait absurde de conclure, au vu des coûts de surcapacité en manutention et chauffage, à la nécessité de réduire les capacités de ces deux activités, indépendamment des décisions concernant le quarto... au risque de bloquer tôt ou tard le quarto du fait de la saturation du pont roulant ou du four.

Comment tenir compte de l'existence de **goulots d'étranglement structurants** ? La notion de goulots d'étranglement doit être manipulée avec précaution. En effet, si on se place d'un point de vue logistique (gestion du flux de matière à court terme), dans la plupart des cas, la notion de goulot est évolutive et instable : en fonction du mix produit de la période (certains produits utilisent intensément certains moyens, d'autres produits utilisent plutôt d'autres moyens), en fonction des programmes de maintenance (qui, en arrêtant certains moyens, modifient les flux), les goulots sont « baladeurs » d'une semaine à l'autre, voire d'un jour à l'autre ou d'une heure à l'autre. On ne peut raisonnablement fonder un outil de gestion des coûts et des actions de progrès sur une notion aussi mouvante.

L'exemple du quarto nous met sur la voie d'une notion plus stratégique et plus intéressante pour le pilotage que celle de goulot : la notion d'« **activité critique** ». Par l'ampleur de l'investissement qu'il représente, le quarto apparaît comme le pivot de tout un système de production et de flux, qu'il soit ou non goulot à court terme. La planification opérationnelle, le budget, s'articuleront logiquement autour de lui. Un moyen « critique », une activité « critique » (ici, le laminage), sont un moyen ou une activité qui représentent des enjeux essentiels pour l'équilibrage offre/demande, activité/capacité, sur longue période lissée des variations conjoncturelles. Ce seront notamment les activités dont le dimensionnement doit être fixé longtemps à l'avance et celles qui mobilisent des ressources coûteuses ou rares.

Pour piloter les équilibres CVP (capacité/volume/prix) avec une comptabilité par activités, il est donc utile de **regrouper les activités autour de quelques « activités critiques » du point de vue volume/capacité** : les activités dont on considère que les caractéristiques capacitaires commandent les équilibrages de flux autour d'elles, comme le laminoir quarto dans l'exemple ci-dessus. On regroupe donc, pour le seul besoin du pilotage des capacités et des coûts fixes, autour d'une activité critique A_0 les activités A_1, A_2..., A_n que l'on juge subordonnées à A_0 pour l'équilibrage des flux. On appelle un tel ensemble d'activités **« centre de capacité »**, centré sur l'activité A_0.

- La capacité du centre de capacité est la capacité C_0 de l'activité critique A_0.
- Le volume d'activité réel du centre de capacité est le volume d'activité réel V_0 de l'activité critique A_0.

- Le coût fixe du centre de capacité est la somme ΣCf_i. des coûts fixes de toutes les activités A_i qui en font partie.

Le coût de surcapacité du centre d'activité est alors donné par la formule :

$$\mathbf{Cs} = \Sigma Cf_i.(1 - V_0/C_0)$$

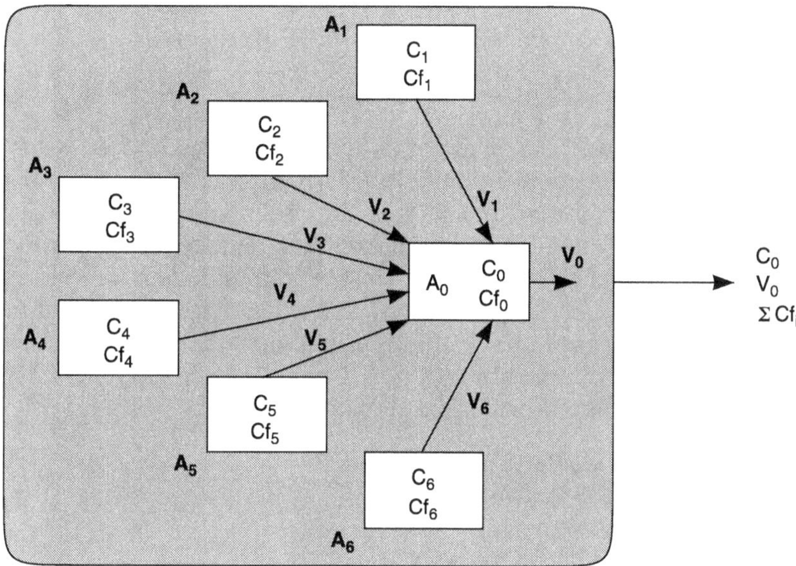

Schéma 12 : *Centre de capacité et coût de surcapacité*

Cette approche permet un pilotage capacités/volumes par groupes d'activités significatifs. Chacun de ces groupes est confié, pour la gestion des capacités, à un seul responsable, qui « fait son affaire » de l'équilibrage interne des activités du centre et rend compte du coût de surcapacité global du centre.

<h1>Annexe</h1>

L'exemple de la Société Auvergnate de Mécanique Automobile

■ *L'entreprise et ses enjeux*

La SAMA emploie 1 100 personnes et fabrique divers éléments de transmission pour les grands constructeurs automobiles. Elle a décidé de mettre en place un outil ABM destiné fondamentalement à identifier et quantifier les grands enjeux de réduction des coûts, notamment en matière de diversité et de complexité. En effet, la SAMA travaille pour un grand nombre de véhicules de différents constructeurs et dispose de ce fait d'un portefeuille de produits pléthorique. Ceci est accentué par le fait que la croissance faible de l'industrie automobile a conduit récemment la SAMA à rechercher des marchés hors automobile, pour des commandes souvent de faible volume.

SAMA : 1 200 références de produits finis,
          2 900 références de composants,
          1 500 machines,
          23 500 opérations en gammes,
          lots de faible taille (moyenne 340) avec un écart-type important,
          volumes annuels de ventes par référence variant de 310 à 41 000.

Il en résulte une très grande **complexité** des processus de fabrication, l'impossibilité d'organiser les flux de manière simple, en lignes et en chaînes, un parc de machines surabondant.

■ *Le modèle d'activités et d'unités d'œuvre (= leviers majeurs de charge et de coûts)*

L'analyse des activités de l'usine a conduit à identifier 82 activités, dont 12 activités directes de fabrication et 70 activités de support (logistique, qualité, maintenance, méthodes, finance, ressources humaines, commercial). Ces activités, pour une analyse détaillée des coûts, sont regroupées sur 19 unités d'œuvre (en moyenne, quatre activités par unité d'œuvre), et en sept grandes familles d'activités du point de vue de la logique de variation des coûts :

- coûts liés au volume de production,
- coûts liés au nombre de lots ou de commandes,
- coûts liés à la non-qualité,
- coûts liés à la complexité du process,

- coûts liés au nombre de produits (références produits finis),
- coûts liés au nombre de composants (références articles),
- coûts liés au nombre de développements nouveaux,

les quatre dernières catégories pouvant d'ailleurs être considérées comme différentes modalités d'une super-catégorie « coûts de la complexité ».

Types d'activités	Unités d'œuvre
Activités sensibles au volume de production	– *Points desservis en manutention* – *Coups de presse* – *Temps de main-d'œuvre de production* – *Temps machine*
Activités sensibles au nombre de lots	– *Temps de changement d'outil ou de préparation de machine* – *Lots produits (enfournés, découpés, emboutis, autres)* – *Commandes*
Activités sensibles au nombre de références de composants (complexité organique des produits)	– *Références composants achetés* – *Références composants vivants en gestion de production*
Activités sensibles au nombre de références produits finis	– *Références produits finis*
Activités sensibles à la complexité du process	– *Opérations en gamme* – *Machines en production*
Activités induites par les lancements et modifications techniques (produits, process)	– *Modifications de produits* – *Lancements produits* – *Prototypes fabriqués* – *Modifications process*
Activités induites par la non qualité	– *Dérogations produits* – *Retours clients* – *Retouches*

Une fois le modèle d'activités établi et chiffré en francs, l'équipe du projet a pu répartir les dépenses par logique de variation de la charge.

Types d'activités	Nombre d'activités	MF budget 94	Effectif pers. %	% du budget
Activités sensibles au volume de production	16	171	385	40 %
Activités sensibles au nombre de lots	11	51	144	12 %
Activités induites par la non qualité	6	26	77	6 %
Activités sensibles au nombre de références de composants	13	56	148	13 %
Activités sensibles au nombre de références de produits finis	9	34	78	8 %
Activités sensibles à la complexité du process	12	47	121	11 %
Activités sensibles au nombre de développements nouveaux	10	34	75	8 %
Autres	5	9	72	2 %
TOTAL	82	428	1 100	100 %

La lecture de ces résultats permet aux responsables de la SAMA de **peser les différents enjeux pour la réduction des coûts**. Il apparaît notamment que la **diversité** et la **complexité** constituent des sources de coûts de poids comparable au volume de production (40 % des coûts sensibles au volume, 40 % des coûts sensibles à la complexité), bien au-delà de ce que l'on imaginait *a priori*. La direction de la SAMA décide, à la lumière de ces résultats, de définir deux domaines de production distincts :

* les produits de série et de grand volume, pour lesquels on installera des lignes intégrées de production (suppression de la manutention, simplification de la gestion de flux, peu de changements d'outils), avec une structure de coûts dominée par les effets de **volume**,
* les produits de petite série, avec de nombreuses spécificités, qui relèveront d'une gestion par lots et par postes, avec une structure de coûts (et donc de devis) dominée par la **complexité**.

Annexe

Techniques de valorisation des activités

■ *1. Répartition des dépenses de personnel*

La répartition des dépenses de personnel peut se faire de plusieurs manières :

- Sur la base d'une répartition globale des heures de travail entre activités. Soit la masse salariale du service M, le nombre d'heures de travail total H, la répartition des heures entre les activités 1, 2 et 3 H_1, H_2 et H_3 telle que : $H = H_1 + H_2 + H_3$. Le coût salarial du service sera réparti sur les trois activités à raison de : $M.(H_1/H)$ pour l'activité 1, $M.(H_2/H)$ pour l'activité 2, $M.(H_3/H)$ pour l'activité 3.

Cette méthode simple présente un risque de biais importants si les niveaux de qualification et de salaire à l'intérieur du service sont très hétérogènes et si la répartition du temps entre activités varie beaucoup d'une catégorie de personnel à l'autre (certaines activités employant beaucoup de travail très qualifié, donc coûteux, d'autres beaucoup de travail moins qualifié). Le coût des activités fortement consommatrices de qualification sera sous-estimé.

- Sur la base d'une répartition des heures de travail entre activités, catégorie de personnel par catégorie de personnel.

Le raisonnement suivi sera le même que ci-dessus, mais de manière séparée pour chaque catégorie de personnel (répartition successive du coût salarial M de la main-d'œuvre « employés », M' de la maîtrise, M" des cadres...). On évite ainsi les biais signalés ci-dessus, mais le calcul est plus complexe.

La pertinence et la facilité de suivi des coûts par activités sont fortement renforcées lorsqu'il existe un suivi des temps fiable. Dans ce cas, la répartition des dépenses salariales par activités est un sous-produit du suivi des temps.

■ *2. Autres dépenses*

La répartition des autres dépenses peut se faire :

- de manière directe, notamment pour les ressources dédiées à une activité particulière (exemples : amortissement des équipements dédiés à une activité, allocation des frais de déplacement sur base réelle, en fonction des activités ayant motivé les déplacements),

- sur la base de paramètres jugés pertinents pour cette allocation : effectifs, heures de travail, mètres carrés mobilisés par les activités respectives du service (par exemple, allocation des dépenses informatiques sur la base d'un suivi quantitatif des transactions, allocation des dépenses de formation au prorata des heures de travail).

8

Coûts de revient (approches ABC) et portefeuille de produits

1. Pourquoi suivre les coûts de revient des produits ?

◼ Qu'est-ce qu'un coût de revient ?

La notion de coût de revient est généralement utilisée à propos des objets de marge.

Définition

> Un ***objet de marge*** est un objet de gestion simultanément porteur de valeur *(vecteur de revenu) et de coût (consommateur direct ou indirect de ressources). Citons quelques exemples :*
> - *les **produits** ou toutes les formes de **segmentation de l'offre** de l'entreprise (services, projets dans la production sur mesure), qui se produisent à un certain coût et se vendent à un certain prix,*
> - *les **clients** ou toutes les formes de **segmentation de la demande** (marchés géographiques ou sectoriels, affaires commerciales, canaux de distribution), dont la satisfaction absorbe certaines masses de ressources et qui sont en retour sources de revenus.*
>
> *Puisqu'ils sont simultanément porteurs de revenus et de coûts, ces objets peuvent servir de base à un calcul analytique de marges et à un pilotage par les marges. Ce sont des objets stratégiques, situés à la charnière entre les compétences de l'entreprise et les besoins du marché, et ils servent souvent à structurer l'analyse stratégique.*

Définition

> *Un **coût de revient** mesure la consommation de ressources par un objet de marge (exemple : coût de revient d'un produit = consommation de ressources par le produit). Le coût de revient résulte d'un traitement souvent complexe des données comptables élémentaires, destiné à rattacher les charges comptables à un objet donné, par des allocations successives parfois complexes. Il s'agit donc de relier des charges, connues par centres de frais, par activités ou par natures, à des destinations particulières, qui sont :*
> - *soit une segmentation de l'offre (produits, projets, services),*
> - *soit une segmentation de la demande (marchés, clients, canaux de distribution, affaires).*
>
> *On calcule généralement un coût de revient pour le comparer à un prix de vente ou un revenu et calculer une marge.*

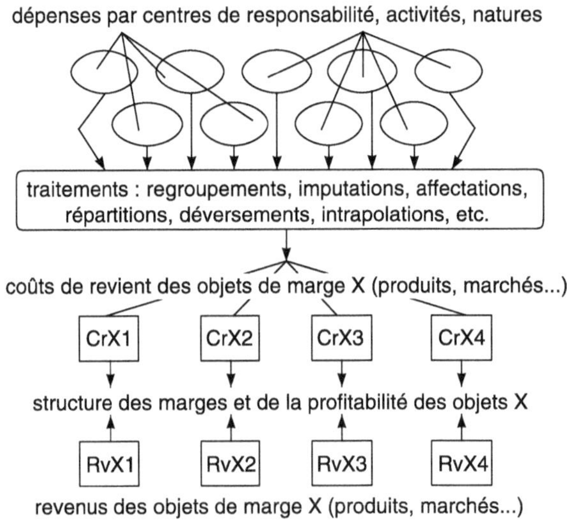

Schéma 1 : *Objets de marge et coûts de revient*

■ *Les usages des coûts de revient*

Il y a deux types de raisons pour calculer le coût de revient des produits (ou d'autres objets) :

- d'une part, répondre à des **obligations externes**, notamment les réglementations qui régissent la fiscalité, l'information des actionnaires et autres financeurs (valorisation des stocks), la concurrence (règles anti-dumping) ou les marchés publics,
- d'autre part, fournir une base à l'**analyse stratégique** dans l'entreprise.

Pour les usages réglementaires, le principal danger de coûts de revient imprécis ou biaisés réside dans une mauvaise évaluation de l'actif circulant (stocks et en-cours), avec des effets déformants sur le résultat comptable. En effet, les coûts de revient permettent notamment de valoriser les stocks (valorisation de chaque produit stocké à son coût de revient réel). Or, dans la majorité des cas, les entreprises qui manipulent des flux matériels (industrie, distribution, transports), si elles veulent rester compétitives, doivent souvent s'orienter vers une stratégie de « juste à temps » et de tension de leurs flux (voir chapitre 11). Plus elles sont performantes dans ce domaine, plus les taux de rotation de leurs stocks et en-cours sont élevés, moins l'enjeu économique lié à l'évaluation correcte des actifs circulants est important. En d'autres termes, si l'on se trompe de 15 % sur la valeur de deux mois de stock (17 % de la production annuelle), l'erreur commise, équivalente à 2,5 % de la production annuelle, affecte significativement le résultat de l'entreprise et peut biaiser profondément l'image de sa performance économique globale. Si, par contre, la même erreur de 15 % est commise sur une semaine de stock (2 % de la production annuelle), l'erreur est équivalente à 0,3 % de la valeur de la production annuelle et tend à devenir marginale. Ceci n'est évidemment pas vrai dans les entreprises qui doivent stocker des quantités importantes de matière ou de composants pour des raisons stratégiques ou spéculatives.

Dans le domaine du pilotage stratégique, une vision biaisée des coûts de revient et de la profitabilité des objets de marge (produits et services offerts au marché, clients, marchés, projets, affaires...) peut conduire à des décisions de portefeuille erronées et à des contre-performances graves. Nous allons tenter d'approfondir ce besoin.

■ *La notion de portefeuille : définition*

Le pilotage stratégique de l'entreprise doit notamment assurer la gestion de certains portefeuilles.

Définition

> Un **portefeuille** est un ensemble d'objets similaires, matériels ou immatériels, constituant une segmentation pertinente pour l'analyse stratégique. Ces objets peuvent servir de base à une segmentation des coûts, ou des revenus, ou des deux à la fois. Les divers objets d'un même portefeuille présentent des interdépendances (concurrence pour la mobilisation des mêmes ressources, effets d'entraînement, de synergie ou, au contraire, d'éviction ou d'incompatibilité, cannibalisation, complémentarité...). Un portefeuille exige donc un pilotage d'ensemble (gestion de portefeuille) qui prenne en compte ces interdépendances.

Lorsque le portefeuille sert simultanément à segmenter les coûts et à segmenter les revenus, il permet de segmenter les profits. Les objets qui composent un tel portefeuille sont des **objets de marge** (voir définition ci-dessus).

L'objet de marge est le « théâtre » d'un événement essentiel dans la vie de l'entreprise, la rencontre entre la valeur des prestations proposées aux clients, d'une part, et le coût de ces prestations (les consommations de ressources nécessaires pour les produire), d'autre part, c'est-à-dire entre le marché et les besoins à satisfaire, d'une part, et les compétences internes, d'autre part.

■ *La gestion de portefeuille*

Les portefeuilles servent à fonder des décisions de type stratégique : cessions/ abandons, lancements, investissements de développement, positionnement sur le marché (tarification, commissionnements), externalisation... La gestion de portefeuille s'appuie sur une évaluation comparative des différents objets qui composent un même portefeuille (par exemple, comparer les produits sur la base de leurs marges contributives, comparer les technologies sur la base de leurs coûts, comparer les clients sur la base des revenus), mais aussi sur l'analyse des interdépendances entre objets, à l'intérieur du portefeuille (les effets de système).

Exemples

Le lancement d'un produit peut en « cannibaliser » un autre, ou au contraire en relancer un autre ; il peut y avoir des incompatibilités entre produits (images contradictoires : le spécialiste de la petite voiture bon marché aura du mal à imposer sous sa marque une berline de luxe ; tirage sur une même ressource rare) ou au contraire des synergies (vendre des scanners, des logiciels de scanning, du conseil en gestion documentaire peuvent s'avérer trois activités fortement synergétiques) ; il peut y avoir des liens chronologiques (un produit doit en précéder un autre), des besoins de coordination (spécialiser des produits différents sur des canaux de distribution différents pour éviter la concurrence interne, etc.).

La gestion de portefeuille peut être confrontée à des combinatoires nombreuses et complexes (des centaines de produits présentant toutes sortes d'interdépendances entre eux). Dans ce cas, il est hors de question d'examiner toutes les hypothèses possibles. On procédera plutôt par **scénarios-types**, chaque scénario combinant certaines hypothèses sur les objets individuels et sur les liaisons établies entre eux.

L'exemple du groupe de biscuiterie « Cinq Quarts »

Le groupe de biscuiterie « Cinq Quarts » détient actuellement un portefeuille de sept produits majeurs :

A : un gaufré au chocolat,
B : une madeleine,
C : un fourré à l'orange,
D : un cookie aux éclats de chocolat,
E : un sablé,
F : un feuilleté à la confiture d'abricot,
G : un biscuit sec parfumé à la vanille.

Les produits A et B, vieillissants, donnent des signes de faiblesse sur le marché. Le groupe a développé un nouveau gaufré au chocolat (H), des bâtonnets enduits de chocolat (I) ainsi qu'un nouveau sablé parfumé au citron (J). Il envisage de remanier la conception et le conditionnement de la madeleine B pour la « rajeunir ».

Sur une situation apparemment aussi simple, il est déjà évident que les stratégies sur les différents produits ne pourront pas être définies de manière indépendante :

* *une campagne promotionnelle sur un produit donné tend à concentrer la demande pendant quelques semaines sur ce produit au détriment de tout ou partie des autres, ce qui provoque des risques de rupture de stock sur le produit promu et, inversement, des risques d'invendus sur les autres produits ;*
* *certains produits utilisent les mêmes équipements de production ; des priorités doivent être définies à court terme pour optimiser l'utilisation de ces équipements critiques en fonction de la demande du marché, de l'état des stocks et de la rentabilité comparée des produits ;*
* *le lancement de H cannibalisera sans doute A ; son timing doit donc tenir compte des niveaux de stock sur A, qu'il faut réduire tant que c'est encore possible, avant de lancer H ;*
* *le lancement de J risque de cannibaliser E ; ce risque doit être évalué de manière aussi précise que possible ;*
* *inversement, le lancement des nouveaux produits va permettre de lancer simultanément de nouvelles boîtes d'assortiments dont on espère qu'elles relanceront, au moins modérément, les ventes de la madeleine B ;*
* *une succession de lancements trop rapprochés risque d'accélérer le vieillissement des autres produits encore bien acceptés par le marché...*

Les stratèges décident d'identifier cinq scénarios de base, différenciés par :

* *l'ordre et le calendrier des lancements des nouveaux produits H, I et J,*
* *l'importance (durée, coût) des campagnes de promotion sur les produits A et B destinées à en relancer temporairement la vente et à en réduire les stocks,*
* *le type d'action engagé sur la madeleine B (simple campagne de promotion ou reconception du produit).*

Ces scénarios sont évalués sur la base de plusieurs critères, dont l'impact sur les bénéfices de l'entreprise, évalué à partir des coûts de revient, des prix de vente et des marges prévisionnels des différents types de produits.

*À cette occasion, les responsables de « Cinq Quarts » constatent que le système de coûts de revient en vigueur **étale les coûts indirects**, notamment les coûts de marketing, les coûts des campagnes de promotion et les coûts des lancements, **sur l'ensemble des ventes** de tous les produits, ce qui risque de donner une image économique très faussée des différents scénarios, qui diffèrent essentiellement par les politiques de promotion et de lancement. Pour parer à ce danger, ils décident de mettre en place un modèle ABC qui les aidera à évaluer les résultats économiques des cinq scénarios stratégiques.*

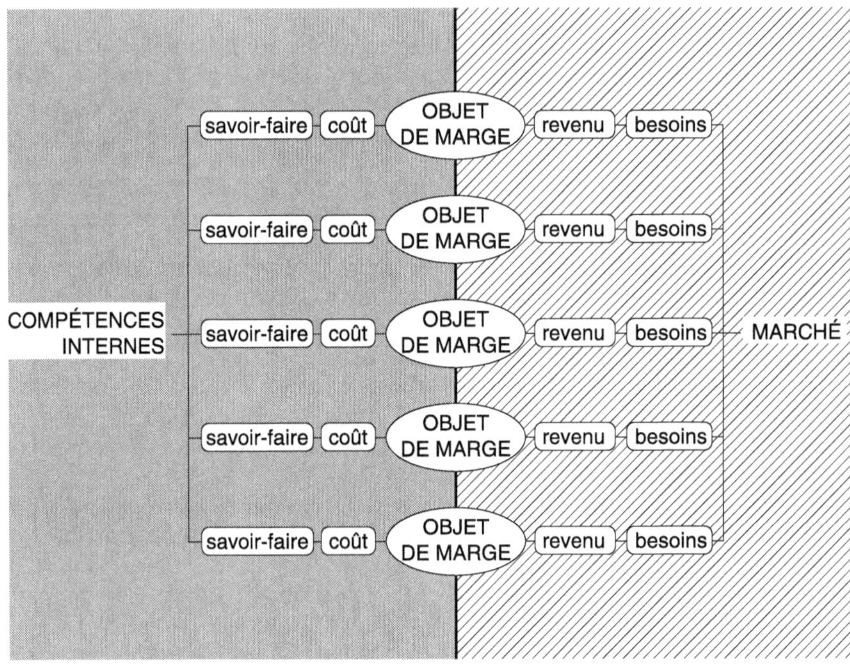

Schéma 2 : *L'objet de marge au contact entre coût et valeur*

■ *Coûts de revient et pilotage stratégique*

La gestion des portefeuilles d'objets de marge est au cœur de la stratégie :

- Pour préparer des décisions du type « **faire ou acheter** », l'entreprise compare le coût de revient de la production interne au prix d'acquisition accessible sur le marché externe. Si l'écart s'avère trop défavorable à la production interne, il est décidé de s'approvisionner à l'extérieur. Un coût de revient interne fortement biaisé peut donc conduire, soit à renoncer à des productions profitables, soit à conserver en interne des productions non compétitives.

- L'entreprise doit périodiquement analyser l'**opportunité d'abandonner ou de poursuivre** la production des produits en fin de vie. Généralement, elle fonde ce type de décision sur une évaluation de la profitabilité résiduelle que conserve le produit étudié. Un coût de revient entaché d'une forte erreur peut conduire à un abandon précoce, assorti d'une perte de marge sur une « vache à lait », ou au contraire au maintien d'un produit qui gaspille les ressources de l'entreprise pour des niveaux de profit insuffisants.

- L'entreprise doit parfois redéfinir sa **position dans la chaîne de valeur** : quelles sont, parmi les activités requises pour satisfaire ses marchés, celles que l'entreprise réalisera en interne, celles qu'elle sous-traitera, celles qu'elle abandonnera à ses fournisseurs ou à ses clients ? De telles décisions peuvent reposer sur des considérations purement stratégiques (secret de fabrication, savoir-faire dont la maîtrise est vitale). Mais elles sont souvent éclairées par des considérations économiques, en procédant à une comparaison entre les coûts et les performances des différentes configurations.

- L'analyse stratégique examine les profitabilités comparées des différents produits ou des différents marchés, en instantané et en prévisionnel, pour faire des choix de type « **mix** » (rythme d'introduction de nouveaux produits, efforts de pénétration de marchés nouveaux, cadencement de l'abandon des anciens produits, retrait de certains marchés, concentration des efforts commerciaux sur certains produits ou marchés, concentration des capacités industrielles disponibles sur certains produits...). Des coûts de revient et des marges biaisés conduisent à des stratégies qui, à terme, dégraderont les résultats.

2. Les biais fréquents de la comptabilité analytique

Pour la qualité de l'analyse stratégique, il est essentiel de disposer de données chiffrées fiables sur les coûts de revient. Or cette condition est loin d'être toujours remplie par les comptabilités analytiques en place. Celles-ci se répartissent grosso modo en deux catégories.

1. Les comptabilités en coûts complets ou semi-complets affectent directement aux produits[1], sans calcul intermédiaire, les coûts dits « directs », c. à d. ceux qui sont connus et mesurés d'emblée par produits (fréquemment, matière et travail direct de fabrication). Les coûts directs sont souvent des coûts dits

---

1. On présente ici les problèmes de coûts de revient appliqués aux produits ; les mêmes raisonnements peuvent être appliqués à d'autres objets de marge tels que les clients.

« variables », principalement liés au volume d'activité. Ces comptabilités allouent aux produits les autres coûts, dits « indirects », par des calculs d'imputation, souvent fondés sur l'hypothèse selon laquelle les coûts indirects sont proportionnels aux coûts directs. Or rien ne permet d'affirmer que les coûts indirects ont les mêmes comportements que les coûts directs. En particulier, il est peu probable qu'ils varient en fonction du volume d'activité. Au contraire une proportion croissante des coûts indirects varie avec des facteurs de **complexité** (nombre d'opérations, nombre de fournisseurs...), de **diversité** (nombre d'articles, nombre de produits finis), de **segmentation** logistique (nombre de lots) ou de **fréquence de changement** (nombre de nouveaux fournisseurs, nombre de nouveaux produits, nombre de nouvelles machines, modifications des processus, changements de programmes), plutôt qu'avec des facteurs de **volume**. En conséquence, les méthodes traditionnelles d'allocation tendent à sous-estimer les coûts de la complexité, de la diversité et de l'instabilité. Elles tendent à pénaliser les produits de gros volume : produits standard, simples ou répétitifs, produits stables, grandes séries. Le biais ainsi produit est d'autant plus grave que, dans les structures de coûts modernes, la part des coûts indirects est de plus en plus importante, du fait de l'automatisation et de l'informatisation.

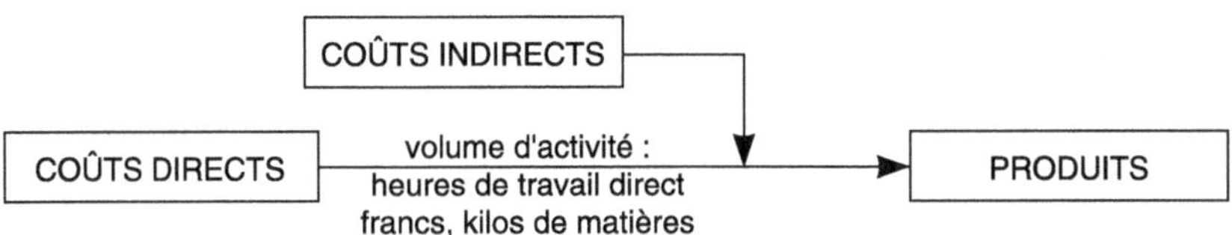

Schéma 3 : *Comptabilités en coûts complets*

2. Les comptabilités en coûts variables (« direct costing ») distinguent entre les « coûts variables », qui varient avec le volume d'activité, et sont donc imputables aux produits sur la base de leurs volumes respectifs de production ou de vente, et les « coûts fixes », qui ne dépendent pas du volume de production. Prenant acte du fait qu'il serait totalement arbitraire d'imputer les coûts fixes au prorata du volume, puisque ces coûts ne dépendent pas du volume, elles en font une masse de charges non imputée aux produits, à couvrir par les marges contributives (marges sur coûts variables) des différents produits. C'est le système du « direct costing », très populaire aux Etats-Unis.

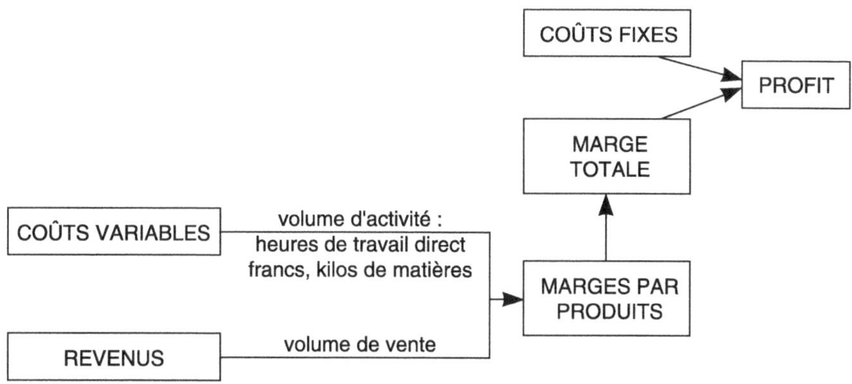

Schéma 4 : *Comptabilités en* direct costing

Ces deux types d'approches ne peuvent donner de bons résultats que si les coûts sont, pour une part significative, directs (pour l'approche en coûts complets) ou variables avec le volume (pour l'approche en *direct costing*). Ces conditions étaient à peu près remplies au début du siècle, lorsque les méthodes actuelles de comptabilité analytique furent introduites dans l'industrie américaine par des pionniers tels que Frederick Taylor. La main d'œuvre directe, charge à la fois directe et variable, représentait alors une part prépondérante des coûts industriels. Le raisonnement en taux horaires conduisait alors à des approximations acceptables. Dans les conditions actuelles, le plus souvent, ces conditions ne sont plus satisfaites. La structure globale des coûts, dans l'industrie et dans les services, a fortement évolué sous le triple effet de l'automatisation des opérations manufacturières, de l'informatisation des opérations administratives et de la différenciation des produits et des marchés. **La part des coûts indirects et des coûts dits « fixes » (non liés au volume d'activité) est devenue prépondérante.**

De ce fait, en comptabilité par coûts complets, l'allocation des coûts indirects, la plus grande masse, sur la base des coûts directs et des volumes de production, est évidemment très imprécise, puisqu'elle utilise une part restreinte des charges pour allouer la part majoritaire.

Les **« subventions croisées »** qui en résultent (produits surchargés de coûts au bénéfice d'autres produits sous-chargés) peuvent être substantielles (de 10 à 100 %) et inspirer de mauvais choix stratégiques. Cette méthode est d'autant plus dangereuse qu'elle crée pour les coûts indirects l'illusion d'un lien coûts/produits qui n'existe pas. Cela peut ainsi conduire à abandonner des produits en croyant supprimer les coûts correspondants et perdre les revenus de ces produits en conservant la majeure partie des coûts qui ne partent pas avec les produits.

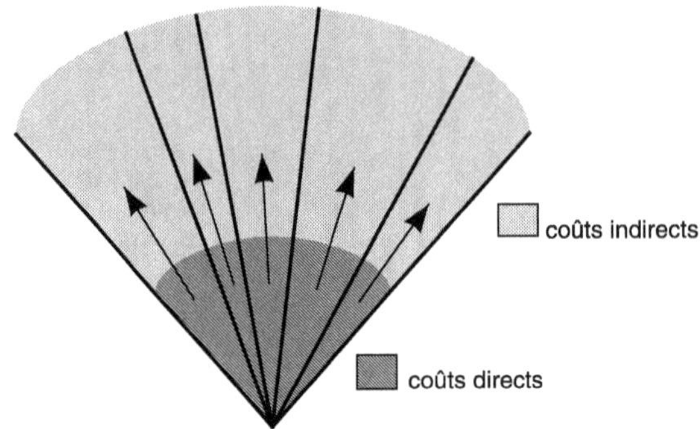

Schéma 5 : *Imputation des coûts indirects au prorata des coûts directs*

La situation du « direct costing » n'est guère plus satisfaisante. En effet, ces méthodes concentrent leur effort d'analyse sur les coûts « variables », les seuls pour lesquels un facteur de variation de la dépense est identifié (le volume), et les seuls pour lesquels un lien formel est établi avec les produits, via les volumes d'activité. Le « direct costing » apparaît en fait comme une comptabilité par activités dans laquelle on n'aurait reconnu qu'une seule unité d'œuvre et un seul inducteur de coût : le volume (tout coût ne variant pas avec le volume est qualifié de « fixe »). Or la part des coûts variables dans les charges totales est devenue minoritaire. L'impasse est ainsi faite sur l'analyse de tous les coûts « fixes » qui, loin d'être fixes, varient avec un inducteur de coût autre que le volume et peuvent offrir une base pertinente d'imputation aux produits, par exemple des paramètres mesurant la complexité, la diversité, le nombre de modifications, le nombre de commandes. Pratiqué sans précaution, le « direct costing » peut ainsi conduire à une fuite en avant dans la différenciation et la complexification des produits, la quête à tout crin de nouvelles marges, en croyant gagner des revenus supplémentaires par des accroissements de volume d'activité, alors que les coûts liés à la complexité ou à la diversité épongent et au-delà les gains apparents en occasionnant de nouveaux coûts « fixes ».

Dans la situation où seuls 30 % des coûts sont vraiment analysés (les coûts directs variables), le débat technique se résume à choisir entre Charybde (fonder les décisions stratégiques sur des coûts complets obtenus par 70 % d'allocations arbitraires) et Scylla (fonder les décisions stratégiques en ne prenant en compte que 30 % des coûts, les coûts « variables »). L'impasse reflète tout simplement le manque d'analyse.

3. Le coût de revient des produits dans la comptabilité par activités

■ *Coût traçable*

Dans un système de comptabilité par activités, tous les coûts de toutes les activités sont analysés et leurs liens avec les produits explorés. On s'efforce d'identifier leurs véritables facteurs de variabilité, qu'il s'agisse du volume ou de tout autre chose. Il s'avère ainsi qu'une part non négligeable des coûts indirects et/ou fixes varie de fait, sur la base de paramètres dénombrables par produits : ils sont « traçables » aux produits.

Exemples

- *des coûts logistiques variant avec le nombre de commandes ; or les commandes sont généralement décomptables par types de produits ;*
- *des coûts d'ingénierie ou des coûts logistiques variant avec le nombre de références d'articles (composants, sous-ensembles) vivantes (effectivement mouvementées) ; or, la nomenclature de chaque produit fournit le nombre de types d'articles distincts qu'il requiert ;*
- *des coûts d'achats variant avec le nombre de pièces achetées ; la nomenclature de chaque produit fournit le nombre de pièces achetées qu'il contient ;*
- *des coûts de gestion variant avec la durée des cycles de production des produits ; or les durées de cycle sont connues produit par produit...*

On passe ainsi d'une structure (hors matière)

30 % coûts directs / 70 % coûts indirects

à une structure

70 % coûts « traçables » / 30 % coûts « non-traçables »

L'opposition entre coût complet et direct costing s'estompe alors, avec l'émergence d'un « coût traçable presque complet »... : pour la majeure partie des charges, on peut identifier des facteurs de variation qui permettent de les relier aux produits. L'allocation aux produits devient plus réaliste et fournit des coûts de produits moins biaisés. La base des décisions stratégiques s'en trouve améliorée.

■ *Principe de base*

Le principe de base de l'allocation dans une comptabilité par activités, c'est que **les activités consomment des coûts et les objets de marge consomment des activités.**

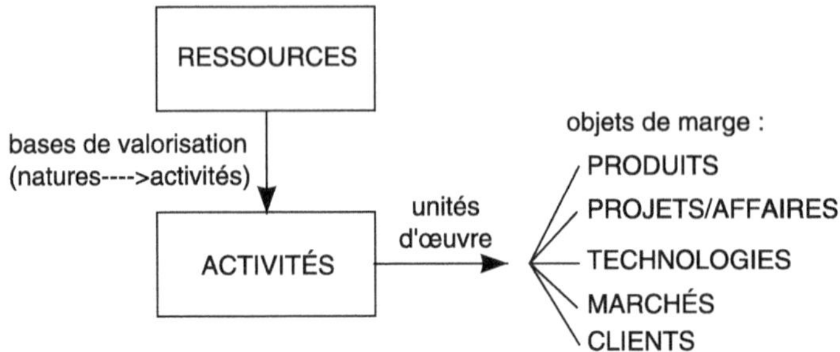

Schéma 6 : *Schéma d'allocation en ABC*

■ ***Imputation des coûts des activités secondaires aux activités primaires***

Les activités se répartissent en deux familles :

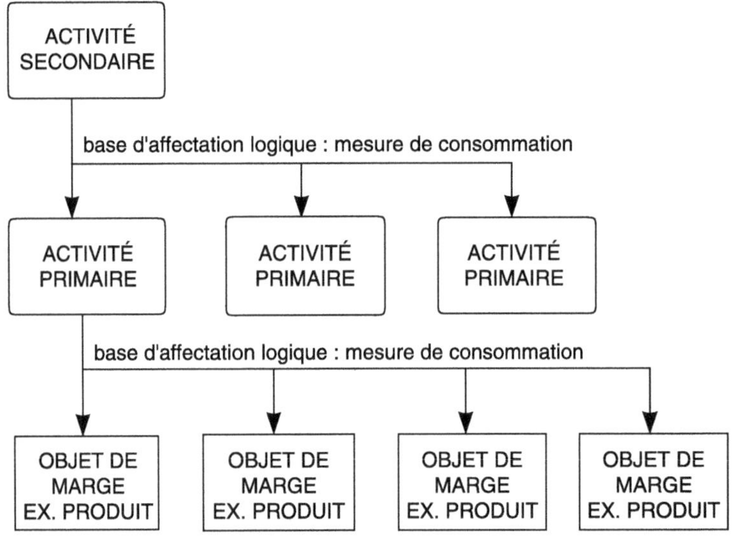

Schéma 7 : *Activités primaires et secondaires*

■ ***a. Les activités primaires***

Ce sont des activités dont l'output et le coût sont « **traçables aux produits** », que l'on sait imputer aux produits sur la base de leur unité d'œuvre, leur consommation étant alors mesurable par produits.

Exemple

La charge de travail de l'activité d'ordonnancement est mesurée par l'unité d'œuvre « nombre de commandes ». Il y a eu N commandes dans la période, dont Na pour le produit A, Nb pour le produit B, Nc pour le produit C. N = Na + Nb + Nc. Le coût de l'activité ordonnancement peut être « tracé » aux produits A, B, C sur la base des nombres de commandes Na, Nb, Nc.

■ b. Les activités secondaires

Ce sont les activités non « traçables » aux produits. Leur output est destiné à une ou plusieurs autres activités, dont elles constituent des supports (par exemple, la maintenance des centres d'usinage, qui sert l'activité « usiner » ; le paiement des salaires, qui sert toutes les autres activités). Les activités secondaires peuvent avoir leurs propres unités d'œuvre, qui servent à mesurer leur volume, leur coût unitaire (coût/volume ; ex. coût de l'activité « payer le personnel » par salarié), leur productivité (volume/coût ; ex. nombre de personnes rémunérées pour 1 000 F de dépenses de l'activité « payer le personnel »). Pour l'allocation des coûts aux produits ou à d'autres objets de marge, les dépenses des activités secondaires sont déversées sur d'autres activités. Une activité primaire pour un objet de marge donné (ex. produits) peut être secondaire pour un autre objet de marge (ex. clients).

Exemple : le groupe informatique Eurocomputer

Le groupe informatique Eurocomputer a organisé la conception, le développement et la production de ses ordinateurs par lignes de produits : gros calculateurs scientifiques et techniques, mainframes sous système d'exploitation Minisoft propre à Eurocomputer, stations de travail individuelles UNIX, micro-ordinateurs compatibles PC, imprimantes, scanners. Les ressources de conception et de production sont donc spécialisées par produits (ingénieurs spécialistes d'UNIX, de PC Windows, de Minisoft, équipements de test spécialisés...). Les activités de conception, de développement et de fabrication sont donc primaires aux produits (directement affectables aux lignes de produits). Par contre, elles ne sont pas primaires aux segments de marché (banque, distribution, transports, défense, industrie manufacturière, énergie...). En effet, chaque segment de marché absorbe un mix de produits différents (on vend des mainframes, des PC et des stations de travail UNIX, par exemple, à peu près sur tous les segments).

Les réseaux commerciaux, eux, sont organisés par segments de marché (banque, industrie, transports, commerce, administration), car l'opération de vente doit être spécialisée en fonction de l'activité du client (logiciels applicatifs et argumentaires commerciaux spécifiques du secteur professionnel abordé). Les activités de promotion, de vente, de marketing, sont donc primaires aux segments de marché. Etant donné qu'elles ne sont pas spécialisées par ligne de produit, elles sont secondaires pour l'objet de marge « produit ».

Méthodes et pratiques de la performance

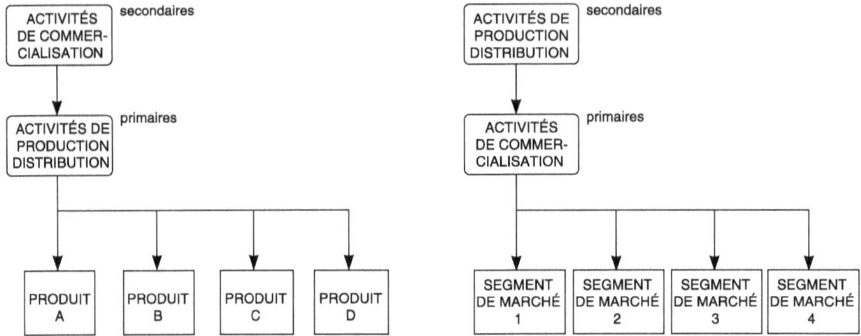

Schéma 8 : *Modèles d'imputation distincts pour objets de marge distincts*

On impute donc d'abord les dépenses des activités secondaires aux activités primaires clientes.

Les activités « gérer le personnel », « gérer le budget » sont secondaires. On commence par allouer la première aux activités primaires sur la base des heures de travail, la seconde sur la base des dépenses budgétées.

■ Regroupement des charges sur des centres d'analyse

Il y a généralement moins d'unités d'œuvre que d'activités : plusieurs activités ont la même unité d'œuvre. On regroupe donc les activités qui ont la même unité d'œuvre en « pools » ou « centres d'analyse », puisqu'elles seront allouées aux objets de marge de la même manière.

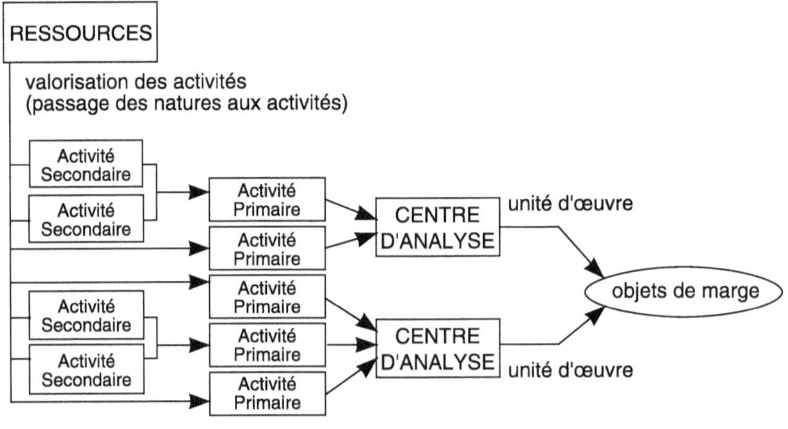

Schéma 9 : *Schéma d'imputation global en ABC*

■ *Taux des unités d'œuvre*

On calcule les **taux** (réels ou standard) des différentes unités d'œuvre, en rapportant la dépense totale C (réelle ou budgétée) du centre d'analyse (coûts des activités primaires + coûts des activités secondaires) au volume d'unités d'œuvre produit P sur la même période. Le taux est le coût unitaire de l'unité d'œuvre : C/P.

Exemple

Toutes les activités dont l'unité d'œuvre est le nombre de commandes sont regroupées dans un centre d'analyse. La somme de leurs charges, divisée par le nombre de commandes, donne le coût moyen de traitement d'une commande sur la période (=taux de la commande).

■ *L'allocation des coûts aux objets de marge*

Le coût du centre d'analyse est alloué aux différents produits sur la base des consommations d'unités d'œuvre par chaque produit. Techniquement, pour procéder à cette opération, il existe deux cas de figure, correspondant à deux types d'objets de marge :

- Soit il s'agit de produits répétitifs et stables. Dans ce cas, on peut définir un niveau « normal », référence, de consommation d'unités d'œuvre par le produit, appelé « standard ». Pour calculer le coût de revient du produit, on peut s'appuyer sur une « nomenclature d'activités (bill of activities) ». La nomenclature d'activités d'un produit est la liste des consommations **standard** d'unités d'œuvre pour produire une unité du produit.

Exemple

Il y a cinq unités d'œuvre (heures de main-d'œuvre directe, nombre de commandes, nombre de composants, nombre d'opérations de production, euros d'achats externes). On impute les charges de la période à chaque produit sur la base de son nombre d'heures standard de production, la taille standard de sa commande, le nombre de composants qu'il inclut, le nombre d'opérations de son processus standard de production, le montant d'achats externes en prix standard (en euros) qu'il exige.

- Soit il s'agit d'un produit pour lequel la notion de standard n'a pas de sens ou est inaccessible, par exemple, un produit fabriqué sur commande et fortement personnalisé pour chaque client (exemple : usinage à façon de pièces métalliques, réalisation d'études économiques). On peut alors suivre la dépense totale par activité, les consommations **réelles** d'unités d'œuvre par chaque produit et imputer le coût d'activité aux produits sur la base des consommations réelles d'unités d'œuvre.

Exemple

La PMI mécanique Société d'Usinage Picarde (SUP) réalise de l'usinage à façon pour les équipementiers automobiles et aéronautiques et les fabricants de moteurs. Chaque commande mobilise les activités : « (1) négocier le contrat », « (2) développer les pièces », « (3) approvisionner les pièces brutes », « (4) usiner », « (5) planifier et ordonnancer », « (6) expédier », « (7) contrôler la qualité », « (8) facturer ». Les activités 1 et 8 correspondent à un coût fixe par contrat : la charge globale de ces deux activités est rapportée sur la période au nombre de contrats réalisés. Les coûts des activités 2 et 3 sont imputés aux contrats sur la base du nombre de types de pièces différents que chaque contrat inclut. L'activité 4 est imputée aux contrats sur la base du nombre réel d'heures de travail des opérateurs. Les coûts des activités 5 et 6 sont imputés aux contrats sur la base du nombre de lots à livrer (échelonnement de la commande dans le temps, nombre de types de pièces distincts). L'activité 7 est imputée aux contrats sur la base du nombre de pièces livrées (contrôle par échantillonnage).

Il y a donc au total 5 unités d'œuvre :
- *nombre de contrats (activités 1 et 8),*
- *nombre de références de pièces (activités 2 et 3),*
- *nombre d'heures de travail (activité 4),*
- *nombre de lots (activités 5 et 6),*
- *nombre de pièces (activité 7).*

■ *Les nomenclatures d'activités*

La nomenclature d'activités est un fichier qui contient, pour chaque produit :

- La liste de toutes les activités primaires que requiert sa production.

Exemple

Dans l'Association « Les Pêcheurs à la Ligne », traiter une demande d'adhésion requiert quatre activités (1 : inscrire au registre des adhérents, 2 : établir la facture, 3 : vérifier sur le fichier des mauvais payeurs, 4 : expédier la facture avec un kit de documentation).

- Pour chaque activité primaire, la consommation standard d'unités d'œuvre par l'objet de marge, à l'unité.

Exemple

Dans l'Association « Les Pêcheurs à la Ligne », traiter une demande d'adhésion requiert, pour l'activité 1 : 2 transactions informatiques ; pour l'activité 2 : 4 transactions informatiques ; pour l'activité 3 : 1 transaction informatique ; pour l'activité 4 : 1 pli expédié.

- Le récapitulatif de ces consommations standard pour chaque unité d'œuvre.

Exemple

Dans l'Association « Les Pêcheurs à la Ligne », traiter une demande d'adhésion requiert 7 transactions informatiques (2 + 4 + 1) et 1 pli expédié.

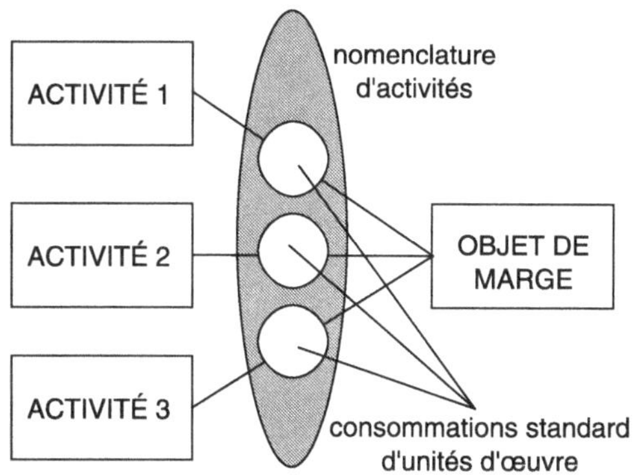

Schéma 10 : *Nomenclature d'activités*

Le coût de revient du produit s'obtient alors en valorisant les consommations standard d'unités d'œuvre figurant dans la nomenclature d'activités de l'objet (voir annexe 1) :

- au moyen des taux standard des unités d'œuvre (coût de l'unité d'œuvre selon budget), pour calculer un coût de revient standard,

- ou au moyen des taux réels des unités d'œuvre (coût des unités d'œuvre obtenu à partir des montants réels de charges donnés par la comptabilité) pour calculer un coût de revient réel.

La différence entre coûts de revient standard, réel, budgété, estimé n'intervient que dans les valeurs des taux des unités d'œuvre (taux standard, taux réel, taux budgété, taux estimé). Le contenu de la nomenclature d'activités est indépendant du type de coût calculé. Il n'existe qu'une seule nomenclature d'activités par produit ou par objet.

Dans l'Association « Les Pêcheurs à la Ligne », le coût moyen réel sur l'année de la transaction informatique a été de 1,85 euros. Le coût moyen du pli expédié a été de 1,45 euros. Le coût de revient réel de la demande d'adhésion sur l'année a donc été (valorisation de la nomenclature d'activités) de :

$$
\begin{array}{ll}
& 2 \times 1,85 \ (activité\ 1) \\
+ & 4 \times 1,85 \ (activité\ 2) \\
+ & 1 \times 1,85 \ (activité\ 3) \\
+ & 1 \times 1,45 \ (activité\ 4) \\
= & 14,40 \ euros\ par\ demande\ d'adhésion.
\end{array}
$$

> **PROCÉDURE DE COSTING ABC**
>
> 1. **Construction de nomenclatures d'activités (standards en unités d'œuvre) pour chaque objet de marge.**
> 2. **Calcul du taux de chaque unité d'œuvre = (dépenses réelles ou budgétées)/volume d'unités d'œuvre produit**
> 3. **Valorisation des nomenclatures d'activités des objets à l'aide des taux des unités d'œuvre.**

L'ensemble de la procédure de calcul ABC est illustré par l'exemple de l'usine d'assemblage d'appareils électroménagers Blancbrun en annexe 2.

4. Portée et limites de la comptabilité par activités pour l'analyse stratégique

■ *Quel type de solution technique ?*

La pertinence du coût de revient en comptabilité par activités dépend du **degré de finesse avec lequel le modèle colle aux réalités physiques**, donc de la complexité du modèle : nombre d'unités d'œuvre, nombre d'activités, nombre de produits. Plus le découpage est fin (nombre d'activités élevé, nombre d'unités d'œuvre élevé, identification fine des produits), plus l'analyse est censée être précise, plus le modèle est complexe, lourd et coûteux. Problème classique d'optimisation entre **précision** et **maniabilité**. Toutefois, il faut relativiser la précision :

- plus le modèle est détaillé, plus les chiffres qui y figurent risquent d'être fragiles ;
- une grande précision, donc une grande complexité, ne se justifient que si l'analyse stratégique des marges par produits est très sensible.

En tout état de cause, il n'est probablement pas indispensable de faire l'analyse stratégique des coûts de revient et des marges plus de deux fois par an. Dès lors, un outil extra-comptable de calcul de coûts de revient ABC, fondé sur des nomenclatures d'activités revalidées périodiquement, peut être mis en œuvre « off line », en simulation. Il s'agit d'un outil d'analyse ad hoc, destiné aux seules applications stratégiques (make or buy, mix, abandon de produits, tarification...). Il existe plusieurs logiciels de ce type sur PC. Il n'y a pas lieu d'intégrer informatiquement un tel outil avec les systèmes comptables opérationnels, ni de l'utiliser pour valoriser les stocks. Il est inutile d'alourdir les systèmes comptables opérationnels pour un besoin dont la périodicité est semestrielle ou, au plus, trimestrielle.

Certains grands groupes industriels, notamment aux Etats-Unis, ont abordé la comptabilité par activités en priorité sous cet angle : **modèle de calcul des coûts de revient des produits** pour l'analyse stratégique, à l'aide d'un outil particulier « stand alone » sur PC. Ce type d'application peut fournir des gains considérables aux entreprises, par une meilleure connaissance de la profitabilité de leurs produits. Mais c'est une application de nature stratégique, qui n'intéresse qu'une population limitée au sein de l'entreprise (les stratèges et la Direction Générale), n'exige qu'une fréquence faible d'utilisation et ne requiert aucun bouleversement des systèmes comptables.

Les inflexions stratégiques induites par la méthode peuvent être importantes. Les biais des coûts de revient « traditionnels » s'avèrent parfois considérables. La Business School de Harvard a recalculé sur micro, dans les années 80, à partir d'une analyse des activités, les coûts de revient des produits sur une vingtaine de sites industriels américains, dans les secteurs les plus divers (automobile et électronique notamment). Les écarts moyens, en plus ou en moins, par rapport aux coûts anciens étaient de l'ordre de 20 %, avec des cas extrêmes où l'écart (en plus) atteignait 100 à 150 %.

Les écarts sont particulièrement importants dans les unités où l'on élabore simultanément des produits ou des services à fonctions de production très différenciées :

- des produits simples et des produits complexes (consommations différenciées d'activités de support technique, de gestion de la qualité),
- des produits de grande série et des produits de petite série (consommations différenciées d'activités de gestion, de logistique ou de lancement),
- des produits standard et des produits personnalisés,
- des produits évolutifs et des produits stables (consommations différenciées d'activités de changement et d'adaptation)...

L'exemple de l'usine Siemens de Bad-Neustadt

L'usine Siemens de Bad-Neustadt fabrique des moteurs électriques standard, en moyenne ou grande série, et des moteurs spécifiques, à la commande (« customerized », à fort contenu d'ingénierie). Elle gère de ce fait un portefeuille de produits très étendu (20 000 variantes) et des commandes de taille très variable : 68 % des commandes représentent 9 % des unités vendues, alors que 15 % des commandes représentent 77 % des unités vendues.

Le système de calcul des coûts de revient en place est un système « classique » de coûts complets fondés sur des taux horaires de main d'œuvre. Il est fortement critiqué, tant par les commerciaux que par les industriels, pour différentes raisons :

- *il est soupçonné de fournir une image déformée de la profitabilité des produits, car il ne prend pas en compte les coûts de complexité induits par les produits non standard commandés en faibles quantités,*
- *il est donc soupçonné de pénaliser les produits de grande série vendus sur catalogue...*
- *et de conduire à sous-tarifer les produits spécifiques vendus sur devis.*

De fait, sur les années récentes, l'unité de Siemens a, sur la foi de ses analyses de rentabilité, fortement développé son activité « produits spécifiques » qui en sont arrivés à représenter plus de 80 % des ventes. Parallèlement, la rentabilité globale s'est progressivement dégradée.

L'usine implante une comptabilité par activités « off line », pour analyser ses coûts de revient. Sont notamment pris en compte les processus « indirects » lourds « gérer les commandes », « gérer les pièces non standard » et « répondre aux appels d'offre (devis, cahier des charges, personnalisation du produit) » :

Activites/processus	**Unités d'œuvre**
Gestion des commandes	Nombre de commandes
Gestion des pièces non standard	Nombre de pièces non standard
Appels d'offres et conception des variantes	Affectation des coûts par projet

L'usine constate alors que les moteurs spécifiques, fortement consommateurs de services commerciaux, techniques et de gestion, étaient favorisés par la comptabilité analytique traditionnelle, qui ne prenait en compte que les volumes. Avec la comptabilité par activités, le coût de revient de certains produits spécifiques se trouve multiplié par 2,5, alors que certains produits de catalogue voient leur coût de revient baisser de 20 à 30 %. Certains moteurs spécifiques étaient en fait vendus largement à perte, alors que les moteurs standard, surtarifés, s'en trouvaient pénalisés face à la concurrence. L'apparente profitabilité des produits spécifiques risquait fort d'entraîner l'unité dans une spirale mortelle, avec abandon graduel des produits standard et enfermement dans des petites séries personnalisées, de moins en moins capables de dégager une marge.

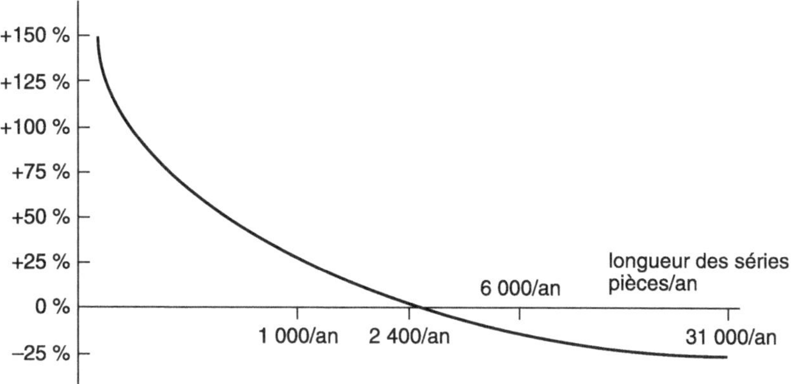

les produits de grande série étaient surchargés d'environ 25 à 30%, le coût de revient des produits de petite série est réévalué en hausse (jusqu'à 150%) par l'approche ABC

L'exemple de la Société Angoumoise de Circuits Imprimés (SACI)

La SACI est une usine importante de fabrication de circuits imprimés et d'assemblage de cartes-mères d'ordinateurs à partir de ces circuits imprimés, par insertion manuelle ou automatique ou par montage en surface de composants électroniques sur les circuits imprimés. L'usine présente une particularité : elle assemble sur les mêmes installations des cartes électroniques destinées à des micro-ordinateurs compatibles PC (grande série, faible diversité de modèles, forte standardisation) et des cartes destinées à des gros systèmes informatiques « proprietary » (systèmes d'exploitation propres à un constructeur), de petite série, très personnalisées, complexes et faiblement standardisées. Dans cette usine, les coûts sont traditionnellement suivis sur la base des heures de main-d'œuvre directe.

La mise en place d'une comptabilité par activités révèle des biais considérables dans la compréhension des coûts. Prenons l'exemple des activités logistiques (flux : ordonnancer, planifier, stocker, approvisionner) dans l'atelier de production des circuits imprimés. L'unité d'œuvre jugée la plus représentative de la charge de travail de ces activités est le nombre de références d'articles (composants, produits) gérées dans l'atelier, représentatif de la complexité du flux. Pour 8,06 MF de dépenses logistiques sur le semestre, la production de l'atelier s'est élevée à 291 000 heures standard. La logistique charge donc le taux horaire de 27,70 F par heure. Dans l'approche ABC, l'atelier ayant mouvementé 397 références différentes de circuits imprimés sur le semestre, le coût logistique à la référence est de 20 300 F.

	Calcul des coûts classique	Calcul des coûts par activités
Dépense logistique	8 060 KF	8 060 KF
Charge de travail C.I.	291 KH	
Nombre de références de C.I.		397
Coût unitaire	27,7 F/H	20,3 KF/réf.

L'atelier travaille sur trois grandes catégories de produits : les circuits imprimés destinés aux « grands systèmes », aux « plateformes UNIX » et aux PC. Le tableau suivant permet de comparer les imputations de coûts logistiques dans la comptabilité analytique en place et dans l'approche par activités.

	Calcul des coûts classique		Calcul des coûts par activités		
Ligne de produits	Charge (KH)	Coût (KF)	Nombre de références	Coût (KF)	Ecart %
Grands systèmes	86,7	2 400	298	6 050	+ 152 %
Divers	24,5	680	19	385	– 43 %
UNIX	74,8	2 070	72	1 462	– 30 %
Compatibles PC	105,0	2 910	8	163	– 94 %
Total	291,0	8 060	397	8 060	

On constate donc que les circuits imprimés destinés au marché informatique « traditionnel » coûtent beaucoup plus cher qu'on ne le croyait, alors que ceux qui sont destinés aux marchés porteurs de la micro-informatique et d'UNIX sont beaucoup plus rentables qu'on ne l'imaginait. L'impact stratégique de tels constats est évident.

■ Les limites du « costing ABC »

Il ne faut pas se dissimuler que l'usage de démarches ABC pour la seule analyse stratégique des coûts de revient pose des problèmes et peut s'avérer difficile à pérenniser, au-delà d'une première opération « coup de poing ». En effet, l'information requise pour construire, puis actualiser le modèle ABC (choix des unités d'œuvre, modes de valorisation, périmètres) ne peut être fournie que par les opérationnels. Elle est relativement lourde à réunir (nombreux entretiens, temps passé). Si, en retour, les opérationnels n'en tirent aucun bénéfice propre, par exemple pour les aider à piloter leurs opérations, ils risquent fort de s'en détourner rapidement. Or la gestion stratégique du portefeuille de produits ne les concerne pas au premier chef. Les méthodes ABC ne peuvent vivre que si elles sont **appropriées par les opérationnels,** et elles ne peuvent être appropriées par les opérationnels que si elles leur rendent des services significatifs pour le pilotage de leurs propres performances.

L'exemple de la Société Auvergnate de Mécanique Automobile (SAMA)

(Pour la présentation de l'entreprise et de son modèle d'activités, se reporter au chapitre antérieur)

Rappelons que la SAMA présente une forte diversité, un flux physique et des produits complexes, une proportion élevée de petites et moyennes séries. Un projet ABC/ABM y a été conduit avec trois objectifs essentiels :

- *Aider au pilotage de performance des fonctions indirectes.*
- *Améliorer l'allocation des coûts aux produits (coûts de revient des produits, élaboration de devis, analyses « make or buy »).*
- *Améliorer les techniques de prévision budgétaire.*

Le projet se centre sur les quatre principales fonctions indirectes (Logistique, Maintenance, Méthodes, Qualité). Il englobe cependant la Fabrication. Pour le calcul des coûts de revient, trois références de produits finis représentatives de situations extrêmes (tailles de série, complexité du produit contrastées) sont retenues à titre pilote, pour tester l'ampleur des corrections que l'ABC permettra d'apporter.

Le projet est conduit par un chef de projet qui y consacre 50 % de son temps pendant six mois. Le chef de projet est assisté d'un expert du service comptable qui consacre 30 % de son temps pendant quatre mois. 44 responsables opérationnels sont interviewés. Un point d'avancement mensuel est réalisé avec la Direction de l'entreprise.

Le projet se déroule par étapes :

1. *Formation de l'équipe-projet aux approches ABC/ABM et à la conduite de projet.*
2. *Définition précise du périmètre et du calendrier du projet.*
3. *Information des opérationnels concernés sur les approches ABC/ABM et sur le schéma des interviews.*
4. *Analyse d'activités (interviews de 44 responsables opérationnels et étude de documents).*
5. *Synthèse du modèle d'activités (3 réunions de travail de l'équipe-projet et validation en réunion de Direction).*
6. *Construction du modèle ABC pour allouer les coûts aux produits et calculer les coûts de revient, collecte et traitement des données par le chef de projet. Cette étape a requis trois réunions de travail de l'équipe projet avec le contrôle de gestion, le comptable et un expert des systèmes d'information, puis une réunion de validation par le comité de pilotage. La tâche-clé consiste à intégrer le modèle d'activités valorisé avec les gammes et les nomenclatures des produits retenus :*
   - *calcul des taux des unités d'œuvre ABC,*
   - *à partir des gammes et des nomenclatures des produits, détermination des consommations standard d'unités d'œuvre par produit,*
   - *élaboration des nomenclatures d'activités des produits,*
   - *valorisation des nomenclatures d'activités à l'aide des taux des unités d'œuvre,*
   - *calcul des coûts de revient des produits.*

À titre indicatif, les charges de travail par phase en hommes-jours ont été les suivantes :

Etapes	Chef de projet	Assistant au chef de projet	Comité de pilotage (par membre)
1	3		
2	2		
3	2		0.5
4	32		
5	4		0.5
6	14	25	0.5

La grille d'activités de chaque service est mise en regard du plan de comptes de l'entreprise afin de faciliter la collecte des données de coûts pour chaque activité. Pour le service Fabrication :

Activités	Imputations comptables « avant ABC »
Fabriquer avec Main-d'œuvre	
Fabriquer avec Machines	
Fabriquer des pièces hors série	Dénominations
Adapter l'effectif aux programmes de fabrication (ordonnancer les moyens à court terme)	
Manutentionner les pièces entre centres de fabrication	ou
Planifier le flux inter-opérations	
Affûter les outils d'usinage	Numéros
Changer de lot	
Aider aux mises au point	des
Réaliser l'entretien de premier niveau (incidents)	
Réaliser la maintenance préventive	comptes
Prévenir la non qualité	
Contrôler la qualité en dehors du poste de fabrication	concernés
Effectuer les retouches	
Participer aux groupes de progrès	

Pour les unités d'œuvre et la répartition des activités par logiques de variation de la charge (grands leviers de réduction des coûts), on pourra se reporter au chapitre précédent. Pour le calcul des coûts de revient ABC, deux périodes de référence sont retenues :

• le budget de l'année N en cours,
• le réel du premier semestre de l'année N en cours.

Trois références de produits types sont retenues, selon une analyse multicritère simple :

Critère de choix	PT6	LC12 rectifiée	FU14
complexité du produit	faible	forte	forte
taille de série	grande	petite	grande
taille de lot	grande	petite	grande

Le résultat du « costing ABC test » est probant : les écarts avec les coûts de revient actuels sont significatifs et risquent de produire des erreurs stratégiques, d'autant que la SAMA s'est engagée dans une politique de diversification de ses clients et de ses produits pour mieux assurer la charge de l'usine.

(Francs par pièce)	PT6	LC12 rectifiée	FU14
ancien coût de revient	964	725	1 023
nouveau coût de revient	743	918	1 142
écart en % de l'ancien coût de revient	− 23 %	+ 27 %	+ 12 %

Dans le cas de la SAMA, les dirigeants ont décidé de mettre en avant des applications de pilotage de type ABM (pilotage des dépenses des services d'appui : méthodes, logistique, entretien, qualité, achats) et de ne considérer le « costing » des produits que comme un « sous-produit » de la démarche. Ce parti pris a permis d'assurer l'engagement des opérationnels, dans la phase de construction du modèle, puis ultérieurement, dans sa mise à jour à périodes fixes. En effet, seuls les opérationnels sont en mesure d'entretenir la pertinence du système ABC sur la durée (connaissance des processus de travail et de leurs évolutions).

Annexe

Nomenclature d'activités et imputation des coûts d'activités aux produits selon les types d'unités d'œuvre

■ *1er cas de figure : l'unité d'œuvre est rattachable au produit à l'unité (cas où le volume d'unités d'œuvre consommé est proportionnel au volume de production)*

Si le volume d'unités d'œuvre consommé P_i varie pour chaque produit i proportionnellement à son volume de production ou de vente V_i, P_i/V_i est une constante K_i sur la période ($P_i = K_i.V_i$). K_i mesure la consommation d'unités d'œuvre par unité du produit i qui figure dans la nomenclature d'activités.

Exemples

- *consommation d'heures de main d'œuvre standard par téléviseur produit,*
- *nombre de kilos de bois par chaise en bois produite,*
- *nombre d'opérations de fabrication par bicyclette assemblée (si le process d'assemblage de chaque produit est stable et inclut toujours le même nombre d'opérations),*
- *nombre de lots par tonne d'acier.*

	PRODUITS		
	A : 3 unités produites	B : 2 unités produites	C : 4 unités produites
répartition de l'unité d'œuvre X :			

Remarquons que le nombre de lots est une unité d'œuvre de ce type si chaque produit i a une taille de lot constante qui lui est propre Si. Dans ce cas, en effet :

1 lot = Si unités du produit,
d'où :
1 unité du produit = 1/Si lot : chaque unité produite du produit consomme 1/Si lot.

Par exemple, si le produit se fabrique par lots normés de 100, 1 unité de produit mobilise 1/100 de lot, donc 1/100 du coût de gestion d'un lot.

Pour ce type d'unités d'œuvre, on peut déduire du taux de l'unité d'œuvre C/P le coût standard correspondant pour le produit i : C/P.Ki.

Exemples

- *(coût de l'heure standard de main d'œuvre)x(nombre d'heures standard de main d'œuvre figurant dans la gamme du produit),*
- *(coût du kilo)x(poids unitaire en kilos du produit),*
- *(coût de l'opération de fabrication)x(nombre d'opérations figurant dans la gamme du produit),*
- *(coût du lot) / (nombre d'unités du produit par lot).*

■ *2ᵉ cas de figure : unité d'œuvre que l'on peut répartir sans ambiguïté entre les différents produits, mais ne variant pas avec le volume (donc non rattachable au produit à l'unité)*

Si l'unité d'œuvre peut être répartie entre les produits de manière non ambiguë (pas de recouvrements), elle permet de répartir les coûts directement sur les produits (le nombre total d'unités d'œuvre est égal à la somme des nombres d'unités d'œuvre consommées par chaque produit). On ne peut toutefois pas déduire directement de cette imputation le coût résultant par unité de produit : ce dernier dépendra en effet du volume moyen de production par unité d'œuvre.

Exemple 1 : le nombre de commandes

En règle générale, si les commandes sont de taille variable mais si elles sont toutes monoproduit, l'unité d'œuvre « nombre de commandes » entre dans ce cas de figure. Prenons l'exemple de l'activité « traiter les commandes » au service d'administration des ventes. Son coût annuel C se répartit sur les N commandes de l'exercice. Il faudra alors connaître le nombre de commandes N_1 du produit 1, le nombre de commandes N_2 du produit 2, le nombre de commandes N_3 du produit 3, pour répartir C sur les 3 produits. Si la taille moyenne des commandes sur la période a été de 100 unités pour le produit 1 et de 50 pour le produit 2, le coût de cette activité par unité sera de C/N x 1/100 pour le produit 1, de C/N x 1/50 pour le produit 2 (pénalisation logique des produits commandés en petites quantités).

Exemple 2 : le nombre de références de produits finis.

Certaines dépenses (ex. gestion des données techniques, mise à jour des catalogues) varient avec le nombre de références de produits finis. Chaque famille de produits a un nombre de références de produits finis bien déterminé. Il n'y a pas de référence de produit fini commune à deux familles de produits distinctes. Le nombre total de *références de produits finis N est égal à la somme des nombres de références de produits finis par famille de produits N1, N2, N3. On peut donc imputer les coûts correspondants sur les familles de produits au prorata du nombre de références de chacune. Si le coût total concerné par l'unité d'œuvre « nombre de références de produits finis » est égal à 100, il se distribuera sur les produits 1, 2 et 3 à raison de $C_1=100.N_1/N$, $C_2=100.N_2/N$ et $C_3=100.N_3/N$.*

Le coût correspondant (coût de gestion des références) par unité de produit pour les produits 1, 2 et 3 dépendra des volumes de production V_1, V_2, V_3 de ces produits sur la période :

- *coût par unité de 1 : C_1/V_1,*
- *coût par unité de 2 : C_2/V_2,*
- *coût par unité de 3 : C_3/V_3,*

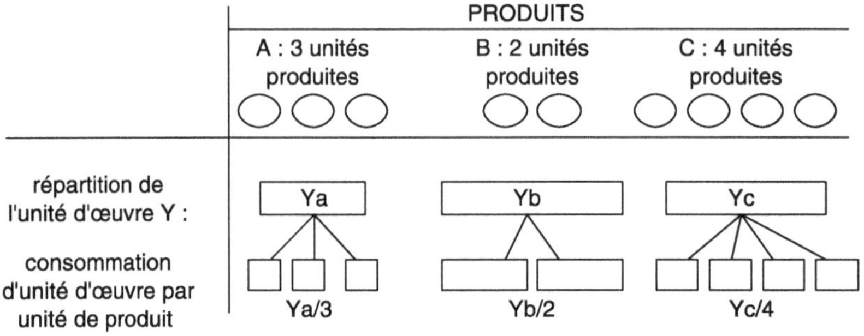

■ *3ᵉ cas de figure : l'unité d'œuvre est le nombre de produits*

Dans ce cas, le coût des activités correspondantes se répartit de manière égale entre les produits, quel que soit leur volume.

> **Exemple : l'activité « mettre à jour les rubriques du catalogue de produits (codes, descriptions, tarifs)**
>
> *Cette activité occasionne une charge proportionnelle au nombre de produits. Si la dépense sur la période a été de C, le nombre de produits étant N, la charge par produits est C/N. Si, pour le produit 1, 3000 unités ont été vendues, et 2000 unités pour le produit 2, le coût moyen de cette activité par unité de produit sera de C/N x 1/3000 pour le produit 1, C/N x 1/2000 pour le produit 2.*

■ *4ᵉ cas de figure : unité d'œuvre que l'on sait répartir sur les produits au prix de traitements plus ou moins complexes (problèmes d'unités partagées par plusieurs produits).*

Exemple : les références de pièces achetées.

Certaines dépenses varient avec le nombre de pièces achetées. Contrairement aux références de produits finis, les références de pièces achetées ne sont pas spécifiques d'une famille de produits donnée : il y a des pièces achetées communes à plusieurs familles de produits. Lorsque la pièce achetée est dédiée à une famille de produits donnée, son coût de gestion peut sans ambiguïté être imputé à ladite famille de produits. Mais lorsque la pièce achetée est partagée par plusieurs familles de produits, il faut introduire un système de répartition de son coût de gestion sur les diverses familles de produits. On peut décider, par exemple, de répartir ce coût entre les familles de produits qui emploient cette pièce au prorata du nombre d'unités produites sur la période.

Annexe

Démarche ABC à l'usine d'assemblage d'appareils électroménagers Blancbrun

On a identifié 40 activités sur cette usine d'assemblage électronique et mécanique, qui a dépensé 300 millions de francs sur l'année.

Il y a, dans l'usine Blancbrun, 18 activités directes, suivies en temps standard main-d'œuvre (8) et en temps machine (10). Il y a 22 activités indirectes suivies sur 5 unités d'œuvre : nombre de références de composants et sous-ensembles (6 activités), nombre d'opérations (3 activités), nombre de commandes (7 activités), nombre de modifications des produits (4 activités), nombre de fournisseurs (2 activités).

■ *L'ancien système de coûts*

Les coûts de l'ancienne comptabilité analytique étaient suivis exclusivement en taux horaires main-d'œuvre (3 taux) et taux horaires machines (3 taux), selon la répartition suivante pour l'année écoulée :

	Dépenses de la période (en KF)	Volume d'unités d'œuvre (heures) de la période	Taux sur la période en francs/heure
Centre de coûts taux main-d'œuvre 1	45 000	72 000	625
Centre de coûts taux main-d'œuvre 2	35 000	60 000	583
Centre de coûts taux main-d'œuvre 3	50 000	120 000	417
Total heures M.-O.		252 000	
Centre de coûts taux machine 1	55 000	118 500	464
Centre de coûts taux machine 2	65 000	153 000	425
Centre de coûts taux machine 3	50 000	142 500	350
Total heures machine		414 000	
TOTAL	300 000		

Dans ce système, on calcule les coûts de revient des trois produits types qui représentent la totalité de la production de Blancbrun :

X, produit de grande série, assez complexe,
Y, produit de grande série, de conception simple,
Z, produit de petite série, fortement personnalisé.

	X	Y	Z
Production sur la période	**75 000**	**60 000**	**15 000**

Les coûts de revient sont obtenus à partir des gammes des trois produits (consommations d'heures de chacun des six centres de coûts, par unité produite de X, Y et Z).

	Taux en francs/ heure	X : nombres d'heures par unité	X : coûts par unité	Y : nombres d'heures par unité	Y : coûts par unité	Z : nombres d'heures par unité	Z : coûts par unité
Taux main-d'œuvre 1	630	0,5	315	0,4	252	0,7	441
Taux main-d'œuvre 2	580	0,4	232	0,4	232	0,4	232
Taux main-d'œuvre 3	420	0,9	378	0,7	294	0,7	294
Total heures M.-O.		1,8		1,5		1,8	
Taux machine 1	460	0,8	368	0,9	414	0,3	138
Taux machine 2	430	1	430	1,3	559	0	0
Taux machine 3	350	0,7	245	1	350	2	700
Total heures machine		2,5		3,2		2,3	
TOTAL (coût de revient unitaire)			1 968		2 101		1 805

■ *Les coûts de revient ABC*

Dans le nouveau système de coûts ABC, les unités d'œuvre et les taux (taux main-d'œuvre et taux machine désormais uniques, mais introduction des cinq nouvelles unités d'œuvre) se présentent sous la forme suivante :

Centres d'analyse et unité d'œuvre correspondante	Dépenses de la période (en KF)	Volume d'unités d'œuvre de la période	Taux sur la période en francs/unité d'œuvre
Heures main-d'œuvre	75 000	252 000	298
Heures machine	105 000	414 000	254
Références	34 000	300 références, pour des mouvements annuels variant de 1 500 à 300 000 pièces mues par référence et par an (moy. 50 000)	113 000 F/référence (donc 113 000/300 000 à 113 000/1 500 F/ pièce, selon la fréquence d'emploi de la pièce)
Opérations	15 000	1 200 000 (en moyenne 8 opérations par unité produite, pour une production totale de 150 000 unités)	12,5 F par opération
Commandes	38 000	1 900	20 000 F/commande
Modifications	18 000	60	300 000 F/modif
Fournisseurs	15 000	220	68 000 F/fournisseur
TOTAL	300 000		

Les nouveaux coûts de revient ABC des produits X, Y et Z se présentent désormais sous la forme suivante (tableaux suivants) :

Unités d'œuvre : U.O.	Total d'unités d'œuvre sur la période	Taux sur la période en francs/U.O.	X : nombre d'U.O. total sur la période	X : coûts correspondants	X : nombre d'U.O. par unité produite	X : coût de revient unitaire
Heures main-d'œuvre	252 000	298			1,8	536
Heures machine	414 000	254			2,5	635
Références	300 références. On répartit les références communes sur les 3 produits au prorata du nombre d'unités mobilisées sur la période	113 000 F/référence	mobilisation sur la période de 150 références	16,95 MF	75 000 unités produites	226
Opérations	1 200 000 (en moyenne 8 opérations par unité produite, pour une production de 150 000 unités)	12,5 F par opération			8 opérations en moyenne par unité produite	100
Commandes	1 900	20 000 F/ commande	500 commandes de 150 unités	10 MF	commandes de 150 unités	133
Modifs.	60	300 000 F/ modif	25	7,5 MF	75 000 unités produites	100
Fournisseurs	220. On répartit les coûts des fournisseurs communs à plusieurs produits au prorata des francs d'achats pour chaque produit	68 000 F/fournisseur	mobilisation de l'équivalent de 75 fournisseurs	5,1 MF	75 000 unités produites	68
TOTAL						1 798

Unités d'œuvre : U.O.	Total d'unités d'œuvre sur la période	Taux sur la période en francs/U.O.	Y : nombre d'U.O. total sur la période	Y : coûts correspondants	Y : nombre d'U.O. par unité produite	Y : coût de revient unitaire
Heures main-d'œuvre	252 000	298			1,5	448
Heures machine	414 000	254			3,2	813
Références	300 références. Réf. communes réparties sur les 3 produits au prorata du nombre d'unités mobilisées sur la période	113 000 F/référence	mobilisation sur la période de 80 références	9,04 MF	60 000 unités produites	151
Opérations	1 200 000 (en moyenne 8 opérations par unité produite, pour une production de 150 000 unités)	12,5 F par opération			6 opérations en moyenne par unité produite	75
Commandes	1 900	20 000 F/ commande	400 commandes de 150 unités	8 MF	commandes de 150 unités	133
Modifs.	60	300 000 F/ modif	10	3 MF	60 000 unités produites	50
Fournisseurs	220. On répartit les coûts des fournisseurs communs à plusieurs produits au prorata des francs d'achats pour chaque produit	68 000 F/fournisseur	mobilisation de l'équivalent de 55 fournisseurs	3,74 MF	60 000 unités produites	62
TOTAL						1 732

Unités d'œuvre : U.O.	Total d'unités d'œuvre sur la période	Taux sur la période en francs/U.O.	Z : nombre d'U.O. total sur la période	Z : coûts correspondants	Z : nombre d'U.O. par unité produite	Z : coût de revient unitaire
Heures main-d'œuvre	252 000	298			1,8	536
Heures machine	414 000	254			2,3	584
Références	300 références. Réf. communes réparties sur les 3 produits au prorata du nombre d'unités mobilisées par chaque produit sur la période	113 000 F/réfé-rence	mobilisation sur la période de 70 références	7,91 MF	15 000 unités produites	527
Opérations	1 200 000 (en moyenne 8 opérations par unité produite, pour 150 000 unités produites)	12,5 F par opération			moyenne 16 opérations par unité produite	200
Commandes (pour 1 unité produite)	1 900	20 000 F/ commande	1 000 commandes de 15 unités	20 MF	commandes de 15 unités	1 333
Modifs.	60	300 000 F/ modif	25	7,5 MF	15 000 unités produites	500
Fournisseurs	220. On répartit les coûts des fournisseurs communs à plusieurs produits au prorata des francs d'achats pour chaque produit	68 000 F/four-nisseur	mobilisation de l'équivalent de 90 fournisseurs	6,12 MF	15 000 unités produites	408
TOTAL						4 088

■ *Récapitulatif de la comparaison anciens coûts de revient / coûts de revient ABC*

	Ancien coût de revient	Coût de revient ABC	Ecart en % de l'ancien coût
Produit X	1 968	1 798	– 8,6 %
Produit Y	2 101	1 732	– 17,6 %
Produit Z	1 805	4 088	+ 126,4 %

On comprend que la complexité du produit Z, combinée avec les effets ravageurs qu'ont sur les coûts les petites séries et les lots de faible volume, induit une rentabilité probablement négative. Cela ne signifie pas nécessairement qu'il faille en abandonner la production :

- des pertes unitaires importantes sur un produit de faible volume peuvent donner des montants globaux de pertes limités ;
- le produit Z est peut-être un produit d'appel ou de prestige, qui a un effet d'entraînement sur les autres produits.

Toutefois, il est probable que le niveau de coût très élevé conduise à un réexamen stratégique du positionnement du produit Z, soit pour l'abandonner, soit pour en externaliser une grande part, soit pour réorganiser sa production et sa gestion en tenant compte de son caractère hautement personnalisé (spécialisation d'ateliers moins automatisés, recherche de flexibilité, etc.).

9

Projets et gestion de risque

Le pilotage par projets joue un rôle croissant dans les entreprises. Il y a sur ce sujet une littérature abondante. Le propos ici n'est pas d'en reprendre un exposé systématique, mais plutôt de mettre l'accent sur quelques aspects spécifiques, importants pour situer les projets dans une dynamique globale de pilotage par les processus et d'apprentissage collectif.

1. Définition du pilotage par projets

Un projet est un ensemble d'activités :

- finalisé par l'attente d'un résultat défini préalablement,

Exemples

Un nouveau système d'information, un nouveau produit fabricable et vendable, l'installation dans un nouveau siège, une nouvelle liaison TGV opérationnelle...

- réalisé dans un cadre temporel précis, avec une date de démarrage et une date d'achèvement déterminées préalablement,

Exemples

Démarrage le 1er septembre année N pour basculement opérationnel sur le nouveau système d'information le 30 juin année N + 1, démarrage le 1er mars 1994 pour mise en service de la ligne TGV le 29 février 2000...

- doté d'un ensemble de ressources, d'une organisation et d'un mode de pilotage propres.

Pour définir un projet de manière complète, il faut également préciser :

- son client, acteur individuel ou collectif qui définit les caractéristiques
  du produit en fonction de ses besoins et vis-à-vis duquel le projet est
  engagé contractuellement ; le client du projet est parfois appelé « maître
  d'ouvrage » ;
- son responsable, l'acteur qui s'engage sur la prestation à l'égard du client
  et qui engage les moyens du projet ; le responsable du projet est parfois
  appelé « maître d'œuvre ».

On a assisté dans les années récentes à une nette évolution de la notion de
projet. Après avoir longtemps fait l'objet d'une définition « carrée » et déterministe (un objectif précis, en principe figé sur la durée du projet, contractualisé, un client unique et précis, une séparation radicale entre maître d'œuvre
et maître d'ouvrage), elle tend aujourd'hui à s'assouplir et à se nuancer :

- l'objectif défini au départ, en univers instable et incertain, fait plus ou
  moins inévitablement l'objet de redéfinitions et d'ajustements en cours
  de route,
- la notion de client peut s'avérer complexe et floue : un même projet peut
  s'adresser simultanément à plusieurs catégories de clients (l'utilisateur
  final, le prescripteur, l'autorité normalisatrice, le distributeur...), le pilotage du projet met en jeu des concertations étroites et continues entre
  maîtrise(s) d'ouvrage et maîtrise d'œuvre.

Gérer par projets constitue une modalité spécifique de planification et de pilotage dans le temps, « **asynchrone** » : contrairement aux cycles de planification

de l'entreprise, synchrones (ils ont un calendrier fixe et commun à toute l'entreprise), la temporalité des projets dépend d'événements spécifiques (émergence de nouvelles technologies, besoin de produits nouveaux sur le marché, investissements de concurrents, appels d'offres...). Par ailleurs, un projet se déroule dans le temps, sur des durées souvent significatives, avec une forte sensibilité à la date d'achèvement, souvent liée à la sortie sur un marché, à des démarrages d'installations ou de méthodes nouvelles : le temps constitue une dimension essentielle du pilotage par projets.

2. Projet et processus

■ *Similitudes et différences*

À priori, les notions de pilotage de processus et de pilotage de projet répondent aux mêmes préoccupations :

- piloter la performance **à partir des résultats attendus** (notamment en déclinant les finalités stratégiques dans des plans d'action opérationnels) ;
- rendre compte des interdépendances **transversales** qui conditionnent la performance des activités (la logique de « finalité » transcendant les frontières internes entre directions et métiers) et décloisonner l'organisation ;
- flexibiliser le fonctionnement en réduisant les temps de réponse (**réactivité**).

Ces préoccupations expliquent les caractéristiques fondamentales communes aux concepts de processus et de projet :

- regroupements d'activités transversaux aux fonctions et à l'organisation, faisant appel à des compétences diverses ;
- regroupements d'activités répondant à une logique de finalité (activités nécessaires à l'obtention d'un output précis, qu'il soit matériel ou immatériel).

Toutefois, on discerne clairement les éléments qui différencient pilotage de processus et pilotage de projet :

- **Répétitivité** : un processus a un output peu ou prou répétitif et indifférencié (le processus « facturer » produit « des » factures, pas la facture de M. X., le processus « développer » développe « des » nouveaux produits), un projet a un output unique et personnalisé (développer la ligne de TGV Lyon-Marseille, ce n'est pas la même chose que développer la ligne de TGV Paris-Strasbourg).

- **Temporalité** : sur la durée des cycles « normaux » de gestion (par exemple, l'annuité budgétaire), un processus produit un flux significatif d'output, alors qu'un projet peut exiger plusieurs périodes « normales » (par exemple, plusieurs années) avant de déboucher sur son output unique.

- **Pilotage** : on pilote généralement les processus à l'aide de ratios et d'indicateurs moyens sur un volume significatif d'output (coût moyen, délai moyen, taux de défauts moyen). On pilote un projet par un suivi phasé de l'élaboration d'un produit unique et précis (délai par phase, coût par phase, respect du cahier des charges à chaque étape de développement de la nouvelle caméra video X). Le processus « moyenne » une série d'occurrences unitaires équivalentes, le projet « découpe » en morceaux une occurrence unique.

Le projet relève en quelque sorte d'un « effet de loupe » par rapport au processus : si on détaille l'ensemble du processus répétitif, étape par étape, pour une unité donnée d'output, on obtient des projets microscopiques...

■ *Les processus pilotés par projets*

En ce qui concerne l'articulation entre projets et processus, plusieurs cas de figure peuvent se présenter :

- il y a des processus pilotés par projets : le projet est alors inclus dans le processus et constitue son mode de pilotage (ex. le processus de développement des nouveaux produits = succession de projets de développement spécifiques),
- il y a des projets transversaux à plusieurs processus (ex. le projet de réorganisation de l'entreprise).

La gestion de projet apparaît parfois comme une modalité particulière du pilotage de processus : celle que l'on utilise lorsque l'on souhaite piloter de manière spécifique et personnalisée chaque output du processus.

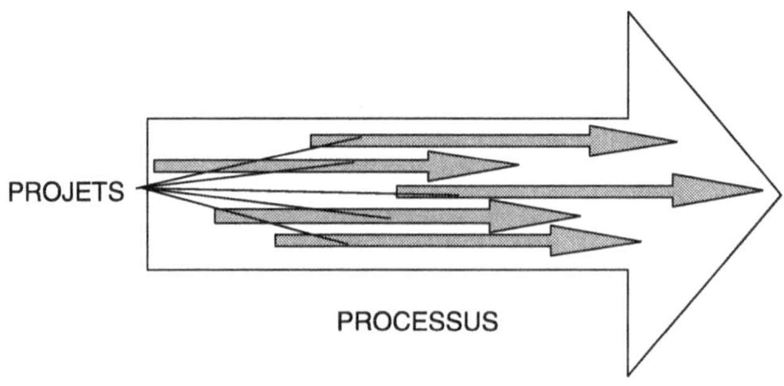

Schéma 1 : *Projets et processus*

- *Le développement du nouveau produit Xscope (le dernier modèle de caméra video), géré en projet, apparaît comme une occurrence particulière du processus permanent « développer les nouveaux produits ».*

- *Le développement du nouveau système d'information A participe au processus « développer les systèmes d'information » dont l'output est « les nouveaux systèmes d'information ».*

Parmi les processus de l'entreprise, il y a donc une catégorie particulière de processus « gérés en projets ». Ce sont les processus présentant les caractéristiques suivantes :

- Leur **output** est à l'unité suffisamment **important** pour qu'on décide d'en **individualiser chaque unité** et de la gérer de manière personnalisée (ex. « développer les nouveaux produits » : chaque nouveau produit sera géré de manière individualisée ; « réaliser les gros investissements » : chaque gros investissement sera géré de manière individualisée).
- Le **résultat** attendu est, d'une certaine manière, **unique** ; il ne s'agit pas de la simple exécution répétitive d'une activité permanente.
- Le processus géré en projets fournit chaque année un **nombre d'outputs limité**.
- Pour chaque unité produite, le processus mobilise de manière substantielle les ressources et le temps de l'entreprise ; sa **durée**, en particulier, est significative par rapport aux constantes de temps habituelles de l'entreprise (il faut plus longtemps pour développer un produit ou pour installer un nouveau réseau informatique que pour émettre une facture), ce qui justifie l'élaboration d'un calendrier spécifique pour chaque output.

Pourquoi ne gère-t-on pas la facturation en projets (ce qui est théoriquement possible en considérant chaque facture comme un projet) ?

- *Une facture prise isolément n'a pas une importance qui justifie un tel dispositif.*
- *On émet trop de factures pour se permettre un tel mode de gestion personnalisé.*
- *Enfin, l'émission de factures va trop vite pour prétendre jalonner dans le temps la préparation de chaque facture prise isolément : on établira des règles générales, par exemple sur le délai maximum entre livraison et facturation.*

> ### L'exemple EURYCOM (processus « former »)
>
> *L'opérateur de radiocommunications EURYCOM a mis en place trois modules de formation standard « culture économique générale », « bureautique de base » et « démarche qualité » que tout le personnel doit suivre. La mise en œuvre de ces trois modules fait l'objet d'un pilotage transversal par processus (processus « former aux savoirs de base »), impliquant le service de formation, les gestionnaires de ressources humaines des directions utilisatrices, les services spécialisés dispensant ces formations (direction financière, direction informatique et direction de la qualité fournissent les formateurs) et le secrétariat général pour les questions logistiques (locaux, restauration). Le pilotage du processus s'intéresse au nombre d'acteurs formés, au coût des formations et à leur qualité (questionnaires d'évaluation remplis par les personnes formées).*
>
> *EURYCOM procède le 30 septembre 1996 au rachat d'une société concurrente en difficulté, DOREMICOM. Pour faciliter l'intégration des nouveaux arrivants dans le groupe EURYCOM, il est décidé de mettre en place un programme systématique de formation des agents de DOREMICOM aux produits et à l'organisation d'EURYCOM. Ce programme devra être mené en six mois, du 1er février au 1er juillet 1997. Pour le concevoir et le mettre en œuvre, M. BERNARD, adjoint au directeur des services de formation d'EURYCOM, reçoit une lettre de mission le 15 octobre 1996. Afin de pouvoir se consacrer à cette tâche importante et urgente, il est déchargé des deux tiers de son activité habituelle jusqu'au 1er juillet 1997.*
>
> *Le processus « former » vient de voir naître en son sein un projet : en passant de la réalisation répétitive des mêmes modules à « vitesse de croisière » à la mise en œuvre d'une action exceptionnelle liée au rachat de DOREMICOM, on est passé d'une logique de processus récurrent à une logique de projet. Il n'est pas exclu que, devant le succès de cette action, il soit décidé de systématiser la nouvelle formation à la connaissance des produits EURYCOM développée pour DOREMICOM, notamment pour les recrutés futurs : le projet aura ainsi modifié durablement le contenu du processus récurrent, en introduisant une nouvelle dimension (intégration des nouvelles recrues).*

Un processus « enveloppe de projets » (ex. « développer les nouveaux produits ») contient généralement, outre les projets eux-mêmes, des **activités génériques, permanentes, transversales aux projets, de support aux projets**. Ces activités concernent, par exemple :

- la **méthodologie** des projets et son amélioration dans le temps,
- les méthodes de **formation** des acteurs-projet,
- la **coordination** et les **arbitrages entre projets**,
- l'organisation du **retour d'expérience d'un projet à l'autre**.

Exemple : processus « développer des nouveaux véhicules » dans l'industrie automobile

Ce processus a pour output des concepts de véhicules industrialisés et lancés, prêts à passer à la production et à la vente de série. Chaque nouveau concept de véhicule exige quatre à cinq ans de travail, une dépense d'environ 500 à 1500 millions d'euros et a une influence sensible sur le résultat global de l'entreprise. On comprend que le processus soit piloté par grands projets (un projet par véhicule). Cependant, pour éviter de réinventer le monde à chaque projet, l'entreprise a mis en place un dispositif général d'encadrement des projets et de capitalisation de l'expérience. Ce dispositif comprend plusieurs activités génériques inter-projets telles que :

- *la définition et l'amélioration des méthodes de gestion de projets (jalonnements, méthodes de contractualisation des objectifs, tableaux de bord de projets...),*
- *la formation des acteurs-projet,*
- *le bilan raisonné de chaque projet pour en exploiter les enseignements,*
- *la coordination entre les divers projets (tenue de réunions de programme, trois fois par an).*

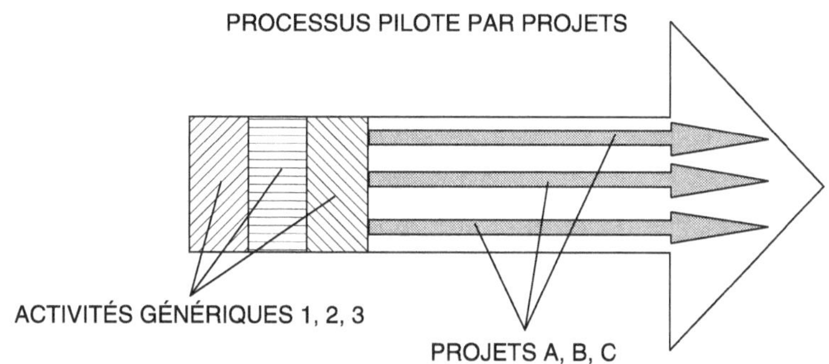

Schéma 2 : *Projets et activités génériques dans le processus*

■ *Projets transversaux à plusieurs processus*

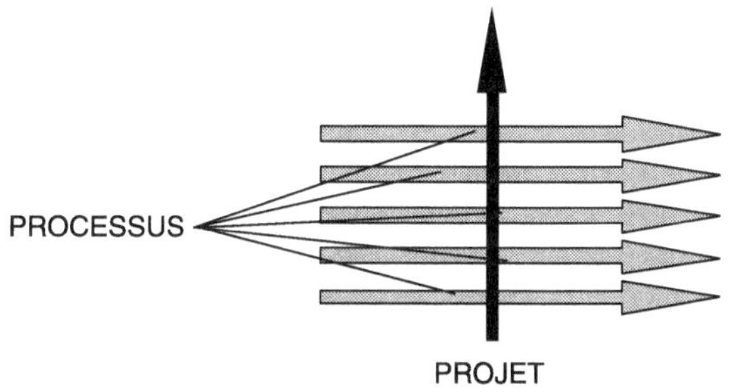

Schéma 3 : *Projet transversal aux processus*

Un projet peut aussi correspondre à de grandes actions de **changement** tout à fait exceptionnelles, portant sur la modification des structures de l'entreprise et impossibles à « enfermer » à l'intérieur d'un processus.

Exemple : déménagement du siège de la société

Le déménagement va mobiliser des activités administratives, juridiques, logistiques, techniques, financières, autour d'un objectif exceptionnel, qui ne se produit peut-être qu'une fois tous les vingt ans. On a là affaire à un projet de grande ampleur qui ne peut se ramener à aucun des processus permanents de l'entreprise.

Un bon exemple d'articulation projet/processus est fourni par le pilotage des réacteurs nucléo-électriques et de leurs arrêts programmés. Le lecteur est invité à se reporter à l'annexe 1, dans laquelle est exposé l'exemple de la centrale nucléaire de Bellerive s/Mer, avec l'introduction de la dimension « projet » au sein d'un modèle de processus.

3. Projets et métiers

■ *Des logiques complémentaires*

Projets et métiers reflètent deux logiques de pilotage distinctes et complémentaires :

- le projet doit assurer l'atteinte d'un résultat particulier à un instant donné,
- le métier a en charge le pilotage sur longue durée d'un champ d'action et de compétence (mécanique des moteurs, plasturgie, fonderie, finance, marketing, vente...) et des ressources correspondantes (effectifs de personnel compétent, systèmes d'information et moyens techniques spécialisés, technologies et machines, cycles de formation).

■ *Une métrique des charges de travail et des ressources fondée sur les activités*

Pour atteindre ses objectifs, un projet doit faire appel à des ressources de métiers divers. Gestion de projet et gestion de métier se rencontrent donc nécessairement pour **programmer l'utilisation des « ressources métiers » par projets** et par périodes. Cette articulation est difficile. En effet, elle ne peut être statique : les besoins réels du projet évoluent dans le temps, le projet prend du retard ou de l'avance par rapport aux prévisions, le besoin réel du projet en ressources métiers doit donc être réévalué de manière continue. Or un même métier contribue simultanément à plusieurs projets. Les changements qui affectent un projet affectent donc, par ricochet, les autres projets, l'utilisation des ressources métiers devant être reprogrammée pour l'ensemble. Métiers et projets interagissent ainsi de manière itérative et complexe, avec une **propagation** inévitable et rapide des perturbations locales sur un vaste champ.

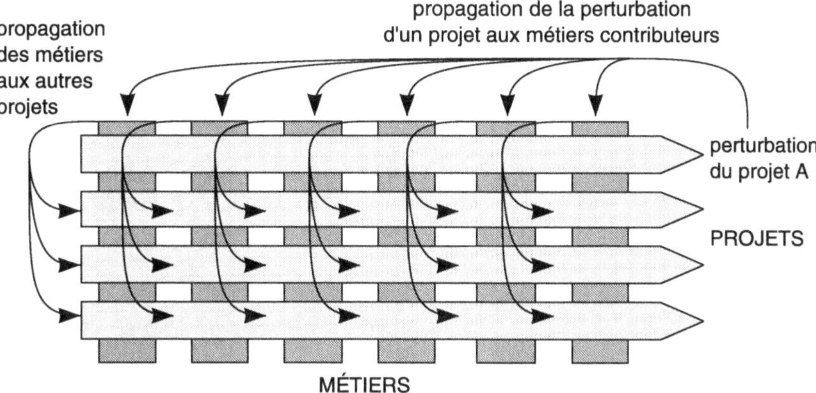

***Schéma 4** : Propagation des perturbations en gestion de projets*

Or **l'articulation projets/métiers** est souvent peu instrumentée. Un modèle d'activités peut fournir un référentiel commode, base de discussions et de négociations entre projets et métiers : décomposition du projet en tâches, chaque tâche étant la réalisation datée et temporaire d'une activité précise, dont on peut mesurer le recours aux diverses ressources métiers.

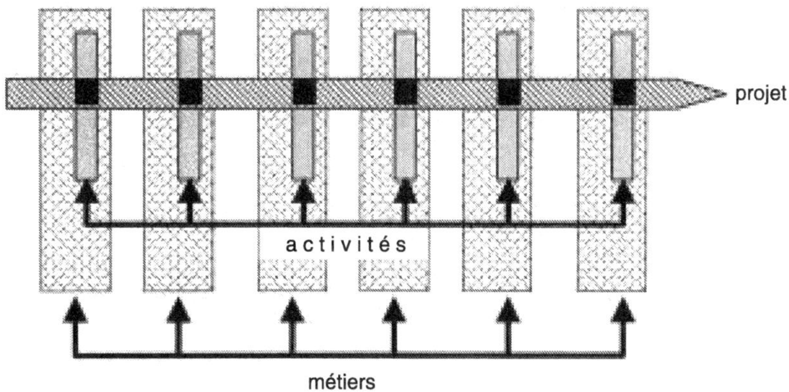

***Schéma 5** : Articulation projets/métiers par les activités*

Le modèle précise les activités auxquelles le projet fait appel et le niveau de consommation de chaque activité par le projet, éventuellement mesuré en unités d'œuvre (nombre d'heures, nombre de prototypes, nombre de plans...).

Exemple

Le projet fait appel aux activités « réaliser l'étude préalable », « réaliser les études techniques détaillées », « amener le matériel », « effectuer le terrassement », « assembler la charpente métallique »..., dont les charges sont mesurées par les unités d'œuvre « « nombre d'heures d'étude », « nombre de plans techniques à établir », « tonnes de matériel à amener », « mètres-cubes de terrain à déplacer », « mètres de poutrelles à assembler »... On prévoit donc le nombre d'heures d'études, le nombre de plans techniques détaillés, le nombre de tonnes de matériel, etc.... liés au projet.

Si l'on connaît les consommations standard de ressources de chaque activité, on peut en déduire les besoins du projet dans chaque nature de ressource métier, phase par phase.

Exemple

L'activité « amener le matériel » consomme en standard X heures de camion, Y heures de conducteur, Z heures de manœuvre de manutention, W heures d'engin de levage, par tonne amenée sur le site du chantier. On en déduit les quantités de ces ressources requises par le projet, dans la phase où l'on amène le matériel. En conduisant ce type d'évaluation prévisionnelle pour chaque activité, on peut en déduire le nombre total d'heures requises de : conducteurs d'engins, conducteurs de camions, chef de chantier, manœuvres de manutention, manœuvres d'assemblage métallique, manœuvres de terrassement, électriciens, mécaniciens..., donc les besoins du projet dans chaque métier.

La quantification prévisionnelle de la charge de travail par métiers, via les activités, est forcément entachée d'incertitude. Elle ne doit pas donner l'illusion d'une réalité réglée et figée, ni dispenser d'un dialogue continu entre projets et métiers, facilité par la référence partagée au modèle d'activités.

■ *Articulation des pouvoirs*

L'articulation des pouvoirs et des compétences entre responsables de projets et responsables de métiers est l'une des questions-clés de la gestion de projets. Le rôle du directeur de projet face aux métiers peut varier sur un large spectre, entre les situations extrêmes de « direction de projet légère » et « direction de projet lourde ».

Direction de Projet légère	Direction de Projet lourde
Peu ou pas de budget propre (mobilisation de ressources métiers à négocier au cas par cas)	Budget propre important (l'essentiel des ressources exigées par la réalisation du projet)
Pas de pouvoir hiérarchique sur les participants au projet	Les participants au projet relèvent hiérarchiquement du chef de projet
Rôle du chef de projet orienté vers l'animation et la coordination	Rôle du chef de projet orienté vers l'arbitrage et la décision

Tableau 1 : *Direction de Projet légère versus Direction de Projet lourde*

Le choix d'un certain type d'articulation dépend du type de marché sur lequel se situe l'entreprise (conférant une importance plus ou moins grande à la dimension « projet ») et de la culture de l'entreprise (poids des métiers, ouverture au changement). Le mode d'articulation peut bien sûr évoluer dans le temps, en ménageant les transitions nécessaires entre un fonctionnement par métiers traditionnel et un fonctionnement par projets. Un fonctionnement par projets implique de fait une organisation « à géométrie variable », puisque les projets sont temporaires.

4. Typologie de projets

Le concept et le vocable de projet recouvrent des situations très diverses, appelant des démarches de pilotage différentes. Il est donc utile d'établir une typologie de projets, pour aider à définir les méthodes adaptées à chaque situation. Les critères pouvant servir à différencier les catégories de projets sont nombreux, mais peuvent être regroupés en quatre grandes rubriques :

- L'importance du projet : en termes de durée, projets brefs versus projets de longue durée ; en termes de coût, projets à gros budget versus projets à faible budget ; en termes de sensibilité stratégique, projets stratégiques versus projets moins sensibles.
- L'incertitude du projet : en termes de degré d'innovation, projets « classiques » versus projets fortement innovants ; en termes de disponibilité de l'information, projets disposant d'une base informationnelle riche versus projets souffrant d'une pénurie d'information.
- La complexité du projet : la complexité peut être organisationnelle (par exemple, transversalité : projets transversaux aux métiers de l'entreprise versus projets inscrits à l'intérieur d'un métier unique ; multiplicité d'entreprises impliquées, schémas de coopération et de sous-traitance...), technologique, culturelle (dimension internationale), juridique, commerciale...

La combinaison des trois critères : importance, incertitude et complexité, définit le niveau de risque encouru et dessine de grandes familles de projets.

	Importance élevée		Importance limitée	
	Forte incertitude	**Faible incertitude**	**Forte incertitude**	**Faible incertitude**
Forte complexité	Projet « va-tout » : niveau très élevé de risque, exigeant un dispositif de pilotage très solide	Projet « d'excellence » à enjeu fort, complexité maîtrisée : l'entreprise investit dans un domaine d'excellence	Expérimentation pilote avancée : gros risque d'échec mais enjeu limité	Expérimentation pilote de type « essai et validation », confirmation sur un terrain connu
Complexité réduite	Projet « pari » : simple mais risqué	Projet de type « aubaine » : gain important sans grand risque	Projet exploratoire, « pour voir »	Projet de « tout venant », n'exigeant qu'un dispositif de pilotage léger

Tableau 2 : *Typologie de projets à partir des critères*
« importance, incertitude, complexité »

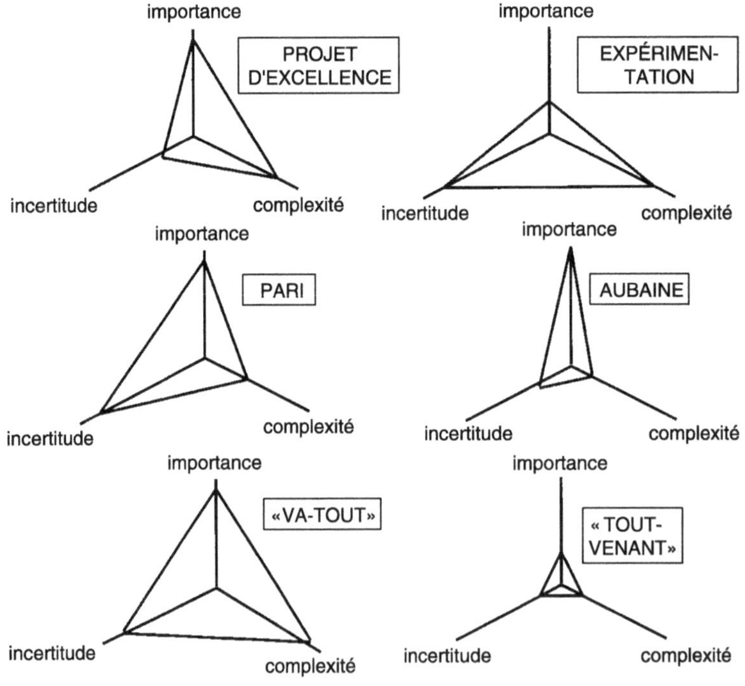

Schéma 6 : *Différents types de projets*

5. Pilotage opérationnel du projet

■ *Direction de projet*

Dès les toutes premières phases d'un projet, avant même que les équipes et les moyens soient décidés et mis en place, il est essentiel de désigner l'acteur qui portera le projet, le fera vivre et s'identifiera à lui : le chef de projet. Le rôle du chef de projet est décisif : il coordonne les différentes parties prenantes au projet, il anime un dispositif de communication, il assure le développement d'une vision partagée du projet entre les acteurs, il fait fonctionner un dispositif de pilotage et d'incitation, il négocie et contractualise des objectifs [MIDLER]. Le choix du chef de projet est donc l'une des décisions les plus déterminantes pour l'avenir du projet.

■ *Le dispositif de pilotage*

La planification initiale d'un projet ne doit pas essayer de tout prévoir, prétention illusoire dans un monde changeant et incertain. Elle doit par contre mettre en place les moyens de la vigilance et de la **réactivité**, en définissant un **dispositif de pilotage** adapté (indicateurs, pratiques managériales). Le pilotage de projet a trois dimensions essentielles :

- fournir des résultats conformes aux attentes (pilotage de la qualité),
- dans les délais souhaités (pilotage du délai),
- en respectant les limitations de ressources (pilotage du coût).

Pour maîtriser qualité, coût et délai du projet, le pilotage de projet doit :

1) **Assurer la coordination et la coopération indispensables entre acteurs du projet.** Les revues de projet doivent être d'autant plus fréquentes que la situation est complexe et incertaine ; elles doivent libérer la parole, faire émerger les conflits, dégager des visions communes [MIDLER].

2) **Repérer et anticiper le plus tôt possible les éventuels problèmes et les dérives potentielles.** Les revues de projet doivent permettre de suivre la consommation des ressources, le degré d'avancement des travaux, la qualité des résultats atteints, de reprévoir les délais et les coûts, de contrôler le risque, avec le maximum de réactivité afin d'éviter les mauvaises surprises. La comparaison des réalisations aux objectifs obéit à quatre préoccupations :

- **l'apprentissage** : analyser et comprendre les écarts entre planifié et réel est un moyen essentiel pour capitaliser l'expérience ;
- **la responsabilisation** : les acteurs du projet savent qu'ils rendront des comptes sur leurs plans ;
- la réactivité « de premier niveau » (**reprogrammation**) : situer le réel par

rapport aux objectifs initiaux est le moyen de « garder le cap » en définissant, le cas échéant, des plans d'action correctifs pour faire face aux aléas sans remettre en cause les objectifs ;

- la réactivité « de second niveau » (**replanification**) : repointer la trajectoire réelle par rapport aux objectifs peut conduire, au vu d'événements majeurs, à remettre en cause les objectifs, voire à arrêter le projet.

3) **Maintenir le lien du projet avec ses « clients », utilisateurs futurs des produits du projet**. Tant le projet que les utilisateurs vivent, voient leurs contraintes et leurs motivations évoluer, et le risque existe toujours d'un « décrochage » entre un projet qui accepte des compromis avec les réalités techniques et économiques et des utilisateurs dont les besoins évoluent. La mise en place de comités d'utilisateurs et l'organisation de concertations périodiques sont donc indispensables. Pour être efficaces, elles exigent un effort pédagogique destiné à former les utilisateurs à l'analyse et à la définition de leurs propres besoins. Les responsables du projet doivent également faire l'effort de « traduire » les diverses solutions techniques possibles dans un langage accessible aux utilisateurs.

■ *Contractualisation des objectifs*

Pour des projets de grande taille se met en place une structure de sous-projets et d'unités contributrices, notamment dans les directions « métiers » auxquelles il est fait appel. Il se pose donc un problème de déploiement des objectifs globaux du projet (contrat entre maître d'ouvrage et maître d'œuvre) vers les principaux contributeurs au projet, tant à des fins de pilotage (définir des objectifs, une trajectoire) que de responsabilisation [MIDLER].

Une modalité possible de ce redéploiement est la contractualisation d'objectifs : le chef de projet négocie avec chacune des principales entités contributrices des objectifs cohérents avec les siens propres et un contrat de gestion de type « client-fournisseur » est établi sur cette base. La contractualisation d'objectifs est efficace pour responsabiliser les acteurs. Elle pose toutefois le problème de la flexibilité. En univers incertain et complexe, il est évident que le projet peut être conduit à redéfinir ses objectifs en cours de route. Cette redéfinition n'a aucun sens si elle ne se traduit pas par une modification des contrats de gestion établis avec les contributeurs au projet. Cependant, quelle est la crédibilité d'un dispositif contractuel si l'une des deux parties peut exiger à tout bout de champ la modification du contenu au gré des événements externes ? Pour résoudre la contradiction, il faut, d'une part, convenir que la modification des engagements contractuels reste une procédure exceptionnelle, d'autre part, présenter le contrat comme un outil d'analyse et de communication sur les contributions au projet, un moyen de répartir les rôles, plus que comme la délimitation intangible des responsabilités des uns et des autres, au détriment de la solidarité nécessaire pour faire face aux imprévus.

■ *Relations clients-fournisseurs*

Les rôles-clés reconnus traditionnellement en matière de gestion de projet sont la maîtrise d'ouvrage (client) et la maîtrise d'œuvre (direction de projet). Ce modèle de pouvoir et de responsabilité, défini pour articuler le projet avec l'environnement externe (client), est souvent imité pour la structuration interne du projet, fondée sur des relations client-fournisseur et, donc, sur des maîtres d'ouvrage et des maîtres d'œuvre internes au projet. Ce modèle est en fait controversé. En effet, dès qu'un projet affronte un certain niveau de complexité et d'incertitude, il y a interaction continue entre la formulation du problème à résoudre (rôle dévolu au maître d'ouvrage) et sa résolution (rôle dévolu au maître d'œuvre). Il ne s'agit pas de résoudre un problème posé une fois pour toutes, mais d'effectuer des allers-retours fréquents entre la recherche d'une solution et la formulation du problème. Le pilotage du projet ne peut donc obéir à un modèle trop simple et séquentiel de la division maître d'ouvrage/maître d'œuvre. Chaque avancée du projet pose des problèmes nouveaux, face auxquels des arbitrages doivent être réalisés entre contenu du résultat attendu, durée et coût de réalisation. Il doit donc y avoir une coopération fluide et permanente, une véritable imbrication entre maîtrise d'ouvrage et maîtrise d'œuvre.

Toutefois, la notion de « client final », pour complexe ou éloignée qu'elle soit, ne doit pas être passée par profits et pertes... La complexité et la lourdeur des grands projets industriels (aéronautiques ou automobiles, par exemple) peut faire oublier qu'en dernier ressort il y a bien un marché et des clients. Le marché peut suivre ou ne pas suivre : la dissymétrie client-fournisseur subsiste en dernier ressort, **lorsqu'il s'agit du client externe**.

■ *Les outils de pilotage de projet et leur statut*

Un problème-clé du pilotage de projets porte sur le statut des outils (contrôle des coûts, PERT, diagramme de GANTT, modèles de simulation...) : sont-ils essentiellement destinés à contrôler l'action des participants au projet (un dispositif au service du chef de projet, lui permettant de surveiller les contributeurs internes et externes) ? Une telle situation peut conduire à des dispositifs de gestion centralisés et complexes et à des réactions de rejet de la part des acteurs. C'est ainsi que Sapolsky, faisant l'historique du grand projet militaire américain Polaris (1958), montre que l'outil de planification des tâches PERT a été inventé à cette occasion pour permettre aux responsables du projet de contrôler un gigantesque dispositif de milliers d'entreprises sous-traitantes. Peu désireux de se voir contrôler dans le moindre détail, les sous-traitants comme les opérateurs internes rejetèrent l'outil et s'arrangèrent pour le rendre inopérant. Le PERT, apparaissant alors clairement comme un dispositif de surveillance négateur de toute marge d'autonomie, ne pouvait qu'être rejeté. L'outil de pilotage de projet peut à l'inverse apparaître comme une base de représentation partagée du projet, un moyen de communication et de coordination, une simple heuristique destinée à faciliter l'apprentissage collectif. On peut supposer que si le PERT avait eu un tel statut dans le cadre du projet Polaris, il n'aurait pas été rejeté avec la même unanimité [SAPOLSKY].

Si le chef de projet se voit confier la gestion du budget, il en négocie la redistribution aux divers contributeurs internes ou externes. Il peut décider de ne pas en distribuer la totalité, mais d'en garder une partie en réserve, pour faire face aux aléas ou se garder une marge de manœuvre propre (le budget non distribué constitue une **réserve de gestion**). La pratique de la reprogrammation régulière du projet au fil du temps peut conduire à modifier le budget pour tenir compte des aléas (le « budget à date » remplaçant alors le « budget initial ») ainsi que le coût prévisionnel global du projet (« coût prévisionnel réestimé ») [GIARD, 1991].

À l'instant t, les tâches réalisées se sont traduites par un certain niveau de dépense dit « coût encouru ». Le budget prévoyait d'avoir réalisé, à la date à laquelle on se situe, un niveau de dépense dit « budget encouru ». L'« écart à date » entre ces deux grandeurs recouvre :

- un effet quantité (on a réalisé plus ou moins de travaux que prévu),
- un effet productivité (les travaux réalisés ont été plus ou moins gourmands en ressources que prévu),
- un effet prix (les ressources ont coûté plus ou moins cher que prévu).

Le montant budgétaire correspondant aux tâches effectivement réalisées est appelé « valeur acquise » (c'est la valeur budgétée du réalisé). Cette valeur permet de définir l'écart de planning, imputable au degré d'avancement des travaux (avance ou retard) :

$$\text{écart de planning} = \text{valeur acquise} - \text{budget encouru}$$
$$\text{écart de planning relatif} = \text{écart de planning} / \text{budget encouru}$$

Si l'écart de planning est positif (resp. négatif), cela signifie que l'on est en avance (resp. en retard) sur le plan.

On peut par ailleurs déterminer l'écart de performance, imputable à la consommation plus ou moins efficiente de ressources (effet productivité et effet prix) pour faire ce que l'on a fait :

$$\text{écart de performance} = \text{valeur acquise} - \text{coût encouru}$$
$$\text{écart de performance relatif} = \text{écart de performance} / \text{valeur acquise}$$

Si l'écart de performance est positif (resp. négatif), cela signifie que le projet a été plus (resp. moins) efficient que le budget pour la réalisation des tâches à date.

Les deux indicateurs (écart de planning, écart de performance) doivent être analysés conjointement, car une volonté d'accélérer le projet (écart de planning positif) peut conduire à accepter un renchérissement de certaines tâches (écart de performance négatif), par exemple, en recourant aux heures supplémentaires.

L'évaluation de la valeur acquise et du budget encouru suppose que l'on sache estimer le degré d'avancement des tâches en cours en mesurant la charge de travail réalisée par rapport à celle qui demeure à réaliser (« reste à faire »). Dans la gestion du projet, il faut donc distinguer deux niveaux de performance distincts : la maîtrise des charges de travail (ne pas gaspiller l'activité) et la maîtrise des consommations de ressources (ne pas gaspiller les ressources). Par exemple, si le projet exige la réalisation de prototypes, on peut :

- par manque de coordination et d'organisation globale (utilisation suboptimale de chaque prototype), réaliser un nombre trop élevé de prototypes (= gaspillage d'activité), même si chaque proto est produit avec dextérité,
- par manque d'efficience dans la réalisation de chaque prototype, gaspiller les heures de travail, les composants achetés, les heures de machine (= gaspillage de ressources), même si l'on sait minimiser le nombre de protos.

Mesurer la charge de travail (mesurer la prestation réellement fournie) exige d'identifier des unités d'œuvre, ce qui n'est pas toujours aisé.

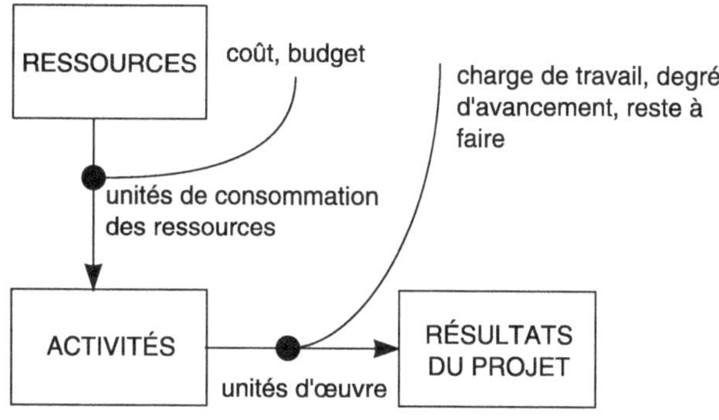

Schéma 7 : *Deux niveaux de productivité, l'activité et la ressource*

■ *Gestion du risque*

Un projet porte sur un environnement risqué. Il est donc indispensable d'analyser le risque au départ, puis de le piloter en cours de projet.

Définition

Un risque est la possibilité que se produisent un ou des événements empêchant le projet d'atteindre un ou plusieurs de ses objectifs.

Recenser les risques revient donc à recenser les objectifs, puis à rechercher les types d'événements qui peuvent empêcher de les atteindre. La gestion du risque [GIARD, 1991] peut s'appuyer sur deux types d'approches :

- Les approches quantitatives : il s'agit d'évaluer le niveau d'un risque donné, par exemple par des approches probabilistes (probabilités de dérive d'un paramètre important du projet) ou simulatoires (simulation probabilisée de séquences d'événements...). On peut décrire la **sensibilité** du projet aux principaux paramètres de risque en mettant en regard les paramètres descriptifs du risque et les niveaux résultants de la performance du projet. Par exemple, pour le projet de développement d'un nouveau produit, on pourra mettre en regard les différents scénarios de demande commerciale pour le produit et leur impact sur le niveau de rentabilité du projet.
- L'analyse qualitative des risques : il s'agit d'identifier les facteurs pouvant conduire à ne pas atteindre les objectifs. La démarche s'appuie alors sur une analyse causes-effets où l'on part de l'effet (objectif non atteint) pour remonter aux causes possibles, les « **leviers de risque** » à mettre sous surveillance (réponses à la question : quels sont les facteurs qui peuvent empêcher de réaliser cet objectif ?). Cette méthode est proche de la recherche de leviers d'action à partir d'un objectif de performance (voir chapitre 4).

L'importance de chaque risque peut être pondérée en tenant compte :

- de la gravité des conséquences si le risque se concrétise,
- de la probabilité d'occurrence,
- du niveau des réponses dont dispose actuellement l'organisation face à ce risque.

On peut par exemple convenir de noter chacun des trois paramètres sur une échelle de 1 à 3, et d'évaluer globalement l'importance du risque par le produit des trois notes.

Les risques doivent être révisés périodiquement, au cours de la réalisation du projet, afin de maintenir la vigilance nécessaire sur l'évolution possible des risques. Cette révision périodique peut s'appuyer sur des grilles d'analyse. Elle doit surtout jouir d'un climat favorable : pas de tabous sur la recherche et la révélation des risques.

■ *Gérer l'irréversibilité*

Les risques apparaissent notamment lorsque des décisions irréversibles sont prises (dimensionnement d'une nouvelle installation, choix d'une technologie, choix d'un fournisseur, réalisation d'un emprunt...). Sans irréversibilité, il n'y a pas de risque. On se heurte là à un paradoxe bien connu :

- plus on avance dans un projet, plus on prend de décisions irréversibles, plus la marge de choix résiduelle est faible,

- plus on avance dans un projet, plus l'environnement se précise et les informations disponibles sont importantes, plus on est en mesure d'optimiser les décisions qui restent à prendre.

En d'autres termes, moins il y a de décisions importantes à prendre, meilleure est l'information disponible pour les prendre.

C'est le paradoxe des courbes information/marge de liberté. L'écoulement du temps est marqué par deux flux permanents :

- un flux d'information : l'entreprise reçoit de l'information sur les situations futures (marché, concurrence), qui vient réduire la part d'incertitude dans le déroulement du projet,
- un flux de décisions : au fur et à mesure que le projet avance, des décisions sont prises (choix d'une technologie, choix d'une localisation, choix d'un fournisseur, dimensionnement d'un investissement...), et la marge de manœuvre résiduelle ne cesse de diminuer (le coût de révision des choix est de plus en plus élevé).

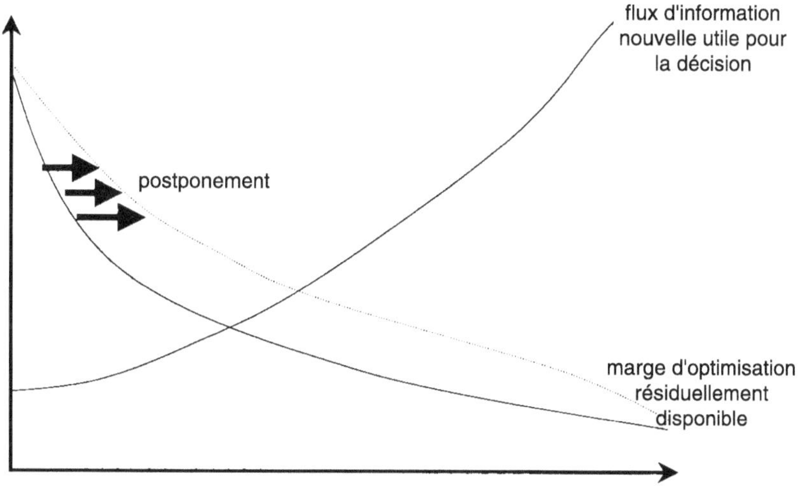

Schéma 8 : *Le postponement*

Tout ce qui peut permettre de retarder le flux de décisions, c'est-à-dire de reporter les décisions irréversibles à plus tard, augmente les chances de prendre de bonnes décisions sur la base d'une meilleure information. L'une des voies privilégiées pour maîtriser le risque est donc de **minimiser l'irréversibilité** et de la reporter le plus loin possible dans le temps (ce que Herbert Simon [SIMON, 1982] appelle le « **postponement** », le report).

■ *Amont / aval du projet*

Dans la plupart des projets, les activités amont (planification, conception) se traduisent par des décisions fortement structurantes pour la suite du projet. D'où le constat selon lequel « lorsque l'on engage les phases de réalisation aval, 80 % des performances d'ensemble du projet sont déjà prédéterminées ».

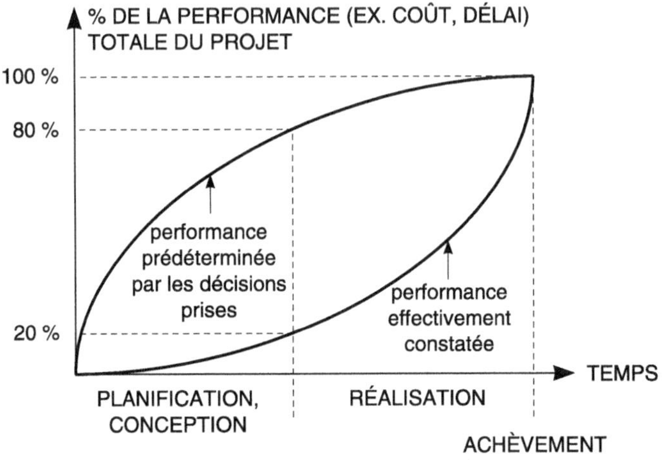

Schéma 9 : *De la performance « engagée » à la performance « constatée »*

Il s'ensuit que **le pilotage des activités amont est critique pour la réussite du projet**. Il ne s'agit pas seulement de maîtriser les dépenses et la durée de ces activités amont, mais aussi et surtout de maîtriser l'impact de ces activités sur les dépenses et la durée des activités situées en aval, en tenant compte au mieux des contraintes auxquelles celles-ci sont soumises. Cela explique l'intérêt croissant pour les approches d'**ingénierie simultanée** [MIDLER]. Dans ces approches, les diverses tâches du projet sont conduites, dans la mesure du possible, de manière parallèle et simultanée plutôt que séquentielle. De ce fait, elles peuvent interagir de manière continue, ce qui permet de mieux intégrer les contraintes et les potentiels des tâches traditionnellement réalisées en aval dans les grands choix structurants (conception, planification) effectués en amont.

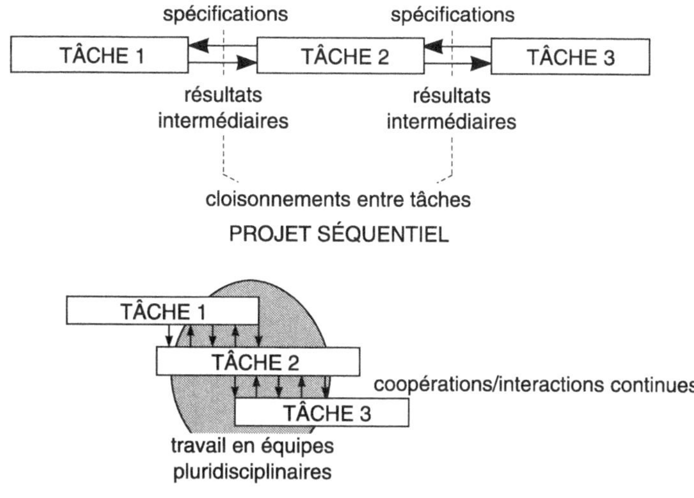

Schéma 10 : *L'ingénierie simultanée*

Exemple : facteurs de coûts (« cost drivers ») de production ou de distribution liés à la conception du produit

Dans la plupart des secteurs industriels, le coût de nombreuses activités de production et de distribution est fortement influencé par des choix de conception :

- *standardisation versus non-standardisation des composants, qui influence les coûts d'ordonnancement (nombre de références de pièces à programmer), de gestion des stocks (nombre de stocks différents à gérer), d'achat (nombre de composants à acheter), d'assemblage (complexité des opérations d'assemblage),*
- *choix de process, qui influence les coûts de fabrication (opérations plus ou moins coûteuses), de logistique (nombre d'opérations successives à desservir, création de goulots d'étranglement techniques),*
- *optionnalité du produit, qui influence la taille moyenne des lots (différenciation forte=lots de taille réduite), donc les coûts de changement de lot, de préparation et de réglage des machines, de manutention, de distribution (nombre de types de produits finis à stocker),*
- *modularité de la conception, qui influence les coûts de fabrication (facilité d'assemblage), de service après-vente (facilité de réparation)...*

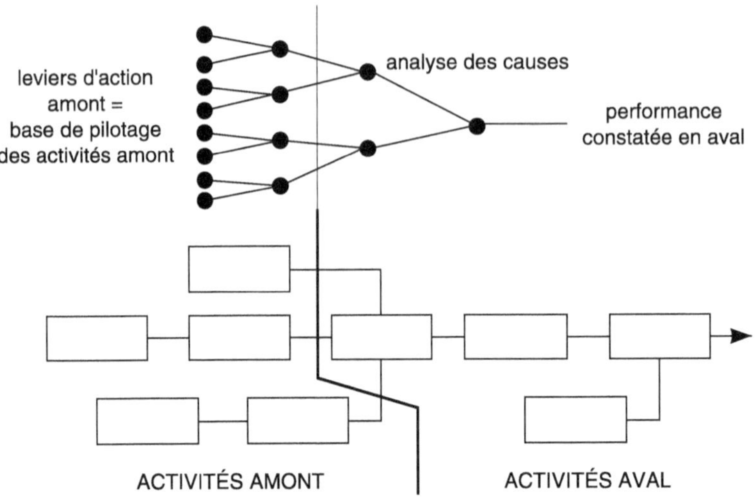

Schéma 11 : *Amont / aval du projet*

6. Évaluation stratégique des projets et portefeuille de projets

Un projet important doit être évalué, non seulement à l'aune de critères financiers, mais aussi en fonction de sa contribution aux objectifs stratégiques.

■ *Limites des méthodes d'évaluation financière classiques*

Un projet important a nécessairement un impact sur la réalisation des objectifs stratégiques. Cet impact s'exprime sous la forme d'effets attendus, tels que la réduction de coûts, l'amélioration de qualité, la réduction des délais, le gain de flexibilité, l'introduction de nouveaux produits ou services. Les méthodes classiques d'évaluation financière (Return on Investment, Taux de Rentabilité Interne, Valeur Nette Actualisée, Pay Back), certes utiles, n'en présentent pas moins des insuffisances connues :

• Mariées à une vision budgétaire, elles limitent souvent le champ de l'analyse au territoire que les promoteurs du projet contrôlent directement ou à l'environnement immédiat. Elles recensent rarement les effets « externes » parfois essentiels du projet, mais lointains et difficiles à quantifier.

Exemple

L'usine belge de montage automobile Iris monte des véhicules électriques légers à carrosserie plastique. La direction a décidé de remplacer l'encollage manuel des pièces de la carrosserie par un encollage robotisé. Ce changement technologique va transformer les profils de qualification requis (on aura besoin de programmateurs de robots, de conducteurs d'installations automatisées, d'agents de maintenance qualifiés en robotique, mais de moins en moins d'opérateurs d'encollage). L'organisation devra aussi s'adapter. La mutation va certainement affecter l'ensemble des processus de gestion des ressources humaines (gestion prévisionnelle de l'emploi, formation, mobilité et reconversions). Pourtant, cet impact, jugé lointain et incertain, n'est pas toujours pris en compte dans l'évaluation du projet, fondée sur un calcul de valeur actualisée nette.

- Mariées à l'idéologie du contrôle par « **le** chiffre » (le résultat, le « bottom line »), elles prétendent juger et classer un projet complexe par un indicateur financier unique, qui fournit une vision partielle de l'investissement (son efficacité financière) et ne permet pas de prendre pleinement en compte d'autres aspects de la performance, tels que la qualité, les délais, l'innovation, souvent au cœur de la stratégie.

- Notamment, dans un environnement **incertain** (scénarios futurs possibles non probabilisables, voire non identifiables dans leur intégralité), les choix qui préservent la flexibilité et la liberté de manœuvre à venir peuvent présenter d'immenses avantages stratégiques sur des choix apparemment plus rentables mais plus irréversibles. Les calculs classiques de rentabilité ne rendent pas compte de tels enjeux (voir en annexe 2 le recours possible dans ce cas aux techniques d'options réelles).

Exemple : l'atelier de cartes électroniques d'Electronix
(voir chapitres 6 et 7)

Nous avons vu qu'Electronix a installé un atelier flexible sophistiqué, permettant d'accroître la productivité de montage dans un contexte de complexité et de diversité élevées (milliers de références de composants, centaines de références de cartes montées). Le gain de productivité (et de qualité) est censé rentabiliser l'investissement. Mais le projet tourne le dos aux données stratégiques : en effet, l'analyse stratégique montre que la fabrication de cartes standard destinées à des secteurs de grande série (micro-informatique, électronique grand public) pour lesquels la réactivité est essentielle, mais la complexité est faible et la qualité peut faire l'objet d'un simple contrôle statistique, devrait se développer rapidement. Le besoin de cartes personnalisées de haute fiabilité devrait se réduire progressivement à des secteurs de petite série (électronique militaire, gros calculateurs). La complexité globale va donc se réduire. Le traitement de cette complexité par un atelier flexible futuriste ne se justifie pas. L'installation de quelques lignes de montage dédiées à un nombre limité de modèles, compactées, faciliterait la gestion des produits standard en juste à temps, sans stocks. Les cartes « sur mesure » peuvent faire l'objet d'un traitement manuel, dans un coin d'atelier, avec un contrôle de qualité minutieux (possible pour un flux aussi faible).

Ces choix seraient plus cohérents avec la stratégie. Les décideurs ne se sont pas assez plongés dans les réalités opérationnelles de l'activité, avec une vision prospective. Ils n'ont pas réalisé qu'une segmentation du secteur des cartes électroniques était en cours, avec une séparation croissante entre, d'une part, un marché de cartes standard de gros volumes, aux impératifs forts de coût et de délai, et d'autre part, un marché de cartes personnalisées sur mesure, avec un impératif dominant de qualité et de fiabilité. Les deux types de cartes n'appellent manifestement pas le même genre de système productif.

- Elles tendent à traiter les divers projets isolément, sans prendre en compte leurs contradictions, leurs redondances ou leurs synergies éventuelles.

Exemple

L'installation d'une nouvelle informatique bancaire visant à automatiser un grand nombre de transactions administratives actuellement manuelles peut préparer le terrain à la mise en place d'un système de pilotage de performance (suivis de volumes, de productivité, de délais, de non-conformités), projet envisagé pour une période prochaine. La rentabilité du système devrait s'évaluer sur l'ensemble des deux projets.

■ *La démarche d'évaluation*

Procéder à une évaluation stratégique des projets passe par des étapes successives :

- clarifier les **objectifs** poursuivis par le projet et leur position par rapport à la stratégie de l'entreprise, s'assurer qu'on a explicité les questions auxquelles le projet prétend répondre et qu'on les a soumises à la critique (le projet répond-il vraiment à un problème pertinent ?)
- développer des **options** pour prendre du recul, se contraindre à élargir le champ de vision et ne pas s'enfermer dans une solution unique : de quelles autres solutions pourrait-on a priori disposer pour atteindre les mêmes objectifs ?

**Exemple : le projet « CAEC » (Computer Aided Engineering Changes)
dans le consortium d'entreprises CAM-I**

Il était une fois... un débat ardu dans un consortium de recherche regroupant des entreprises américaines et européennes, le CAM-I (Computer Aided Manufacturing – international), autour du problème des modifications de conception des produits, de plus en plus nombreuses dans beaucoup de firmes, et de leur coût élevé. Quelqu'un avait proposé de confier à un consultant le soin de développer des techniques de traitement informatisé de ces modifications. En effet, elles exigent de retoucher certains produits déjà fabriqués, de rebuter certains composants, d'interrompre certaines fabrications en cours, de ressortir certains produits intermédiaires des stocks pour les « mettre à jour » : l'extrême complexité du tout justifiait effectivement largement une gestion informatique. La discussion ayant progressé, on en était à débattre du choix du consultant et des grandes lignes du projet à lancer, lorsque quelqu'un s'avisa de demander timidement si, tout compte fait, le problème principal était de faciliter les modifications en les rendant moins coûteuses, ou plutôt d'en réduire le nombre... Tous se regardèrent, soudainement conscients qu'ils étaient en train d'automatiser un dysfonctionnement... Les modifications étaient en effet dues, en majorité, à des insuffisances de développement : les produits étaient lancés avec des fonctionnalités mal validées et exigeaient ensuite, en fonction des problèmes constatés chez les clients, des changements de conception plus ou moins importants. La priorité N° 1, c'était donc plutôt de fiabiliser le développement des produits, et de conduire des recherches sur ce sujet.

- analyser **l'impact** des divers scénarios sur les processus majeurs de l'entreprise, en associant toutes les fonctions virtuellement concernées, au-delà du « premier cercle » des parties prenantes directes, pour mettre en évidence les « effets externes » du projet, ceux qui se font sentir loin de l'activité où le projet est directement mis en œuvre.

**Exemple : Introduction chez Blancbrun d'un nouveau système de gestion des
commandes au service commercial**

Chez Blancbrun, il est décidé de lancer un projet pour implanter un système de gestion des commandes unifié entre les différentes succursales, intégré sur réseau, permettant de rendre accessible sur terminaux l'état des comptes clients, de mutualiser la gestion des stocks, d'accélérer le traitement des commandes. Le projet est clairement analysé sur la base de son impact sur le processus « vendre ». Une analyse d'impact systématique révélera peut-être des effets initialement ignorés sur les processus « gérer le flux logistique » (nécessité de changer la localisation des stocks commerciaux, de revoir le système de transports) ou sur le processus « produire » (opportunité de passer en Juste À Temps).

- procéder à une **évaluation multicritère** (correspondant aux dimensions multiples de la stratégie, objectifs financiers inclus) des divers scénarios, en pondérant éventuellement les critères en fonction des priorités stratégiques,
- une fois les choix faits, mettre en place un **système de pilotage** de projet cohérent avec les objectifs poursuivis.

Si l'on veut comparer plusieurs projets entre eux, il faut établir des règles d'arbitrage multicritères. Diverses méthodes ont été développées pour agréger les multiples critères de performance stratégiques (rentabilité financière, qualité, délai, flexibilité, innovation...). Par exemple, chaque critère fait l'objet d'une note de 1 à 5, puis les critères sont affectés de coefficients de pondération en fonction de l'importance relative qu'on leur accorde, de manière à pouvoir calculer une moyenne pondérée globale. Il ne faut cependant pas mythifier le recours à une telle synthèse chiffrée pour la décision : il n'y a pas de choix automatique, dicté par un indicateur synthétique. La comparaison multicritère entre projets sera effectuée par des managers, sur des considérations partiellement qualitatives et non quantifiables, en s'aidant de leur expérience et de leur perception des priorités.

Exemple

Six paramètres d'évaluation sont pris en compte, pondérés de la manière suivante :

taux de rentabilité	*= 30 %*
durée du cycle de production	*= 20 %*
climat social	*= 10 %*
sécurité du travail	*= 20 %*
coût de revient du produit	*= 10 %*
taux de défauts	*= 10 %*

Un projet de centre d'usinage à commande numérique reçoit des notes de 3 pour le taux de rentabilité, 2 pour la durée du cycle, 3 pour le climat social, 4 pour la sécurité du travail, 4 pour le coût de revient et 2 pour la qualité. Il a une note globale de :

3 x 30 + 2 x 20 + 3 x 10 + 4 x 20 + 4 x 10 + 2 x 10 = 300 (sur un maximum de 500).

■ Gestion de portefeuille

L'impact d'un projet pour l'entreprise dépend souvent des autres projets engagés. Par exemple, l'élargissement d'une route très fréquentée aura des effets très différents selon que le pont situé en aval est, lui aussi, élargi ou pas. De la même manière, l'efficacité de l'implantation d'un nouveau système informatisé de gestion des commandes peut dépendre fortement de la transformation en amont du système de gestion de production. L'analyse d'un projet doit donc tenir compte des **interdépendances potentielles entre projets**. Cela conduit à évaluer les projets comme éléments d'un portefeuille, en tenant compte des synergies positives ou négatives, des incompatibilités, des redondances (voir méthode en annexe 2), voire en construisant des scénarios.

▨ *Conclusion : management par projets, gestion des savoirs et des compétences*

La gestion de projets a longtemps été vue comme une affaire très technique, voire technocratique (le nec plus ultra étant fourni par l'application sophistiquée d'un PERT informatisé...). La dimension managériale de la gestion de projet a été remise en avant avec les travaux plus récents sur le sujet [MIDLER] [GIARD, 1991] [NAVARRE], qui insistent sur la coopération entre métiers, la concourance (ingénierie simultanée), le rôle du chef de projet. Le management par projet diminue les risques de bureaucratisation, permet de déployer la culture du client et de la valeur dans les différents métiers, elle oriente les pratiques de gestion vers les finalités de l'entreprise et « extravertit » la culture, elle décloisonne les métiers et développe une culture de coopération, elle favorise l'initiative, l'innovation et la prise de risque.

Mais les projets continuent souvent à se heurter à certains obstacles :

- leur difficulté à s'articuler avec les cycles de planification et de gestion budgétaire de l'entreprise,
- la maîtrise des phases amont du projet et de leur impact sur les phases aval,
- surtout, les difficultés rencontrées pour organiser le retour d'expérience et, de manière plus générale, pour assurer une dynamique d'apprentissage organisationnel de projet à projet.

Si le projet est vu de manière isolée, comme une fin en soi, ou comme une P.M.E. au sein de la grande entreprise, il risque d'être difficile **d'inscrire l'apprentissage qui lui est propre dans une dynamique d'apprentissage plus globale**. C'est le risque paradoxal qui pèse sur les entreprises ayant le mieux réussi en matière de gestion de projet : réussir leurs projets, sans réussir en tant qu'entreprise. Il faut veiller à ce que la continuité lourde, corporatiste, bureaucratique et taylorienne de jadis ne fasse place à une réinvention permanente et coûteuse de l'entreprise.

Le risque majeur de la gestion de projets est de casser les mécanismes de mémorisation, de transfert d'expérience, de retour d'expérience et donc d'apprentissage organisationnel. Risque de l'« aventure unique » et d'une expérience purement personnalisée. Une certaine **formalisation** du transfert de connaissance de projet à projet est nécessaire, sans faire reposer tous les espoirs sur le charisme et la mémoire d'un chef de projet providentiel. La phase du bilan final du projet (analyse rétrospective des difficultés rencontrées, des solutions mises au point) est essentielle. Un effort de standardisation des processus de travail, des compétences, des outils, du vocabulaire utilisé dans les différents projets peut être utile. Pour assurer ces diverses tâches (bilan final, standardisation des méthodes et des outils), il peut s'avérer indispensable d'inclure les projets dans un processus « enveloppe » où figurent des activités permanentes de formation, de développements méthodologiques, d'évaluation (ex. développement d'un nouveau modèle automobile englobé dans le pilotage du processus « développement de véhicules »). Il faut s'assurer les avantages de la gestion de projets sans perdre la continuité nécessaire dans l'accumulation d'expérience.

Annexe

Articulation projets / processus :
l'exemple de la centrale nucléaire de Bellerive-s / Mer

Un bon exemple d'articulation projet/processus est fourni par le pilotage des réacteurs nucléo-électriques et de leurs arrêts programmés.

Une centrale nucléaire est une installation industrielle complexe et fortement capitalistique, compte tenu du coût élevé de l'investissement. Les enjeux de maintenance et de fiabilité y sont doublement importants : pour des raisons de sécurité, compte tenu du risque nucléaire, et pour des raisons économiques, compte tenu du coût élevé des arrêts de réacteurs, surtout lorsque ces arrêts ne sont pas programmés (l'indisponibilité du réacteur en période de fortes consommations entraîne des coûts très élevés de substitution par des centrales à combustibles fossiles : charbon, fuel).

■ *Les processus*

Le personnel de la centrale est en grande partie constitué d'équipes de haute qualification technique, chargées de la maintenance et de la conduite des réacteurs. La tradition « métiers » est très forte et se traduit par un cloisonnement excessif entre les équipes et des défauts de coordination. La centrale de Belle-rive s/Mer a décidé de cartographier son activité en processus afin de mettre en place des outils et des pratiques de pilotage moins cloisonnés entre métiers et mieux intégrés qu'aujourd'hui. Elle a ainsi identifié neuf processus majeurs :

1. gérer le combustible nucléaire (charger, décharger, apporter, évacuer, programmer),
2. gérer les déchets (effluents solides et liquides),
3. entretenir préventivement les installations,
4. assurer l'entretien curatif,
5. conduire les réacteurs,
6. assurer l'entretien du site hors installations de production,
7. acheter et approvisionner,
8. prévenir les risques,
9. gérer les compétences (y compris former).

Ces processus sont complétés par quelques activités de support telles que planifier, contrôler, communiquer en externe, communiquer en interne, développer et mettre en œuvre les méthodes de la qualité...

■ *Les arrêts programmés des réacteurs*

Il faut arrêter chaque réacteur pendant un mois tous les quinze mois pour procéder au chargement/déchargement du combustible, à la part de l'entretien programmé qui exige l'arrêt du réacteur et à une part de l'entretien curatif (l'entretien curatif non urgent est différé jusqu'à l'arrêt du réacteur s'il s'agit d'opérations beaucoup plus faciles à réaliser quand le réacteur est arrêté). L'optimisation de l'arrêt de tranche constitue un enjeu de pilotage majeur, car toute journée gagnée dans la durée de l'arrêt se traduit par des gains de plusieurs millions de francs, mais, inversement, si les opérations prévues pendant l'arrêt ne sont pas correctement effectuées, cela peut se traduire par des arrêts ultérieurs non programmés encore beaucoup plus coûteux.

Comment prendre en compte l'arrêt de réacteur dans l'analyse de processus ? Le premier choix des responsables de la centrale est de distinguer des processus « pendant arrêt » et des processus « réacteur en fonctionnement » (par exemple, distinguer des processus « entretien préventif pendant arrêt » et « entretien préventif pendant fonctionnement »).

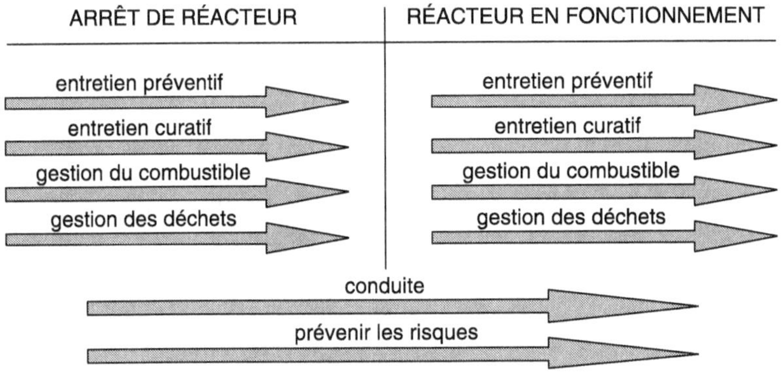

Ce choix est finalement rejeté, car la logique de finalité ne serait pas respectée : les finalités de l'entretien préventif sont unes, que le réacteur fonctionne ou pas. Le choix d'effectuer de l'entretien pendant l'arrêt ou pendant le fonctionnement n'est pas une finalité en soi, mais une question d'optimisation des moyens. La délicate optimisation du choix « réacteur en fonctionnement », « réacteur à l'arrêt » est même un élément-clé du pilotage de ces processus.

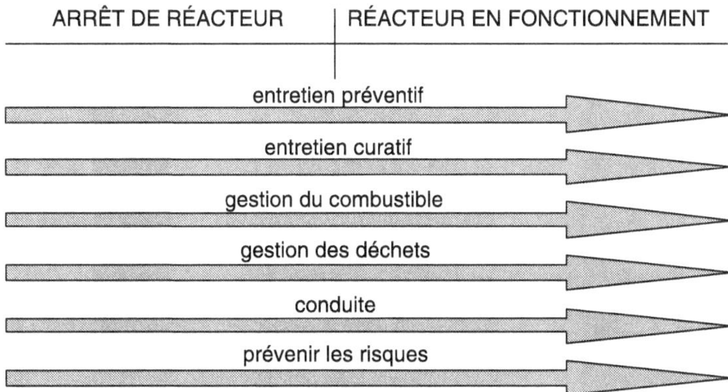

■ *Les arrêts de réacteurs dans le modèle de processus*

Comment alors prendre en compte la spécificité des arrêts de réacteurs, enjeu :

- essentiel, comme on l'a vu plus haut,
- complexe, car il faut coordonner les interventions d'acteurs multiples, internes et externes à la centrale (entreprises sous-traitantes, services techniques centraux d'EDF),
- permanent, car il y a presque toujours un arrêt en train de se préparer ou de se réaliser (préparation et réalisation de l'arrêt prennent environ quatre mois, et la centrale a quatre réacteurs).

Il apparaît alors aux responsables de la centrale qu'il y a un certain nombre d'activités spécifiques de la gestion de l'arrêt : préparation, planification, programmation, coordination et contrôle des arrêts, qui constituent un processus à part, portant sur l'organisation et le pilotage des arrêts, en dehors des activités d'entretien ou de gestion de combustible qui ont lieu pendant l'arrêt et relèvent d'autres processus. En quelque sorte, il y a un processus « gérer les arrêts de réacteurs » dont plusieurs autres processus tels que « entretenir » ou « gérer le combustible » sont clients.

Le processus « gérer les arrêts de réacteurs » est de toute évidence une enveloppe de projets, chaque arrêt de réacteur réunissant les conditions pour être érigé en projet. C'est bien un processus permanent, dans lequel certaines activités génériques (planification globale des arrêts de réacteurs, coordination entre eux, formation des acteurs pour intervenir vite et efficacement, mise au point des méthodes et des outils, bilan critique à chaque fin d'arrêt) s'ajoutent aux arrêts de réacteurs eux-mêmes. C'est un processus qui, intrinsèquement, mobilise assez peu de ressources (les ressources nécessaires pour coordonner, piloter, planifier), mais dont l'impact sur la performance des autres processus est considérable. En fait, les processus les plus lourds en ressources (entretien préventif, entretien curatif, gestion des combustibles, gestion des déchets) doivent tirer concurremment sur une même ressource rare et coûteuse, **le temps du réacteur à l'arrêt**. Le processus « gérer les arrêts », piloté en projets, doit administrer au mieux l'usage de cette ressource rare. Il coordonne les autres processus au moment où ils font appel à la ressource partagée « temps du réacteur arrêté ».

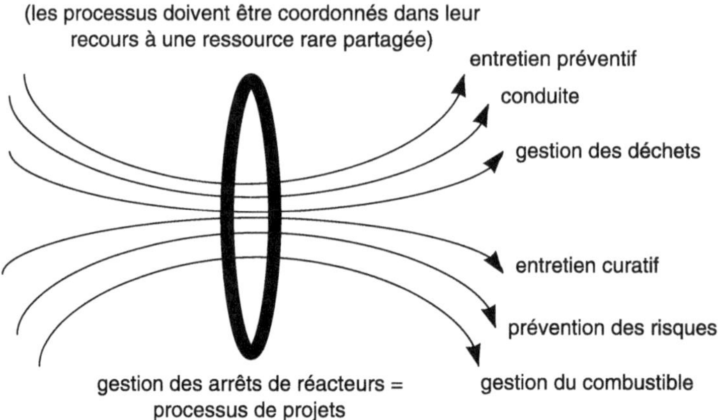

Annexe

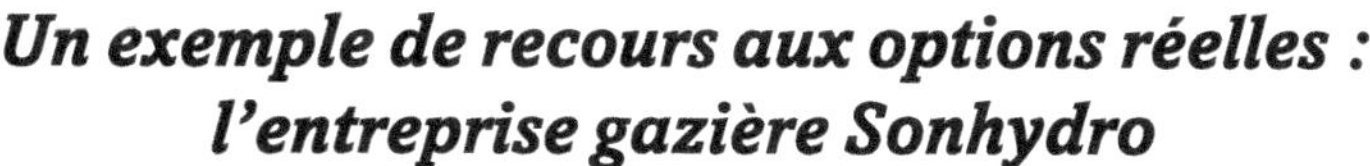

***Un exemple de recours aux options réelles :
l'entreprise gazière Sonhydro***

L'entreprise gazière sud-européenne Sonhydro gère un réseau de transport et distribution de gaz intégrant des canalisations, des stations de compression et des postes de livraison. Elle dispose d'un terminal méthanier lui permettant d'acheter du gaz liquéfié transporté par navire méthanier et regazéifié à l'arrivée. Elle dispose également de quelques capacités de stockage souterrain de gaz.

Premier exemple de scénario optionnel : stockage souterrain S

■ *Situation technique du stockage S*

Le stockage souterrain S présente des problèmes de tenue de terrains. Il voit sa stabilité menacée et son volume se réduire au fil du temps, par déplacement de certaines couches souterraines. L'ensemble des stockages souterrains de Sonhydro n'étant pas utilisé à sa pleine capacité, la Direction peut envisager, soit carrément de fermer S (en économisant les coûts de maintenance et d'exploitation correspondants), soit de le conserver en l'état, sachant que sa capacité se réduit et qu'il faudra l'abandonner à terme, soit d'engager un programme de rénovation qui exigera des dépenses de travaux C mais permettra de consolider la capacité existante et d'ouvrir même la possibilité d'un accroissement de capacité DV moyennant des investissements capacitaires supplémentaires (compression, soutirage, etc...). À l'inverse, l'abandon progressif ou brutal de S présenterait un degré élevé d'irréversibilité, car la remise en état du site après abandon exigerait de très gros investissements pour dégager la cavité. Engager les travaux C représente donc le choix de la réversibilité.

■ *Arrière-plan commercial et stratégique*

Actuellement l'activité de stockage est subordonnée au transport de gaz de Sonhydro : elle répond à un simple impératif technique de lissage et d'ajustement des quantités, lié à des décalages dans le temps entre la ressource et la consommation. Mais l'exemple des autres secteurs de l'activité industrielle (transport de matières premières ou de marchandises élaborées) tend à montrer que la notion de transport et de marché du transport s'efface progressivement au profit d'une notion de logistique intégrée et de marché de la logistique, incluant, non seulement le déplacement physique d'un lieu à un autre à une date donnée, mais aussi le stockage, l'échelonnement du transport dans le temps, l'optimisation chronologique du service par rapport au besoin (le client peut souhaiter découpler la chronologie des fournitures de la chronologie des utilisations). Une hypothèse stratégique concernant les opérateurs de transport gazier pourrait consister à prévoir le même type d'évolution pour le gaz, avec un développement futur des prestations de transport dites « modulées dans le temps » : découplage entre la date de prise de possession du gaz en amont et la date de livraison du gaz en aval, donc d'usage fortement intégré des installations de transport et de stockage. En fait, on vendrait dans ce cas des combinaisons personnalisées de prestations de transport et de prestations de stockage.

L'enjeu économique résiderait tout à la fois :

- dans la part croissante du marché du transport qui exigerait de la modulation, donc un enjeu en termes de part de marché,
- dans les sur-tarifications significatives qui pourraient être attachées au service de modulation, à valeur ajoutée plus élevée.

Si cette hypothèse se vérifiait, il est clair qu'il y aurait un gain potentiel important à espérer pour les transporteurs de gaz disposant de capacités de stockage importantes et sensiblement excédentaires par rapport au strict besoin technique imposé par la seule régulation du transport.

■ Le scénario optionnel

Le scénario optionnel consisterait à engager un programme de rénovation du stockage S, permettant de le mettre en situation d'augmentation rapide de capacité au cas où l'évolution du marché le justifierait. Les éléments d'un scénario optionnel sont réunis :

- *prime d'option :* le coût du programme de rénovation du stockage S, par rapport au maintien en l'état, donc à la réduction progressive de la capacité du fait de la détérioration progressive, voire par rapport à l'abandon, qui permettrait d'économiser, non seulement les investissements de rénovation, mais aussi les coûts d'exploitation du site,
- *incertitude :* le marché du transport modulé se développera-t-il ?
- *réversibilité :* si le marché du transport modulé ne se développe pas, Son-hydro pourra renoncer à augmenter la capacité du stockage S (n'engagera pas les coûts d'investissement correspondants) et ne supportera pas les coûts d'exploitation correspondant à une capacité accrue, puisqu'il n'y aura pas de mise en exploitation de nouvelles capacités
- *gains potentiels :* ce sont bien sûr les marges liées aux suppléments de

recettes obtenus par la vente de prestations modulables, correspondant, d'une part à des prestations de transport (à des parts du marché du transport) qui auraient été perdues (clients pour qui la modulation est un facteur incontournable), d'autre part à des prestations de transport qui auraient intégré moins de valeur et se seraient vendues moins cher, du fait qu'elles n'auraient offert aucune possibilité de modulation.

Deuxième exemple : terminal méthanier

■ *Situation technique du terminal méthanier*

Sonhydro a aujourd'hui un terminal méthanier T. Ce terminal sera, à un terme relativement rapproché, en butée de capacité. Il se posera donc la question de son accroissement de capacité. Des investissements IT d'aménagement de T sont possibles pour assurer l'accroissement de capacité DV strictement nécessaire. Il existe cependant un scénario alternatif consistant à créer un terminal méthanier entièrement nouveau sur un site X pour assurer cet accroissement de capacité DV, avec l'avantage d'ouvrir un potentiel futur d'accroissement de capacité, bien au-delà du minimum requis, car les caractéristiques environnementales du nouveau site X, loin de toute implantation urbaine et sur un espace très ouvert, et la technologie nouvelle envisagée, plus souple et modulaire, se prêteront mieux à des extensions futures de capacité. L'investissement nécessaire serait alors IX avec : IX > IT et IX − IT = DI, la création d'un nouveau site coûtant plus cher que l'extension du site existant.

■ *Arrière-plan stratégique*

L'approvisionnement du Réseau de Sonhydro par du méthane liquéfié transporté par bateau présente l'avantage d'une grande flexibilité par rapport aux sources d'approvisionnement, contrairement aux canalisations : le redéploiement du trafic maritime gazier d'un fournisseur à un autre est évidemment plus aisé que le redéploiement d'un réseau de canalisations ! Une fois le renforcement du site existant réalisé, le terminal T existant sera utilisé à pleine capacité, et d'éventuelles réorientations partielles d'approvisionnement vers le Gaz liquéfié pourront difficilement justifier l'investissement dans de nouvelles installations, en plus du renforcement du terminal T, déjà réalisé. Le choix de créer un site nouveau X, possible aujourd'hui, ne le sera donc plus guère demain, après avoir procédé aux extensions de l'installation existante. La création de X, un peu plus coûteuse que l'extension de T, est donc le choix de la flexibilité capacitaire.

■ *Le scénario optionnel*

Le scénario optionnel consisterait à assumer le surcoût d'investissement lié à la création d'un nouveau terminal méthanier, au lieu de développer le terminal existant, afin de se réserver la possibilité d'accroître rapidement et à un coût modéré la capacité de transport-regazéification du méthane dans l'avenir. Les éléments d'un scénario optionnel sont réunis :

- *prime d'option :* le surcoût lié à un nouveau terminal, par rapport au simple renforcement du terminal existant,
- *incertitude :* le marché du transport et la structure des approvisionnements (redéploiements éventuels vers de nouvelles sources d'approvisionnement accessibles par voie maritime) le justifieront-ils à terme ?
- *réversibilité :* si le marché du transport ne le justifie pas, le nouveau terminal méthanier pourra de toute manière être utilisé de manière « banalisée », pour répondre aux besoins globaux du Réseau de transport, étant donné qu'on n'aura pas renforcé les capacités existantes, même si le surcoût lié au choix d'une installation nouvelle n'est plus justifié par un enjeu stratégique (on aura perdu la prime d'option),
- *gains potentiels :* ce sont bien sûr les économies de coûts liées à la possibilité de redéployer rapidement les approvisionnements et de diversifier les sources, en jouant sur une réserve de capacité pour le transport de gaz liquéfié.

Comment Sonhydro prendra-t-elle des décisions sur ces deux sujets ?

Dans chacun des deux cas, Sonhydro est en mesure d'évaluer le montant de la prime d'option D et le montant de gain G qu'elle peut espérer d'un scénario raisonnablement optimiste (par exemple, dans le premier cas, le coût de la rénovation du stockage et le montant de profit que l'entreprise peut espérer d'un développement rapide du marché du transport modulé). Comment savoir si les valeurs de D et de G justifient d'engager l'option ou pas ? Le recours à des probabilités étant impossible, il s'agit finalement de savoir si la disproportion D / G semble suffisante pour justifier de risquer un investissement inutile. Des solutions quantifiées automatiques ne sont guère possibles.

Il s'agira plutôt d'un jugement suivi d'un arbitrage en équipe de direction, après discussion des termes du problème. Surtout, puisqu'il s'agit d'engager un processus dans le temps :

- la rénovation du stockage S prendra des mois, voire des années,
- au fil du temps les évolutions du marché du transport et du transport modulé du gaz vont se clarifier,

- les termes quantifiés du problème vont donc à la fois évoluer et se préciser,

il faut mettre en place un dispositif managérial de pilotage de cette stratégie, avec un repérage clair des échéances de repli éventuel, et des outils de vigilance. Le recours aux options réelles est plus une philosophie managériale de gestion de la flexibilité dans les grands projets qu'une technique de calcul financier.

10

Cycle de vie du produit et target costing

Le développement de nouveaux produits constitue un type particulier de projets, généralement caractérisé par un niveau significatif de technicité, l'exigence d'innovation et un degré élevé d'incertitude (incertitude technologique, commerciale, financière). Les projets de développement ne peuvent s'appréhender valablement que dans le cadre plus large du cycle de vie complet du produit, de la conception à l'abandon, cycle dont ils constituent la phase amont.

Or 80 % des coûts du cycle de vie d'un produit sont préengagés (prédéterminés par les décisions déjà prises) lorsque la première unité du produit est lancée en production, alors même que 80 % de ces coûts ne seront effectivement dépensés qu'après cette date. Sous le vocable de « target costing » (gestion par coûts-cibles) se pose donc en fait un problème vital pour l'entreprise : comment prendre de bonnes décisions en amont du cycle de vie, dans les phases de conception, développement et planification, pour optimiser l'ensemble du cycle de vie ; comment maîtriser la performance, non de ce que l'on est en train de faire, mais de ce que l'on fera dans plusieurs mois, voire plusieurs années ? Il est on ne peut plus clair dans cet exemple que le pilotage de la performance n'est pas simple affaire de mesure, mais avant tout de jugement, de jugement risqué, et c'est bien l'aptitude de l'entreprise à apprendre qui est en jeu, dans un domaine clé s'il en est, celui de la conception et de la planification de ses futurs produits.

1. Le produit et son cycle de vie

■ *Le produit*

Le produit de l'entreprise apparaît sous deux visages :

- Il est **objet matériel**, et, à ce titre, il subit des manipulations **physiques**, des stockages, des transports (processus logistique : commande, planification, approvisionnements, stockage, production, livraison), des transformations (processus de production).

- Il est **concept** et, à ce titre, il subit des manipulations purement **informationnelles** (cycle de vie : spécifications, conception, développement, qualification, modifications de conception, abandon).

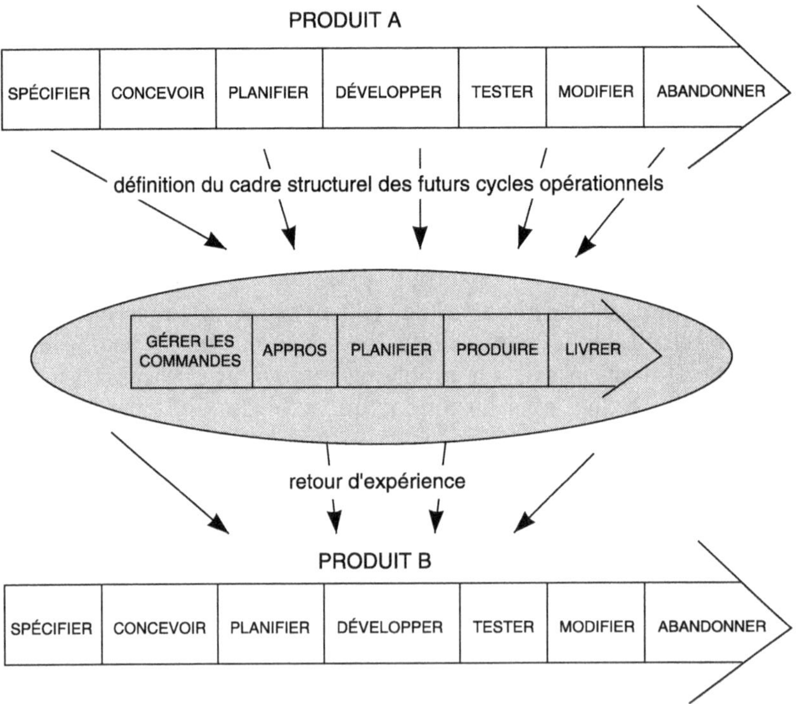

***Schéma 1** : Du produit-objet dans le processus logistique au produit-concept dans le cycle de vie*

Le pilotage opérationnel des coûts, les coûts standard, le « Juste À Temps », s'intéressent au produit sous son premier aspect (objet matériel), donc à un flux physique. Le « target costing » s'intéresse au produit sous son second aspect (concept informationnel), donc à un flux informationnel. Le processus « gestion du cycle de vie » encadre et conditionne les processus « flux logistique » et « fabrication », puisqu'il en fixe les caractéristiques structurelles (caractéristiques du produit, choix technologiques...). Mais le flux logistique et la fabrication (voir chapitre 11) rétroagissent sur le cycle de vie du produit sous la forme de retours d'expérience précieux pour les prochains développements de produits : connaissance d'éléments de coût réalistes, connaissance des véritables facteurs de performance liés à la conception du produit, notamment à sa complexité, identification et analyse des difficultés opérationnelles dues à des choix de conception.

Clark et Fujimoto [CLARK, FUJIMOTO] mettent en évidence les limites des modèles de gestion calqués sur le flux de matière (par exemple, la chaîne de valeur de Porter : voir chapitre 3). Ils mettent l'accent sur l'importance du flux informationnel lié au développement du produit : « Bien qu'il puisse sembler naturel de se centrer sur le produit physique, nous avons trouvé qu'une perspective différente, centrée sur l'information, est plus utile pour comprendre le développement du produit (...). La vue informationnelle de l'ensemble des activités de l'entreprise contraste avec la vue traditionnelle, qui se centre sur le flux de matières. Dans la seconde perspective, le développement du produit apparaît comme une activité secondaire ou activité de support. Si l'on se centre sur le flux d'information, le développement du produit passe au premier plan (...) Lorsque le développement est terminé, toute l'information issue de la conception du produit se cristallise dans les éléments du processus de production. Les activités de production traduisent la conception du produit dans des matières qui deviennent le produit physique. »

Le produit apparaît alors fondamentalement comme un **vecteur d'information vers le marché et les clients** plutôt que comme un objet physique : « Dans l'approche informationnelle, le principal objectif de l'entreprise est la communication avec les clients. Le produit comme objet matériel n'est que le medium ou le véhicule par lequel l'expérience cristallisée dans le produit et les messages des producteurs sont transmis aux clients. **Le développement du produit crée des messages porteurs de valeur.** »

■ *L'amont du cycle de vie*

À l'origine du target costing, deux constats extrêmement simples :

- pour l'entreprise qui vend des produits, **les produits sont des vecteurs privilégiés du profit,**
- **la profitabilité des produits se joue pour l'essentiel dans les phases amont** (planification et conception) **du cycle de vie**, et non dans les phases aval (production et distribution).

Le constat est désormais bien connu : 80 % des coûts du cycle de vie d'un produit sont préengagés (prédéterminés par les décisions déjà prises) lorsque la première unité du produit est lancée en production, alors même que 80 % de ces coûts ne seront effectivement dépensés qu'après cette date.

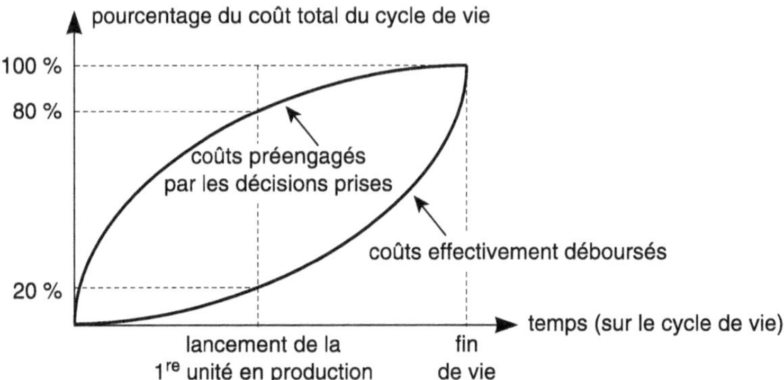

Schéma 2 : *Coûts préengagés versus coûts constatés*

Ce constat a des conséquences très importantes :

- la majorité des coûts aval de distribution et de production dépend de facteurs de performance (« drivers » ou inducteurs) liés à la planification et à la conception du produit ; il est donc bien plus facile de s'attaquer au coût des produits avant que les facteurs structurels de conception soient figés, comme le fait remarquer Malcolm Morgan [MORGAN] : « Il est bien plus facile de *concevoir économique* (design out costs) avant la production que de *réaliser économique* (control out costs) en phase de production ».
- les décisions de conception et de planification ont plus d'impact sur les résultats **futurs** de l'entreprise (par leur impact sur les futurs coûts opérationnels) que sur les résultats **présents** de l'entreprise (par leurs propres consommations de ressources, saisies à travers le contrôle budgétaire), même si, dans certains secteurs (aéronautique, défense, automobile, logiciel), les coûts de développement ont un poids important.

Il faut donc gérer les activités amont du cycle de vie en ayant en permanence la vision globale du cycle. Le coût apparaît alors comme un langage essentiel de communication entre les différentes phases, amont et aval, du cycle. C'est ce que relève Douglas Webster [WEBSTER] : « La nécessité de réaliser des compromis entre les considérations souvent multiples du cycle de vie donne encore plus d'importance au coût comme dénominateur commun pour réussir à optimiser la conception du produit ». À la limite, le coût est presque un prétexte pour interpeller les concepteurs, les forcer à se mettre en question. Les décisions amont doivent répondre à une préoccupation essentielle : optimiser les performances futures du produit. **C'est l'objet du « target costing », qui apparaît ainsi comme un maillon essentiel dans la gestion du cycle de vie.**

■ *La saturation du potentiel de progrès en production*

Se tourner vers l'amont du cycle est d'autant plus indispensable que des décennies d'efforts de productivité en production ont largement écrémé les gains potentiels dans les phases aval, alors que le potentiel de progrès reste immense dans les sphères de planification et de conception. L'accent mis sur le « Juste à Temps », la « Qualité Totale », le « Kaizen » en production ont largement produit leurs effets. Les gains marginaux tendent à décroître. C'est vers l'amont que se tourne désormais l'attention des entreprises les plus performantes. C'est ce que fait remarquer Takao Tanaka [TANAKA] : « Les efforts d'amélioration continue des coûts – kaizen – offrent de moins en moins d'occasions de gains. Les managers (japonais) sont convaincus qu'il y a plus de possibilités de réduction des coûts en planification et développement des produits qu'en production », aussi bien que Yukata Kato [KATO] : « Il n'y a plus beaucoup d'occasions de réduction de coûts au niveau de la production. À partir d'un certain seuil, l'investissement requis pour réduire les coûts dépasse la réduction de coûts qu'on peut espérer. Si une entreprise peut juger qu'elle fait son possible pour maîtriser les coûts en production, elle doit regarder dans d'autres directions. En général, les industriels japonais leaders regardent vers l'amont : conception, recherche et développement et planification des produits. Les facteurs de coûts les plus importants se situent dans les premières étapes du développement du produit. L'amont est une île au trésor pour la réduction des coûts ».

2. Définition et enjeux du target costing

■ *D'une gestion de la stabilité à une gestion du changement*

L'idée centrale du « target costing » pourrait être résumée comme suit : le prix de vente futur du produit sera imposé par le marché ; le profit à réaliser sur le produit est imposé par les choix stratégiques globaux de l'entreprise (rythme et mode de croissance, mode de financement, stratégie commerciale). Le coût ne doit donc pas être considéré comme un résultat, une résultante des efforts de développement, mais comme une **contrainte *a priori***, une cible à atteindre absolument si l'on veut que l'entreprise réalise ses objectifs stratégiques :

$$CC = PV - \Pi C$$

où :

CC = coût cible (« target cost »)
PV = prix de vente
ΠC = profit cible

Cette formule s'oppose bien sûr aux deux autres combinaisons possibles :

- la formule « de l'école primaire » **PV = CC + ΠC** applicable à des marchés « offreurs » où les producteurs peuvent imposer leur politique tarifaire, donc à des marchés peu concurrentiels, de plus en plus rares,
- la formule ΠC = **PV** – **CC**, où le prix de vente est considéré comme une contrainte de marché et le coût comme une contrainte peu malléable, ce qui ne laisse à l'entreprise que la liberté d'accepter des marchés ou pas selon leur niveau de profitabilité ; formule sans doute applicable à des sous-traitants de niveau n ne maîtrisant pas la conception de leurs produits et ayant un faible pouvoir de négociation.

Sur la base de ses compétences et de ses technologies présentes, l'entreprise peut évaluer à quel coût elle serait capable de produire le nouveau produit, sans progrès majeur : c'est le **coût estimé CE**. Là où le coût-cible CC ne dépend que de considérations de marché et de stratégie, le coût estimé CE ne dépend que des aptitudes techniques et industrielles internes de l'entreprise.

Généralement CE est supérieur à CC d'un montant Δ, écart de compétitivité à combler pendant la phase de développement. Toute la problématique du « target costing » peut donc se résumer par la formule suivante :

$$\boxed{\textbf{Résorber } \Delta = \textbf{CE} \cdot \textbf{CC} = \textbf{CE} - (\textbf{PV} - \Delta\textbf{C})}$$

Le « target costing » consiste donc à identifier et mesurer une **exigence de progrès à partir du marché**, puis à tenter d'y satisfaire. Il est planification du changement, voire, dans certains cas, identification et planification des besoins de rupture. Le « target costing » systématise la gestion du présent à partir d'une vision de l'avenir, et souvent d'un avenir relativement lointain.

Ceci explique pourquoi on l'oppose parfois aux techniques de **coûts standard**, qui sont plutôt, à l'inverse, l'outil de gestion orienté vers la gestion de la stabilité (contrôle par rapport à une norme préétablie fondée sur l'expérience) : gestion du présent à partir d'une référence établie dans le passé. C'est l'opposition que brosse Malcolm Morgan [MORGAN] : « La pratique des coûts standard reflète une norme d'ingénierie fixe et une gestion orientée par la technique, le statu quo. Comme les coûts standard ne peuvent pas être révisés assez vite dans un environnement (instable), les entreprises japonaises établissent des cibles de performance déduites du marché ». En fait, coûts standard et target costing constituent plutôt des outils complémentaires.

■ *Quelques tentatives de définition*

Du cadre ainsi ébauché émergent de multiples questions, dont les nombreuses définitions du target costing proposées par divers auteurs reflètent des visions plus ou moins restrictives. Citons, du plus réducteur au plus large :

- La définition donnée par Robin Cooper [COOPER, 1995] :
  « L'objet du target costing est d'**identifier** le coût de production d'un produit en projet de telle sorte que, lorsque le produit sera vendu, il fournira la marge de profit désirée » : dans cette définition, le target costing apparaît comme une technique de calcul de coût (limitée au coût de production).

- La définition donnée par Takao Tanaka [TANAKA] :
  « Le target costing est l'effort réalisé dans les étapes de planification et de développement pour **atteindre** une cible de coût fixée par le management. Il est utilisé pour **résorber la différence entre le coût cible et le coût estimé** par une meilleure conception et de meilleures spécifications du produit. Le but ultime est de permettre à un produit d'atteindre des cibles de profit **sur toute sa vie marchande** » : avec cette définition, le target costing prend la dimension d'une méthode de management.

- La définition donnée par Peter Horvath dans la « revue de l'état de l'art du target costing » qu'il a réalisée pour le CAM-I [HORVATH] :
  « Le target costing repose sur un ensemble complet d'instruments de planification, de gestion et de contrôle des coûts orienté principalement vers les premières étapes de conception du produit et du processus de production, afin d'adapter la structure de coût du produit aux exigences du marché. La démarche de target costing exige la **coordination de toutes les fonctions** liées au produit ».

- Quant à lui, Yukata Kato [KATO] insiste sur la nécessité d'élargir les perspectives :
  « Le target costing n'est en réalité **pas une technique d'évaluation des coûts**. C'est plutôt un programme complet de **réduction des coûts**, qui commence avant même qu'aient été créés les premiers plans du produit. C'est une démarche qui vise à réduire les coûts des nouveaux produits sur l'ensemble de leur cycle de vie, tout en satisfaisant aux exigences du consommateur en matière de qualité, de fiabilité et autres, en examinant toutes les idées envisageables de réduction des coûts au moment de la planification, du développement et du prototypage. Ce n'est pas une simple technique de réduction des coûts, mais un système complet de gestion stratégique des profits. »

Le target costing apparaît ainsi constitué d'**outils techniques** (formules de calcul de coût, outils d'estimation) et de **méthodes de management** (coordination interfonctionnelle).

■ *La performance future est jugée sous l'angle du couple valeur-coût*

Retenons de ces diverses définitions que le target costing se situe au **point de rencontre entre le marché et les compétences internes de l'entreprise : entre la valeur et le coût**. Le coût estimé est bien un coût, puisqu'il est fondé sur une estimation des ressources que consommera le produit. Mais le coût-cible n'est pas un coût : fondé sur ce que les futurs clients seront prêts à payer pour acquérir le produit, il est plutôt une approche de la valeur du produit. Le target costing consiste à gérer la performance virtuelle d'un concept de produit à travers son **couple valeur-coût** : l'aptitude du produit à fournir de la valeur aux clients (calcul d'un prix-cible et d'un coût-cible déduits de l'analyse des besoins des clients, ingénierie de la valeur), sa consommation de ressources probable (coût estimé). Comparer le coût estimé et le coût-cible, c'est comparer ressources consommées (coût) et valeur créée par le produit (prix de vente futur).

Maximiser la valeur créée (donc élever le coût-cible) passera notamment par la différenciation du produit (qualité, définition fonctionnelle, service, délai). Réduire la consommation de ressources passera notamment par les économies d'échelle, les gains de productivité, la maîtrise des flux. La pensée stratégique occidentale, notamment celle de Michael Porter [PORTER], oppose souvent différenciation du produit (« compétitivité-valeur ») et compétitivité-coût. Dans le modèle stratégique sous-jacent au target costing, au contraire, différenciation du produit et compétitivité-coût, loin de constituer une alternative, sont les deux faces d'une même médaille, les deux volets indissociables d'une même stratégie de compétitivité qui gère et optimise un **compromis permanent entre valeur et coût** [KATO] : « Bien des Occidentaux croient inefficace de poursuivre simultanément les deux stratégies de leadership par les coûts et de différenciation du produit. Les entreprises japonaises n'appliquent que rarement le cadre conceptuel de Porter. Beaucoup parmi elles, comme Toyota, Nissan, Matsushita et Sony, sont considérées à la fois comme leaders par les coûts et par la différenciation de leurs produits (...). Il est essentiel d'éviter de réduire les coûts sans se préoccuper en même temps de la qualité, des fonctions et des caractéristiques du produit telles que le client les voit », donc de la valeur. **Il ne faut surtout pas séparer les enjeux valeur et coût et les traiter comme des stratégies alternatives**. Le target costing permet de retrouver le lien indissociable entre valeur et coût et le message simple : créer le maximum de valeur au minimum de coût...

3. Des outils et des techniques

Le target costing apparaît d'abord comme une boîte à outils, incluant des outils de gestion et des outils techniques.

Les besoins d'outils sont multiples : il y en a derrière chacun des termes de **« la »** formule :

$$\boxed{\textbf{Résorber } \Delta = \textbf{CE - CC} = \textbf{CE} - (\textbf{PV} - \Delta\textbf{C})}$$

PV : il faut disposer de techniques d'évaluation prévisionnelle des futurs prix de marché des nouveaux produits. On est là, bien sûr, dans le domaine des **études et analyses de marché**.

ΠC : le profit cible doit être obtenu à partir de la planification stratégique de l'entreprise, qui permet d'établir des cibles de profit globales, puis de techniques permettant de distribuer ces cibles globales de profit entre les divers produits du futur portefeuille de produits : les outils de **planification des profits** et de gestion prévisionnelle du portefeuille de produits.

CC : le coût cible peut être obtenu par simple soustraction entre le prix de vente prévisionnel et le profit cible **au niveau du produit fini**. Mais pour constituer un instrument de gestion du développement, ce coût cible global doit être éclaté sur les composants et sous-ensembles du produit grâce à des techniques de **déploiement des cibles de coût sur les composants et les sous-ensembles**.

CE : le coût estimé (évaluation du coût du nouveau produit normalement accessible avec les techniques et les compétences maîtrisées tendanciellement par l'entreprise) est obtenu par application des outils classiques d'**estimation de coût** dans les activités d'ingénierie (techniques d'estimation paramétriques, utilisation de tables, de bases de données sur les éléments techniques de coûts : nombres d'heures de production, coût des composants achetés ; utilisation des informations fournies par la comptabilité sur les éléments de valorisation, tels que les taux horaires).

Résorber Δ : pour résorber l'écart entre le coût estimé et le coût cible, différentes méthodes d'**optimisation de la conception** peuvent être utilisées, telles que l'analyse et l'ingénierie de la valeur. C'est l'élément clé de la démarche dans les entreprises japonaises.

■ *L'architecture générale de la démarche*

L'architecture de base du target costing telle que nous l'avons décrite se présente donc comme suit :

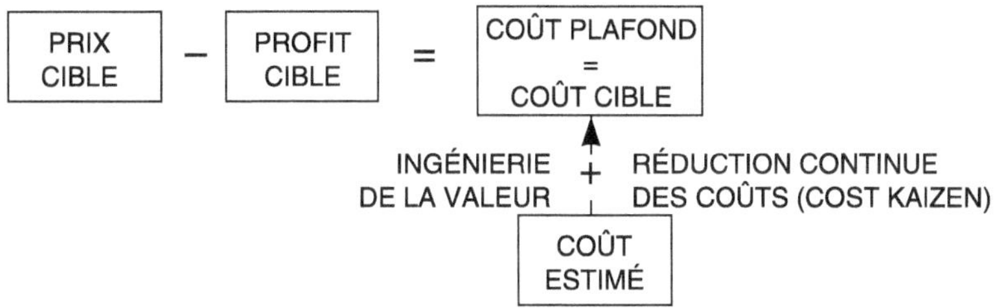

Schéma 3 : La démarche de « target costing » chez Nissan [HORVATH]

Le coût cible est désigné dans la terminologie anglo-saxonne par le terme **allowable cost** (**coût-plafond** admissible), le coût estimé par **drifting cost** (**coût tendanciel dérivé** de l'état de l'art actuel).

La description peut être affinée. En fait, l'écart entre le coût-plafond et le coût estimé est comblé en deux temps :

- dans un premier temps, par l'optimisation de la conception du produit, notamment grâce à l'ingénierie de la valeur,
- dans un deuxième temps, par les gains continus de performance en production (« kaizen »).

On introduit alors dans le schéma une distinction entre le **coût-plafond**, objectif imposé par le marché, et le **coût-cible**, objectif intermédiaire assigné aux concepteurs-développeurs, en laissant une part du chemin vers le coût-plafond aux bons soins des producteurs, grâce au kaizen (progrès continu) en production. C'est la démarche décrite par Takao Tanaka pour Toyota [TANAKA] : « Le target costing et le cost kaizen sont les systèmes de base de la gestion des coûts chez Toyota. La conception atteint ses objectifs de coût à travers le target costing, la production de masse atteint les siens à travers le cost kaizen ». L'architecture apparaît alors comme suit [SAKURAI, HUANG] [HORVATH] :

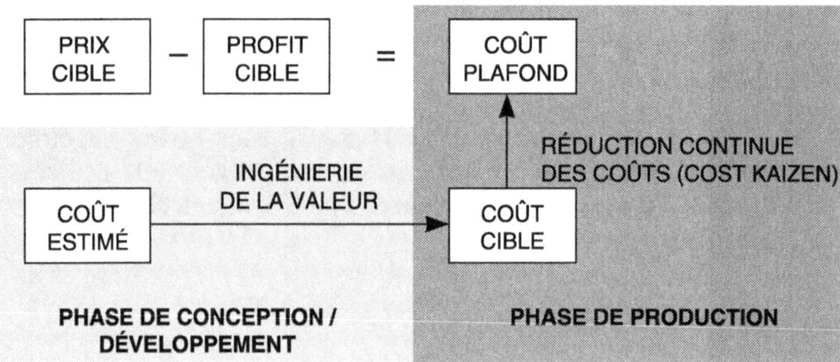

Schéma 4 : *La démarche de Target Costing chez Toyota [SAKURAI]*

L'écart entre coût estimé et coût-plafond doit être résorbé, tout d'abord par l'optimisation de la conception du produit, puis par des techniques d'optimisation des opérations, notamment en production (réduction continue des coûts d'opérations ou cost kaizen). La plus grande partie du chemin (environ 80 %) pour résorber l'écart coût-plafond/coût estimé doit être couverte par l'optimisation en conception. Le coût est d'abord **planifié** (cost planning), **conçu** (cost design), en phase amont, puis **maintenu et amélioré** (cost control, cost maintenance), en phase aval : les choix initiaux offrent un potentiel de réduction de coûts, mais il faut veiller à ce que les modalités d'exécution des opérations de production et de distribution mettent en valeur ce potentiel. Sakurai schématise cette vision dans le graphique suivant [SAKURAI, HUANG] :

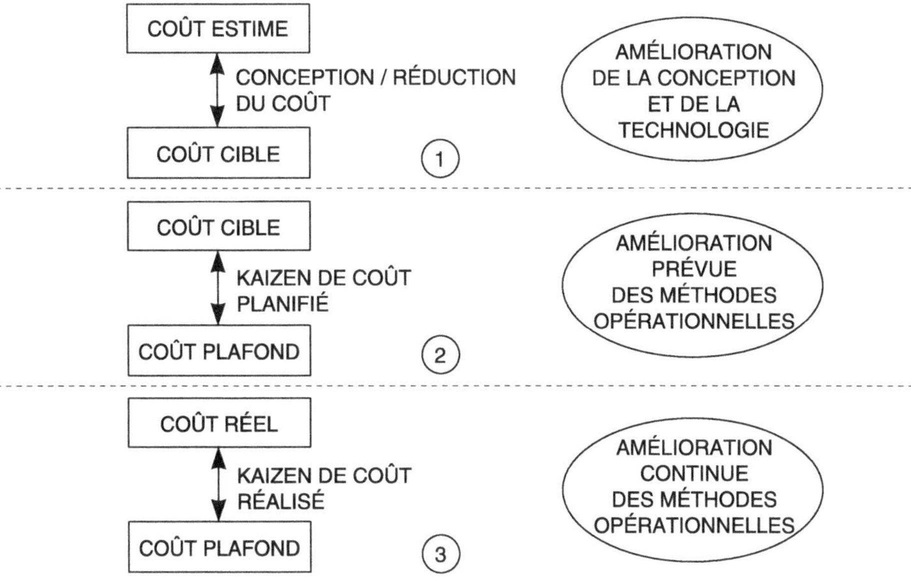

Schéma 5 *: Récapitulatif de la démarche de Target Costing*

■ *La fixation d'un prix de vente cible*

On est là dans le domaine traditionnel des études de marché. Il ne suffit évidemment pas de déterminer le prix de vente à une date donnée, mais bien de définir la **courbe d'évolution du prix de vente** sur le cycle de vie du produit.

■ *La planification des profits*

Pour déduire le coût-cible ou coût-plafond des prix de vente fixés par les études de marché, il faut disposer d'un profit-cible pour le nouveau produit. Ce niveau-cible de profit découle de la planification stratégique de l'entreprise, comme le note Yukata Kato [KATO] : « Le profit-cible pour des produits en particulier doit être dérivé de la planification stratégique *corporate* des profits. Il doit être basé sur la planification des profits à moyen terme (3 à 5 ans). (Il est alors nécessaire) d'imaginer le futur portefeuille de produits. **Allouer un profit-cible à chaque produit** (du portefeuille) est en soi une activité critique. » Les entreprises peuvent parfois s'appuyer sur des systèmes informatisés de planification du portefeuille de produits pour décomposer la cible globale de profit sur les différents produits.

Comme pour le prix de vente, le profit-cible n'est pas un niveau unique à une date donnée, mais bien, en dynamique, la **courbe de profitabilité** recherchée au long du cycle de vie du produit.

■ *Le déploiement des cibles*

Le coût-cible global du produit fini assemblé est trop agrégé pour pouvoir guider efficacement les décisions de conception et de développement : il faut pouvoir le décomposer en cibles sur les sous-ensembles, voire sur les composants individuels du produit. Deux voies peuvent être suivies pour y parvenir, la décomposition **organique** et la décomposition **fonctionnelle**, comme l'explique Peter Horvath [HORVATH] : « Le coût-cible comme chiffre unique est trop agrégé pour servir directement à des actions de réduction des coûts. Il doit être éclaté sur les composants. Il y a fondamentalement deux méthodes pour décliner un coût-cible sur les composants :

1. On l'éclate sur les sous-ensembles qui composent le produit. Cette méthode est utilisée pour les modifications incrémentales (à petits pas) du produit.
2. On regarde le produit comme une combinaison de fonctions[1] et on évalue la valeur de chaque composant sur la base de la contribution qu'il apporte à la réalisation de chaque fonction. Ceci permet de maintenir avec cohérence l'orientation par le marché ».

La méthode de **décomposition organique** repose sur une hypothèse de **continuité dans la composition organique du produit** et permet de s'appuyer sur la connaissance que l'on a des coûts actuels des composants et leur potentiel de diminution. Elle suppose la conservation pour l'essentiel en l'état des solutions techniques existantes. Elle est inapplicable si les caractéristiques fondamentales du produit doivent être remises en cause, puisqu'on est alors incapable de définir une structure organique a priori du produit.

La méthode de **décomposition fonctionnelle**, plus délicate à appliquer, est plus cohérente avec la philosophie générale du target costing, car elle part du client et du marché. Les fonctions du produit sont en fait ce que nous avons appelé antérieurement les prestations : ce sont les **besoins du consommateur** que le produit doit satisfaire, les services que le produit doit rendre à son utilisateur.

■ *Valeur et prestations du produit*

L'entreprise offre au marché des **produits** (matériels ou immatériels, biens ou services). Ces produits apportent des réponses (**prestations**) à des **besoins** de **clients**, qu'il s'agisse des besoins des clients directs (fonctionnalités des pro-

---

1. Le mot fonction désigne ici les prestations que doit fournir le produit.

duits) ou de besoins plus généraux de la société (recyclabilité, non-pollution, par exemple). L'analyse fonctionnelle du produit consiste à identifier les prestations et à en pondérer l'importance [1] [PETITDEMANGE].

Exemple : prestations (= fonctions) de divers produits

Une casserole peut se décomposer en une somme de prestations telles que : contenance de fluide, résistance à la chaleur, préhension plus ou moins facile, aspect esthétique, capacité de verser...

Un voyage organisé peut se décomposer en une somme de prestations telles que : dépaysement, soleil, activité sportive, découverte culturelle.

Une voiture offre des prestations de transport (poids, volume, vitesse, accélération), de logement (habitabilité, confort), d'apparence sociale (prestige, esthétique), de sécurité (air bag, ceintures...).

Une chambre d'hôtel offre des prestations de couchage, de toilette, de loisirs, de communications, de restauration.

La **valeur** est le jugement porté par la société (notamment le marché et les clients potentiels) sur l'utilité des prestations offertes par l'entreprise comme réponses à des besoins. La valeur exige donc la rencontre de clients et de produits, et la rencontre de deux notions plus abstraites portées par ces entités physiques : des besoins portés par les clients et des prestations portées par les produits, satisfaisant à ces besoins. Pour produire les produits porteurs de prestations, il faut consommer des ressources. Le **coût** est la mesure monétaire des ressources consommées

---

1. Analyse fonctionnelle : (AFNOR) démarche qui consiste à recenser, caractériser, ordonner, hiérarchiser et valoriser les fonctions d'un produit, à savoir les services qu'il rend à l'utilisateur en répondant à ses besoins ou les satisfactions qu'il lui procure. Nous avons ici remplacé le terme « fonction » par celui de « prestation », pour ne pas créer de confusion avec la notion organisationnelle de fonction (= métier). Point essentiel : la prestation (« fonction ») est indépendante des moyens qui la réalisent. Par exemple la fonction « écrire » est indépendante du moyen d'écriture (stylo, craie, feutre, machine...).

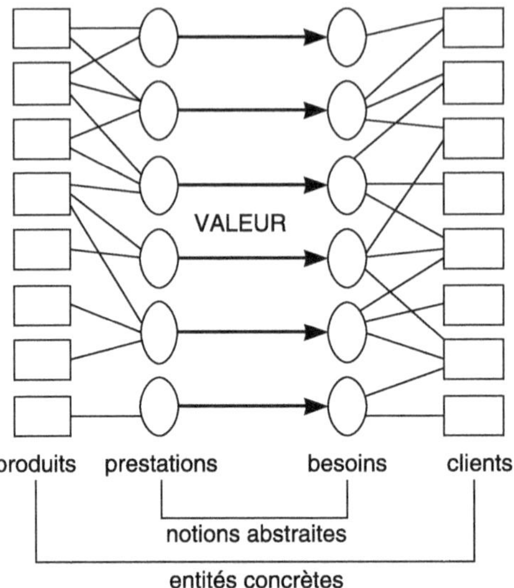

Schéma 6 : *Produits porteurs de prestations pour des clients porteurs de besoins*

Le déploiement, dans l'approche fonctionnelle, ne part pas d'un a priori technique. C'est sur cette méthode que Yukata Kato [KATO] met l'accent : « De nombreuses entreprises japonaises emploient une méthode de fixation de prix appelée *fonctionnelle*. Le prix d'un produit peut être décomposé en milliers d'éléments, chacun reflétant la valeur que les consommateurs sont prêts à attribuer/à payer pour cet élément en particulier. Les produits sont constitués d'un grand nombre de fonctions ». Le chiffre de milliers de fonctions est exagéré. Un constructeur automobile, par exemple, décompose le véhicule en quinze à trente fonctions majeures, puis en sous-fonctions.

Divers outils méthodologiques, informatisés ou non, peuvent aider dans cette démarche (méthodes de décomposition fonctionnelle, tables de conversion de valeurs fonctionnelles/performances physiques en prix). Cependant, l'approche fonctionnelle pose une question de fond. Comment rendre compte d'éléments de valeur du produit liés à son existence globale et non décomposables, comme, par exemple, le prestige de la marque ? La description d'un produit comme combinaison additive de prestations ou fonctions est-elle toujours réaliste et possible ? Un produit n'est-t-il pas autre chose que la somme de ses parties, même si ces parties sont définies sur une base fonctionnelle plutôt que sur une base organique ?

C'est en partie pour répondre à cette question que l'analyse fonctionnelle introduit une distinction entre les « fonctions exigées (hard functions) », liées à des performances techniques et à l'usage même de l'objet, et des « fonctions valorisables ou fonctions de prestige (soft functions) », liées à la satisfaction de besoins plus flous et portées plus globalement par l'entité-produit dans son intégralité (le prestige, l'esthétique, le symbole). Une autre voie de réponse possible est de considérer le produit comme une entité **intégrée** qu'on ne décompose en fonctions que pour des évaluations différentielles, à la marge. Dans la valeur de base du produit, on ne cherche pas à séparer la part relative attribuable à chaque fonction. Mais on se pose la question : combien le client serait-il prêt à payer pour une amélioration de telle fonction de X % par rapport à la définition de base du produit ?

Exemple

Le prix de vente potentiel d'un nouveau modèle automobile est évalué en version de base à partir d'une analyse du marché et de la concurrence, ou par extrapolation du modèle existant le plus proche. Puis on cherche à répondre à des questions du type : combien le client est-il prêt à payer pour que la voiture gagne 1 seconde en accélération 100 km/h arrêté ? Pour que le réservoir d'essence contienne 2 litres en plus ? Pour un gain d'isolation acoustique de x ? C'est ce type d'analyse fonctionnelle différentielle, notamment par rapport aux performances fonctionnelles du modèle précédent, qui est pratiqué chez Toyota [TANAKA] :

« Le prix catalogue d'un nouveau modèle de voiture peut être décrit mathématiquement de la manière suivante :

$$U = U_0 + (f_1 + f_2 + ... + f_n)$$

où U est le prix du nouveau modèle,
U_0 est le prix du modèle existant,
*f est la valeur des **fonctions ajoutées** par rapport à l'ancien modèle et reconnues par le marché ».*

Par le déploiement fonctionnel, on peut successivement, à partir du coût-cible du produit fini, établir le coût-cible des fonctions qui le composent, puis des sous-fonctions, et enfin des sous-ensembles et des composants (voir la technique de déploiement fonctionnel en annexe 1).

■ *L'estimation de coût*

L'estimation de coût, élément-clé du target costing, est une discipline ancienne, fortement documentée et outillée, généralement développée par les bureaux d'études et les sociétés d'ingénierie, avec constitution de **bases de données sectorielles** souvent importantes. Une bonne estimation de coûts dès les phases amont du développement peut constituer un avantage concurrentiel décisif. Ceci explique l'importance attribuée par l'industrie japonaise à ce type d'activité.

L'estimation de coût pose le problème du périmètre couvert :

- **périmètre des coûts à inclure** (inclut-on les coûts industriels indirects, les coûts administratifs, les coûts de distribution et de commercialisation, le service après-vente ?) : il est souhaitable d'inclure tous les coûts effectivement influencés par la conception et la planification du produit, et seulement ces coûts. Beaucoup de coûts indirects, y compris des coûts administratifs, peuvent être significativement influencés par les choix de conception. Par exemple, la complexité organique du produit (nombre de composants), le niveau de standardisation des composants, le nombre d'options et de variantes du produit, auront des effets sur les coûts de gestion logistique, de qualification des fournisseurs, de financement des stocks, de gestion des achats, de méthodes, de service après-vente. À l'inverse, il n'y a guère de sens à inclure des coûts dont la logique de variation n'a rien à voir avec le produit (par exemple, la publicité institutionnelle, les frais de siège, la gestion des ressources humaines, la recherche fondamentale). Il est préférable que ces coûts soient couverts par le profit-cible.

- **période** sur laquelle on souhaite estimer le coût, sous la forme d'une courbe d'évolution dans le temps, en intégrant les phénomènes d'apprentissage et les variations de volume : le coût estimé n'est pas un chiffre instantané, mais un scénario d'évolution.

Trois méthodes d'estimation sont utilisées, parfois dans la même entreprise, mais à des stades différents du développement :

1. **Les méthodes paramétriques** établissent une corrélation statistique entre le coût du produit futur et des paramètres physiques simples (le poids, le volume, la surface, la puissance) pour évaluer le coût estimé du nouveau produit à partir d'une prévision portant sur ce paramètre physique. Ces méthodes sont assez grossières. Elles s'appliquent d'autant mieux que le produit est simple. Elles peuvent notamment être utilisées dans les phases amont du développement, pour les toutes premières estimations, lorsqu'on ne sait pas encore grand-chose sur la définition technique du futur produit.

2. **Les méthodes analogiques** rapprochent le nouveau produit d'un produit similaire existant et dérivent le coût estimé du nouveau produit du coût du produit existant par évaluation différentielle. Ces méthodes sont a priori bien adaptées au cas de modifications incrémentales (ne touchant pas aux concepts de base) du produit.

3. **Les méthodes analytiques** se fondent sur une analyse technique relativement précise du produit, permettant de dégager des éléments techniques de coût (nombre d'heures d'usinage, nombre de composants à assembler, nombre d'heures de traitement thermique, nombre de points de soudure, nombre de coups de presse, kilos de revêtement...). Ces éléments techniques de coût sont valorisés sur la base des informations fournies par le département comptable et financier (prévisions de taux horaires, de coût unitaire en soudure, en presse...). Ces méthodes [MONDEN] sont a priori les plus précises, mais :

- Elles exigent de disposer d'une information déjà relativement détaillée sur le nouveau produit (elles sont donc plus facilement utilisables dans les **phases avancées du développement**).
- Elles exigent un corps d'**ingénieurs/estimateurs** à double compétence technique et économique, capables d'évaluer rapidement l'impact d'un choix de conception sur le coût.
- Leur pertinence dépend de la **pertinence du modèle d'allocation des coûts aux produits** utilisé pour calculer les coûts de revient des produits. Par exemple, si l'estimation de coût se fait sur la base d'un nombre d'heures de main-d'œuvre et d'un taux horaire, mais que les heures de main-d'œuvre ne rendent pas vraiment compte de la variabilité des dépenses, l'estimation de coût sera peu pertinente et conduira à des choix de conception erronés. Elle incitera à concevoir des produits économes en main-d'œuvre mais peut-être pourtant coûteux à produire. C'est ce qui conduit les spécialistes du target costing à s'intéresser aux techniques ABM (Activity-Based Management) et ABC (Activity-Based Costing) (voir chapitres 7 et 8).

■ *Estimation de coût et ABC (Activity-Based Costing)*

Toute l'architecture du target costing repose sur la comparaison entre coût-cible et coût estimé et la mise en œuvre d'actions visant à résorber l'écart entre les deux. La **pertinence du coût estimé** est donc essentielle au bon usage du target costing. Elle traduit une connaissance réaliste des aptitudes de l'entreprise, point de départ indispensable à tout effort d'amélioration. L'estimation de coût permet d'estimer les gains liés à des modifications de conception et d'évaluer les options et les scénarios envisageables. L'optimisation de la conception dépend donc fortement de la pertinence du modèle des coûts de revient des produits utilisé pour l'estimation.

Or ce modèle se heurte exactement aux mêmes difficultés lorsqu'il s'agit d'estimer le coût de revient futur d'un produit qui n'existe pas encore que lorsqu'il s'agit de calculer le coût de revient présent des produits actuels. En particulier, dans la plupart des cas, les modèles analytiques de coûts hérités du passé sont fondés sur le suivi réaliste des coûts directs (composants achetés, main-d'œuvre, machines) et l'allocation plus ou moins arbitraire des coûts indirects au prorata des coûts directs. Or les coûts indirects deviennent de plus en plus importants. Aussi ne s'étonnera-t-on pas si [WEBSTER] « les coûts compilés par les méthodes comptables traditionnelles satisfont médiocrement aux besoins des concepteurs ».

Les méthodes ABC (voir chapitre 8) peuvent aider le target costing en fournissant un modèle plus pertinent d'analyse des coûts indirects [MORGAN] : « Tout le système d'allocation des coûts indirects doit être reconstruit en utilisant les méthodes d'Activity-Based Costing, pour refléter les difficultés de fabrication ». C'est aussi l'avis de Peter Horvath [HORVATH] : « Pour permettre aux exigences du marché de s'étendre au contrôle de coûts indirects élevés, la combinaison du target costing et de l'Activity-Based Costing, instrument de gestion des coûts indirects, est utile. » L'Activity-Based Costing permet notamment de rendre compte de l'impact réel de la complexité (richesse organique et fonctionnelle du produit : nombre de composants, non standardisation des pièces, nombre de fournisseurs, nombre de process technologiques, nombre d'étapes de fabrication, nombre d'opérations, nombre de variantes...) sur les coûts futurs, notamment sur les coûts indirects de support liés au traitement de la complexité. Les choix de conception et de planification sont évidemment déterminants pour le niveau de complexité futur et donc pour la charge de travail et le coût des activités indirectes de logistique, de méthodes, de gestion de la qualité, de maintenance, d'achat.

Exemple

Le coût de gestion d'un composant non standard éclaire les concepteurs sur l'avantage économique d'opter pour des composants standard ; le coût de gestion d'une option supplémentaire (taux de l'unité d'œuvre « nombre d'options ») éclaire les planificateurs sur le coût approximatif d'options et de versions supplémentaires pour le produit.

Exemple : ABC et estimation de coûts chez Hewlett-Packard

*En mars 1984, une division de Hewlett Packard (Roseville Networks Division) décidait de modifier son système de comptabilité analytique. Parmi les grands objectifs affichés, le principal était de donner de **bonnes règles d'optimisation économique aux fonctions d'étude**. Le réalisme de l'estimation de coût en phase de conception a donc constitué l'une des principales raisons pour lesquelles Hewlett-Packard se tournait vers l'Activity-Based Costing.*

Il fut décidé, dès juin 1984, d'implanter un suivi de coûts par activités. Les responsables de Roseville déclaraient en effet que « c'est au niveau des processus que la mesure et le pilotage des coûts sont les plus efficaces ». Le nouveau système fut testé « off line », puis définitivement adopté comme unique système comptable opérationnel en 1985. Depuis, la démarche a été généralisée sur l'ensemble du groupe au niveau mondial.

Il n'y a plus de suivi spécifique des coûts de main d'œuvre directe. Il y a trois catégories de coûts :

- *les coûts de matière,*
- *les coûts indirects liés à la valeur de la matière,*
- *les coûts indirects de production.*

Les coûts indirects de production sont suivis sur la base d'activités, chaque activité ayant une unité d'œuvre spécifique. Il y a deux grandes catégories d'activités :

- *les activités dont la charge de travail et le coût varient avec le **volume**, pour lesquelles on adopte des unités d'œuvre de volume (nombre d'insertions automatiques, nombre d'insertions manuelles, nombre de cartes soudées, nombre d'heures de test...),*
- *les activités dont la charge de travail et le coût varient avec la **complexité**, pour lesquelles on adopte des unités d'œuvre reflétant la complexité (nombre de composants, nombre de fournisseurs, nombre d'outils, nombre d'opérations...).*

*Parmi les avantages que Hewlett Packard jugea avoir trouvé dans cette démarche ABC figure en bonne place le meilleur pilotage des études et des activités de conception (on lit, dans le rapport final de Roseville, que « les ingénieurs du bureau d'études estiment que **le système promeut la fabricabilité** »). Le système fournit notamment des paramètres valorisés pour l'optimisation de conception, portant, soit sur les coûts respectifs de différents processus de fabrication (insertions manuelle, automatique, DIP), soit sur le coût de complexité induit par des choix tels que le nombre de composants ou leur niveau de standardisation.*

■ *L'optimisation de conception*

Le principal outil pour optimiser la conception est l'**ingénierie de la valeur** [KATO] : « Les outils les plus importants et les plus puissants pour atteindre le coût-cible sont l'ingénierie de la valeur et la réduction de la diversité ». Selon Peter Horvath [HORVATH] : « L'ingénierie de la valeur est très utile pour traduire les exigences du marché en solutions techniques. Les études sur les entreprises japonaises montrent que l'ingénierie de la valeur est la méthode la plus importante pour atteindre le coût-cible ». L'ingénierie de la valeur est complétée par des techniques telles que la réduction de la complexité et de la variété (différenciation retardée, conception modulaire, standardisation des pièces, technologie de groupe).

4. Des pratiques de management

La simple énumération des outils et des techniques réalisée ci-dessus montre plusieurs aspects essentiels du « target costing » :

- **les fonctions impliquées sont multiples** : marketing (études de marché), études (analyse fonctionnelle, ingénierie de la valeur), estimations technico-économiques, comptabilité et contrôle de gestion (éléments de valorisation), stratégie (planification des profits), achats (marketing d'achats, valorisation des composants achetés), méthodes et production (choix et contraintes de process)...

- le target costing doit être une préoccupation permanente tout au long du développement du produit, sur une durée relativement longue et en faisant usage d'outils variés selon l'étape à laquelle on se situe et le niveau d'information dont on dispose : ce n'est pas un acte ponctuel, c'est **une démarche qui se déroule dans le temps**.
- le target costing vise à une optimisation globale du produit et exige un large accès à toutes les informations technico-économiques pertinentes, ce qui suppose **une étroite coopération avec les fournisseurs et les sous-traitants**.

Certaines pratiques managériales sont donc au cœur du target costing, notamment : le décloisonnement entre fonctions, la gestion de projet, l'ingénierie simultanée, le partenariat avec les fournisseurs, la gestion participative, la création de compétences nouvelles. Derrière le même corpus de techniques et d'outils peuvent se cacher des pratiques de gestion très diverses. Or les outils sans les pratiques adéquates se réduisent à un habillage technocratique. Le cas de l'entreprise Z, présenté en annexe 3, montre qu'une **entreprise peut faire usage de tous les outils techniques du target costing sans que les principes managériaux les plus élémentaires de cette approche soient respectés**. La spécificité du target costing ne vient donc pas tant des outils auxquels il fait appel, mais plutôt des pratiques de management. C'est dans le mode de management que se situent les enjeux clés. C'est là que les entreprises les plus performantes conquièrent les avantages comparatifs les plus difficiles à imiter, comme le montre la comparaison entre les cas Toyota et Z présentés en annexes 2 et 3 :

Toyota	Z
Estimations et cibles partagées par toutes les fonctions concernées	Estimations et cibles calculées distinctement par chaque fonction
Estimations et cibles utilisées pour un dialogue économique entre fonctions	Estimations et cibles utilisées par chaque fonction de manière séparée
Coûts utilisés à des fins de pilotage de la conception (de l'amont)	Coûts utilisés à des fins de contrôle des fonctions aval
Préoccupation partagée d'apprentissage collectif	Préoccupations séparées de délimitation de responsabilités
Vision du marché et du client	Vision interne
Élaboration progressive du savoir dans le temps, avec mémorisation	Perte de mémoire à chaque étape
Recherche collective du succès	Positionnement individuel par rapport à l'échec
Fardeau de l'optimisation réparti	Fardeau de l'optimisation rejeté sur l'aval
Relations coopératives	Relations antagoniques

Plus qu'une boîte à outils, le « target costing » constitue donc une philosophie de gestion qui se traduit dans des pratiques managériales. Cette philosophie de gestion tourne autour de trois thèmes clés :

- la transversalité et l'intégration,
- l'orientation vers le marché,
- l'orientation vers les opérations futures.

5. Transversalité et décloisonnement

■ *Le décloisonnement entre fonctions*

Pour parvenir à l'optimisation globale du produit par rapport à des cibles imposées par le marché, il faut en permanence jouer sur les solutions techniques, leur impact sur les performances de production, les marges de manœuvre et les compétences des fournisseurs, les fonctionnalités du produit par rapport aux attentes du client. Les liaisons entre ces divers éléments sont multiformes, imprévisibles, tissées en réseau, avec des répercussions en cascade de toute modification d'un domaine à l'autre.

Exemple

Les développeurs (métier études) changent une solution technique pour réduire le coût de production. Ce changement bouleverse le cahier des charges pour l'un des fournisseurs. Celui-ci doit alors revoir son prix (métier achats, fournisseur). Les données de l'estimation de coût (métier contrôle de gestion) s'en trouvent modifiées. Cette situation nouvelle repose le problème du coût de production (métier fabrication) en termes renouvelés...

La nécessité de mobiliser simultanément des compétences techniques, marketing et économiques exige un décloisonnement efficace entre fonctions [CLARK, FUJIMOTO] : « Un développement efficace n'est pas la tâche spécialisée d'un département de R&D, mais plutôt une activité transfonctionnelle qui exige le meilleur de la stratégie, de la planification, des achats, du marketing, de l'ingénierie, de la finance et de la production. Toutes les nouvelles méthodes mises au point pour la conception et le développement des nouveaux produits constituent en fait autant de tentatives de resserrer l'intégration entre les équipes amont et aval. » Des coopérations clés doivent se nouer :

- Marketing et développement : « Un lien organisationnel est nécessaire entre l'étude de marché et les autres départements impliqués dans le développement » [HORVATH].
- Concepteurs, développeurs et producteurs : « Les meilleurs concepteurs

sont inutiles s'ils n'intègrent pas parfaitement les techniques de production. Les ingénieurs de conception manquent souvent d'expérience concrète de production. Ils doivent donc travailler en liaison étroite avec les départements de production » [TANAKA].

- Concepteurs, producteurs et acheteurs (optimisation de la part achetée, partenariat avec les fournisseurs : voir plus loin).

Un point essentiel de ce décloisonnement réside dans son *timing* : il doit intervenir **dès les toutes premières phases** de réflexion sur le nouveau produit. En effet, les décisions qui interviennent le plus en amont sont généralement les plus déterminantes et les plus difficilement réversibles.

■ *La communication*

La condition minimale à réaliser pour décloisonner l'organisation est bien sûr d'assurer une bonne compréhension et une bonne communication entre les fonctions. Il y a donc exigence de **langage commun** [MILBURN] : « S'il est important que le personnel (de Nissan) maîtrise les principes des méthodes AMDEC (Analyse des Modes de Défaillance), DFQ (Déploiement Fonctionnel de la Qualité), DFA (Conception pour la fabricabilité), d'analyse de problèmes, il est probablement encore plus important qu'il dispose d'un ensemble cohérent de principes, de modes de fonctionnement et de procédures qui fournisse à tous dans l'entreprise un langage commun pour l'analyse et l'action. »

L'**échange d'information** sous une forme claire, lisible, rapide, est un élément essentiel du target costing, avec le souci permanent d'intégrer les composantes informationnelles essentielles. Il faut assurer [CLARK, FUJIMOTO] « un équilibre subtil entre les équipes chargées de concevoir le produit et les sources d'information et de compétence critiques, notamment trois sources essentielles : l'information sur le marché, les plans stratégiques et les résultats de l'ingénierie avancée ».

Cette communication ne passe pas seulement par la mise en place de règles et de procédures, mais également par la création de **compétences croisées**, à travers la gestion des carrières, la formation, l'information. Chaque métier doit acquérir une connaissance de base sur le langage des autres métiers.

■ *Une culture de coopération*

Il ne suffit pas que les divers professionnels concernés puissent communiquer, encore faut-il qu'ils veuillent bien **coopérer**. Le système de motivation de l'entreprise doit privilégier les solutions collectives et les rationalités globales par rapport aux rationalités corporatistes, voire individuelles. Alors seulement pourront être réalisés des prérequis indispensables du target costing, tels que la transparence des marges de manœuvre de chacun.

Cette condition est souvent difficile à réaliser. Elle heurte frontalement les cultures forgées par la pratique traditionnelle du contrôle budgétaire et de la direction par objectifs (D.P.O.) : responsabilité et indépendance sur des territoires autonomes et séparés, délimitation claire des responsabilités, contractualisation individuelle des objectifs et des moyens [WEBSTER] : « Le style de gestion typique actuel suppose que les objectifs généraux de l'entreprise peuvent être subdivisés en fragments indépendants de plus en plus petits et alloués à des sous-unités et à des individus. Le management par objectifs ignore l'interdépendance des objectifs de niveau inférieur, qui sont souvent potentiellement contradictoires. » Le cas European Motors présenté en annexe 4 illustre les contradictions qui peuvent émerger entre une pratique forte de contractualisation liée à la D.P.O. et les pratiques de Target Costing.

Forger une culture de coopération peut être, dans ce contexte, une entreprise de longue haleine, passant par l'adaptation des méthodes de :

- **responsabilisation** : engagements **conjoints et solidaires** de plusieurs entités fonctionnelles sur le produit,
- **motivation** : primes sur des résultats collectifs transversaux, reconnaissance forte de l'aptitude à la coopération,
- **contractualisation** globale et flexible : elle traduit plus un engagement collectif qu'une responsabilisation individuelle,
- **gestion de carrières** : mobilité interfonctionnelle, séjours prolongés sur certains postes-clés (ex. *chief engineer* chez Toyota),
- **culture** : orientation généralisée vers le client.

■ *Le partenariat avec les fournisseurs*

Le décloisonnement dépasse les frontières de l'entreprise. Une partie du développement est réalisée par les fournisseurs, et ce, parfois, pour des pièces ou des composants critiques. Le partenariat avec les fournisseurs, parfois très en amont, dès les premières heuristiques de conception, est donc indispensable. Selon l'importance du composant, l'implication du fournisseur devra intervenir plus ou moins tôt dans le cycle.

Le partenariat avec les fournisseurs est difficile à ajuster. La relation du fournisseur et du donneur d'ordre est en effet complexe. Elle a une dimension technico-économique : l'optimisation du produit futur passe par un échange poussé d'information sur les solutions techniques et les éléments de coût et une coopération étroite dès l'amont pour trouver de bons compromis. Mais elle a aussi une dimension commerciale : le donneur d'ordre souhaite mettre les fournisseurs potentiels en concurrence, le fournisseur peut éprouver quelques réticences à faire montre d'une trop grande transparence sur ses éléments de coût. La situation idéale voudrait que fournisseurs potentiels et donneur d'ordre coopèrent pour la réduction du coût le plus tôt possible, à livres ouverts, en dévoilant leurs structures de coûts, mais que la relation contractuelle commerciale s'établisse le plus tard possible, pour éviter de la nouer sur des données technico-économiques non pertinentes et pour faire jouer la concurrence. Ce type de scénario, « coopérer sur le coût avant de négocier le prix », est difficile à accepter pour les fournisseurs. L'échange d'informations confidentielles exige un niveau élevé de confiance mutuelle et des règles de comportement strictes.

■ *Des modes de gestion et d'organisation transversaux*

Il est essentiel d'assurer une coopération fluide et continue entre métiers, et non par simples rendez-vous périodiques et espacés comme on l'observe souvent avec la pratique de contrats clients-fournisseurs. Ceux-ci, établis à dates fixes, risquent de figer les règles du jeu entre ces dates, alors que la coopération doit être permanente et s'adapter à un flux continu de changements. C'est plutôt un fonctionnement en boucle continue qui est requis [HORVATH] : « Il y aura des boucles de feedback et de feedforward et un échange continu d'information », le contrat ne permettant pas de régler par avance tous les problèmes [CLARK, FUJIMOTO] : « Le produit est toujours complexe et il est peu probable que le processus de planification permette de révéler tous les conflits et les problèmes pertinents à l'avance » : d'où la nécessité d'adapter la coopération en permanence... ce qui rend la contractualisation délicate.

Les modes de gestion et d'organisation doivent faire sa place à la transversalité :

1. La **gestion de projet** (voir chapitre 9) : le target costing apparaît comme une pratique intégrée à la gestion de projet.
2. L'**ingénierie simultanée** (voir chapitre 9) évite :
   * d'additionner les délais,
   * de compromettre l'optimisation des phases aval par des choix amont figés sans tenir compte des contraintes aval.
   La pratique du target costing et celle de l'ingénierie simultanée visent toutes deux à l'obtention d'optima globaux, en évitant les processus de développement séquentiels où chaque phase contraint les suivantes, empêchant de parvenir à une optimisation globale. L'ingénierie simultanée, en raccourcissant les cycles de développement, réduit le besoin d'anticipation et, de ce fait, facilite le target costing. Tant pour l'établissement du coût-cible que pour celui du coût estimé, plus l'horizon de prévision se rapproche, plus le niveau d'incertitude diminue et la crédibilité du résultat augmente [WEBSTER].
3. La formation d'**équipes pluridisciplinaires** contribue au décloisonnement [WEBSTER] si les équipes sont correctement formées et encadrées : « Les équipes pluridisciplinaires identifient les options de conception et évaluent les compromis sur le cycle de vie : elles prennent des décisions trans-fonctionnelles ».

6. L'orientation vers le marché

Un ressort essentiel du target costing consiste à piloter les activités de tous les départements concernés par le produit sur la base d'objectifs et de cibles **dérivés du marché**, et non d'études d'ingénierie, d'observations historiques ou de l'arbitraire hiérarchique [SEIDENSCHWARZ] : « Le Target costing, c'est une gestion de coûts-cibles orientée vers le marché (marktorientiertes Zielkostenmanagement). La gestion de coûts-cibles orientée vers le marché est plus qu'un système d'évaluation des coûts. Elle repose sur une conception des coûts fondamentalement différente de la gestion des coûts traditionnelle. Le principe de base en est la primauté de l'orientation vers le marché. » La gestion des coûts devient donc, avec le target costing, un élément essentiel du **déploiement de la stratégie** dans l'action opérationnelle. Le target costing joue de ce fait un rôle managérial important, puisqu'**il fonde la légitimité des objectifs de gestion sur les attentes du client et du marché**, et non sur des considérations internes. Le target costing peut ainsi contribuer à « extravertir » la culture de l'entreprise.

7. L'entreprise virtuelle ou la gestion anticipée des états futurs de l'entreprise

■ *Construire la performance à la source*

La planification et la conception des produits déterminent une part importante des structures et des caractéristiques futures de l'entreprise : capacités de production, technologies, intensité capitalistique, profils de qualification, réseau de sous-traitants et de fournisseurs, mais aussi position sur le marché, modes de distribution et de commercialisation, image... L'ingénierie des produits, c'est donc en partie **l'ingénierie de l'entreprise future**. À travers les pratiques de target costing, l'entreprise investit ses ressources, son temps et ses compétences dans la gestion d'objets et de performances virtuels, qui n'existent pas encore mais qui existeront dans l'avenir.

Plus généralement : quel que soit l'objet de gestion considéré (produit, investissement, système d'information, forme d'organisation, procédure), la **capacité d'influer sur ses caractéristiques et sur ses performances est maximale au début de son cycle de vie**, au moment de sa conception et de sa planification, puis décroît exponentiellement avec le temps. Au départ, cet objet est une somme de possibles, puis, au fur et à mesure que des décisions sont prises, les options se ferment et il y a création d'irréversibilité. Le champ de l'optimisation se restreint. C'est en la recherchant à la source que la performance maximale peut être atteinte : philosophie commune à la qualité totale (créer la qualité à la source), au pilotage par les processus et les activités (créer la performance à la source) et au target costing.

■ *Simuler l'avenir*

La puissance et l'originalité du target costing ne peuvent se comprendre que sous cet éclairage : **simuler l'avenir** [CLARK, FUJIMOTO] : « le développement du produit est une **simulation** de la future expérience du client (...). Le cœur de l'évaluation du produit, c'est la simulation par les ingénieurs de la future expérience du client (...) Obtenir une simulation exacte est critique (...) Le concept du produit fusionne et traduit l'information sur l'avenir : besoins du marché, possibilités techniques, autres paramètres. »

■ *S'appuyer sur le passé*

Cependant, l'optimisation des états futurs ne peut se faire qu'à partir du passé. La compétence requise pour comprendre l'avenir et le simuler avec un maximum de pertinence ne peut se fonder que sur **l'information** et **l'expérience**, l'information sélectionnée et traitée à partir de l'expérience. Le target costing est une forme de gestion inscrite dans le déroulement du temps : formalisation et mémorisation de l'expérience passée, transmission du savoir d'une période à l'autre, décisions présentes prises sur la base de critères liés aux états futurs de l'entreprise. Le target costing construit une **chaîne temporelle inversée** : il part de l'avenir (prix-cible, marché), le projette dans la formulation de problèmes présents (choix de conception et de planification), résout ces problèmes en puisant dans le fonds de l'expérience passée (bases de données, tables, expérience des personnes impliquées). Le target costing construit un pont entre l'expérience du passé et la simulation de l'avenir.

Toute la démarche repose donc sur l'aptitude à **capitaliser l'expérience** [KATO] : « Les tables de coûts, les bases de données pour la réduction des coûts, sont cruciales. (Or le changement permanent) rend la maintenance de ces bases de données et de ces tables très difficile ». L'expérience d'estimation de coûts s'accumule à travers l'enrichissement de bases de données spécialisées. Un corps d'estimateurs à compétence technico-économique se constitue progressivement. La connaissance approfondie des marchés se cristallise dans le développement de tables de conversion valeur/prix. Une culture de coopération et d'ouverture sur le client prend peu à peu forme, les personnes de l'entreprise apprennent à travailler en équipes pluridisciplinaires. Autant de sujets sur lesquels **le temps d'une expérience longue** est irremplaçable pour fonder la clairvoyance sur l'avenir. Le target costing, comme le bon vin, résulte d'un vieillissement fécond...

8. Une démarche d'apprentissage collectif

■ *Le développement du produit est une chaîne d'interprétations*

Le développement du produit apparaît comme un enchaînement d'interprétations, de jugements, de **traductions** [CLARK, FUJIMOTO] :

- Interprétation du marché et des clients futurs par les spécificateurs du produit au marketing et dans les bureaux d'études : « Le concept du produit **traduit** l'information sur les futurs besoins du marché, les futures possibilités techniques et les autres paramètres ».
- Interprétations successives dans la chaîne du développement : « La planification du produit **traduit** le concept du produit en éléments spécifiques destinés à la conception détaillée ».
- Interprétation du travail de conception des ingénieurs d'études par les ingénieurs d'industrialisation puis de production : « L'ingénierie de processus **traduit** la conception détaillée du produit en conception du processus de production, puis enfin en processus de production réels, dans l'atelier ».

Le même type de chaîne d'interprétations pourrait être mis en évidence du côté commercial (concept stratégique traduit en spécifications fonctionnelles, en concept commercial, en politiques de distribution et de vente...).

La performance future du produit est donc de l'ordre du jugement, de l'interprétation, et par conséquent de l'ordre de la contestation, de la **discussion** et de la critique. L'amont du cycle de vie du produit est le lieu par excellence de la discussion critique et de l'élaboration « chaotique » d'un jugement collectif. L'information manipulée (projections sur un avenir éloigné) est hypothétique. L'objet en discussion (le produit futur) est complexe, à la fois concept technique qui va déterminer un processus de production et concept commercial qui positionnera l'entreprise sur le marché, vecteur par excellence de l'apprentissage collectif.

■ *Un processus négocié*

Le target costing nécessite la mobilisation des compétences et des informations de tous. Sans mobilisation et transparence, les outils demeurent une coquille vide. La rétention d'information, la préservation jalouse par chacun de marges de sécurité qui s'additionnent en cascade, la dissimulation de problèmes conduisent à l'échec. On imagine donc difficilement une pratique du target costing imposée par décret. Cette méthode de gestion repose sur des processus négociés. Citons l'exemple du déploiement de coût-cible par fonctions, sous-ensembles et composants (voir annexe 1). Quelle que soit la qualité des outils de décomposition utilisés, ils n'éviteront pas les erreurs de jugement que seule l'expérience des professionnels permettra de rectifier. Le déploiement des cibles apparaît fondamentalement comme un processus négocié : le chef de projet négocie avec les divisions concernées la réduction des coûts nécessaire, en s'appuyant sur les antécédents et sur l'expérience. La discussion se poursuit jusqu'à ce que la division et le chef de projet soient d'accord. **L'outil, le modèle de déploiement, vise à étayer la discussion et à lui fournir un référentiel : mais il ne la remplace pas.**

■ *Le target costing est une modalité d'apprentissage collectif*

Le target costing est une forme d'apprentissage organisationnel (voir chapitre 12), en visant à :

- développer des **pratiques de communication et de coopération** formelles ou informelles,
- mettre au point des **langages** permettant la communication entre individus et entre métiers, que ces langages soient formalisés (par exemple, le langage de l'analyse fonctionnelle, la codification des produits et des composants) ou informels,
- **formaliser des savoirs expérimentaux tacites** pour les rendre transmissibles et mémorisables et ne pas devoir les réinventer avec chaque produit (le problème d'une mémorisation formelle, au-delà de la transmission directe inter-personnelle, est d'autant plus vital que les produits sont complexes et à cycle de vie long : lorsque le cycle de vie dure 40 à 50 ans, comme c'est le cas pour un modèle d'avion, on ne peut évidemment se contenter de modes de transmission informels de personne à personne),
- diffuser des **méthodes d'identification et de résolution de problèmes** (par exemple, le calcul de l'indice de valeur des composants, permettant d'identifier les « composants à problème »...),
- recourir à des démarches de recherche, à l'expérimentation essais-erreurs, à la simulation technico-économique.
- construire des **compétences nouvelles**, telles que l'analyse de la valeur ou l'estimation de coûts.

Les outils requis dans un contexte d'apprentissage organisationnel ne sont pas toujours ceux que la planification de produit traditionnelle nous a légués : peu de modèles d'optimisation, plutôt des outils de simulation, beaucoup de techniques de diagnostic et de résolution de problèmes en groupe [CLARK, FUJIMOTO] : « L'intégration efficace exige le développement d'aptitudes en résolution accélérée de problèmes, incluant des méthodes de structuration de problèmes, des savoirs de prévision et des outils d'analyse et de communication. Cela implique de combiner des capacités analytiques *dures* avec les philosophies et les comportements intuitifs *soft* adéquats (...). **La résolution intégrée de problèmes sera le pavillon de reconnaissance des firmes qui prospèrent dans la nouvelle compétition industrielle. »**

Les outils classiques de gestion de projet, de type PERT ou chemin critique, reposent généralement sur une programmation séquentielle des tâches. Le chevauchement, voire le recouvrement des tâches, exigent une nouvelle génération d'outils [KATO] : « On a besoin de systèmes de gestion de projet qui gèrent des tâches en recouvrement. De tels systèmes ne peuvent être fondés sur des algorithmes d'optimisation. Ils exigent des éléments de systèmes experts ou d'intelligence artificielle. Ces systèmes incluent divers **cadres de décision ou règles déduits de la connaissance expérimentale par essais et erreurs** acquise à l'occasion des développements d'autres produits ».

◼ *Le « target costing » repose sur un modèle de pouvoir et d'incitations*

C'est l'adaptation des comportements qui risque d'être la plus difficile et la plus importante :

- Le recours à l'expérimentation doit être encouragé.
- Il ne doit pas y avoir d'autocensure dans l'identification des erreurs, ce qui exige le **droit à l'erreur**. L'erreur identifiée et analysée est le principal levier d'apprentissage.
- Les erreurs révélées doivent pouvoir être discutées librement, ce qui suppose le droit à la critique par delà les strates hiérarchiques et l'absence de tabous (le projet connu pour avoir été un échec cuisant, mais dont personne n'ose parler parce qu'il a impliqué plusieurs dirigeants...).

Le modèle de pouvoir régnant dans l'entreprise n'est évidemment pas neutre vis-à-vis de ces éléments comportementaux. Intégration transversale et communication inter-métiers impliquent des formes de **coordination non hiérarchique** peu compatibles avec une culture autoritaire et lourdement hiérarchique.

Rien ne peut se faire sans le bon vouloir des acteurs, tous porteurs de leur part de savoir (concepteurs, experts en marketing, commerciaux, ateliers de production, ingénieurs de méthodes, acheteurs, financiers...). Il est donc nécessaire de mettre en place un **système d'incitations** cohérent avec les pratiques de target costing. Le système d'incitations peut recourir à divers registres d'intervention (modes de rémunération, gestion des carrières valorisant les expériences de coopération réussie...) pour développer un système de valeurs spécifique, privilégiant la contribution à l'apprentissage collectif, l'esprit de coopération, l'aptitude à l'écoute, la curiosité intellectuelle et l'esprit d'investigation, l'incertaine « vérité du marché », plutôt que le pouvoir individuel, la responsabilisation et la performance personnelles, l'inflexible « vérité technique »...

◼ *Conclusion*

Pas plus que le kan ban n'est une boîte d'étiquettes ou la qualité totale un ensemble de courbes statistiques, le target costing n'est une boîte à outils. Il constitue une démarche de management ambitieuse, de portée stratégique. Ce n'est bien sûr pas une panacée, ni une réponse universelle à tous les problèmes, mais il se révèle être, pour les entreprises dont l'activité s'organise autour de produits, un fil d'Ariane d'une grande efficacité pour guider l'entreprise dans la construction de son système d'apprentissage collectif autour d'un objet d'une importance et d'une légitimité incontestables pour tous : le produit de l'entreprise, le produit en gestation à travers lequel se perçoit l'entreprise en gestation.

Annexe

Calcul du coût-cible d'un composant par le déploiement fonctionnel

Etape 1 : décomposer le produit en fonctions (=prestations) (**analyse fonctionnelle**), en répondant aux questions : quels sont les services rendus par le produit au client ? À quels besoins répond-il ?

Etape 2 : pondérer le **degré d'importance** δ_i de chaque fonction i pour le client (total des degrés d'importance des fonctions = 1). Cette tâche revient à décrire le profil de goûts et les besoins-types du segment de marché visé. Par exemple, dans un projet automobile, par les degrés d'importance attribués aux fonctions, on définit une cible de clientèle plus ou moins sportive (degré d'importance attribué aux performances du véhicule), plus ou moins familiale (degré d'importance attribué à l'espace intérieur, au confort), plus ou moins sensible aux enjeux de sécurité (degré d'importance attribué aux fonctions sécuritaires)...

Etape 3 : valoriser les fonctions. Le **coût-cible d'une fonction i CC_i** est égal au coût-cible du produit complet **CC** multiplié par le degré d'importance de la fonction δ_i.

$$CC_i = CC \times \delta_i$$

Etape 4 : évaluer la **contribution de chaque composant à la réalisation de chaque fonction**, en construisant une matrice composants/fonctions. Dans les cases de la colonne correspondant à la fonction Fi figurent les contributions des composants à la fonction Fi, en pourcentage. Dans l'exemple présenté ci-dessous, le composant C1 contribue pour 57 % à la réalisation de la fonction F2, le composant C2 y contribue pour 13 %, le composant C3 pour 8 % et le composant C4 pour 22 %.

Etape 5 : évaluer le **degré d'importance de chaque composant**. Le degré d'importance d'un composant est obtenu en calculant la moyenne de ses taux de contribution aux différentes fonctions, pondérée par les degrés d'importance des fonctions. Dans l'exemple présenté ci-dessous, le degré d'importance du composant C4 est égal à :

$$(11\,\% \times 0{,}2) + (22\,\% \times 0{,}13) + (28\,\% \times 0{,}31) + (61\,\% \times 0{,}07)$$
$$+ (29\,\% \times 0{,}29) = 26{,}5\,\%$$

FONCTIONS

	F1	F2	F3	F4	F5	TOTAL
Degré d'importance δ **des fonctions :**	0,2	0,13	0,31	0,07	0,29	1,00
Composant C1		57	24		12	18,3
Composant C2	38	13		39	25	19,2
Composant C3	51	08	48		34	36
Composant C4	11	22	28	61	29	26,5
TOTAL	100	100	100	100	100	100

Les degrés d'importance des composants C1, C2, C3, C4 ainsi obtenus sont donc : 18,3 % ; 19,2 % ; 36 % ; 26,5 %. Par construction, la somme des degrés d'importance des composants est égale à 100 %.

Etape 6 : calculer les **poids relatifs des composants dans le coût estimé total**. On calcule en pourcentage le poids relatif du coût estimé de chaque composant dans le coût estimé total. Supposons que, dans notre exemple, les poids respectifs de C1, C2, C3 et C4 dans le coût estimé total soient : 23 %, 18 %, 30 %, 29 %.

Etape 7 : On peut alors calculer pour chaque composant un **« indice de valeur »** qui compare le poids relatif du composant en valeur (degré d'importance) et en coût (poids relatif dans le coût estimé total). L'indice de valeur d'un composant est égal au ratio entre son degré d'importance et son poids relatif dans le coût estimé total. Dans notre exemple, les indices de valeur respectifs des composants C1, C2, C3 et C4 sont :

18,3 / 23 = 0,8
19,2 / 18 = 1,07
36 / 30 = 1,2
26,5 / 29 = 0,91.

(Ex. pour C1 : degré d'importance = 18,3 % ; poids dans le coût estimé = 23 % ; indice de valeur = 18,3/23.)

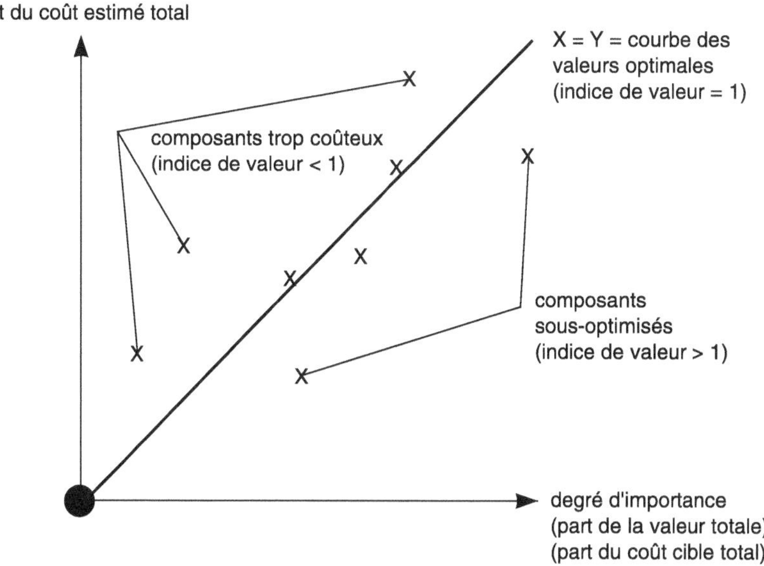

La valeur optimale de l'indice de valeur est 1 (cohérence coût/valeur). On peut porter les indices de valeur sur une « courbe de contrôle de la valeur » pour visualiser la distance entre les composants et la bissectrice. Celle-ci, qui réunit les points pour lequel le degré d'importance du composant est égal à son poids relatif dans le coût, est la courbe de valeur optimale. Les composants « à problèmes » sont ceux qui s'écartent le plus de la bissectrice :

- si leur indice de valeur est inférieur à 1, il y a présomption qu'ils coûtent trop cher pour la contribution qu'ils apportent à la satisfaction du client et pénalisent ainsi la compétitivité du produit,
- si leur indice de valeur est supérieur à 1, il y a présomption que les solutions de conception retenues sont sous-optimisées par rapport à l'importance du composant pour la satisfaction du client (par exemple, que les matériaux utilisés ne sont pas de qualité suffisante).

Il s'agit seulement de présomptions, de signaux d'alarme destinés à attirer l'attention des responsables : on peut fort bien trouver une excellente solution technique pour un composant qui soit aussi économique. Dans ce cas, l'indice de valeur supérieur à 1 n'est pas inquiétant. Structure de coût et structure de valeur ne doivent pas nécessairement être identiques. Une divergence profonde mérite cependant qu'on y regarde de plus près.

L'exemple de Toyota

Les spécialistes considèrent que Toyota a inventé le Target Costing en 1965. Les axes de pilotage du développement dans ce groupe sont la planification du profit sur la totalité du cycle de vie et l'optimisation-coût de la nouvelle conception. L'ensemble du projet de développement est orchestré par un « chief engineer » en charge de la ligne de produit et exerçant des missions de chef de projet [TANAKA] : « L'ingénieur principal est équivalent en position à un directeur général. Il y a autant d'ingénieurs principaux que de lignes de produits. L'ingénieur principal est plus un chef de projet qu'un superviseur du développement ». C'est sous l'autorité de cet « ingénieur principal » qu'une fois mis en place le cadre marketing du projet celui-ci entre dans la phase de planification des coûts. Le *chief engineer* ayant en charge la même ligne de produit (le même créneau de la gamme automobile) pendant 10 à 14 ans, il supervise successivement trois ou quatre générations de véhicules. L'accent est donc mis sur la continuité du **processus de développement** au moins autant que sur le pilotage de projets.

Avec les méthodes de calcul habituelles du target costing, on estime une réduction de coût globale à réaliser (CE – CC). Avec l'éclairage indicatif d'un déploiement organique ou fonctionnel (ou d'un mix des deux), la réduction de coût globale est répartie entre les divisions, de manière négociée entre les divisions et le « chief engineer ». Chaque division d'étude est alors responsable de l'atteinte de ses propres objectifs. Pendant une phase de développement initiale, plusieurs projets concurrents sont menés de front. Un jalon-clé est constitué par le choix du design, avant production du premier prototype. On considère que l'essentiel des gains doit avoir été assuré avant.

Le coût et le prix de vente sont souvent estimés à partir du modèle précédent dans la même ligne de produit. On estime, de manière différentielle, les gains de valeur (augmentations de coût-cible) liés aux nouvelles fonctions proposées au marché et les variations de coûts (augmentations de coûts estimés) liées aux modifications techniques prévues. L'estimation de coût est facilitée par le fait que le processus de production n'est pas fondamentalement modifié avec l'introduction du nouveau véhicule : on évite de tout changer à la fois. Même constat que pour la longévité du *chief engineer* : l'accent est mis sur la continuité du processus.

Annexe

L'exemple du constructeur informatique « Z »

■ *Présentation de Z et du cycle de vie des produits*

L'entreprise Z est un grand groupe électronique européen implanté aux Etats-Unis. Il conçoit et fabrique des équipements informatiques. Il comprend notamment 5 grandes structures :

- les départements fonctionnels du siège, notamment la Stratégie et les Finances,
- des réseaux commerciaux, organisés sur une base géographique et sectorielle,
- une direction des études chargée de concevoir et développer les produits,
- une direction industrielle, chargée de les fabriquer,
- des lignes de produit à dominante marketing stratégique, chargées de piloter le cycle de vie des produits.

Le cycle de vie des produits est étroitement codifié et réglementé : jalonnement par des revues et des réunions décisionnelles, règles strictes quant aux documents de gestion (plan marketing, plan d'industrialisation, plan de production) qui doivent être fournis à chaque étape et qui alimentent l'élaboration de plus en plus complète et détaillée du plan de produit (*product business plan*) au fur et à mesure de l'avancement du développement.

■ *Les outils du Target Costing*

L'entreprise Z pratique l'analyse de la valeur, l'analyse fonctionnelle des produits, l'estimation de coût, la planification des profits, selon les modalités suivantes :

1. la ligne de produit établit les spécifications générales (marketing) du nouveau produit ; elle fait une étude de marché et une étude stratégique qui lui permettent d'établir un coût de revient-cible C1 susceptible d'assurer un niveau de profitabilité compatible avec les projections stratégiques d'ensemble de l'entreprise ; les prévisions financières du business plan du produit sont fondées sur ce coût C1 qui est communiqué par la ligne de produit à la direction des études et à la direction industrielle comme objectif à tenir pour assurer le succès du produit ;

2. la direction des études conduit les premières étapes de conception à partir des spécifications qui lui sont communiquées par la ligne de produit ; au

moment de la conception détaillée du produit, la direction des études fait entrer en scène son équipe d'ingénierie de la valeur pour établir une estimation de coût de revient détaillée, non aux conditions normales de production de Z, mais dans des conditions idéales de production : taux horaires les plus bas d'Europe, composants acquis aux meilleures conditions commerciales, productivité maximale, ajustement strict des capacités aux volumes de production réels ; ce coût C2 est communiqué par la direction des études à la direction industrielle pour indiquer à celle-ci l'objectif que la conception du produit lui permet a priori d'atteindre si elle sait se placer dans les conditions de compétitivité les plus favorables ;

3. la direction industrielle, sur la base de la conception détaillée du produit, assure l'industrialisation et procède à une nouvelle estimation de coût C3 à des conditions qu'elle juge conformes à la situation réelle de l'entreprise ; la ligne de produit est alors conduite à négocier une révision du plan produit (product business plan) avec la direction industrielle.

■ *La couleur, l'odeur, la saveur du Target Costing mais...*

On peut, sur la base de cette rapide description, procéder à quelques constats de base :

I. Le coût C1, qui pourrait se rapprocher d'un coût-cible, ne semble en fait être utilisé que de manière interne à la ligne de produit et pour étayer la décision de lancement ou non-lancement en études. Une fois passée la phase initiale, il n'est plus exhumé et surtout pas comparé aux coûts ultérieurs. Ceci se traduit par une tendance des lignes de produit à sous-estimer systématiquement C1 pour « faire passer » leurs produits, sachant que les lignes de produit se font concurrence sur les enveloppes d'investissement et se sentent peu responsabilisées sur le réalisme de ce chiffre qui ne fait l'objet d'aucun suivi.

II. Le coût C2, calculé à l'aide d'instruments d'évaluation perfectionnés (tables de coûts, analyse fonctionnelle et organique, base de données), est calculé par la direction des études au stade de la conception technique détaillée, lorsqu'il est trop tard pour influencer significativement les choix de conception. Affiché comme outil d'orientation de la conception, il ne peut donc en aucun cas jouer ce rôle. En fait, il semble clairement destiné à contrôler la performance des producteurs et à faire la part, dans les éventuels dépassements futurs, entre ce qui peut être imputé au concepteur et ce qui peut l'être au producteur. Significativement, d'ailleurs, les concepteurs se montrent très attachés au calcul de C2 pour, disent-ils, « mesurer la compétitivité spécifique du concepteur, faire le partage entre compétitivité du concepteur et compétitivité du producteur ».

III. La direction industrielle juge, non sans raison, C2 irréaliste et non significatif et se hâte de recalculer son propre coût estimé. Mais, étant donné qu'elle le fait *proprio motu* et sans concertation avec les autres fonctions, rien ne l'empêche de prendre les marges de sécurité qu'elle juge prudent de conserver pour « faire face aux aléas », voire contribuer à absorber les conséquences de l'échec éventuel d'autres produits (par exemple, absorber des coûts de surcapacité).

IV. Lorsque la version de démarrage du *product business plan* doit être élaborée, l'écart entre l'hypothèse de coût initiale C1 et l'estimation industrielle C3 est invariablement important, au point de menacer parfois la viabilité économique du produit déjà développé. La direction industrielle a besoin de la charge de travail correspondant au produit, la ligne de produit ne peut afficher le caractère irréaliste de ses prévisions et veut faire vivre le produit, la direction des études est fière de son concept : toutes les fonctions de « l'offre » se retrouvent liguées pour « viabiliser au forceps » le plan produit en bouclant, par exemple, sur des prévisions de volume de ventes et de chiffre d'affaires volontaristes, à afficher comme objectif... pour les réseaux commerciaux.

De cet exemple, on peut déduire quelques faits saillants :

- les divers outils sont utilisés dans l'entreprise Z de manière séparée, non dans le cadre d'un dialogue entre fonctions, mais au sein de chaque fonction,
- en fait, ils sont utilisés, non pour le pilotage et la « gouverne propre » de chaque fonction, mais pour mesurer le degré de responsabilité dans la non-atteinte des objectifs des autres fonctions, plus particulièrement des fonctions situées plus en aval,
- en d'autres termes, les divers outils ne sont pas utilisés à des fins de décloisonnement, d'optimisation globale et d'intégration, mais au contraire « pour dédouaner » chaque fonction et contrôler les autres, dans le cadre de relations apparemment fortement antagoniques.

Annexe 

L'exemple du constructeur automobile European Motors

European Motors est un grand groupe automobile européen. Il met l'accent depuis plusieurs années sur l'importance de la gestion de projet pour le développement de nouveaux véhicules. Il a acquis une forte expérience dans ce domaine. Cependant European Motors montre une efficacité économique insuffisante : le développement des nouvelles voitures coûte trop cher et le coût de développement continue à croître rapidement.

■ *L'organisation du développement*

Les projets sont très autonomes. Ils sont regroupés dans une Division des Produits et Projets, structure légère, au rôle de coordination limité. Dans cette Division, les projets de véhicules côtoient une Direction de la Gamme Produits, structure fonctionnelle chargée d'apporter un soutien marketing aux projets et d'assurer la cohérence générale de l'offre European Motors (cohérence de la gamme de produits, cohérence des prix, cohérence des politiques marketing).

Il y a par ailleurs, au sein de la Direction du Budget et du Contrôle, une équipe d'estimation de coûts, constituée d'ingénieurs ayant accumulé une forte expérience en matière d'estimation des coûts des composants automobiles.

■ *La gestion de projet*

La gestion de projet est organisée en phases. Les jalons-clés sont la conclusion de l'avant-contrat, puis celle du contrat de projet. Avant l'avant-contrat, il y a des phases d'exploration et de planification. L'avant-contrat marque le démarrage officiel du projet. Environ un an plus tard, c'est-à-dire trois ans avant le lancement du véhicule sur le marché, un contrat de projet est négocié et formalisé entre le chef de projet et les équipes de métiers concernées (marketing, équipes techniques de développement, design...). Le contrat joue un rôle important du point de vue managérial. Il fait partie intégrante de la culture de l'entreprise. Il a permis de rompre avec une culture naguère assez bureaucratique : c'est le principal outil pour responsabiliser les acteurs sur des objectifs partagés. Il sert de levier au chef de projet et lui confère un certain pouvoir de pression sur les métiers « verticaux » Le contrat est aussi l'occasion de formaliser des objectifs techniques et économiques.

■ *Target costing ou « méthode X »*

Il y a quelques années, en collaboration avec un laboratoire de recherche universitaire, la Direction de la Gamme Produits a développé un outil de target costing, à une époque où on ne parlait guère de target costing en Europe. La Direction de la Gamme Produits a baptisé la méthode « méthode X ». On y retrouve tous les éléments techniques du target costing :

- détermination d'un prix de vente cible du véhicule, sur la base d'une étude de marché,
- traduction du prix cible en coût de revient cible en fonction des cibles de profitabilité prévues au plan stratégique,
- décomposition du véhicule en une vingtaine de fonctions majeures et, en fonction des secteurs de clientèle visés, évaluation des degrés d'importance des fonctions pour les clients,
- déploiement du coût de revient cible sur les fonctions, en s'appuyant sur les degrés d'importance des fonctions,
- déploiement des coûts cibles des fonctions sur les sous-fonctions et les composants, en pondérant leur contribution aux fonctions.

Les conditions du target costing sont réunies, d'autant plus que European Motors pratique avec efficacité la gestion de projet et l'ingénierie simultanée.

■ *De vains efforts pour imposer la « méthode X »*

Pourtant, seul un chef de projet a expérimenté la méthode X, en phase initiale de son projet, pour étayer sa négociation des contrats de projet. Il ne l'a pas utilisée comme outil officiel mis au cœur des discussions, mais plutôt comme éclairage complémentaire. La méthode n'a pas été transférée aux équipes de développement, qui ne la connaissent pas. Elle n'a été mise en œuvre qu'une seule fois, au démarrage du projet.

À mi-projet, le chef de projet constate qu'il doit complètement redéfinir les objectifs économiques de son projet. En effet, les conditions de marché se sont détériorées et les besoins de rentabilité du groupe ont crû fortement. Le chef de projet devrait donc renégocier les contrats pour obtenir des modifications substantielles. La situation est délicate. Le chef de projet pense alors à la méthode X, pour essayer de dépassionner la discussion et pour justifier la révision des contrats.

En outre, fort de son expérience, il pense que tous les projets gagneraient à mettre systématiquement en œuvre la méthode X, et de manière plus continue et plus partagée qu'il ne l'a fait lui-même, pour s'assurer une meilleure réactivité par rapport aux évolutions de marché et une meilleure communication entre métiers sur les objectifs économiques.

Le chef de projet tente alors :

- de remettre en œuvre la méthode X pour son propre projet, pour préparer la renégociation des contrats et pour actualiser les cibles,
- d'obtenir un engagement conjoint de la Direction de la Gamme Produits et du Service d'Estimation des Coûts pour améliorer, formaliser, adapter, documenter et diffuser la méthode, en la proposant notamment aux autres chefs de projets.

Les responsables de la Direction de la Gamme Produits hésitent, car ils savent que la méthode X, orientée vers le marché, est une forte innovation dans la culture très technologique du groupe. Ils sont réticents à lui donner un statut plus fort que celui d'une simple expérimentation. La Direction du Budget et du Contrôle est sceptique. Elle pense que l'estimation de coût est un outil suffisant. Elle n'aime pas beaucoup l'idée de voir une équipe à culture marketing intervenir dans la planification des coûts des véhicules, ni la perspective de se retrouver avec deux chiffres (coût cible et coût estimé) différents. Les ingénieurs estimateurs ne croient pas que des évaluations de coûts fondées sur des éléments « flous et mous » (les « degrés d'importance », les « niveaux de préférence »...) puissent avoir une légitimité comparable à des estimations fondées sur des éléments techniques ou comptables. Ils pensent qu'on risque surtout de créer de la confusion. La proposition est finalement abandonnée. On gèle toute initiative sur la « méthode X ».

■ *Les raisons du rejet*

- La culture de European Motors est une culture d'ingénieurs orientée vers la technique, même dans les services de marketing. La culture de marché est faible. Selon une théorie largement admise dans l'entreprise, « l'industrie automobile est une industrie d'offre, pas de demande ».

- Il y a une grande réticence envers les systèmes de gestion formalisés, particulièrement dans les services de développement et d'ingénierie. On craint la bureaucratie, les méthodes technocratiques, et sans doute aussi la transparence qui réduirait la marge de liberté et de créativité des concepteurs. Il y a une forte tradition de gestion informelle et d'artisanat de génie. Cette tradition s'est trouvée confortée récemment par les recherches en gestion privilégiant les modes de fonctionnement informels et le rôle des acteurs. Selon une théorie largement admise dans l'entreprise, « le papier est inutile, ce qui est important, c'est l'engagement et la compétence des acteurs ».

- Il y a de forts préjugés contre les méthodes d'évaluation fondées sur des considérations marketing (le « goût », la « préférence »), jugées subjectives, peu rationnelles et moins fiables que les estimations techniques.

- La culture contractuelle est très forte. La responsabilité, c'est le contrat, le contrat, c'est le respect des engagements signés initialement. Les managers craignent que le target costing ne se traduise par des révisions fréquentes des engagements contractuels et ne tue leur crédibilité. Encore une théorie largement admise dans l'entreprise : « pour résoudre les problèmes, vous responsabilisez un acteur : un problème = un acteur = un engagement = une solution ».

Progrès continu dans les opérations

Le progrès continu (kaizen) dans la performance des opérations courantes est le complément indispensable de l'innovation de rupture et des grands choix stratégiques. Le progrès continu porte notamment sur le coût, la qualité, le délai dans la réalisation des activités et de leur combinaison en processus. Pour progresser dans ces différentes formes de performance, il faut en effet analyser les conditions de l'action, donc se pencher sur un modèle d'activités et de processus.

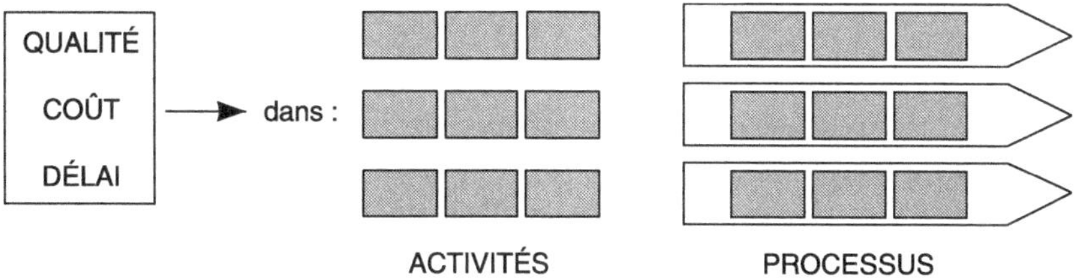

Schéma 1 : *Pilotage de performances et modèle activités-processus*

1. Piloter la performance des activités

■ *Typologie des activités du point de vue du pilotage de performance*

Par nature (type de savoir-faire utilisé, logique de performance, objectifs poursuivis), on peut distinguer :

1. **les activités de conception** : concevoir un produit, une prestation de service, un processus, une organisation, un plan, un budget ; l'impact sur la performance économique de ces activités s'exerce au moins autant par l'influence qu'elles exercent sur les dépenses, les revenus et les délais d'autres activités opérationnelles qui ont lieu en aval, ailleurs et plus tard, que par leurs performances propres. Nous décrirons cette situation par le terme d'« **impact**

externe ». En termes pratiques, cela signifie que le pilotage de ces activités doit prendre en compte les impacts externes, aussi difficiles à mesurer soient-ils. Le pilotage des activités de conception requiert donc des méthodes de pilotage telles que le target costing (voir chapitre 10), l'analyse de la valeur, le déploiement de la fonction qualité (QFD), les méthodes Taguchi [EALEY].

2. **les activités de réalisation** : réaliser une mission opérationnelle de nature récurrente, telle que fabriquer, facturer, vendre, distribuer, tenir les comptes, payer le personnel ; ces activités ont souvent une nature relativement répétitive et un output plus aisément mesurable que la conception, ce qui les rend éligibles aux techniques de pilotage opérationnel classiques, fondées sur la formalisation des modes opératoires et les effets d'expérience (temps et coûts standard, par exemple) ; leur échelle de réalisation souvent importante leur confère un grand poids économique immédiat et intrinsèque (poids économique en elles-mêmes, influence modérée sur d'autres activités). On parlera à ce sujet d'« **impact interne** ». En termes pratiques, cela signifie que le pilotage de ces activités doit fortement prendre en compte les impacts internes et s'appuyer sur le suivi d'indicateurs opérationnels de performance (rendement, qualité, délai, taux de service...).

3. **les activités de maintenance** : maintenir, au sens large, les ressources permanentes de l'entreprise (entretenir les équipements, maintenir les systèmes d'information, former le personnel, maintenir et améliorer les méthodes) ; ces activités font appel pour partie à des procédures relativement répétitives (maintenance périodique programmée, par exemple), pour partie à des démarches non répétitives, plus proches d'activités de conception (diagnostic, par exemple). Elles sont intermédiaires entre les activités de conception et les activités de réalisation. Leur impact externe est essentiel (par exemple, la maintenance exerce une influence économique au moins aussi importante par le taux de disponibilité des équipements que par le niveau de ses dépenses propres), mais le décalage dans le temps entre l'activité et ses effets est moindre et les enjeux de productivité immédiats sont plus importants que dans les activités de conception. Leur pilotage doit donc prendre en compte de manière équilibrée **les impacts internes et externes.**

En résumé, les activités de conception créent le cadre structurel de la performance, les activités de maintenance l'entretiennent et les activités de réalisation l'utilisent.

■ *Volume de l'activité et unité d'œuvre*

Pour piloter la productivité de l'activité, il faut disposer d'un moyen d'en mesurer le niveau de réalisation, la charge de travail utile, l'output. C'est à cela que sert l'unité d'œuvre de l'activité : sur une période donnée, l'unité d'œuvre permet d'évaluer le niveau réel constaté (charge réelle), le niveau programmé (charge budgétée) ou le niveau maximum possible (capacité). Une unité d'œuvre sert à quantifier une grandeur physique : le flux sortant de l'activité, le volume d'activité réalisé, sans impliquer de jugement de valeur (productivité, qualité, délai) sur les conditions dans lesquelles ce résultat a été obtenu. Elle fonde une **mesure de volume**, qui peut servir à construire des indicateurs (par exemple, un **coût unitaire**, ratio d'une dépense sur un volume, ou les indicateurs de **productivité**, ratios entre consommations de ressources – heures, euros dépensés, kilos de matière – et volume d'output).

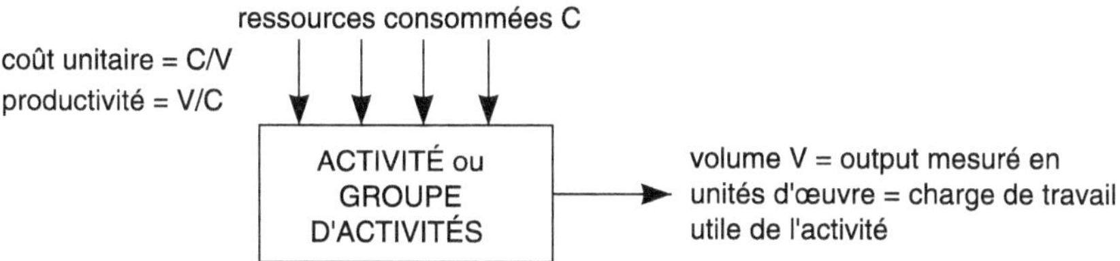

Schéma 2 : *Volume d'activité et unité d'œuvre*

Une unité d'œuvre bien choisie répond à un besoin primordial pour maîtriser l'efficacité d'une activité : mesurer la **productivité globale** de l'activité, et non la productivité de tel ou tel des facteurs (travail direct, matière, capital, énergie, travail indirect, etc.) consommés dans l'activité. En effet, si l'on est capable de mesurer l'output V de l'activité de manière pertinente, il suffit de diviser cette mesure d'output par la valeur globale C des facteurs consommés (= coût total de l'activité) pour obtenir la productivité globale V/C de l'activité, tous facteurs confondus (output par franc ou euro de ressource consommé dans l'activité analysée). Le ratio inverse C/V (coût global divisé par output en unités d'œuvre) n'est autre que le coût unitaire de l'unité d'œuvre, évidemment d'autant plus bas que la productivité globale est élevée.

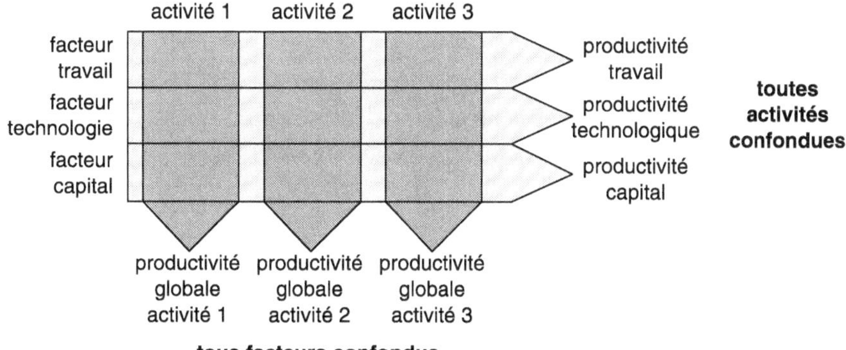

Schéma 3 : *Productivité d'activités versus productivité de ressources*

Le choix de l'unité d'œuvre est donc essentiel, puisqu'il détermine la mesure des volumes, donc la désignation de ce qui est l'output normal et utile de l'activité, sa contribution à la création de valeur. Ce choix peut parfois être délicat, car les apparences physiques peuvent être trompeuses (voir chapitre 7, partie 3, exemple de l'atelier de cartes électroniques d'Electronix).

■ *L'unité d'œuvre « vecteur d'influence »*

Dans certains cas, le coût cesse d'être une mesure destinée à l'analyse pour se transformer en guide privilégié des comportements. Il peut alors être jugé opportun de sacrifier la pertinence de la mesure, pour utiliser les coûts comme « **vecteurs d'influence** » : les structurer en fonction des effets comportementaux désirés, opter pour des règles de calcul qui pénalisent les comportements que l'on veut éviter et privilégient les comportements recherchés. Le coût est alors vu essentiellement comme signal, conformément à une pratique japonaise courante : « Une unité de Hitachi utilise, pour imputer ses coûts de structure, le nombre de composants des modèles ainsi que la proportion de composants non standard (...). Ce système d'allocation de coûts fournit une incitation satisfaisante à la réduction du nombre de composants et au recours aux composants standard (...) logique de primauté de la volonté sur la vérité (...) » [BOURGUIGNON].

Il faut alors choisir les unités d'œuvre en fonction des objectifs poursuivis. Si l'on poursuit une stratégie de juste à temps, le choix d'unités d'œuvre assises sur les temps de cycle permet de pénaliser les produits ou processus fortement consommateurs de temps, et de privilégier les produits et processus associés à des flux tendus. Si l'on a pour objectif prioritaire la lutte contre la complexité, on choisira pour unités d'œuvre des paramètres descriptifs de l'état de complexité : nombre d'articles gérés dans la base de gestion de production, nombre de composants non standards, nombre d'opérations dans les séquences des processus, nombre de liens de nomenclatures, nombre de modifications techniques, nombre d'options... Un tel choix incitera à standardiser les produits et les composants, à concentrer les fournisseurs, à compacifier les processus... Si l'on a pour objectif prioritaire l'utilisation intensive de certains moyens critiques, coûteux ou rares (machines, qualifications humaines), l'unité d'œuvre retenue sera assise sur les temps d'utilisation de ces moyens critiques.

Une telle orientation ne devrait être toutefois adoptée qu'avec d'extrêmes précautions et de manière exceptionnelle, car il s'agit ni plus ni moins que d'une manipulation de l'information. Il y a un risque réel de mettre l'accent sur certains enjeux et de ne pas en voir surgir d'autres plus importants, mais dissimulés par les partis pris imposés à la structure du système. En tout état de cause, les adeptes de telles pratiques devraient être parfaitement conscients de leurs inévitables contreparties :

- d'une part, accepter de sacrifier la pertinence dans la mesure ;
- d'autre part, veiller à l'adaptabilité du système dans le temps.

En effet, si les unités d'œuvre sont choisies pour refléter les priorités stratégiques, elles doivent pouvoir se modifier au fur et à mesure que la stratégie évolue. Le système doit donc tolérer l'abandon périodique d'unités d'œuvre obsolètes et l'introduction de nouvelles unités, cohérentes avec les nouveaux enjeux, ce qui suppose une certaine déconnexion de la comptabilité. L'actualisation permanente et la maintenance des unités d'œuvre doivent être explicitement prévues et organisées, sinon les objectifs spécifiques auxquels elles correspondent risqueraient fort d'être oubliés, et l'on gèlerait ainsi les choix stratégiques d'hier dans des unités d'œuvre devenues obsolètes, sans s'en rendre compte.

■ *Une mesure multidimensionnelle de la performance*

L'activité présente l'avantage d'offrir une base commune commode à la mesure des **coûts** (comptabilité analytique), de la **qualité** (système d'information qualité) et des **délais** (système d'information logistique, temps de cycle, délais d'obtention, délais moyens et délais maximaux, taux de rotation). La plupart des entreprises industrielles ont, dans leurs secteurs de fabrication, des systèmes d'information sur ces trois dimensions de la performance opérationnelle. Il n'en va pas de même des entreprises de services, ni des activités tertiaires au sein des entreprises industrielles, dont les délais, la qualité et même les coûts font plus rarement l'objet d'une mesure systématique. Cela est regrettable, car les criticités en matière de coûts, de délai et de qualité se sont souvent déplacées de la fabrication vers le tertiaire.

Ces mesures portent sur les performances réellement constatées, mais aussi sur les performances prévisionnelles et sur des niveaux de référence (standards, objectifs, normes) par rapport auxquels s'étalonner. Les sources disponibles pour définir de telles références sont multiples et plus ou moins commodes d'accès selon les cas :

- une analyse technique spécifique de l'activité et de ses meilleures conditions de réalisation (méthode analytique),
- l'expérience du passé, ajustée des progrès souhaités (méthode historique),
- les meilleures pratiques internes (comparaison des divers sites de l'entreprise) ou externes (pratique du benchmarking sur les activités les plus critiques),
- la performance exigée par la satisfaction des besoins du client ou de l'actionnaire (performance cible ou « target performance »).

■ *Des activités sans unité d'œuvre ?*

Pour certaines activités peu répétitives, notamment les activités de conception, il peut s'avérer impossible d'identifier un output suffisamment régulier et normé pour servir de base à une quantification de la charge de travail. Tout étudiant en mathématiques sait qu'on ne peut mesurer le volume de travail en décomptant le nombre d'exercices réalisés, car certains exercices sont expédiés en dix minutes et d'autres exigent des heures de recherche... Tout écrivain rirait de la prétention à mesurer l'importance de son travail par le nombre de pages écrites. Tant la résolution de problèmes que la création de formes nouvelles répondent mal au modèle fonctionnel d'activité et à la notion d'unité d'œuvre.

Dans ces cas, on n'a guère d'autre recours que :

- d'approcher la mesure du travail fourni par la consommation d'une ressource (par exemple les heures de travail), mais c'est alors ignorer que « seul le résultat compte » (l'étudiant sait bien que sa note n'est pas au prorata de ses heures de travail !),
- d'évaluer le travail fourni par un jugement direct et subjectif sur la valeur (les clients de l'activité jugent « combien » elle vaut, ils « achètent » un potentiel de résolution de problème ou de créativité) ; par exemple, le directeur de projet d'un nouveau véhicule automobile « mise » un certain budget en euros sur le développement d'un nouveau composant.

2. Piloter la performance des processus

■ *Trois fonctions essentielles du processus comme objet de pilotage*

Les processus peuvent remplir trois fonctions de pilotage essentielles :

1. Une fonction d'**intégration** : le pilotage par les processus constitue un **dépassement de la division du travail**. Celle-ci, « péché originel » inévitable (on ne reviendra pas de sitôt à l'artisanat préindustriel !), fait perdre à une grande partie de la population de l'entreprise tout contact direct avec le jugement du client. Par la construction de processus, regroupements d'activités signifiants du point de vue des besoins du client, l'entreprise essaie de surmonter ce handicap et de contrebalancer la fragmentation en métiers spécialisés. Le processus participe de ce fait à la tentative de reconstituer un langage de la valeur, perdu depuis le passage de l'artisanat à l'industrie. Le processus unit toutes les activités qui le composent et les acteurs correspondants autour d'une cause commune qui transcende leurs différences : la création de valeur pour le client.

2. Une fonction de **gestion du temps** : par définition, un processus prend du temps, et, pendant qu'il se déroule, « il se passe quelque chose » : le processus

est processus de changement. Il relie l'état du monde prévalant à son démarrage à l'état du monde prévalant à son aboutissement, à travers une série d'événements et de mutations. Piloter un processus, c'est donc piloter le changement et la continuité, mettre en relation les activités qui le composent avec le résultat futur auquel elles contribuent, tenter d'anticiper. Autant l'on peut parler d'« état » à propos d'un métier (« l'état de l'art »), autant ce mot n'a pas de sens appliqué à un processus, pour lequel il sera plutôt question de « déroulement ».

3. Une fonction de **retour collectif sur l'action** : les processus correspondent à la dimension de l'action. En centrant le pilotage sur les processus, on s'éloigne du formalisme financier pour entrer dans les rouages des modes opératoires concrets. C'est en se penchant sur les modes opératoires qu'on analyse les causes des performances. Selon Imai, théoricien du *kaizen* (progrès continu) [IMAI], « le mode de pensée tourné vers le processus comble le fossé entre processus et résultats, entre fins et moyens, entre objectifs et mesures ». On peut alors se heurter aux cultures focalisées sur les seuls chiffrages financiers.

■ *L'intégration : décloisonnement et développement d'une culture de coopération*

Après des décennies d'amélioration de la performance dans le cadre des centres de responsabilité (services, ateliers), des gisements importants de progrès se situent aux interfaces, dans les modes de coopération et de coordination.

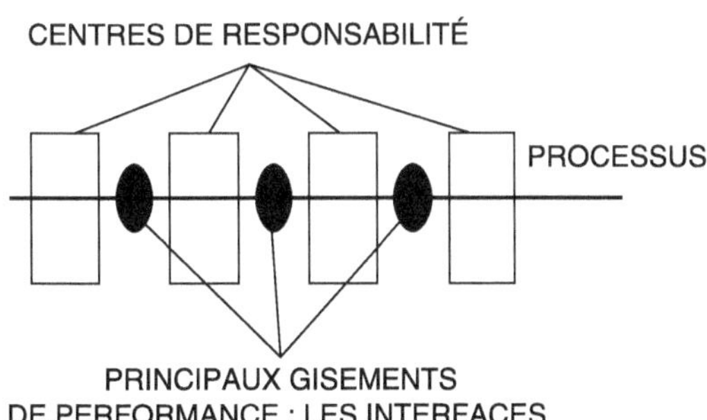

Schéma 4 *: Gisements de progrès aux interfaces des centres de responsabilité*

Dans la gestion axée sur le contrôle des ressources (gestion budgétaire, par exemple) et fondée sur le découpage en centres de responsabilité, le sens du territoire et du résultat individuel tend à engendrer de l'opacité et un manque de coopération. Les efforts des managers se concentrent sur l'optimisation de leur « pré carré ». Des dysfonctionnements et des retards s'accumulent aux interfaces, dont personne ne se sent vraiment en charge. Dans une approche fondée sur les processus, le centre de l'attention se déplace vers l'optimisation globale, interfaces comprises.

*La réduction des dépenses de maintenance, dans une optique « centres de responsabilité » classique, passe par une réduction des dépenses du service de maintenance. L'analyse du **processus** « maintenance » peut en réalité faire apparaître qu'une part substantielle de la maintenance est réalisée par les opérationnels des ateliers. Une dépense peut en cacher une autre : derrière la diminution des dépenses du **service** « maintenance » se cache peut-être un accroissement encore plus important des charges de maintenance dans les ateliers.*

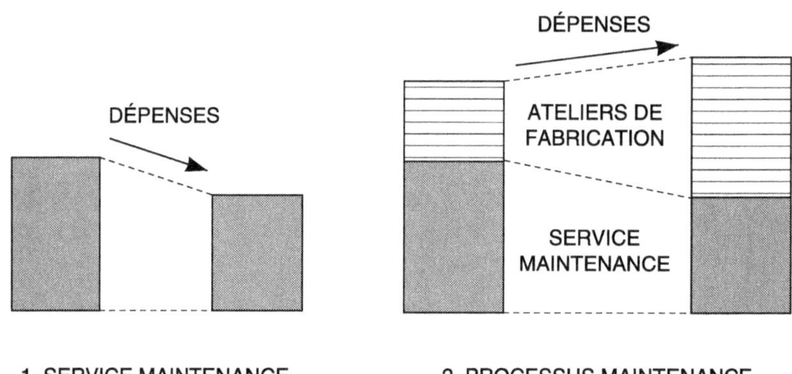

Schéma 5 : *Performance du service maintenance ou du processus maintenance*

Les modes de fonctionnement traditionnels sont souvent marqués par l'importance du métier, compétence en soi et valeur positive par excellence : « gens de métier, état de l'art, avoir du métier ». Le travail s'organise et se codifie dans des champs de savoir délimités, avec des **normes de métier**. Cette logique fonctionne d'autant mieux que le besoin du client est stable. Face à un besoin stable, la production des prestations peut être organisée durablement par domaines de connaissance spécialisés, selon une structure de métiers qui finit par faire partie du paysage. Il n'est pas nécessaire de réinterroger, de manière permanente, les besoins du client, traduits une bonne fois pour toutes dans la réalité de chaque métier à travers des règles de l'art et, surtout, par des méthodes de coordination entre métiers réglementées et stables. Les contacts professionnels privilégient les communautés techniques de métiers.

Malheureusement, la complexité croissante des problèmes posés à l'entreprise et l'accélération du changement rendent parfois illusoire la recherche de structures de connaissance et de travail définitivement stables. L'expérience tend plutôt à démontrer, comme nous l'avons vu, que les problèmes surgissent souvent aux interfaces, dans les zones de contact entre métiers. Dans le pilotage par processus (ou par projets), les spécialistes de marketing, d'étude, de production, de vente, se regroupent autour d'une finalité commune : le nouveau produit XYZ, le projet ABC, le client SMITH, le temps de réponse à une commande, le délai de facturation... Le besoin d'échanges entre hommes du même art ne disparaît pas, mais devient second. La relation privilégiée associe désormais des acteurs différents par leur métier, leur langage, leurs valeurs, « condamnés à coopérer » pour réinventer ensemble des réponses, jamais définitives, à des besoins jamais figés. **Le processus est un antidote au risque de sclérose corporatiste des métiers.**

Pour décloisonner les métiers, il faut leur permettre de se parler : développer des **langages inter-métiers** (langages universels) ou des moyens de **traduction** d'un métier à l'autre. Le rêve du langage inter-métier explique largement la force du modèle de pilotage financier dans la plupart des entreprises : le langage financier se présente en effet comme le langage universel par excellence (poireaux, carottes, choux-fleurs, ce sont toujours des euros, en dernier ressort...). Malheureusement, il s'avère parfois d'un simplisme inacceptable pour traiter les problèmes de performance dans leur réelle complexité. Le langage de la qualité tente à son tour de répondre à ce besoin. Plus proche que le langage financier des réalités opérationnelles, il vient le compléter utilement, notamment pour gérer la **création de valeur** interne à l'entreprise. Toutefois, le langage de la qualité perd en universalité ce qu'il gagne en opérationnalité : les outils de la qualité sont souvent techniques (outils d'ingénieurs), spécifiques d'un métier. Les démarches de certification de type ISO-9000 ou EFQM essaient d'y remédier en créant des cadres méthodologiques universels.

En l'absence de langages universels, la difficulté de la traduction inter-métier peut s'avérer redoutable. Le passage d'une culture de métier à une culture de processus n'est pas toujours facile à vivre : il est en effet plus aisé d'échanger avec des collègues qui parlent le même langage, sont souvent passés par les mêmes filières de formation et défendent le même patriotisme de métier qu'avec des collègues professionnellement « étrangers »...

L'exemple des constructeurs informatiques

Certains constructeurs informatiques ont développé :

- *un langage commercial de description de leurs produits (codes d'identification des produits à vendre, base du catalogue et des tarifs), fondé sur les fonctionnalités des produits (donc les besoins des clients qu'ils peuvent satisfaire : taille de mémoire, capacité de traitement, modes d'affichage, fréquence d'horloge, utilitaires et applicatifs...),*
- *un langage industriel de description de leurs produits (codes d'identification des produits à fabriquer, base du programme de production, des gammes, des coûts*

L'aide à la traduction devient un domaine d'innovation important dans une entreprise Tour de Babel, où les « peuples » professionnels découvrent qu'ils ont besoin de communiquer de manière fluide entre eux, nonobstant le fait qu'ils parlent des langues profondément différentes...

■ *La gestion du temps*

Par définition, un processus s'inscrit dans le temps de l'action et de l'apprentissage. Représenter l'entreprise en processus, c'est faire apparaître des cycles, des temps de réponse, des besoins de changement. Le pilotage de processus cherche une adaptation continue des modes de travail, la vigilance et la réactivité. Il peut se heurter au besoin de normes stables et sécurisantes.

Exemple

■ *Le retour collectif sur l'action : quels processus travailler en priorité ?*

Pour définir les processus prioritaires, on évalue pour chaque processus :

- son potentiel d'amélioration,
- son degré de transversalité (multi-entités, multi-compétences),
- son degré de complexité (quantité d'activités, jeux d'acteurs, niveaux d'expertise...),
- sa contribution aux enjeux stratégiques.

Le comité de direction évalue et classe ainsi les processus en s'appuyant sur une grille multi-critère du type suivant :

Processus	Potentiel d'amélioration			Transver-salité	Com-plexité	Impact sur les objectifs stratégiques		
	coût	qualité	délai			objectif A	objectif B	objectif C

Tableau 1 : Classement multicritère des processus

Le comité de direction désigne alors pour chacun des processus retenus un « pilote de processus », éventuellement assisté d'un « groupe de processus » où sont représentées les principales équipes parties prenantes au processus.

Pour limiter les difficultés politiques et culturelles liées au management transversal, **la tentation est forte de limiter l'effort de décloisonnement, soit dans le temps** (préférer les opérations ponctuelles aux changements permanents de pratiques managériales), **soit dans l'organisation** (préférer des opérations locales à des opérations de grande ampleur). Les opérations « coups de poing » de **re-engineering**, par leur caractère temporaire, n'obligent pas à changer en profondeur les pratiques et la culture de management. Les approches de Qualité Totale **centrées sur des microprocessus** opérationnels, par leur caractère local, n'imposent pas de remise en cause majeure des cloisonnements organisationnels.

Différentes approches par processus	Purement local	Transversal, extensif
Temporaire		Re-engineering de processus
Permanent	Contrôle statistique de processus, Qualité Totale	Pilotage stratégique par processus

Tableau 2 : Différents types de démarches fondées sur les processus

■ *Business Process Reengineering (refonte / reconfiguration de processus)*

Définition

> *Le **Business Process Reengineering** consiste à analyser certains processus prioritaires, identifier des imperfections et des dysfonctionnements majeurs dans leur structure ou leur mode de fonctionnement (redondances, manques de coordination, goulots d'étranglement, modes opératoires inefficaces...) et réaliser des actions d'optimisation permettant des gains significatifs en termes de délai, de qualité ou de coût et une meilleure réponse aux attentes des clients.*

Les actions d'optimisation peuvent prendre des formes multiples, telles que :

* **Elimination de duplications et d'activités redondantes :** des activités redondantes peuvent être éliminées.

Exemples

* *Dans une banque, un dossier de prêt immobilier instruit une première fois par une agence est transmis avec une information incomplète au service des prêts ; celui-ci reprend contact avec le client pour recollecter une partie de l'information, ce qui fait perdre du temps, de l'argent et irrite le client.*
* *Dans une chaîne de production industrielle, les ateliers de fabrication effectuent des contrôles de qualité pour leur propre gouverne et certains de ces contrôles sont refaits par le service de la qualité, mal informé de ce qu'a déjà fait l'atelier.*

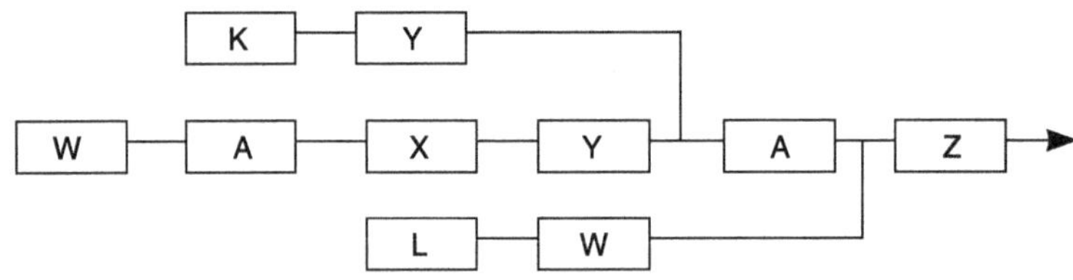

Schéma 6 : Re-engineering de processus (1)

après élimination des activités A, Y et W redondantes :

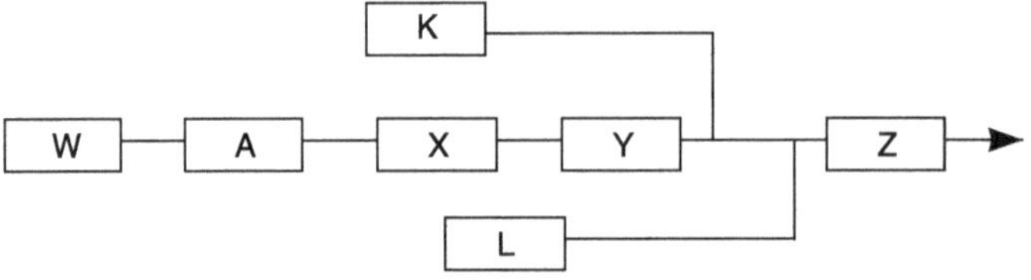

Schéma 7 : Re-engineering de processus (2)

- **Gestion des goulots d'étranglement** : dans les processus industriels comme dans les processus administratifs, intensifier, automatiser et accélérer des tâches non goulots ne sert qu'à augmenter les files d'attente devant les tâches goulots ; il est donc important d'identifier les goulots d'étranglement pour concentrer les efforts de programmation (prévision), de productivité et de disponibilité (maintenance préventive) sur eux et réduire les temps d'attente.

- **Remplacement d'enchaînements séquentiels de tâches par des opérations parallèles et simultanées** : pour monter un voyage organisé, le voyagiste devra mettre en place le transport aérien, l'hébergement, le transport local, le programme touristique. Si ces tâches sont menées de manière séquentielle, l'ensemble prendra beaucoup de temps, avec un risque de retours en arrière et d'itérations coûteux (par exemple, après mise en place du transport aérien à des dates données, ces dates sont remises en cause pour des raisons d'hébergement, il faut donc renégocier le transport aérien...) ; dans une industrie d'assemblage, le délai d'assemblage peut être considérablement raccourci par la parallélisation des tâches (assemblage simultané de différents modules et sous-ensembles).

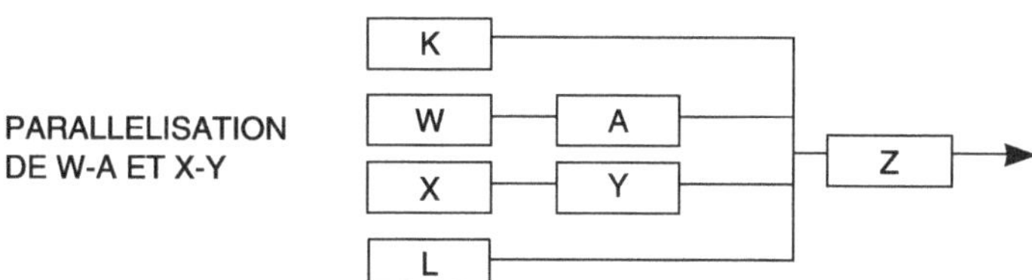

Schéma 8 : *Re-engineering de processus (3) (après parallélisation)*

- **Synchronisation d'activités au sein d'un même processus** : il est inutile de démarrer trop tôt une tâche courte qui débouche sur un rendez-vous technique avec une tâche beaucoup plus longue, car on risque alors d'accroître les stocks et files d'attente et les coûts correspondants ; mais si on la démarre trop tard, on ajoutera au délai de la tâche longue un temps d'attente supplémentaire injustifié.

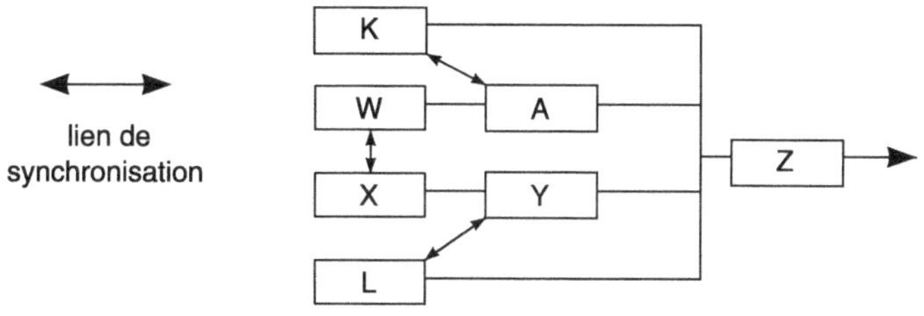

Schéma 9 : *Re-engineering de processus (4)*

- **Partage de bases de données :** si les différentes phases d'un processus s'appuient sur une même base de données partagée, les équipes peuvent mettre la base à jour au fur et à mesure de l'avancement de leur travail, les autres équipes du processus disposant d'une information actualisée en temps réel ; ceci évite les délais et les coûts de transmission de l'information, les éventuelles erreurs de re-saisie.

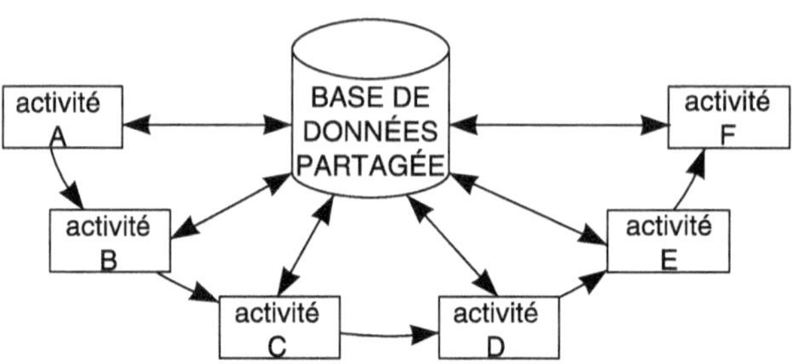

Schéma 10 : *Re-engineering de processus (5)*

- **Le recours à des modes de communication électroniques :** il évite les erreurs, les délais et la lourdeur de la circulation d'information papier.

Les actions de rationalisation visées sous l'étiquette « Business Process Reengineering » [HAMMER, CHAMPY] [DAVENPORT] [PETIT-ETIENNE, PEYRAUD] [BURKE, PEPPARD] sont souvent des opérations ponctuelles, limitées dans le temps et visant des sauts importants dans la performance (délai et coût, en général), selon une **logique de rupture**. Les propos de Michael Hammer et James Champy sont clairs à cet égard : « S'il fallait définir en quelques mots le Reengineering de l'entreprise, nous proposerions : **recommencer à zéro** (...) Reconfigurer une entreprise signifie se débarrasser des systèmes anciens pour repartir de zéro (...) Le Reengineering est une remise en cause fondamentale et une redéfinition radicale des processus opérationnels pour obtenir des gains spectaculaires dans les performances (...) (Il) ne vise pas à réaliser des améliorations marginales ou additionnelles mais à provoquer un bond quantitatif spectaculaire des performances [HAMMER, CHAMPY]. » Et les auteurs d'illustrer ce propos par les exemples d'opérations conduites dans la restauration rapide (Taco Bell), l'assurance (Capital Holding), les télécommunications (Bell Atlantic), la papeterie (Hallmark).

Cette philosophie soulève de redoutables difficultés :

- partir de zéro, c'est faire fi des êtres humains, de la culture, de l'histoire et des acquis, les meilleurs comme les pires, de l'entreprise ; c'est renoncer à l'expérience au nom de la purge des mauvaises habitudes ;
- les opérations « coup de poing » ne garantissent en rien la pérennité et encore moins la poursuite des progrès immédiats ;
- on risque de se retrouver sur une logique d'amélioration par marches d'escalier, une alternance de crises et de périodes de stagnation ;

- le type de changement ainsi engendré produit souvent des effets profondément traumatiques sur la structure et les personnes : l'herbe ne repousse pas toujours...

Toutefois, lorsque l'entreprise est confrontée à des impératifs de changement urgents et radicaux (en situation de crise, par exemple), la refonte de processus peut constituer une voie indispensable de redressement : solution de rupture, et non de progrès continu.

■ *Processus et Qualité Totale : le Contrôle Statistique de Processus*

Le processus comme objet et pratique de pilotage apparaît parfois de manière discrète et diffuse comme support des démarches de Qualité Totale. Ces dernières s'appuient fréquemment sur l'analyse de processus pour repérer les dysfonctionnements et en analyser les causes. En effet l'identification et la résolution de problèmes exigent que l'on appréhende la totalité d'une chaîne d'activités, les causes d'un problème se situant rarement dans l'activité même où il se manifeste. La maîtrise et l'optimisation des processus de l'entreprise occupent ainsi la place centrale du Modèle Européen de Management par la Qualité Totale, défini par la Fondation Européenne pour le Management par la Qualité (E.F.Q.M.) : « Le Modèle repose sur un principe simple : les processus sont les moyens à l'aide desquels l'organisation met en œuvre et déploie les compétences de son personnel pour produire des résultats » [EFQM].

La Qualité Totale se fonde aussi sur les techniques du Contrôle Statistique de Processus (C.S.P.).

Définition

Le Contrôle Statistique de Processus consiste à :
1. *choisir et décrire le processus,*
2. *identifier les caractéristiques de performance critiques du processus, afin de les mesurer et de les contrôler de manière continue (par exemple, les dimensions d'une pièce fabriquée dans l'industrie mécanique, ou le délai de traitement et le taux d'erreurs dans un processus administratif),*
3. *formaliser, documenter et étalonner le processus,*
4. *identifier les facteurs ayant une influence significative sur les caractéristiques critiques du processus (en s'appuyant, par exemple, sur des corrélations statistiques),*
5. *stabiliser le processus, en éliminant les causes aléatoires de variations aberrantes et en ramenant l'écart type des valeurs à un niveau raisonnable (processus maîtrisé),*
6. *engager des actions d'amélioration pour réduire l'écart type de la performance critique et pour améliorer la valeur moyenne de la performance.*

347

Le C.S.P. permet d'anticiper les dysfonctionnements. On mesure périodiquement les écarts des mesures réelles par rapport à une norme moyenne préétablie, en vérifiant qu'ils demeurent à l'intérieur d'une fourchette de tolérance (les « limites de contrôle »). Ces écarts, s'ils sont purement aléatoires, suivent des variations stochastiques (augmentent, diminuent, alternent valeurs négatives et valeurs positives, de manière aléatoire...) en restant à l'intérieur des limites de contrôle. Si, tout en restant à l'intérieur de ces limites, ils commencent à dessiner une évolution tendancielle systématique (par exemple, demeurer positifs et croître régulièrement), on peut soupçonner l'existence d'un phénomène précis à l'origine de ce trend inquiétant (par exemple, le déréglement progressif d'un équipement, ou un problème informatique), et l'on peut prévoir par extrapolation la prochaine sortie de la fourchette de tolérance, avant qu'elle ait lieu. Le C.S.P. permet de diagnostiquer précocement l'amorce de biais non aléatoires qui appellent des actions rectificatrices, avant que les problèmes de qualité soient effectivement apparus.

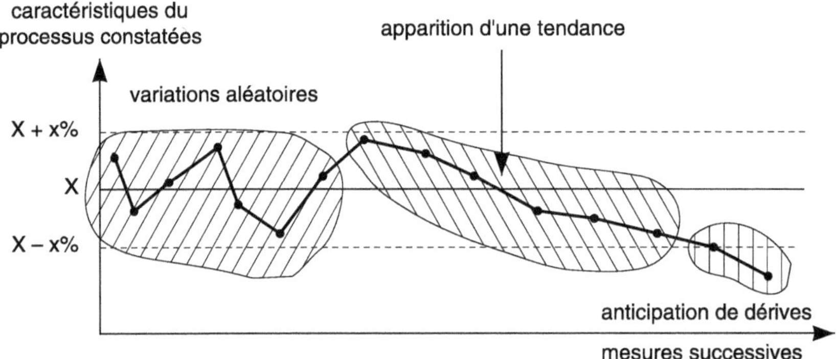

X : caractéristique spécifiée du produit (exigence du client)
x% : écart toléré par rapport à la spécification
<X + x%, X – x%> : fourchette de tolérance

Schéma 11 : *Contrôle statistique de processus*

À l'origine, ces techniques ont été conçues pour contrôler le réglage d'équipements industriels et l'usure d'outils dans les activités manufacturières de grande série. Certaines entreprises industrielles telles que Sollac (groupe Usinor-Sacilor) ont étendu l'utilisation d'approches C.S.P. enrichies (méthode MIP de Sollac) pour maîtriser la qualité et les performances de leur système de production [GALVA]. Des consultants spécialisés en qualité industrielle transposent depuis quelques années ces méthodes aux activités de nature administrative. Des entreprises de service comme les électriciens nord-américains Hydro-Québec ou Florida Power and Light y ont ainsi eu recours.

Le problème auquel se heurte ce type de pilotage de et par les processus, c'est qu'il s'inspire d'un modèle, le C.S.P. dans l'industrie manufacturière de grande série, qui réunit un certain nombre de conditions exceptionnelles peu généralisables, rarement rencontrées dans les services, encore moins dans les activités de conception ou d'étude :

- processus stabilisé (on ne change pas un processus manufacturier de grande série tous les jours),
- processus formalisé et quantifié (temps standard, gammes),
- processus mécanisé (mouvements de machines ou gestes normés et répétitifs d'êtres humains).

Par ailleurs, les approches de type C.S.P. ont en général un champ d'application purement local et ne mettent pas en cause les cloisonnements entre métiers et fonctions : elles portent sur des « microprocessus » inscrits à l'intérieur d'un centre de responsabilité donné, par exemple, un atelier de production, un service facturation. Elles ne remettent donc guère en cause les frontières organisationnelles (ce qui les rend moins stratégiques mais plus faciles à appliquer). Cependant, elles sont très utiles pour le progrès continu dans la production de série et dans les activités tertiaires les plus répétitives (facturation, paye du personnel, tenue des comptes...).

■ *Processus ou contrats clients/fournisseurs pour piloter la Qualité Totale ?*

L'approche « Qualité Totale » cherche à optimiser les liaisons entre activités et à responsabiliser les acteurs sur la qualité de leur propre prestation. À cette fin, elle s'appuie parfois sur des contrats client-fournisseur pour formaliser les interfaces et les modes de coordination. En quelque sorte, là où le processus vise à mettre en place une vision globale de la chaîne de relations avec son client final, l'approche clients-fournisseurs vise à mettre en place des logiques relationnelles locales. Le modèle client-fournisseur a l'avantage d'échapper aux défauts (lourdeur, manque de réactivité, manque de flexibilité, démotivation, culture de chapelles, faible sensibilité aux besoins du client final) d'une coordination centralisée et hiérarchique entre métiers. Il décentralise, allège et responsabilise.

Un bon exemple de ce type de démarche est offert par le programme Qualité Totale de Florida Power and Light, première entreprise non japonaise à obtenir le prix Deming : « La première étape de la démarche de Qualité dans le Travail Quotidien, écrit John Hurdiburg, PDG de Florida Power and Light [HURDIBURG], consiste à expliquer le concept du client interne, votre client interne représentant le salarié ou le service pour lequel vous travaillez (...). Nous demandons à chacun de rencontrer le client interne concerné par l'élément le plus important qu'il maîtrise le moins bien. Ils doivent négocier pour définir les critères de qualité à respecter. Une fois ces critères fixés, une cartographie des flux du processus mis en œuvre pour répondre aux besoins du client permet de fixer les objectifs et les caractéristiques à mesurer (...). En 1989, 3 000 systèmes de maîtrise de processus avaient été mis en place. »

Le problème posé par les modèles « client-fournisseur », c'est que le mot
« client » employé à propos de relations internes à l'entreprise prête à confusion
et ne peut se justifier que comme métaphore, car **le « client interne » n'est pas
un client** (malheur à l'entreprise qui n'aurait que des clients internes, fussent-
ils très satisfaits...) ! Le vrai client fait partie du « juge de paix collectif » qui
évaluera la valeur des prestations offertes sur le marché et sanctionnera l'utilité
sociale des activités de l'entreprise en fin de course. Le « client interne » n'en
fait pas partie. Une entreprise peut avoir plein de clients internes satisfaits et
perdre tous ses clients réels... Par rapport à la création de valeur pour la société,
l'exigence d'un client interne peut être illégitime ou inadéquate : fournisseur
et client internes peuvent se tromper de concert sur les besoins du client ou
avoir un intérêt commun immédiat à le léser ! De ce fait, **il n'y a pas de relations client-fournisseur internes à l'entreprise. Il n'y a que des coopérations
internes,** bi ou multi-latérales, au sein d'un même processus, pour maximiser
la création de valeur et la satisfaction du client, du « vrai client ».

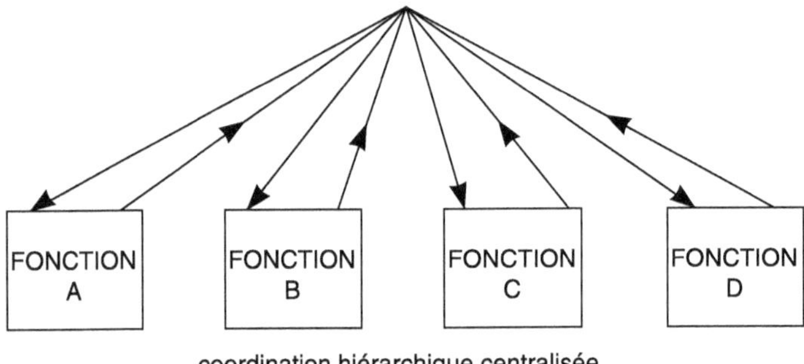

coordination hiérarchique centralisée

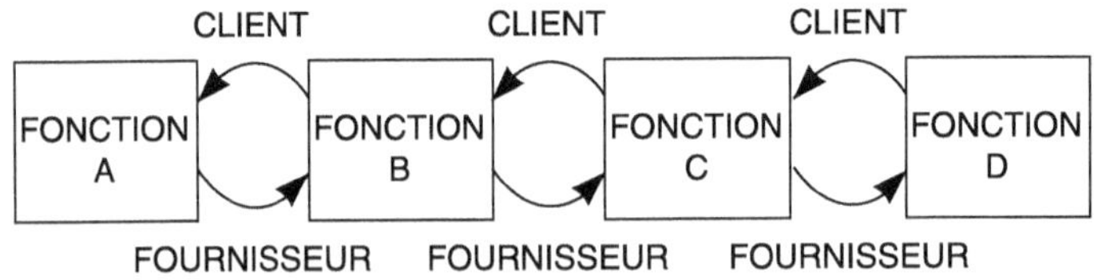

coordination transversale décentralisée du type "clients/fournisseurs"

Schéma 12 : *Modes de coordination (hiérarchie, contrats client/fournisseur)*

La dissymétrie de la relation client-fournisseur est parfaitement justifiée
lorsqu'il s'agit de vrais clients, elle ne l'est pas pour des relations « client-
fournisseur » internes. Tous les acteurs du processus contribuent à la création
de valeur et se retrouveront « du même côté de la barrière » face au jugement
du marché...

Là où l'intégration par les processus part d'une vision globale (les objectifs
stratégiques et les outputs essentiels de l'entreprise) pour construire des coo-

pérations internes continues, l'établissement de contrats client-fournisseur internes risque d'encourager à démarquer les responsabilités respectives selon un schéma plus ou moins figé à un instant donné. Dans le pire des cas, le modèle client-fournisseur favorise la construction de territoires locaux indépendants, protégés par des remparts contractuels :

« Je t'ai défini mes besoins, à présent, débrouille-toi, si tu as de nouvelles contraintes, ce n'est plus mon affaire.
- Nous avons contractualisé des spécifications, maintenant, plus question d'en changer, si le client a changé d'avis, ce n'est pas mon problème.
- J'ai respecté tes spécifications, maintenant débrouille-toi, le reste ne me concerne plus... »

■ *Le pilotage stratégique par les processus*

Le processus peut enfin servir à déployer la stratégie (voir chapitres 3, 4 et 5) et à mettre en place des pratiques et des outils de pilotage permanents (tableaux de bord de processus, managers de processus, comités de pilotage de processus), s'inscrivant dans une logique de progrès continu, notamment pour assurer une meilleure coordination transversale là où les cloisonnements traditionnels des métiers et de l'organisation nuisent à la performance d'ensemble.

3. Gérer les flux et la réactivité

■ *Les processus de flux logistiques*

Les processus de flux logistiques sont les processus qui, à partir de commandes, produisent une livraison caractérisée par une date (resp. un échéancier de dates) et une quantité (resp. des quantités). On les trouve fortement présents dans tous les secteurs où l'on mouvemente un flux de matière (fournitures, produits, composants) : industrie manufacturière, distribution, transports. Ils peuvent jouer un rôle important dans des entreprises principalement orientées vers le service, comme France Télécom, qui manipule un flux important de terminaux (rôle de distributeur) et de fournitures techniques (entretien d'infrastructure). Ce processus est :

- assez facile à appréhender dans l'entreprise, car il repose sur une réalité physique, un flux de matière traçable,
- généralement très **transversal**,
- **complexe**, car il est en aval de nombreux autres processus (fabriquer, entretenir les équipements, vendre, concevoir-développer, gérer les ressources humaines, négocier les achats...) dont les problèmes se déversent sur lui et se combinent plus ou moins inextricablement (une panne de machine, une erreur de fabrication, un changement tardif dans la

commande, un conflit social, le retard d'un fournisseur, une modification du produit décidée par le bureau d'études peuvent perturber gravement l'ensemble du flux, avec des effets complexes de propagation).

Par sa transversalité et sa complexité, ce processus pose souvent des **problèmes de coordination entre fonctions** (vente / fabrication, approvisionnements / fabrication, fabrication / fabrication, fabrication / expédition, vente / expédition, vente / stockage...). Pour en saisir les vrais enjeux, notamment les problèmes de coordination, il est indispensable d'appréhender ce processus **dans sa totalité**, sans le fragmenter. On y trouvera donc, en règle générale, les activités de type suivant :

- prévoir les ventes ou les livraisons,
- gérer les commandes,
- planifier la production et les approvisionnements,
- ordonnancer la production et les approvisionnements,
- gérer les stocks,
- planifier et ordonnancer l'expédition,
- gérer le transport,
- gérer la distribution.

C'est un processus où l'on manipule de l'**information logistique** (portant sur des stocks et des déplacements, donc sur des dates, des quantités, des lieux), à la différence des processus de fabrication où l'on transforme la matière (information technique de production) ou des processus commerciaux ou financiers où l'on manipule une information portant sur des paramètres technico-économiques non logistiques (« acheter », par exemple, où l'on négocie des prix, des conditions contractuelles et on homologue des compétences techniques, par opposition au processus logistique « approvisionner », où l'on gère des dates et des quantités).

Ces processus ont fait l'objet de travaux théoriques et pratiques importants depuis une trentaine d'années. Quel manager, dans les secteurs où l'on mouvemente de la matière, ne sait aujourd'hui, après des décennies de « juste à temps, flux tirés, lean enterprise [WOMACK, JONES, ROOS], zéro stock et autres kan ban », que la maîtrise des flux logistiques est un enjeu essentiel ? Cependant, les raisons pour lesquelles on attache une telle importance à la maîtrise des flux paraissent souvent confuses. La tension des flux peut obéir à quatre logiques distinctes :

- une logique **financière** : réduire les coûts liés à des stocks de valeur non réalisés,
- une logique **technique** : réduire les coûts de l'obsolescence technique,
- une logique **commerciale** : réduire l'ampleur des ventes perdues par manque de réactivité,
- une logique **stratégique** : réduire le risque lié à un niveau de préengagement important des ressources,

- une logique **cognitive** : mettre en évidence les dysfonctionnements, donc les progrès à réaliser, en réduisant l'« inertie de précaution » et les découplages.

■ *Le coût de l'inertie économique (logiques financière et technique)*

Tendre les flux permet de réduire les **coûts de financement liés à la possession** de stocks et d'en-cours importants [LORINO, 1991]. Ces coûts sont souvent très élevés lorsque l'entreprise n'a pas optimisé ses flux et que les niveaux de stocks et d'en-cours se chiffrent en mois plutôt qu'en jours de production. Le coût total de possession du flux (stocks et en-cours) (*inventory carrying cost*), peut être évalué sous la forme, équivalente à un taux d'intérêt, d'un coût annuel égal à un certain pourcentage du montant total de valeur stockée. Il peut atteindre 30 % de la valeur du stock par an. Il pourra inclure, selon les cas :

- Les coûts **physiques** et matériels du stockage (manutention, surface occupée, gardiennage, amortissements des équipements de magasinage et manutention).
- Les coûts de **gestion** du flux et des stocks (personnel de gestion, applications informatiques).
- Le coût des **assurances**, souvent proportionnel à la valeur détenue.
- Les coûts de **financement** de la valeur détenue, qui peuvent être évalués par le coût moyen du financement de l'entreprise, ou par un coût d'opportunité financier (avec quel taux de rentabilité aurait-on pu investir par ailleurs la valeur actuellement gelée dans les stocks ?).
- Les coûts d'**obsolescence**, particulièrement importants dans les secteurs où le cycle de vie du produit est court : ces coûts peuvent être évalués à la lumière de l'expérience historique.
- Les coûts de **détérioration** du matériel stocké : il est évident que plus la durée du stockage est importante, plus les risques de dégradation sont élevés (on peut, là encore, s'appuyer sur l'expérience passée pour évaluer le niveau de ces coûts).
- Les coûts liés à l'**érosion des prix**, surtout sensibles dans les secteurs à évolution technologique rapide (informatique, électronique) : le produit stocké intègre des composants (par exemple, des composants électroniques) dont le prix était plus élevé au moment de l'acquisition qu'il ne le sera au moment de la vente ; plus la durée de stockage est importante, plus cette décote est élevée.
- Enfin, plus difficiles à évaluer et plus contestables, peuvent être ajoutés des **coûts d'opportunité commerciaux** reflétant le coût des retards à la livraison et les ventes perdues par manque de réactivité.

Le niveau de ces divers éléments peut beaucoup varier selon le secteur d'activité, les modes de financement, le type de produit, mais, hors coûts d'opportunité, un ordre de grandeur raisonnable pour le coût total de possession se situe **entre 20 et 30 % de la valeur du stock par an**. Ainsi, une entreprise qui détient en moyenne deux mois de stock et d'en-cours (17 % de la production annuelle) encourt un coût global de possession de l'ordre de 5 % de la valeur de sa production annuelle (0,17 x 0,30) : de quoi engloutir une part importante du profit !

■ *L'impératif de réactivité commerciale (logique commerciale)*

L'entreprise est de plus en plus soumise à des exigences de réactivité, liées à **l'attente des clients**, qui, au moins dans certains cas, attachent une valeur importante à des temps de réponse courts sur le marché [STALK, HOUT].

Exemple 1

Dans certains pays (Allemagne), l'acheteur d'une automobile préfère attendre pour avoir exactement la version et les options qu'il souhaite ; dans d'autres pays (Espagne), il veut avant tout être servi rapidement : il est prêt à sacrifier (marginalement) ses options, à condition de disposer de sa voiture immédiatement ; on constate que le temps de réponse fait donc partie des arbitrages « valeur » du client et peut même, dans certains cas, être monnayé contre les caractéristiques du produit.

Exemple 2

Dans certains secteurs (vente par correspondance, messageries), les entreprises « vendent du temps de réponse court ». L'argument « livraison en moins de vingt-quatre heures » (ou « garantie d'intervention technique en moins de X heures » chez le client pour un service après-vente informatique, téléphonique ou électro-ménager, ou dans le cadre de la « garantie des services » d'EDF GDF SERVICES) devient alors un élément-clé du dispositif stratégique.

Pour satisfaire à une exigence commerciale de réactivité, l'entreprise ne dispose guère que de deux moyens :

1. **Accumuler des stocks (réactivité « statique ») :** en servant son client sur stock, l'entreprise peut avoir des temps de réponse courts, à condition d'avoir choisi les bons éléments à stocker. La réactivité statique exige donc une **bonne prévision**. Elle doit alors supporter les coûts de possession. La notion de stock peut ici être prise dans un sens large : la réactivité statique consiste à **stocker les réponses aux demandes futures**, ce qui peut passer par :

   - des stocks de produits finis ou de composants livrables,
   - des surcapacités (disposer de capacités disponibles pour répondre vite en toute situation, « stocker les capacités »),

- des sureffectifs et de la surqualification (ce qui est une forme de surcapacité de production, notamment dans le domaine de la prestation de service),
- un portefeuille de technologies surabondant (« stocker les technologies »)...

2. **Réduire les temps de réponse (réactivité « dynamique ») :** au lieu de stocker les réponses, l'entreprise se met en condition de **fabriquer rapidement les réponses nouvelles aux demandes futures**. Cela passe par des cycles d'étude, de production, d'approvisionnement et de distribution courts.

■ *La maîtrise du risque (logique stratégique)*

L'entreprise passe son temps à engager des **décisions irréversibles** (décisions d'investissement, d'emprunt, d'achat, choix de technologie, embauche, lancement de produit, constitution de stocks...) qui auront un impact économique important sur l'activité future. Cela est d'autant plus marqué que l'entreprise joue la réactivité statique (réactivité commerciale par les stocks). En effet, dans ce cas, l'entreprise jouant sa réactivité sur le stockage anticipé des réponses aux demandes futures, elle fige un certain nombre de choix irréversibles à l'avance (choix des produits à stocker, des capacités à surdimensionner, des technologies à acquérir).

Compte tenu des durées des cycles et des flux, ces décisions irréversibles doivent être prises avec anticipation par rapport à l'événement qu'il s'agit de préparer, donc à un moment où l'information sur cet événement futur est incomplète et incertaine. Elles ont donc souvent le caractère d'un pari sur l'avenir (pari sur le marché, sur la technologie, sur le comportement des concurrents ou des clients, sur le niveau de compétence interne...) et présentent un certain niveau de **risque**.

Exemple

Un groupe informatique achète ses composants électroniques en Extrême-Orient. Le délai d'approvisionnement moyen est de six semaines. Le délai de fabrication/ stockage/distribution est de trois semaines. La décision d'approvisionnement (quels types de composants acheter, en quelles quantités) doit donc être prise sur la base de prévisions de ventes portant sur un horizon de neuf semaines. Le niveau de risque (inadéquation ou obsolescence des composants achetés) est élevé, car le marché de l'informatique est très changeant et peut connaître des évolutions fortes et inattendues en deux mois.

Si l'on peut réduire la durée des divers cycles de l'entreprise (cycle de développement, cycle de production, cycle de distribution), par exemple par une démarche de re-engineering de processus (voir ci-dessus), on réduit d'autant les besoins d'anticipation de l'entreprise. Par exemple, si les clients commandent normalement pour être livrés en une semaine, et si le cycle de production dure trois semaines, il faut disposer d'au moins deux semaines de vente en stock – on produit donc, en moyenne, avec deux semaines au moins d'anticipation sur le marché (on produit pour des commandes que l'on n'aura que dans deux semaines – mais les aura-t-on ?). Si l'on réduit le cycle de production à deux semaines, cette anticipation n'est plus que d'une semaine. Le risque diminue de plus de moitié, car on connaît mieux les probabilités de commandes de la semaine N + 1 que de la semaine N + 2. Si l'on peut ramener le cycle de production à moins d'une semaine, on peut supprimer les stocks et toute nécessité d'anticipation : on ne fabrique plus que sur commande ferme, et le risque d'invendus disparaît.

Pour réduire le risque, l'entreprise a donc intérêt à **diminuer l'anticipation** des décisions irréversibles, par exemple par la tension des flux. Accélérer le flux revient strictement à réduire les stocks et les en-cours. Il s'agit d'un problème de robinet. Si l'on désigne par :

- S le volume moyen de stocks et d'en-cours du cycle de production,
- V le débit moyen de vente (de sortie du cycle) par unité de temps, supposé égal, en moyenne et sur longue période, au débit moyen d'entrée (approvisionnement), en négligeant les fluctuations des niveaux de stock sur le temps,
- T la durée du cycle (laps de temps qui s'écoule entre le lancement des premières opérations d'approvisionnement et la livraison du produit fini) :

Schéma 13 : *Flux, stock, temps de cycle, débit*

Les trois variables sont reliées par l'équation :

$$T = S / V$$
$$T = (1/V).S = k.S$$

Pour un flux donné de vente (paramètre externe), **durée moyenne du cycle T et volume S de stocks et d'en-cours sont directement proportionnels**. Pour réduire le volume de stocks et d'en-cours, il faut donc réduire le temps moyen de traversée (cycle de production).

■ *Tendre les flux comme méthode d'apprentissage collectif (logique cognitive)*

Au-delà du coût directement mis en jeu par la possession de stocks et d'encours, la tension des flux est une méthode puissante de **progrès continu**. En effet, le stock est un **dissimulateur de problèmes**. Si l'on fait la liste des raisons pour lesquelles une entreprise accumule des stocks, en particulier des stocks-tampons (stocks de sécurité) entre étapes successives du processus, on retrouve pratiquement la liste des dysfonctionnements réels ou potentiels de l'organisation. Le stock est constitué pour parer, par exemple :

- aux retards de fournisseurs, internes ou externes (non-maîtrise des délais),
- aux problèmes de qualité (non-maîtrise de la qualité),
- aux pannes d'équipements (non-maîtrise de la fiabilité des moyens),
- aux conflits sociaux (non-maîtrise du climat social),
- aux changements tardifs de programme de production (non maîtrise de la planification),
- aux difficultés de mise au point technique (non-maîtrise technique)...

Les stocks permettent de vivre la contre-performance sans douleur apparente et permettent même de l'occulter. À l'inverse, ils empêchent de sensibiliser les équipes à la contre-performance et, dans certains cas, ils empêchent même de l'identifier. La réduction progressive des stocks constitue donc l'un des moyens pédagogiques dont dispose l'organisation pour identifier ses principaux dysfonctionnements et les traiter au fur et à mesure qu'ils apparaissent. La tension des flux est une méthode empirique d'investigation, un moyen de **révéler les dysfonctionnements** cachés de l'entreprise en éliminant les dissimulateurs de problèmes que sont les stocks. Elle mettra en particulier en évidence les défauts de coordination, le stock constituant un « **découpleur** », un moyen d'interfacer les métiers et les équipes sans éliminer les attentes, les déphasages, les erreurs de communication. De manière générale, stocker au sens large (stocker des objets, des informations, des ressources financières, des ressources : effectifs, machines) permet à une équipe donnée de se rendre indépendante des autres.

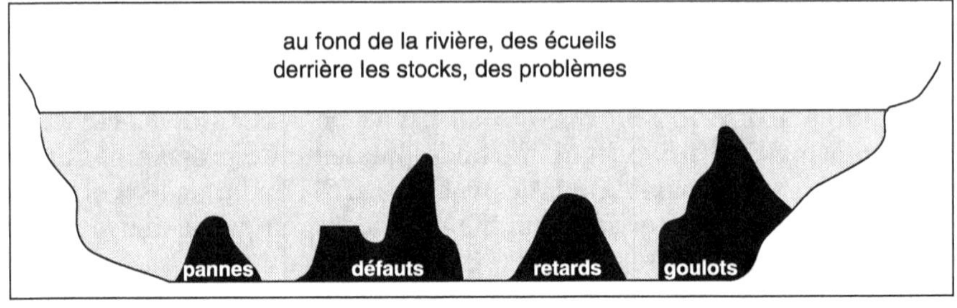
au fond de la rivière, des écueils
derrière les stocks, des problèmes
pannes défauts retards goulots

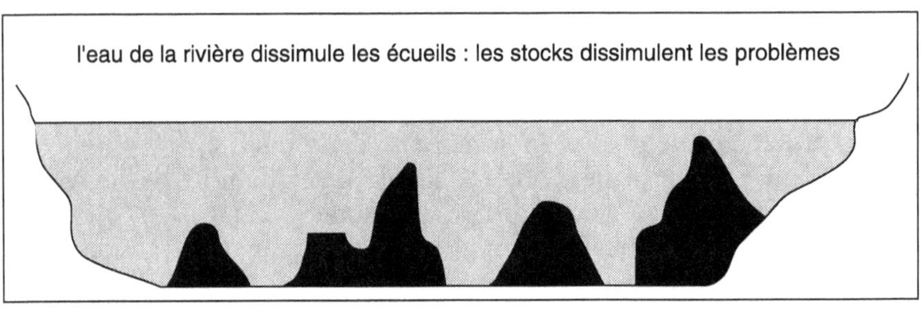
l'eau de la rivière dissimule les écueils : les stocks dissimulent les problèmes

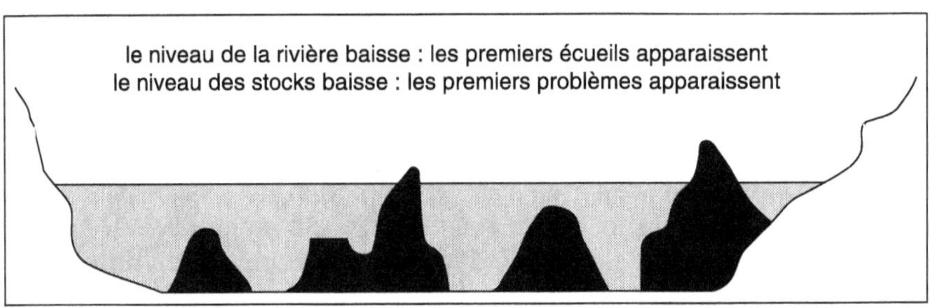
le niveau de la rivière baisse : les premiers écueils apparaissent
le niveau des stocks baisse : les premiers problèmes apparaissent

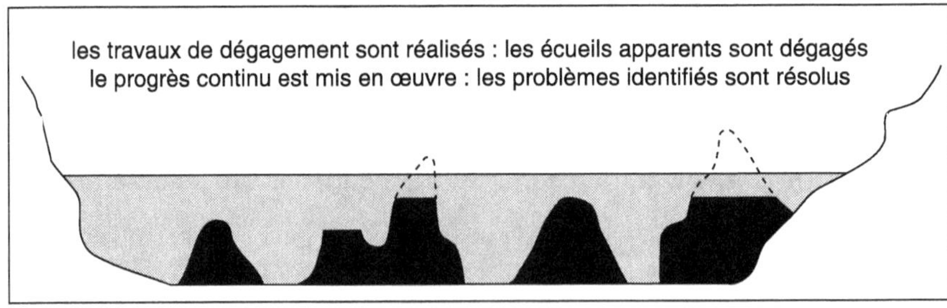
les travaux de dégagement sont réalisés : les écueils apparents sont dégagés
le progrès continu est mis en œuvre : les problèmes identifiés sont résolus

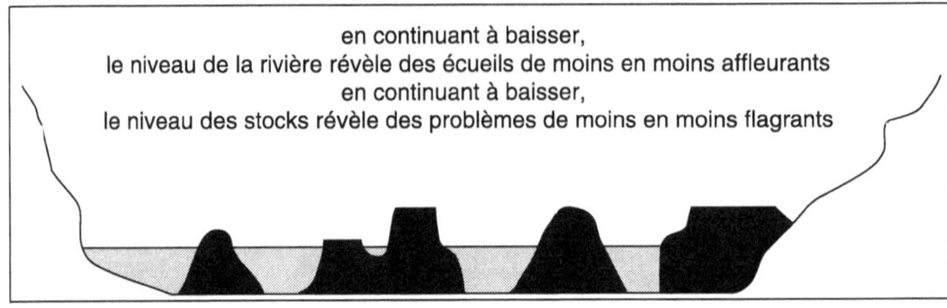
en continuant à baisser,
le niveau de la rivière révèle des écueils de moins en moins affleurants
en continuant à baisser,
le niveau des stocks révèle des problèmes de moins en moins flagrants

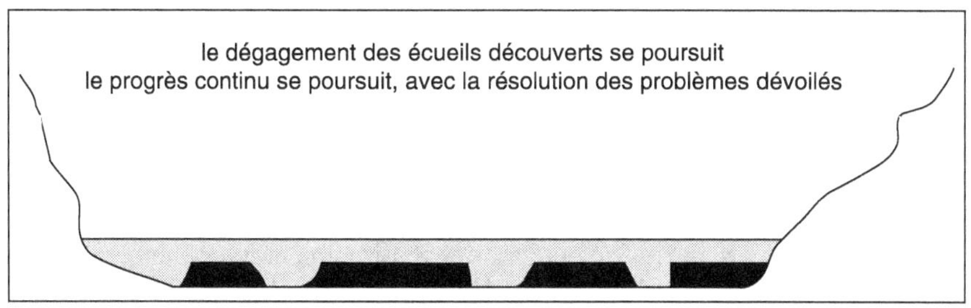

Schéma 14 : *Le Juste À Temps comme méthode d'apprentissage*
(révélateur de problèmes)

En révélant les problèmes, la tension des flux expose évidemment l'entreprise aux conséquences désagréables desdits problèmes (le flux tendu crée des situations... **tendues**). Si l'on ne veut pas encourir des difficultés trop graves, il faut donc procéder de manière très graduelle, pas à pas. Chaque réduction des stocks risque de révéler de nouveaux dysfonctionnements, qu'il faudra résoudre avant de poursuivre le mouvement. Prétendre réduire fortement les niveaux de stock, donc l'inertie de l'entreprise, par décret, sans l'avoir « mérité » au fur et à mesure de plans de progrès successifs, c'est aller au-devant de désordres sérieux (l'entreprise peut mourir guérie : plus de stocks, plus de clients, plus de ventes...). **La réduction substantielle du stock est un résultat** (de la fiabilisation des produits, des fournisseurs, des prévisions, des équipements...) **plus qu'un levier d'action**. En tant que levier d'action, ou plutôt levier de « révélation », elle doit être utilisée de manière précautionneuse...

■ *Du flux de matière aux autres flux de valeur : le coût de possession*

Si le flux de matière coûte cher à l'entreprise, c'est parce qu'il représente un **stock de valeur dégradable avec le temps** : stock de valeur, il encourt un coût de financement ; dégradable avec le temps, il encourt des coûts d'obsolescence, de non-qualité et d'érosion de prix. D'autres stocks et d'autres flux, parfois immatériels, sont aussi constitués de valeur dégradable avec le temps, à l'instar des flux de matière. Ils ont donc aussi un coût de possession. Ils relèvent alors de la même préoccupation de tension des flux. Citons, à titre d'exemples :

- Le **flux de facturation** : la rapidité et la fiabilité des flux de facturation ont des implications tout à fait comparables à la rapidité et la fiabilité des flux de composants et de produits. Un service non facturé implique des coûts financiers, mais aussi des coûts de non-qualité (le risque d'erreurs de facturation croît avec le délai écoulé entre la prestation de service et sa facturation) et des coûts d'obsolescence (plus le temps passe, plus le risque d'impayés est important).
- Le **flux des recouvrements** : les mêmes constatations que pour les fac-

tures peuvent s'appliquer à la gestion des stocks de créances non recouvrées.

- Le **flux des commandes** : le stockage des commandes non introduites dans le système de planification de l'entreprise présente des caractéristiques similaires. Il n'y a pas de coût financier direct, mais l'augmentation des commandes en attente accroît le risque de retard, avec tous les coûts qui en résultent (pertes de clients, perte d'image, coût des urgences, désorganisation de la production et de la distribution...) et allonge le cycle (augmente donc le besoin en fonds de roulement).
- Le **flux des prévisions** : les prévisions (de ventes, par exemple) sont, par définition, des produits périssables (une prévision vieille d'un mois a manifestement une valeur moindre qu'une prévision vieille de vingt-quatre heures). Les coûts d'obsolescence sont donc importants (citons l'exemple d'un groupe informatique où, après enquête, il s'avéra que la prévision parvenait en moyenne à son utilisateur véritable dix-sept jour ouvrables après sa production...).
- Le **flux des réclamations** : il est évident que la valeur négative d'une réclamation croît rapidement avec le délai de réponse. Les risques de contentieux, de dédommagement, la difficulté d'analyse et de traitement augmentent avec le temps.
- Le **flux des développements techniques** : la gestion séquentielle du développement des produits ou des services se traduit souvent par le stockage de développements techniques dans une équipe, puis une communication par lots de données techniques aux équipes aval. Plus la taille de ces lots techniques (calculs, liasses de plans...) et les temps d'attente avant transmission sont importants, plus les risques de non-qualité (développements refusés par l'aval, itérations, défauts de coordination avec d'autres lots), de retards (perte de marges liées au retard de lancement du produit) et d'obsolescence (manque d'actualisation sur les besoins de l'aval) deviennent lourds.
- Dans le **flux des achats de services externes** (réservations de transports ou d'hôtellerie, assurances), l'accumulation de stocks (c'est-à-dire l'anticipation excessive), la lenteur de traitement ou les retards coûtent cher.

Pour tous ces flux, il est au surplus évident que leurs coûts de gestion croissent avec la longueur et la complexité de leur trajectoire.

■ *Du flux de matière aux flux de valeur : la dissimulation des problèmes*

Le stock est un **dissimulateur de problèmes** : cela est vrai des stocks immatériels de valeur comme des stocks matériels.

L'exemple de la petite entreprise d'imprimerie HELIOGRAF

L'entreprise d'imprimerie HELIOGRAF (21 personnes) est dirigée par Monsieur Delettre, patron-propriétaire qui s'occupe plus particulièrement de l'atelier et de la gestion. M. Delettre a confié l'administration des ventes à son épouse. M. Duchiffre, expert-comptable de M. Delettre, attire son attention sur le gonflement de ses frais de trésorerie et l'allongement excessif du délai entre prise de commande et livraison. Dans ce type d'entreprise, estime M. Duchiffre, le délai moyen devrait être de l'ordre de deux ou trois semaines. Or il atteint cinq semaines chez les Delettre. M. Delettre convient que du temps peut être gagné en production, à l'atelier, où les travaux sont mal programmés. Mais il ne croit pas pouvoir gagner plus d'une semaine. Analyse faite, il constate que son épouse conserve les commandes en moyenne huit jours avant de les transmettre à l'atelier. Il l'interroge sur les raisons de cette attente et de ce « stock de commandes ». Mme. Delettre lui explique alors que, sur les trois agents commerciaux, deux ne sont pas fiables. Ils transmettent des commandes insuffisamment discutées et précisées avec leurs clients. Dans la majorité des cas, les commandes ainsi transmises par le commercial subissent plusieurs modifications significatives avant d'être stabilisées. Le « stock » de commandes dissimule donc une négociation et un enregistrement de commande bâclés.

Exemples

- *Un voyagiste procède à des « surbookings » coûteux parce qu'il n'a pas confiance dans les prévisions de ses commerciaux.*
- *Un directeur financier accumule un matelas de trésorerie pour faire face à des aléas mal maîtrisés...*

■ *Définition générale des flux*

Définition

> *On appellera donc flux dans l'entreprise toute circulation régulière d'objets matériels (composants, produits, matières premières) ou immatériels (informations), dont la possession coûte (coûts de financement, ou d'obsolescence, ou de détérioration, ou de gestion...).*

Gérer le flux, c'est **gérer les déplacements dans l'espace** (transport) **et dans le temps** (attente, stockage) de ces objets. De tels flux intéressent le pilotage parce qu'ils sont porteurs d'une valeur qui peut augmenter (stockages spéculatifs, vieillissement du vin...) ou diminuer (obsolescence, frais financiers sur stocks, dégradation) avec le temps d'écoulement du flux et parce que la simple possession de cette valeur coûte. **La dimension temps est donc au cœur du pilotage des flux**. Dans l'entreprise, il peut y avoir des flux de matière (composants, sous-ensembles, produits, fournitures), des flux de valeur financiers (trésorerie, créances), des flux d'information (commandes, prévisions...). Tout flux peut relever d'une démarche de tension des flux.

Exemple : Kan Ban administratif chez Eurocomputer

Le réseau commercial du groupe informatique EUROCOMPUTER *dispose d'un service financier où est notamment assurée la facturation des ventes. Le temps moyen d'une émission de facture est de dix jours. Un nouveau chef de service financier a été nommé. Il a travaillé chez un concurrent d'*EUROCOMPUTER *où le délai moyen de facturation était de cinq jours. Il vient aussi de lire avec enthousiasme un article sur l'application des méthodes Kan Ban aux flux de production dans les usines japonaises. Il effectue un rapprochement entre une usine et son service de facturation : flux répétitif, spécialisation des postes de travail. Il conclut que rien ne s'oppose à l'application des mêmes méthodes Kan Ban à la facturation. Il met en place un système de rotation de grandes étiquettes en carton entre les postes :*

- *d'enregistrement des bons de livraison,*
- *de confrontation livraison/commande,*
- *d'établissement de la facture,*
- *d'autorisation de la facture,*
- *de comptabilisation de la facture.*

L'affaire amuse plutôt les employés. Le Kan Ban administratif ainsi mis en place permet de ramener le délai moyen d'émission de facture de dix à trois jours !

■ *Piloter la performance logistique des flux*

On ne traitera pas ici des méthodes et des outils spécifiquement destinés à la gestion des flux logistiques (MRP, Kan Ban). Il y a en effet sur le sujet une littérature abondante et de qualité [GIARD, 1988] [VOLLMANN, BERRY, WHYBARK]. Nous nous intéresserons plutôt à la gestion des flux vue sous l'angle particulier du pilotage économique de l'entreprise (coûts, revenus et performances).

Le flux stocke et déplace des objets matériels ou immatériels pour répondre à une exigence **spatiale** (livrer l'objet en un lieu précis) et **temporelle** (livrer l'objet à une date précise). Les activités du flux sont toutes celles qui, à un moment ou à un autre, prennent possession de l'objet, valeur circulante, pour le transporter spatialement, le mettre en attente ou en programmer le déplacement. Détenteur d'une valeur dont la possession coûte, ce processus est notamment caractérisé par sa **durée** totale.

Si le flux est mal maîtrisé, on constate, soit une accumulation de stocks, soit la multiplication des retards, soit les deux. Cependant, stocks et retards ne sont que des symptômes d'un pilotage défectueux. Pour tendre le flux, c'est aux causes du problème, non à ses symptômes, qu'il faut s'attaquer. Décréter un objectif de diminution de stock ne sert à rien si les causes structurelles ne sont pas identifiées et traitées. On peut abaisser les niveaux de stock au prix d'une multiplication des ruptures d'approvisionnement, des retards et des demandes de client non satisfaites. Il est donc indispensable d'analyser en permanence les principaux obstacles à la tension des flux (diagnostic), puis de mettre en place des plans d'action pour lever ces obstacles. Pour piloter le flux, il faut donc déterminer les principales causes qui influent sur sa durée, ses « **facteurs de délai** » (« **time-drivers** »), et les retenir comme leviers d'action. On peut s'appuyer sur une démarche de business process re-engineering (voir ci-dessus).

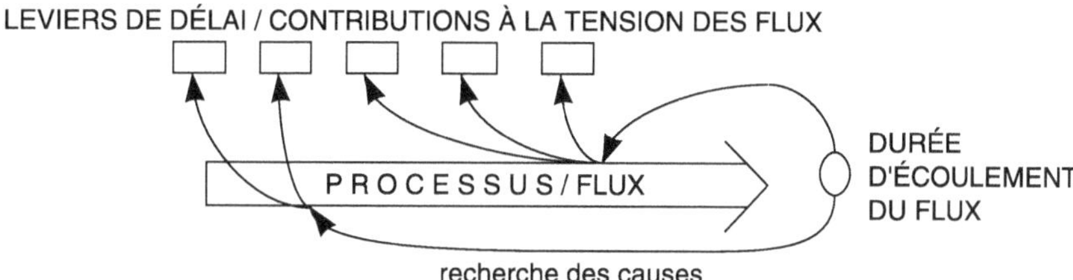

Schéma 15 : *Gestion des délais par les processus (facteurs de délai)*

■ *Les facteurs de délai*

Les facteurs de délai tombent souvent dans l'une des catégories suivantes :

- Flux à circuits trop complexes, avec un nombre d'étapes inutilement élevé. Il faut alors rechercher une **compacification** du flux (réduction du nombre d'étapes).
- Goulots d'étranglement occasionnant des files d'attente. Il faut alors tenter d'optimiser l'utilisation des goulots (voir métaphore des scouts chapitre 12) et de **lever les contraintes** les plus critiques [GOLDRATT, 1988, 1990].
- Séquentialité d'activités qui peuvent être mises en parallèle. Il y a lieu d'assurer le maximum de **parallélisation** dans le flux.
- Durée excessive de certaines activités critiques, qu'il faut tenter d'**accélérer** par le renforcement des moyens ou par la modification des méthodes.
- **Temps de changement** (changement de lots, préparation de nouveaux outils, chargement d'une application informatique, nettoyage et contrôle de moyens de transport tels que des locomotives ou des avions...) trop importants : de tels délais imposent en effet des groupages (si le change-

ment d'outil prend une heure, on ne peut pas faire passer des petits lots qui requièrent dix minutes de fabrication), donc des stocks d'attente destinés à permettre ces groupages. On peut recourir aux méthodes **SMED**[1] pour réduire ces temps et les stocks qu'ils induisent.

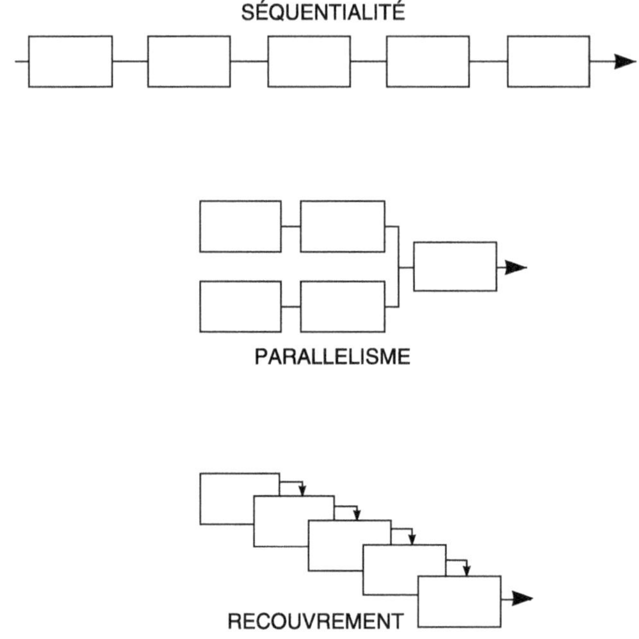

Schéma 16 : Parallélisation

■ *La différenciation retardée*

Dans les activités d'assemblage, une partie de la complexité résulte de la combinatoire élevée des composants standard et des options finales : cinq couleurs de véhicule, combinées avec trois options de motorisation, cinq options d'amé-

---

1. Les méthodes SMED (Single Digit Minute Exchange of Die), d'abord développées au Japon, mais aussi inspirées de l'organisation de ravitaillements ultra-rapides dans la formule 1 automobile, sont des méthodes qui visent à analyser systématiquement (mouvements, outils, disposition physique des lieux) un processus de changement (changement d'outil, changement de personne, changement de réglages, arrêt d'un engin mobile pour ravitaillement, contrôle ou nettoyage) pour identifier les voies et moyens d'une accélération significative (réduction d'au moins un facteur dix). On recourt souvent à l'enregistrement vidéo des opérations de changement pour les analyser en groupe « off line ». Il existe tout un catalogue de leviers d'action « SMED » : préparation préalable des outils et ustensiles nécessaires, bien disposés sur une table ; réalisation préalable, en parallèle, de tout ce qui peut être fait hors processus ; regroupement des connexions sur une seule prise...

nagement intérieur, trois options d'éclairage, trois options d'accès (toit ouvrant, fermeture automatique...), trois options de planche de bord, donnent 2 025 variantes possibles ! Le marché étant très versatile, les prévisions variante par variante sur les 2 025 variantes sont évidemment très incertaines et il y a un risque élevé de rester « collé » avec des stocks importants.

La différenciation retardée permet de réduire un tel risque. Le processus d'assemblage est revu, de manière à situer les étapes d'assemblage qui différencient les produits en fin de course. Les composants sont alors tous fabriqués sur prévision et sur programme (les planches de bord, la carrosserie, les moteurs pris isolément, pour lesquels la combinatoire est faible : 3 à 5 options pour chaque élément) et stockés. La différenciation n'intervient qu'avec l'assemblage final, qui est court, peut n'intervenir qu'à la dernière minute et sur commande ferme du client. De la sorte, la combinatoire des éléments stockés est réduite de 2 025 à 5 au maximum et le risque est évidemment réduit d'autant.

Exemple : la différenciation retardée des micro-ordinateurs

EUROCOMPUTER assemble des micros portables dans une petite usine près de Séville. L'unité centrale est fabriquée par EUROCOMPUTER dans une autre usine européenne, mais le clavier, l'écran, la batterie et le transformateur sont achetés à l'extérieur. Lorsqu'un ordre de fabrication est lancé, sont lancés simultanément les approvisionnements externes et le programme d'assemblage, en commençant par l'unité centrale, le clavier et l'écran. Pour un produit apparemment très standard, la combinatoire est en fait très élevée : trois types d'écran, cinq types de clavier (en fonction notamment du pays de destination), cinq modèles d'unités centrales, soit, au total, soixante-quinze combinaisons possibles. Le marché étant très imprévisible, les risques de stocks invendus sont importants.

Pour réduire ce risque, il est décidé de mettre en œuvre un projet de différenciation retardée. Le processus d'assemblage est revu, de manière à pouvoir tout assembler sur programme et prévisions, sauf l'écran et le clavier. Le stock de produits finis sera ainsi constitué de micros sans écran ni clavier. Ceux-ci seront commandés à la dernière minute, une fois que l'on a en mains les commandes fermes par pays. Une phase d'assemblage final sur commande ferme a lieu avant l'expédition, pour ajouter l'écran et le clavier. De la sorte, la combinatoire des modèles fabriqués et stockés est réduite de soixante-quinze à cinq.

4. Contrôle de gestion et tension des flux

■ *Les contradictions potentielles du contrôle de gestion avec la tension des flux*

Les systèmes de contrôle de gestion « classiques » peuvent faire obstacle à la réactivité et à la tension des flux, en :

1. Offrant une base insuffisante pour le diagnostic

En se concentrant sur les coûts d'opérations, les comptabilités analytiques ignorent souvent l'enjeu « **coût de possession** des stocks et en-cours ». Les coûts de revient industriels, par exemple, en ignorant les coûts de financement, les coûts d'obsolescence, les coûts commerciaux des retards, appréhendent une faible part des coûts de possession.

Exemple : le sidérurgiste allemand SIDERINOX

Allons dans l'entreprise sidérurgique SIDERINOX (voir chapitre 12). Elle réalise de très grosses tôles inoxydables destinées, soit à des grands projets (construction navale, chaudières pour la production d'électricité), soit à des ventes de série pour usages industriels. Selon la complexité et la taille du produit, la durée de séjour des commandes dans les ateliers de SIDERINOX peut varier d'un mois à six mois. Le contrôleur de gestion, appliquant un coût de possession de 15 %, constate que les commandes longues encourent un coût « caché » égal à 7,5 % de leur valeur (six mois à 15 %), alors que les commandes courantes n'entraînent que 1,25 % de coût de possession. Ces coûts ne sont pas pris en compte par la comptabilité analytique et n'apparaissent donc pas dans les analyses de marge et de rentabilité des différentes lignes de produits. Le contrôleur alerte la direction sur le biais significatif ainsi induit dans l'image de rentabilité des produits.

---

2. Présentant un biais en faveur du rendement, au détriment du délai

Par ailleurs, les systèmes de contrôle de gestion fonctionnent souvent comme un pilotage principalement orienté vers le rendement (productivité de la main-d'œuvre directe, productivité des machines) du fait du choix fréquent d'unités d'œuvre fondées sur le volume de production (dans ce cas, minimiser le coût unitaire = minimiser le ratio D/V des dépenses et du volume produit = maximiser le rendement). Ceci joue souvent contre la tension des flux (voir cas Eurocomputer au chapitre 14). Les messages clés du pilotage sont en effet :

- dans le cas d'un pilotage par les rendements : « produisez le maximum »,
- dans le cas d'un pilotage par les flux tendus : « produisez ce qui est demandé à la date demandée »,

et ces deux messages n'ont aucune raison de coïncider. D'où les situations paradoxales observées dans certaines usines où est engagée une politique de tension des flux sans modifier le système traditionnel de contrôle : les opérationnels se voient simultanément demander, au nom de la tension des flux, de ne fabriquer que le strict nécessaire, et, par le système de reporting, de fabriquer le maximum ! En conjoncture commerciale basse, la tentation est grande de faire tourner les machines en chargeant les stocks aval pour continuer à « absorber » les coûts fixes. Le coût de revient unitaire du produit reste bas, la marge demeure élevée, le combat de la profitabilité semble gagné, à condition bien sûr de faire abstraction du marché et des stocks qui s'accumulent dangereusement !

3. *La réactivité du contrôle de gestion lui-même*

Dans un contexte de flux tendus, le contrôle de gestion lui-même est soumis à un impératif de réactivité. Or il souffre souvent de pratiques lourdes et lentes :

- Le reporting quotidien en atelier peut prendre jusqu'à 15 à 30 minutes par jour.
- L'analyse des écarts intervient *a posteriori*, plusieurs semaines après les faits.
- Elle est souvent lourde et mobilise des efforts importants pour des résultats modestes.
- La valorisation comptable des stocks et des en-cours mobilise des ressources importantes pour évaluer les stocks avec exactitude plutôt que pour les diminuer.

Face à l'enjeu « tension des flux », le contrôleur de gestion se débat parfois dans un cercle vicieux : plus les choses vont vite, plus les tailles de lots sont faibles, plus les petites transactions se multiplient, moins il a le temps d'évaluer et d'analyser. Ce cercle vicieux peut être brisé, à condition d'adapter les outils, les méthodes et les mentalités au nouvel environnement créé par la tension des flux :

- Reporting par exceptions : les opérationnels ne signalent que les faits imprévus et significatifs.
- Eviter de piloter les fonctions opérationnelles exclusivement par le coût, surtout lorsque le coût est rattaché au volume de production.
- Instaurer un suivi systématique et fiable des délais.
- Simplifier les procédures de valorisation des stocks et des en-cours, au fur et à mesure que le volume et la valeur de ceux-ci décroissent.
- Diminuer le nombre de points de saisie et de comptage, regrouper les centres de frais.
- Eviter les modes d'évaluation exclusivement orientés vers le rendement des moyens, sauf pour les goulots d'étranglement clairement identifiés.
- Choisir les unités d'oeuvre de la comptabilité analytique en tenant compte des enjeux de tension du flux. Certains coûts de fabrication, de support technique ou administratif, peuvent varier avec le temps de traversée des

produits ou des dossiers dans l'atelier ou le service : plus un produit demeure dans l'atelier, plus il coûte en gestion d'en-cours, en occupation d'espace, en coûts de possession. Aussi la charge de travail et le coût de certaines activités peuvent-ils être adéquatement mesurés par une unité d'œuvre fondée sur la longueur des cycles : par exemple, le nombre total de jours ou d'heures passés par un type de produit donné dans l'atelier. Une telle unité d'œuvre, pratiquée par exemple par Hitachi et Hewlett-Packard, charge les produits consommateurs de temps.

Exemple

Un atelier d'usinage fortement automatisé usine, pendant le trimestre, 1 250 vilebrequins V, 2 500 bielles B et 5 000 manchons M. Les unités de B et M sont restées en moyenne 36 heures dans l'îlot, alors que les unités de V sont restées en moyenne 4 jours. Le nombre d'unités d'œuvre « flux » dans cet atelier d'usinage sera donc :
– pour V 1 250 x 96 = 120 000
– pour B 2 500 x 36 = 90 000
– pour M 5 000 x 36 = 180 000
– au total 390 000

Les dirigeants de l'usine décident que les coûts directs de fabrication, limités à l'utilisation des centres d'usinage (énergie et consommables inclus), seront imputés aux produits au prorata des heures machine, et que les coûts indirects, essentiellement logistiques (ordonnancement des opérations, manutention, occupation d'espace, coûts de possession...), seront imputés sur la base des unités d'œuvre « flux ». V portera donc 31 % des coûts indirects de l'atelier, B 23 %, M 46 %.

■ *Vers une comptabilité de gestion simplifiée*

Le contrôle de gestion « tendu » passe par des politiques de simplification.

Le suivi précis (par produits) et exhaustif des transactions (prix réels sur les ordres d'achat, relevé des tâches réalisées en atelier par poste et par lot) se justifie lorsque :

- le niveau élevé de l'actif circulant exige une évaluation précise des valeurs de stock et d'en-cours,
- la longueur des séries et la grande taille des lots limitent le nombre de transactions, donc le coût administratif de l'évaluation (saisies et traitements).

Mais la tension des flux conduit l'entreprise à réduire les attentes, les groupages, la taille des lots, donc à **augmenter le nombre des transactions**. Le coût du système de contrôle, fondé sur les transactions prises une par une, et la charge de travail administrative deviennent insupportables. Le coût de la procédure de contrôle, le **coût du coût**, devient rédhibitoire. Or, l'enjeu de ce contrôle : la précision et l'exactitude dans la valorisation des stocks et des encours, voit son importance diminuer à mesure que le poids relatif des stocks décroît. Les procédures complexes ne sont plus justifiées. Les voies de l'allégement et de la simplification doivent être explorées [Mc NAIR, MOSCONI, NORRIS].

1. Vers une comptabilité de processus

Une première voie de simplification consiste à regrouper les postes de travail et les activités en **îlots** (centres de frais) de plus en plus vastes. Tout groupe d'activités traversé par un flux clairement identifié peut être comptabilisé de manière globale (îlot), comme s'il s'agissait d'une seule activité. L'îlot peut devenir une boîte noire pour le contrôle, sans transaction, ni comptage, ni stock internes. Les comptages de flux se situent **en entrée et en sortie**. La comptabilité peut se contenter de suivre les consommations globales de l'îlot et son output en unités d'œuvre. Plus l'on avance dans la tension des flux, plus les limites des îlots peuvent s'étendre. La situation idéale est celle où le flux tout entier peut être traité comme un îlot unique, dont on suivra exclusivement les entrées (approvisionnements) et les sorties (livraisons), en supprimant tout suivi de transactions internes et tout comptage intermédiaire.

La tension des flux peut ainsi déboucher sur le regroupement des opérations par **lignes continues dédiées** à une catégorie de produits. Il n'y a alors plus qu'à régler le débit sur l'ensemble de la ligne en fonction de la demande. La production apparaît comme un « fleuve coulant entre ses rives ». L'unité d'œuvre pertinente est évidemment le nombre d'unités du produit unique de la ligne. Ce type de productions « juste à temps » par ligne dédiée présente de fortes similitudes avec les « industries de process continu » (raffinage, chimie, cimenteries, agroalimentaire, verre, sidérurgie...). Il n'est pas surprenant qu'on redécouvre alors les techniques de suivi des coûts de ces industries (le *process costing*).

Même lorsqu'il s'avère impossible de constituer des lignes monoproduit, la tension des flux tend vers une logique de flux continu. Les lignes voient passer des produits différenciés. Cependant, le mix produit est stabilisé sur des périodes relativement longues, et le flux est géré sur la base d'une **séquence type** de produits distincts (AAAABCCCDDAAAABCCCDDAAAAB...), qui se répète. La ligne multiproduits peut alors être assimilée à une ligne monoproduit, le produit unique étant constitué par la séquence répétitive (AAAABCCCDD).

2. Absorption de la valeur ajoutée de l'îlot

Une deuxième voie de simplification consiste à négliger le stockage de valeur ajoutée intermédiaire, au sein des îlots. Dans un environnement de flux tendus, l'en-cours de chaque îlot est réduit au strict minimum et tourne vite. À peu de choses près, on peut considérer que les dépenses d'un îlot sur une période donnée sont instantanément absorbées par la production sortie de l'îlot pendant la même période, ce qui revient à négliger l'intégration progressive de valeur ajoutée dans l'en-cours de l'îlot.

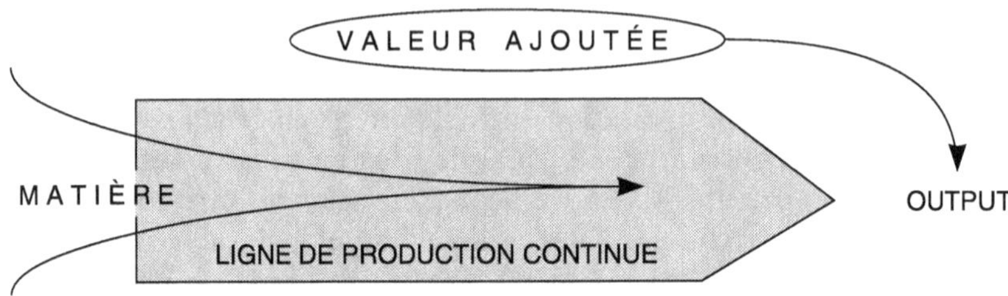

Schéma 17 : *Valeur ajoutée à la sortie*

La liquidation immédiate de la valeur ajoutée réelle sur les produits en sortie supprime tout problème de distribution de la valeur ajoutée dans le temps, sur les différentes périodes de production. Il n'est plus nécessaire de recourir à des méthodes de type FIFO (« First In, First Out ») ou « moyenne pondérée ».

3. Post-déduction

Une autre simplification consiste à supprimer les comptages d'entrée (le suivi des consommations de matière et de composants), en recourant à la technique dite de « post-déduction » (« backflushing »). L'idée de base en est simple : dans une organisation en flux, ce qui sort est égal à ce qui est entré, avec un léger décalage dans le temps, et aux rebuts près. Or les rebuts doivent être faibles dans un contexte de « flux tendus ». La matière et les composants consommés en entrée peuvent donc être déduits a posteriori du flux sortant, par simple calcul. Le suivi comptable considère donc que les composants sortent de stock et les matières achetées sont livrées par le fournisseur au moment où le produit qui les incorpore sort de la ligne. On déduit ce qui est entré de ce qui sort. La sortie du produit peut ainsi déclencher le paiement des fournisseurs, la sortie de stock des composants, l'affectation de la valeur ajoutée au produit sortant.

12

Apprentissage et gestion des compétences

Comme nous l'avons vu tout au long de cet ouvrage, la principale raison d'être des méthodes et des outils de gestion, c'est d'aider la collectivité-entreprise à **apprendre** « l'art de la performance » :

- apprendre à agir : l'apprentissage porte sur l'action,
- apprendre à agir ensemble : l'apprentissage porte sur l'action collective,
- apprendre ensemble à agir ensemble : l'apprentissage est collectif.

Au cœur du pilotage, on trouve donc apprentissage et action collectifs. La collectivité concernée n'est pas informe et quelconque. Elle a une structure, une histoire, une culture : il s'agit d'une organisation bien déterminée. Nous parlerons donc d'action et d'apprentissage organisationnels (l'action de l'organisation-entreprise, l'apprentissage porté par l'organisation-entreprise).

1. Clarifier les concepts pour un enjeu déterminant

L'enjeu est clair : le principal, sinon le seul avantage concurrentiel durable des entreprises réside de plus en plus dans leur aptitude à maîtriser, acquérir et créer des savoirs. Les machines vieillissent, les meilleures technologies deviennent un jour obsolètes, les grands patrons et les experts pointus prennent leur retraite, les idées de nouveaux produits sont tôt ou tard imitées, les réserves financières sont dépensées. Mais l'entreprise qui sait, mieux que d'autres, apprendre, faire apprendre et innover en permanence est toujours capable de rebondir, de reconstruire de nouveaux avantages concurrentiels et de reprendre une longueur d'avance. **L'acquisition de connaissance prévaut sur toute acquisition de ressource**.

■ *La connaissance est individuelle*

Dans toutes les définitions qui en sont données, la connaissance (ou le savoir : nous considérerons ici ces deux termes comme synonymes) est associée à l'activité mentale de la personne et à la pensée, voire, dans certains cas, aux sens. Pour qu'il y ait connaissance, il faut qu'il y ait conscience et intelligence, donc sujet individuel de connaissance. Il n'existe pas de « tête collective », d'« intelligence communautaire ». L'organisation pense par les individus qui en font partie. Il n'y a rien qui ressemble de près ou de loin à une connaissance organisationnelle.

Cela ne signifie pas qu'il n'y a pas éventuellement dans une organisation des savoirs partagés par ses membres, qui ont trait ou pas à l'action de cette organisation. Tous les acteurs du groupe XYZ connaissent les principaux objectifs stratégiques du groupe. Cette connaissance, pour partagée qu'elle soit par les acteurs du groupe, n'en reste pas moins individuelle : sans les acteurs, elle n'a pas d'existence. Notons d'ailleurs que les connaissances partagées ne sont pas les seules à pouvoir jouer un rôle essentiel dans l'organisation. Les musiciens de l'orchestre ne jouent pas tous la même partition. La complémentarité des connaissances est au moins aussi importante que leur partage. Parfois, des connaissances détenues par un seul individu sont essentielles pour la réussite globale de l'organisation (« un seul être vous manque et tout est dépeuplé » : privez une équipe de foot-ball de son meneur de jeu et vous constaterez que ses connaissances individuelles et exclusives jouent un rôle organisationnel fondamental).

■ *La « connaissance explicite » n'existe pas*

Détenir une connaissance est une caractéristique **mentale** de l'individu [SEARLE]. En tant que telle, cette caractéristique mentale se distingue de tous les signaux qui pourront être émis à son sujet. Un signal est un objet, pas un processus mental. Ce que l'on appelle souvent, dans l'univers de la gestion, « connaissance explicite », n'est pas de la connaissance, explicite ou non. L'expression « connaissance explicite » n'a d'ailleurs, stricto sensu, aucun sens. La « connaissance explicite » est un signe, un code, produit par l'individu « à propos » de sa connaissance. Ce code, objet manipulable, transmissible, stockable et mobile, ne s'identifie pas à la connaissance. Celle-ci est beaucoup plus complexe qu'un simple code, aussi sophistiqué soit-il. Mettez le monumental traité mathématique de Bourbaki ou une simple recette de cuisine entre les mains de n'importe quel lecteur, vous mesurerez l'ampleur des présupposés contextuels, de l'arrière-plan mental de connaissances soit-disant explicites.

La confusion entre « connaissance explicite » et « code » vient peut-être de ce que le code C produit par M. AAA à propos d'une connaissance X peut induire chez un récepteur BBB un processus d'apprentissage, mental, qui lui permet d'accéder à un état de connaissance ressemblant à celui du producteur initial du code, détenteur premier de la connaissance. Mais il y a eu chez le destinataire un processus mental d'apprentissage, sans lequel le code se réduirait à une série de signes abscons et sans intérêt. Lorsque je fournis le mode d'emploi écrit d'une machine à un collègue, celui-ci va interpréter le mode d'emploi, l'intégrer comme élément de ses propres processus mentaux et s'en servir pour produire des connaissances nouvelles qui lui sont propres.

■ *La compétence est souvent organisationnelle*

La compétence est à la source de la valeur. Créer de la valeur, c'est (savoir) répondre à des besoins sociaux, à travers des combinaisons d'activités plus ou moins complexes, les chaînes de valeur [PORTER]. Une chaîne de valeur est constituée d'activités, donc de « faire », eux-mêmes fondés sur des compétences (pour « faire », il faut « savoir faire »). Rappelons la définition de la compétence, empruntée à Guy Le Boterf [LE BOTERF] :

Définition

*Une **compétence** est l'aptitude à mobiliser, combiner et coordonner des ressources dans le cadre d'un processus d'action déterminé, pour atteindre un résultat suffisamment prédéfini pour être reconnu et évaluable. Cette aptitude peut être individuelle ou organisationnelle.*

La compétence est donc étroitement associée à la création de valeur (« atteindre un résultat défini ») et au processus (« dans le cadre d'un processus d'action déterminé »). Elle mobilise de manière **combinatoire** différents types de savoirs et des savoir-faire.

Exemple [LE BOTERF]

La compétence « savoir dépanner et remettre en route une installation » combine :

1. Des capacités et savoirs élémentaires, tels que :
- *savoir repérer des signaux,*
- *savoir déchiffrer des signaux,*
- *savoir saisir des relations,*
- *savoir abstraire des données...*

2. Des connaissances, telles que :
- *connaissance de l'installation,*
- *connaissance des étapes de fabrication des produits,*
- *connaissance en mécanique....*

3. Des savoir-faire tels que :
- *savoir élaborer une nouvelle gamme de fabrication,*
- *élaborer un plan de réalisation...*

Si la compétence combine des éléments divers, c'est pour agir : la compétence n'existe que si elle est mise en œuvre, elle est un **savoir-agir**. Or, dans le cadre de l'entreprise, comme dans le cadre de toute organisation sociale orientée vers la réalisation de certains types d'action, il n'est pratiquement aucun type d'action productrice de valeur qui ne soit organisé et n'implique plusieurs acteurs, insérés dans un contexte organisationnel. La compétence purement individuelle est rarissime. Même le vendeur commercialement très compétent mobilise généralement des informations sur le marché fournies par le marketing, des catalogues de prix élaborés par d'autres... Le chercheur génial dans son laboratoire utilise des équipements conçus et mis en place par d'autres acteurs... Le PDG s'appuie sur des informations, des conseils, des avis...

■ *La compétence mêle de l'implicite et de l'explicite*

La compétence – savoir-agir organisé – combine des savoirs, pour partie implicites, comme on l'a vu, des outils, des informations, des codes, l'expérience de certains acteurs, des règles de fonctionnement. Par définition, la compétence est donc un ensemble complexe d'éléments codifiés et de savoirs et savoir-faire détenus par les acteurs de l'organisation. Certains de ces éléments ont sans doute une importance critique, mais il est peu probable qu'aucun soit autosuffisant.

La compétence est savoir-agir organisé. Inversement, il n'y a pas d'agir humain efficace (aboutissant à un résultat délibéré) qui ne révèle ipso facto une compétence. La chaîne de valeur, chaîne d'activités, est donc aussi une **chaîne de compétences**.

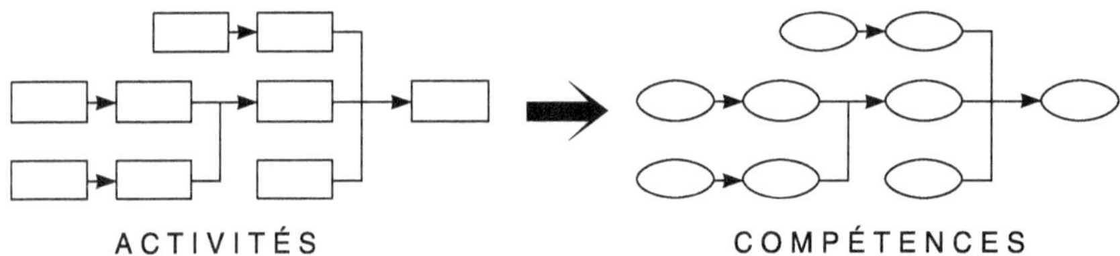

Schéma 1 : *Chaîne de valeur = chaîne de compétences*

Une compétence étant constituée d'une combinaison de savoirs multiples, la chaîne de valeur est donc en fait fondée sur un **patrimoine de savoirs**, qu'elle mobilise en permanence. Ce patrimoine de savoirs doit évoluer au diapason des changements qui affectent la chaîne de valeur. Concevoir, modifier, redéfinir la chaîne de valeur, c'est faire évoluer, enrichir, adapter le patrimoine de savoirs sur lequel s'appuie l'action de l'entreprise (ou, plus exactement, **des** entreprises impliquées dans la chaîne de valeur).

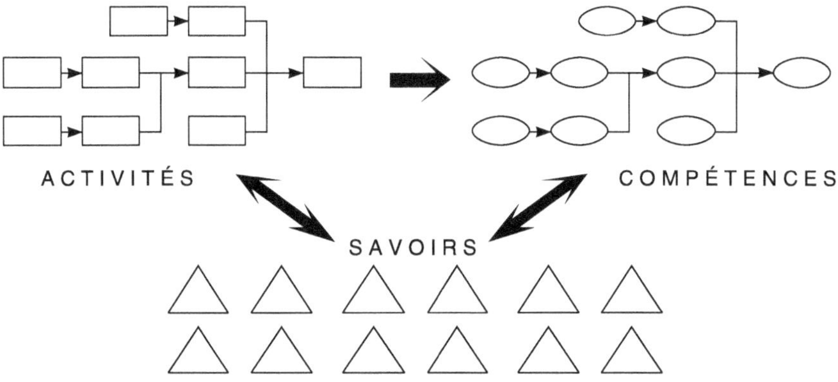

Schéma 2 : *Chaîne de valeur et patrimoine de savoirs*

Le pilotage de l'entreprise met en jeu un apprentissage pour l'action, avec une interaction permanente entre savoir et action :

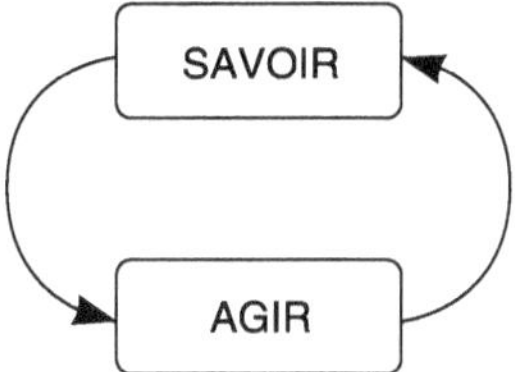

Schéma 3 : *Interaction savoir / action*

Cette boucle savoir-action, bien connue des psychologues de la connaissance au niveau individuel [PIAGET 47] [PIAGET 70], est ici rendue plus complexe par le fait qu'elle doit fonctionner au niveau d'une collectivité organisée :

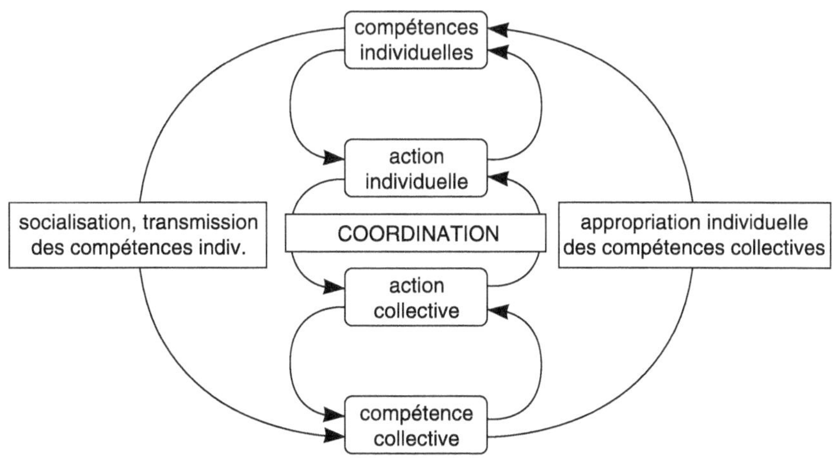

Schéma 4 : *Boucle savoir-action au niveau d'une organisation*

Le passage des savoirs et compétences individuels aux compétences collectives, et le passage inverse, jouent un rôle essentiel dans l'apprentissage organisationnel.

■ *Quelques implications pour la gestion des savoirs et des compétences*

Le code n'est pas le savoir : gérer les savoirs ne peut donc se réduire à gérer un patrimoine de codes (stockage, diffusion, organisation documentaire). Les codes et documents ne présentent d'intérêt pour la gestion du savoir et de la compétence que s'ils sont continuellement mis en relation avec les processus mentaux des acteurs susceptibles de les mobiliser pour produire des connaissances utiles à l'action organisationnelle.

L'acteur individuel, porteur de connaissance, est incontournable, sauf si le code suffit à l'acquisition de la connaissance par un grand nombre d'acteurs, donc sauf si la connaissance détenue par l'acteur est très simple : c'était le contexte du taylorisme. Dans le cas contraire, si le savoir est relativement complexe, l'adhésion active des acteurs est indispensable, ce qui passe nécessairement par un système d'incitations adéquat.

2. Quelques modèles de base de l'apprentissage organisationnel

Comment favoriser l'apprentissage organisationnel, c'est-à-dire l'acquisition de compétences organisationnelles, dans l'entreprise ? Vaste sujet, qui justifierait un ouvrage à lui tout seul. Nous nous contenterons de présenter quelques concepts simples empruntés à de grands auteurs du domaine, afin d'ouvrir quelques pistes présentées en troisième partie du présent chapitre pour les pratiques d'entreprise concrètes.

■ *Niveaux de l'apprentissage organisationnel*

L'école de Palo Alto (Californie) a analysé l'apprentissage individuel en distinguant quatre niveaux d'apprentissage :

- Niveau 0 : l'automatisme acquis et inconscient, tel que le réflexe conditionné.
- Niveau 1 : l'apprentissage conscient de type « routinier » : l'atteinte de l'efficacité par la répétition à l'identique (apprentissage principalement recherché par l'Organisation Scientifique du Travail taylorienne), sans remettre en cause les normes d'action à l'intérieur desquelles on s'inscrit.
- Niveau 2 : l'apprentissage de type « critique et reconstruction », qui remet en cause les procédures, les principes et les normes d'action pour tenter d'en améliorer la pertinence et l'efficacité.

- Niveau 3 (dit **« deutero-apprentissage »**) : le sujet apprenant se penche sur les modalités de son propre apprentissage, il cherche à en comprendre les éventuels blocages et il analyse les caractéristiques comportementales qui en sont la cause, notamment les modalités de son interaction avec d'autres acteurs, pour les redéfinir (« recadrage ») ; il cherche à maîtriser les mécanismes d'apprentissage, il « apprend à apprendre ».

Les spécialistes américains de l'apprentissage organisationnel Chris ARGYRIS et Donald SCHÖN [ARGYRIS, SCHÖN] ont transposé les concepts de Palo Alto dans le contexte d'une action collective organisée, produisant ainsi leur théorie de l'apprentissage organisationnel. Ils introduisent notamment la notion de théorie de l'action au niveau individuel et collectif.

Définition

*Une **théorie de l'action** décrit les conséquences prévues de certaines formes de comportements dans un contexte spécifique. Une théorie de l'action est donc constituée d'affirmations du type : « si l'on fait ceci dans tel contexte, il en résulte cela ». Elle peut être **individuelle** (représentation propre à un individu) ou **collective** (représentation partagée entre les membres d'un groupe). Les théories de l'action officielles ou revendiquées font l'objet d'un consensus au sein du groupe et constituent un référentiel partagé et revendiqué pour guider l'action collective. Les théories usuelles ou pratiquées sont celles qui se concrétisent de fait et directement en actions : elles peuvent se déduire ex post de l'action réalisée. Les théories usuelles sont rarement explicitées par les acteurs (elles sont parfois même inconscientes) et donc rarement discutées. Elles diffèrent souvent des théories officielles par des schémas de comportement tacites, voire « tabous » (dont l'explicitation est impossible).*

Il y a bien sûr souvent un écart entre théorie officielle et théorie pratiquée.

Exemple : « L'esprit d'équipe » de VEGA

L'entreprise VEGA (matériel de télécommunications) développe une action tous azimuts autour du thème « l'esprit d'équipe » : discours des dirigeants, sponsoring sportif, démarches managériales et outils divers pour favoriser la communication et le travail de groupe, dans le but de renforcer l'esprit de coopération et la solidarité d'entreprise, mis à mal par une histoire récente mouvementée (fusions, acquisitions, cessions). La mise en œuvre d'un projet de Qualité Totale, la définition d'un projet d'entreprise, l'animation de réseaux multiples (réseaux de métiers, réseaux de produits...) s'inscrivent dans cette « théorie officielle ». Toutefois, de nombreux exemples tendent à montrer la persistance, voire, dans certains cas, le renforcement de l'esprit de chapelle. Les usines développent une rivalité acharnée, les équipes commerciales font de la rétention d'information, les lignes de produits ne coopèrent pas entre elles malgré l'évolution du marché des télécommunications vers l'intégration de systèmes multiproduits.

Tout se passe comme si la théorie d'action pratiquée correspondait effectivement au slogan « esprit d'équipe », mais dans une définition étroite de l'équipe (un clan au sein de l'entreprise, engagé dans des rivalités de chapelles avec d'autres clans au sein de la même entreprise) alors que la théorie officielle correspondrait au même slogan « esprit d'équipe », mais en désignant par « équipe » l'ensemble de l'entreprise. Une démarche telle que les contrats « clients-fournisseurs » internes fait donc l'objet d'interprétations divergentes entre ses promoteurs (pour qui ces contrats sont l'occasion d'étudier et de formaliser les modalités de coopération interne les plus à même de satisfaire le client final) et les acteurs opérationnels (qui y voient l'occasion d'affirmer « leur équipe » face aux autres, donc d'un bras de fer avec les collègues « d'à côté »...).

Lorsqu'un tel écart entre théorie officielle et théorie pratiquée est constaté, reconnu, discuté, analysé, il constitue un déclencheur privilégié pour l'apprentissage organisationnel. Ecartant le niveau 0 de l'école de Palo Alto (réflexe conditionné), non pertinent pour une organisation, Argyris et Schön [ARGYRIS, SCHÖN] définissent trois niveaux d'apprentissage organisationnel :

- **Apprentissage par adaptation** (*single loop learning* correspondant au niveau 1 de Palo Alto) : les acteurs adaptent les modalités de l'action aux variations de l'environnement sans remettre en cause les objectifs, principes et normes de l'organisation. On ne touche pas aux théories de l'action (on « fait avec »).

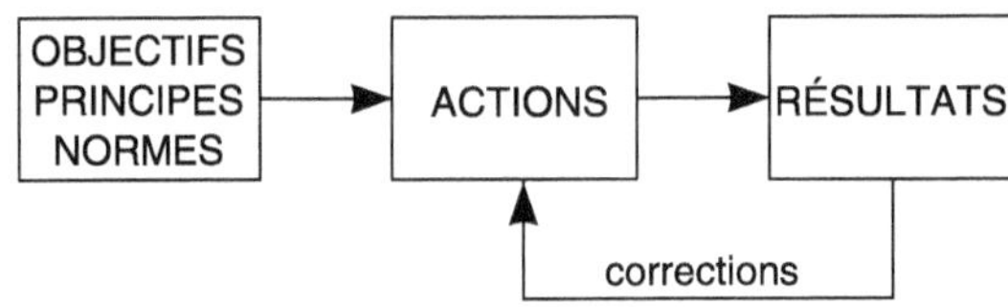

Schéma 5 : *Apprentissage par adaptation (simple boucle)*

- **Apprentissage par reconstruction** (*double loop learning*, correspondant au niveau 2 de Palo Alto) : la révision des modalités d'action est plus radicale. Elle va jusqu'à remettre en cause les objectifs, principes et normes de l'organisation. Les théories de l'action sont révisées.

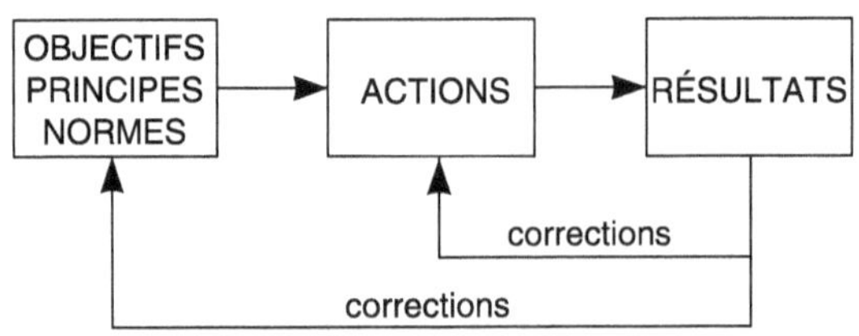

Schéma 6 : *Apprentissage par reconstruction (double boucle)*

- **Apprentissage de l'apprentissage** (apprentissage du second degré, *deutero-learning*, correspondant au niveau 3 de Palo Alto) : l'organisation se penche sur elle-même et sur ses processus d'apprentissage et essaye d'identifier les obstacles à l'apprentissage, les divers mécanismes de blocage (autocensure, conformisme, sacralisation de la hiérarchie, attitudes défensives, rétention d'information, manie du secret...). Ce processus la conduit souvent à réexaminer ses valeurs fondamentales. Elle peut alors tenter de dépasser les blocages habituels en redéfinissant certaines de ces valeurs et le sens donné à son action (« **recadrage** » du problème). Le but est d'améliorer l'aptitude de l'entreprise à l'apprentissage.

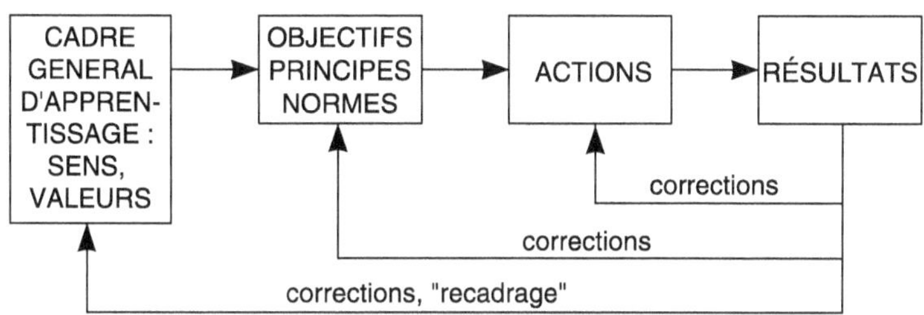

Schéma 7 : *Apprentissage de l'apprentissage (deutéro-apprentissage)*

Exemple : « L'esprit d'équipe » de VEGA

Le retour obstiné de VEGA aux luttes de chapelles conduit l'équipe dirigeante à essayer de comprendre les mécanismes profonds qui expliquent ce biais systématique. Après avoir débattu du problème et fait réaliser un certain nombre d'enquêtes, une première conclusion est atteinte : la nécessité vitale de coopérer pour satisfaire le client n'est pas vraiment perçue par les cadres de l'entreprise. VEGA est filiale d'un groupe puissant et prospère, pour qui le matériel de télécommunications a la réputation d'être un secteur très minoritaire, mais néanmoins stratégique et prestigieux. « Quoi qu'il arrive, ils ne nous laisseront pas tomber » est une conviction assez profondément ancrée chez beaucoup d'acteurs, même si elle n'est pas formulée. En l'absence de menace existentielle sur la survie de VEGA, les luttes internes prévalent sur les considérations externes. La dimension ludique de la petite « équipe » (onze pour une « équipe » de football, cinquante pour un développement logiciel...) a bien « accroché » la motivation de la majorité des acteurs. Le caractère abstrait de la « grande équipe » (13 000 personnes) les laisse par contre indifférents, d'autant que les cessions et fusions nombreuses ont brisé les sentiments d'appartenance. L'apprentissage de l'apprentissage passe donc par :

- *une clarification de la relation entre VEGA et son actionnaire,*
- *la formulation renforcée des attentes de l'actionnaire,*
- *la généralisation des retours d'information clientèle,*
- *l'abandon du thème de l'« équipe », trop ambigu, en faveur du thème de « l'entreprise »,*

> • *la multiplication des séjours en réseau commercial ou en clientèle pour les professionnels des autres métiers,*
> • *une plus grande mobilité dans la gestion des cadres,*
> • *le développement de la gestion par projets et par processus...*
> *Il faut en fait reconstruire le sens du mot « équipe ».*

■ *La spirale de la connaissance*

Ikujiro Nonaka et Hirotaka Takeuchi [NONAKA, TAKEUCHI] ont analysé les modalités selon lesquelles l'entreprise peut créer de la connaissance collective à partir de la connaissance individuelle de ses acteurs. Ils se sont particulièrement intéressés au caractère **tacite** (implicite) ou **explicite** de la connaissance. Nous considérons ces notions comme hautement discutables, mais le travail de ces auteurs est utile pour mieux saisir les processus d'apprentissage organisationnel, à condition de substituer à la notion de « connaissance explicite » celle de « signes de connaissance, codes de connaissance ».

D'après ces auteurs, connaissances tacites (détenues par un acteur, mais non formulées) et connaissances explicites (formulées et communiquées) sont complémentaires. L'apprentissage organisationnel et la création de connaissances nouvelles par l'entreprise passent par de multiples interactions entre connaissances tacites et explicites, la même connaissance passant successivement d'un état à l'autre. Les interactions « tacite/explicite » sont baptisées « **conversions du savoir** ». Elles ne se déroulent pas au niveau d'un acteur isolé, mais elles sont portées par des acteurs différents et multiples. Il y a quatre modes de conversion, décrits par la matrice suivante :

		VERS	
		Savoir tacite	Savoir explicite
À PARTIR DE	Savoir tacite	**SOCIALISATION**	**EXTERNALISATION**
	Savoir explicite	**INTERNALISATION**	**COMBINAISON**

Schéma 8 : *Quatre modes de conversion du savoir chez Nonaka-Takeuchi*

1. La socialisation : de tacite à tacite. C'est le processus par lequel un individu peut transmettre un savoir à un autre individu sans le formaliser par le langage, mais grâce à l'expérience partagée (en faisant quelque chose ensemble) : par exemple, le compagnonnage.

2. L'externalisation : de tacite à explicite. Elle consiste à expliciter dans un langage formel un savoir jusqu'alors implicite. Elle peut être simple **formulation** d'un savoir tacite aisé à expliciter : par exemple, la rédaction d'un « testament » par un cadre qui change de poste, la transformation d'un mode opératoire informel en procédure écrite. L'externalisation peut prendre des formes moins classiques. Lorsqu'une connaissance est trop peu structurée et trop floue pour donner lieu à une simple transcription, on peut recourir à des formes d'externalisation moins précises et moins analytiques, mais néanmoins fructueuses. Nonaka et Takeuchi citent notamment l'usage des **métaphores**. Il peut arriver qu'une métaphore « fasse passer » l'essentiel d'une intuition importante difficile à formuler directement. Elle en communique « le parfum » plutôt que la lettre...

> ### Exemple : la Honda City, ou « L'Evolution darwinienne de l'automobile » [NONAKA, TAKEUCHI]
>
> *Le responsable du développement du véhicule City chez Honda ressentait confusément la nécessité d'aborder la conception du véhicule sur des bases totalement neuves, en privilégiant exclusivement l'adaptation quasi biologique du véhicule aux besoins du marché. Il eut l'idée de recourir à l'image de l'Evolution darwinienne : l'automobile est une espèce vivante, elle évoluera en fonction des exigences de l'environnement. Ces exigences sont notamment :*
>
> - *encombrement minimum compte tenu des densités urbaines et des problèmes de circulation auxquels la civilisation moderne est confrontée,*
> - *espace intérieur maximum compte tenu des exigences croissantes de confort des consommateurs.*
>
> *De là furent déduits deux concepts clés :*
> - *« homme-maximum, machine-minimum » (réduire l'espace dévolu à la mécanique au strict minimum, dégager le volume pour les passagers),*
> - *« volume maximum, surface minimum » (réduire l'encombrement externe et maximiser le volume mis à la disposition des passagers par rapport à l'encombrement).*

La métaphore, en produisant de nouveaux regards sur une réalité donnée, est surtout utile pour créer des concepts radicalement neufs. Elle permet de faire surgir des sens nouveaux et de communiquer des intuitions fortes mais difficiles à formuler. Mais la métaphore est intuitive et globale : elle n'analyse pas rationnellement les ressemblances et les différences entre la réalité et l'image invoquée. Arrive le moment où il faut faire le tri entre les bonnes idées plus ou moins transposables et les « rêveries », rationaliser et trancher les contradictions : c'est l'étape de l'**analogie**, qui repose sur la pensée rationnelle et se centre sur les similitudes fonctionnelles entre les deux situations mises en regard, la réalité et l'image métaphorique.

> **Exemple : la Honda City, ou « La Sphère » [NONAKA, TAKEUCHI]**
>
> *À partir de la métaphore « l'Evolution automobile », les spécialistes de Honda ont produit le concept « volume maximum, surface minimum ». L'analyse de ce concept permet de rationaliser la similitude avec les espèces vivantes en en retenant une notion géométrique : la forme qui maximise le rapport volume/surface est la sphère, fortement présente dans la nature. De là le concept analogique de « voiture sphérique », formulé « voiture haute et courte (tall and short car) », ou « grand garçon (tall boy) ». Ce concept, procédant d'une analyse rationnelle et transposable dans des directives de conception et de calcul, relève de l'analogie. La Honda City, courte et haute, compactant la mécanique, laide selon les critères esthétiques traditionnels, sera néanmoins un grand succès sur le marché...*

L'analogie précise le langage flou de la métaphore. Elle prépare la dernière étape, celle de la **modélisation**, qui articulera les concepts dans un ensemble structuré, cohérent et logique, « prêt à agir ». Le passage du tacite à l'explicite a d'autant plus besoin de transiter par la métaphore et l'analogie que la connaissance de départ est floue, nouvelle, pauvre en références historiques, intuitive, complexe... Si elle est « classique » et précise, elle peut être directement modélisée.

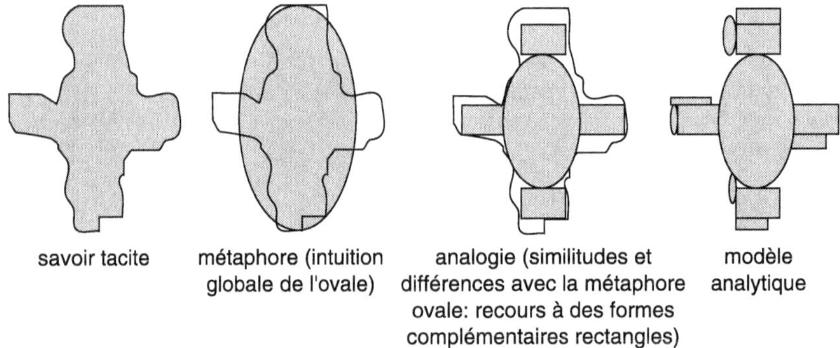

***Schéma 9** : L'explicitation du savoir par la métaphore*

3. **La combinaison : d'explicite à explicite**. Les codes (supports oraux, écrits, électroniques) peuvent circuler, se diffuser, être transmis, rapprochés les uns des autres, comparés, combinés, triés, classés, croisés, assemblés. Ces formes multiples de combinaisons donnent naissance à de nouveaux savoirs. Par exemple, la diffusion d'une innovation locale à une large population au sein de l'entreprise enrichit le savoir de l'organisation et « donne des idées » à certains qui s'appuieront sur cette connaissance acquise pour en inventer de nouvelles.

Les **allers-retours savoirs locaux/savoirs globaux** sont une forme importante de combinaison. Le déploiement de concepts généraux (par exemple, un objectif stratégique) sur le terrain met en question et renouvelle les savoirs opérationnels « habituels ». Inversement la capitalisation des observations de terrain alimente la création de savoirs globaux (consolidation, analyse de tendance, comparaisons d'un domaine à l'autre...).

Exemple : la maintenance des centrales nucléaires EDF

EDF a développé un système de compte rendu et de mémorisation de tous les incidents, ainsi que des interventions de réparation et de maintenance, sur l'ensemble du parc de centrales nucléaires, avec une mise en réseau de tous les sites. Le système exige des équipes d'entretien qu'elles fassent l'effort d'expliciter leur analyse des situations et les observations qu'elles font. La substance de ces observations et des diagnostics est ainsi à la disposition de toutes les autres équipes, qui peuvent s'appuyer sur un capital d'expérience très vaste (diffusion). Par ailleurs, des services centraux exploitent statistiquement l'ensemble des informations pour en tirer des enseignements généraux, voire des anticipations préventives (synthèses statistiques, analyse globale), ce qui permet de produire de nouveaux savoirs qui sont à leur tour diffusés aux sites et enrichissent leur bagage de connaissance.

Les **allers-retours transversaux,** d'un métier à l'autre, d'un territoire à l'autre, peuvent aussi s'avérer féconds (fertilisation croisée). Les modes opératoires et les types de raisonnements d'un métier peuvent constituer autant de provocations « exotiques » à penser pour un autre métier.

Exemples

Le « kan ban » administratif évoqué au chapitre 11 résulte d'une « greffe » de la gestion industrielle (production Juste À Temps) dans un monde de bureaux et de services. Le changement rapide d'outils dans les usines s'est inspiré des savoirs opératoires forgés pour le ravitaillement des véhicules en formule-1 automobile.

4. **L'internalisation : d'explicite à tacite.** Des savoirs acquis formellement par un acteur sont « internalisés » (appropriés) par lui s'il les intègre à sa base d'expérience et de connaissance propre, celle qu'il pourra mobiliser à tout moment dans l'action. Il les « assimile » au sens biologique du terme, pour en faire une part de son être. Par exemple, la personne en possession d'une méthode écrite pour aller à bicyclette détient la codification explicite de l'art vélocipédique, mais elle ne l'aura transformée en savoir tacite qu'à dater du jour où, ayant elle-même pratiqué la bicyclette, elle pourra mobiliser ce savoir dans l'action (enfourcher une bicyclette sans réfléchir) dès que le besoin s'en fera sentir. L'internalisation prend souvent la forme d'« **apprendre en faisant »,** mise en pratique d'une connaissance acquise formellement.

Les quatre types de conversion s'enchaînent naturellement :

- Un acteur porteur d'une connaissance la partage tacitement, de manière plus ou moins approfondie, avec d'autres acteurs à travers les coopérations dans lesquelles il est engagé.
- La réflexion collective sur des problèmes ou des opportunités conduit à expliciter cette connaissance pour la critiquer ou l'étendre.
- Sous une forme explicite, la connaissance devient transmissible à une plus grande population et combinable avec d'autres connaissances explicites. Les traitements multiples ainsi réalisés engendrent de nouveaux savoirs explicites.
- Certains de ces savoirs nouveaux sont mis en oeuvre et appropriés par certains acteurs. Ils s'intègrent à leur patrimoine cognitif de base.

On est parti de savoirs tacites et on arrive à des savoirs tacites. Mais la boucle n'est pas bouclée : **les savoirs tacites finaux sont distincts des savoirs tacites initiaux**, et ils sont portés par une autre population d'acteurs. Il y a élargissement progressif de la base de connaissances de l'entreprise (nouveaux savoirs, nouveaux sujets connaissants) à travers le déroulement permanent de cette spirale, la « spirale de la connaissance » [NONAKA, TAKEUCHI].

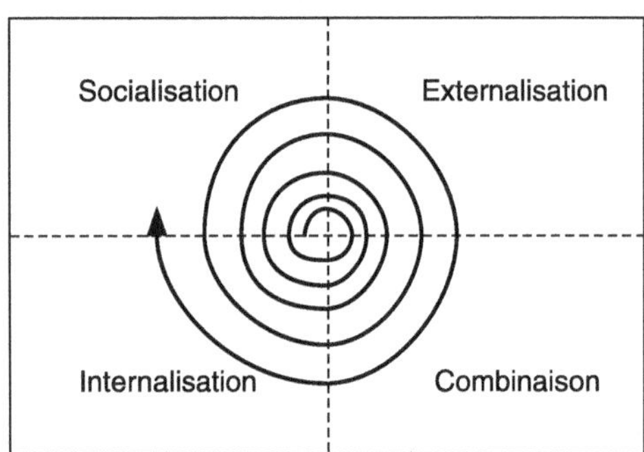

Schéma 10 : *La spirale de la connaissance chez Nonaka-Takeuchi*

■ ***Vers une approche interprétative ou sémiotique de l'apprentissage organisationnel***

L'action organisationnelle est fondée sur la coordination des actions individuelles. Cette coordination, comme celle des musiciens d'un orchestre, est à son tour l'effet combiné de l'expérience (à force de jouer ensemble...) et de dispositifs explicites de coordination (la partition, les gestes du chef d'orchestre). L'action collective est fondée sur l'interprétation permanente des situations et des dispositifs explicites de pilotage (interprétation de la partition, des gestes du chef) par les acteurs. **Il ne peut y avoir d'apprentissage organisationnel sans implication simultanée des processus mentaux des acteurs** (si les musiciens sont incapables de progresser, on ne voit pas trop à quoi servi-raient des modifications dans la présentation de la partition ou dans la pres-tation du chef d'orchestre) **et des dispositifs de pilotage qui les guident et étaient leurs schémas interprétatifs personnels** (des musiciens capables de s'améliorer peuvent être bloqués par l'inefficacité du chef ou le caractère ina-déquat des partitions).

L'apprentissage organisationnel, c'est-à-dire l'aptitude de l'organisation à amé-liorer ses performances, résulte donc :

- d'une part, de l'apprentissage des individus, qui acquièrent des connais-sances nouvelles à partir de leur propre expérience et des autres sources de savoir auxquelles ils peuvent avoir accès, telles que la formation,
- d'autre part, de l'amélioration des dispositifs de pilotage en place, systè-mes de gestion au sens large.

L'action unilatérale sur l'un ou l'autre des éléments (changer les systèmes sans se préoccuper des acteurs, promouvoir les acteurs sans s'inquiéter des systèmes) est condamnée à l'échec.

3. Quelques pistes pour la pratique de l'apprentissage organisationnel

Il est hors de question de procéder ici à un exposé complet sur les méthodes de l'apprentissage organisationnel. Plusieurs ouvrages ont été écrits sur le sujet [SENGE] [SENGE et alii] [PROBST, BÜCHEL]. En nous inspirant des modèles théo-riques résumés dans la partie précédente, nous explorerons trois ensembles de pratiques destinées à faciliter l'apprentissage organisationnel. Très schémati-quement, il s'agit de faciliter le progrès continu des connaissances fondé sur l'expérience (retour d'expérience) (1), la formulation, la mémorisation et la diffusion des connaissances ainsi obtenues (routines et économies d'atten-tion) (2) et la mise en question du fonds de connaissances acquis afin d'innover (innovation) (3). Puis nous examinerons les questions de gestion que l'appren-tissage organisationnel soulève (4).

■ *Retour d'expérience*

Définition

> *Le **retour d'expérience** consiste à exploiter le flux d'information engendré par la réalisation d'une activité pour améliorer la performance de l'entreprise dans la réalisation future de cette activité, en évitant de refaire les mêmes erreurs, en s'inspirant de cas analogues, en reproduisant les bons modes opératoires.*

Le retour d'expérience est l'une des clés de l'apprentissage organisationnel et du progrès. Il enchaîne plusieurs étapes :

1. Définir l'information pertinente à recueillir et à suivre

Quelles informations seront utiles au retour d'expérience ? Il y en aura de deux types : des informations sur le **résultat** de l'activité et des informations sur les **facteurs explicatifs** de ce résultat. Pour choisir les premières, il faut définir ce qui est critique dans l'output de l'activité (**performances critiques**). Pour choisir les secondes, il faut identifier les facteurs susceptibles d'avoir une influence significative sur les performances critiques.

Exemple : Retour d'expérience sur l'usinage d'une pièce mécanique

Quelles sont les performances critiques ? Il peut s'agir des caractéristiques dimensionnelles de la pièce, des caractéristiques d'aspect, des propriétés mécaniques (résistance au choc, à la torsion), du temps d'usinage nécessaire (rendement), de la date précise de réalisation (respect des délais), de la quantité de « chutes » perdues (rendement matière)... Si l'on constate des défauts sur la pièce, faut-il suivre prioritairement la température d'usinage, le niveau d'usure de l'outil, la qualité du lubrifiant, le type de matériau, le nom de l'opérateur ? Quelles sont les causes potentielles d'écarts dimensionnels, et, par conséquent, les données spécifiques à suivre ? On conclura, par exemple, de cette analyse qu'il faut suivre l'épaisseur de la pièce (performance critique), le type de matériau et l'usure de l'outil (facteurs explicatifs principaux des variations d'épaisseur).

Comme on le voit sur cet exemple, le choix de ce que l'on mesure renvoie nécessairement à un **modèle** de l'activité ou du processus : en l'occurrence un modèle désignant les performances d'usinage critiques pour la réussite de l'entreprise et définissant les principales causes de défauts (« ce qui est important, c'est W, et ce qui influe significativement sur W, c'est X, Y et Z »). En choisissant des paramètres particuliers à mesurer et suivre, on désigne ce qui est important pour comprendre et maîtriser le processus et constituer une base d'expérience, on **modélise**. Une telle modélisation ne peut être réalisée en chambre : elle doit être effectuée avec des experts du processus et avec des opérationnels.

2. Assurer la collecte de l'information

La collecte ne va pas de soi : les opérationnels sont débordés et la perçoivent comme une contrainte bureaucratique. Elle doit être facilitée par des **outils de collecte** d'usage aisé. Les acteurs opérationnels doivent être sensibilisés à son importance. Ils doivent être formés aux méthodes. Le temps qu'ils y consacrent doit être reconnu dans leurs missions. La conception des outils de collecte doit être périodiquement revue avec les utilisateurs.

3. Des modes d'expression et de partage de l'expérience

Comment structurer l'information dans le retour d'expérience ? La capitalisation de l'expérience implique d'autres acteurs (par exemple, des experts) que les collecteurs directs de l'information. Pour qu'il y ait retour d'expérience, il faut donc que les observations de terrain soient exprimées de manière à être « partageables » avec d'autres acteurs et, si possible, exploitables par des moyens informatiques. La communication entre personnes, surtout lorsqu'elle porte sur des situations complexes ou imprévues (les plus intéressantes du point de vue de l'apprentissage), exige souplesse de l'information et recours intense à des langages naturels. Mais l'exploitation systématique de l'information, notamment avec des moyens informatiques (bases de données, traitements statistiques), exige une structure assez standardisée et stable de l'information. Exigences contradictoires...

Il faut donc concevoir une information ouverte et fermée à la fois. Plus qu'une simple collecte d'information, il faut procéder à une vraie **collecte d'expérience**.

- Une partie « préformatée » assure un suivi standard de données clés (comparabilité dans le temps et dans l'espace, économie d'attention).
- Par ailleurs, des rubriques libres doivent permettre aux opérationnels de rapporter ce qui leur paraît significatif en dehors des cas de figure prévus, avec une aide à la formulation qui rende ces commentaires accessibles aux autres acteurs.

Les bases de données classiques sont alimentées par les formats standard, mais le travail de groupe peut aussi s'appuyer sur des contributions plus riches et moins structurées (textes, graphiques, tableaux...) issues des commentaires « libres ». Signalons à cet égard les travaux de certains chercheurs et de certaines entreprises pour mettre au point des formes d'information tout à la fois

« un peu exploitables par des systèmes informatiques » et « un peu compréhensibles par des personnes », des structures de récit couplant le flou et le net, des « idécritures » [LE BARS, ROHMER].

4. Exploiter collectivement l'expérience pour le progrès continu

Exploiter l'expérience, c'est se saisir d'observations de terrain pour explorer des pistes d'explication et d'amélioration, a priori très ouvertes : la satisfaction de la clientèle aux guichets de France Télécom, d'une banque ou de la SNCF peut requérir les compétences des commerciaux (connaissance des besoins des clients), des architectes (disposition physique des lieux), des informaticiens (accès efficace de l'agent d'accueil aux informations nécessaires via son terminal), des ressources humaines (formation et motivation des agents d'accueil)... L'observation de terrain est la matière brute d'une analyse multidimensionnelle.

Le retour d'expérience s'appuie donc souvent sur les travaux de **groupes,** qui réunissent les acteurs d'un même métier ou des acteurs de métiers distincts et complémentaires. Pour analyser les dysfonctionnements et les potentiels d'amélioration, ces groupes recourent à des **méthodes d'identification et de résolution de problèmes** [MITONNEAU] [ISHIKAWA] :

- pour l'identification et la hiérarchisation des problèmes : feuilles de relevés statistiques, cartes et diagrammes de contrôle, diagrammes de Pareto...
- pour la résolution de problèmes : diagrammes causes-effets (« arêtes de poisson d'Ishikawa »), diagrammes de corrélation, d'affinités, matriciels...

Les méthodes d'identification et de résolution de problèmes, souvent diffusées aujourd'hui via la Qualité, devraient constituer le vade-mecum de tous les professionnels de l'entreprise et constituer une pierre angulaire du pilotage, à commencer par les contrôleurs de gestion.

■ *Création de routines, économie d'attention, mémorisation de connaissances*

Nous sommes dans un monde où l'information est surabondante par rapport aux capacités d'enregistrement, de traitement et d'exploitation par les acteurs humains. **La ressource rare n'est pas l'information, mais l'attention**, la capacité d'attention des acteurs [SIMON, 1982]. Un problème-clé posé à la gestion et au pilotage de l'entreprise est donc d'optimiser le ratio I/A entre information assimilée I et attention consommée A (assimiler le plus possible d'information pertinente pour l'action pour un potentiel d'attention donné, ou minimiser l'attention requise pour un certain niveau d'information). Il faut **économiser l'attention** et non maximiser l'information.

Un moyen classique d'économiser l'attention est de mettre au point des procédures de décision et d'action dont on sait par avance que, sous certaines conditions, elles sont efficaces. On peut dès lors les appliquer de manière automatique, dès que les conditions de leur validité sont réunies, sans perdre de temps à analyser la situation et à chercher des solutions. Nous appellerons de telles procédures des **routines.**

Définition

> *Les routines sont des problèmes résolus mémorisés et encapsulés (Herbert Simon définit les routines comme des « procédures mémorisées » [SIMON, 1991]).*

De telles routines peuvent être fondées sur **l'expérience** (leur efficacité a été testée et démontrée dans des situations passées), sur **l'analyse** (l'étude du type de situations concerné a permis de dégager des schémas généraux de comportement de l'entreprise et de son environnement qui fondent la validité des routines), sur **l'imitation.**

Les routines ne sont pas contradictoires avec l'innovation et la création de connaissances nouvelles. En économisant l'attention dans des domaines que l'on juge maîtrisés et stables, elles permettent de concentrer les capacités d'attention sur les domaines où la recherche de nouvelles solutions semble indispensable. Toutefois, il est délicat de définir les domaines où l'on instaure et maintient des routines et ceux où l'on privilégie le changement. Dans le premier domaine, l'apprentissage est dominé par des formes d'évolution lente des connaissances, par perfectionnement patient des routines, alors que dans le second domaine, il est dominé par un modèle de rupture. Le périmètre de ces domaines peut se modifier à tout instant, au gré des bonnes idées et des potentiels d'innovation insoupçonnés.

Le retour d'expérience engendre des connaissances nouvelles sur les modes opératoires, qu'il faut capitaliser au-delà de l'environnement immédiat et de la période limitée de l'expérience qui leur a donné naissance. Pour y parvenir, il faut les formaliser, les diffuser, les mémoriser, les rendre accessibles à travers l'espace et le temps en les transformant en routines.

L'élaboration de routines est en fait une vieille pratique dans les entreprises (procédures administratives, gammes et process industriels, abaques et tables d'ingénieurs). Son efficacité peut être renforcée par les nouvelles technologies de l'information. Elle peut s'appliquer à de nouveaux domaines :

- Ne pas définir seulement des routines « fermées » qui régissent le « faire » (modes opératoires recommandés ou obligatoires), mais aussi des routines « ouvertes » qui aident à « analyser le faire » (procédures d'enquête, méthodes de diagnostic). Citons l'exemple du système MACH2 d'aide au diagnostic de maintenance dans les centrales EDF (Service des Etudes et Recherches).

- Développer la formulation de routines dans des domaines d'activité où, historiquement, cet effort a été limité (recherche, bureaux d'études des entreprises industrielles, conception, vente).

La production de routines exige :

- L'**évaluation de la règle d'action** « candidate à la routinisation » (mérite-t-elle d'être généralisée ?). Cette évaluation peut relever d'instances « métier » (comités d'experts ou de sages, gardiens de l'état de l'art : par exemple, le comité métier de l'emboutissage chez un constructeur automobile), ou d'instances transversales « processus » (groupes de processus, notamment pour les règles de coordination, capitalisation d'expérience de projet à projet).
- La **formalisation**, puis la **mémorisation** de la règle, sous une forme qui l'autonomise autant que possible du contexte initial et la rende d'accès facile à un grand nombre d'acteurs : pour décrire, organiser, mémoriser et diffuser les connaissances, une famille de métiers, les « métiers de la connaissance » (gestion documentaire, ingénierie de la connaissance, gestion des connaissances, gestion des compétences), est appelée à se développer dans les entreprises, en s'appuyant sur des outils logiciels puissants.

La **mémorisation des connaissances** est un problème délicat. Les systèmes d'information traditionnels (bases de données) permettent de mémoriser aisément des données, mais pas des connaissances. Les bases de connaissances font actuellement l'objet de nombreuses recherches. En tout état de cause, avec la montée de la complexité sous toutes ses formes, il devient vital pour l'entreprise d'optimiser à tout le moins sa **gestion documentaire** (modes d'étiquetage, de classification, répertoires, accès, vecteurs multimédia, formation/sensibilisation du personnel), en y consacrant attention et ressources.

■ *Innovation et dévoilement des représentations existantes*

Nous faisons tous face aux situations que nous vivons en les **interprétant**, en leur donnant un sens, qui influe directement sur les décisions que nous prenons et le cours d'action pour lequel nous optons. Nous n'interprétons évidemment pas les situations que nous vivons à partir de rien : la page blanche n'existe pas. Au contraire, nous puisons, consciemment ou non, dans un patrimoine d'expériences passées, d'opinions, de désirs, en un mot : de représentations, de modèles mentaux de natures diverses. Nous « modélisons » la situation à partir de nos acquis pour déduire une action future. Dans une entreprise, les acteurs appuient leurs décisions et leur action sur des représentations influencées par la culture de l'entreprise, par son environnement et par son histoire. C'est ainsi que certains modèles, caractéristiques de l'entreprise, sont partagés par les acteurs, reviennent de manière récurrente et engendrent des comportements « typiques » de l'entreprise. Forgés au feu de l'expérience passée, ces modèles ont permis à l'entreprise de survivre et de se développer dans des contextes historiques particuliers. Ils constituent des routines, utiles pour gagner du temps face à une situation donnée et pour créer de la cohérence entre les acteurs.

Ces modèles « enracinés » deviennent cependant un carcan, voire un danger mortel, lorsque les situations nouvelles exigent des changements de comportement radicaux.

Exemple : l'industrie horlogère suisse et la montre à quartz

L'industrie suisse, grâce à la qualité de sa recherche, a mis au point la première technologie de montre à quartz. Mais, du côté de La Chaux-de-Fonds, la collectivité horlogère identifiait avec force industrie horlogère et micromécanique. La montre à quartz, produit électronique, ne pouvait apparaître dans cette représentation que comme une vision futuriste, pour le jour, nécessairement éloigné, où l'industrie horlogère cesserait d'être dominée par le savoir-faire micromécanique et deviendrait une branche de l'électronique. Cet objet avant-gardiste, la « montre électronique », apparut comme un bon vecteur d'image, pour démontrer au monde entier que les horlogers suisses faisaient preuve d'audace et d'imagination (un peu comme les concept cars permettent aux constructeurs automobiles de faire étalage de leur créativité). La montre à quartz fut donc exposée à une exposition internationale horlogère à Neuchâtel. Des délégations japonaises y prêtèrent une attention intéressée, mais avec d'autres modèles culturels et professionnels : l'industrie japonaise n'avait pas des siècles d'horlogerie micromécanique dans tous les bourgs du Jura derrière elle, mais bénéficiait d'un savoir-faire réel dans le domaine de la miniaturisation électronique. Elle fut donc prompte à comprendre que la montre serait un produit électronique. La montre à quartz, prototype suisse, devint donc un produit de série asiatique qui balaya... l'industrie horlogère suisse, pour n'avoir pas su changer de représentation collective au moment nécessaire.

L'innovation, les situations de rupture, exigent de **critiquer et changer les modèles mentaux** prévalant dans l'entreprise. Pour les changer, il faut d'abord... prendre conscience de leur existence et prendre du recul. Il faut éviter les « pièges cognitifs », c. à d. éviter de se laisser enfermer dans des schémas mentaux qui, perdant leur caractère contingent et pragmatique (liés à un contexte d'action donné), finissent par apparaître comme des vérités absolues, des « axiomes ». Pour échapper à ce piège, il est nécessaire de montrer aux acteurs les hypothèses implicites sur lesquelles s'appuient leurs modes de raisonnement habituels, de leur « dévoiler » leurs propres représentations de la réalité. **Exhumer les schémas mentaux** pour les confronter à la réalité, les critiquer, les faire évoluer est une tâche difficile, car les acteurs de l'entreprise manquent du recul nécessaire et partagent des représentations souvent implicites et même inconscientes, du domaine de l'évidence non discutable, des « axiomes ». Comment peut-on en assurer le « dévoilement » ?

■ *La fonction de « dépaysement » et les métaphores*

Un moyen de dévoiler les représentations en place consiste à confronter les acteurs de l'entreprise à des **modèles « exotiques »**, observés, par exemple, dans d'autres secteurs d'activité. Il est important d'entretenir une observation vigilante du monde, y compris dans des sphères apparemment éloignées de l'entreprise. Citons l'exemple d'un groupe américain qui impose à ses cadres supérieurs d'effectuer et de rapporter au moins une visite par mois à l'extérieur de l'entreprise (dans d'autres entreprise, des administrations, des centres de recherche, des associations culturelles ou humanitaires...). Le recours à un consultant externe est un autre moyen de se confronter à des représentations « hétérodoxes ».

Suivant la même idée, Ikujiro Nonaka et Hirotaka Takeuchi [NONAKA, TAKEUCHI] suggèrent de procéder par **métaphores** : la métaphore introduit dans le pilotage de l'action des rapprochements insolites et l'irruption d'images « intruses », à rapprocher de la situation vécue par l'entreprise. Les rapprochements les plus surprenants peuvent ainsi renouveler les modèles mentaux de manière radicale.

Exemples

1. Observer que son entourage aime bricoler le week-end conduit un fabricant de meubles à imaginer la vente de meubles en kit.

2. Le Juste À Temps dans l'industrie inspire à un banquier un programme de réorganisation et d'amélioration destiné à réduire les délais de traitement des dossiers de prêt immobilier de trois semaines à trois jours (suppression des « stocks » de dossiers, traitement dans l'ordre des urgences, redéfinition des postes de travail dans le sens d'une plus grande polyvalence...).

3. Eliyahu Goldratt et Jeff Cox [GOLDRATT, COX] racontent l'histoire d'un directeur d'usine américain acculé à une situation désespérée dans son usine : les stocks et les en-cours sont énormes et mal maîtrisés, les livraisons en retard et les protestations de clients se multiplient, les urgences désorganisent l'atelier. Un dimanche, il accompagne son fils et sa patrouille scout au grand complet pour une randonnée en forêt. Il constate alors que la colonne de marcheurs s'étire systématiquement et finit toujours par se fractionner, malgré ses rappels à l'ordre. Le problème est simple : un marcheur plus lent, qui est en outre plus lourdement chargé que les autres, se trouve en queue et perd régulièrement du terrain. Les plus rapides situés en tête prennent de l'avance sans s'en rendre compte. Le héros de l'histoire réagit en mettant le marcheur lent en tête et en répartissant sa charge sur les autres. Eclair de génie : son usine est comme cette colonne de scouts. Il faut régler le rythme du cycle de production sur les machines les moins rapides (les goulots d'étranglement, le marcheur lent) et il faut centrer les efforts de productivité sur elles (répartir la charge du marcheur lent sur les autres). La métaphore des boy-scouts permet à ce directeur d'usine conscient de ses devoirs familiaux de découvrir le système OPT de gestion de production...

4. Les techniciens de Canon [NONAKA, TAKEUCHI] voulaient mettre au point une photocopieuse bas de gamme suffisamment bon marché pour être accessible aux particuliers. Une telle cible était incompatible avec des contrats de maintenance coûteux. La partie la plus délicate et la plus chère à entretenir étant le tambour, ils décidèrent de chercher une technique de tambour jetable (pas de réparation mais remplacement). Pour cela, il fallait développer un tambour métallique léger, peu coûteux et doté de certaines qualités physiques. Quelqu'un eut l'idée de comparer le tambour à un autre objet cylindrique métallique, qui lui aussi doit être jetable et léger : une boîte de Pepsi Cola. La métaphore inspira les techniciens. Elle fut analysée, déboucha sur une analogie plus précise et sur un développement technique réussi. Il fallait au départ une certaine ouverture d'esprit pour accepter de comparer un objet aussi évolué et noble qu'une photocopieuse à une vulgaire boîte de boisson...

■ *Le recours aux modèles de simulation et aux scénarios de rupture*

Simuler le comportement de l'entreprise permet de donner libre cours à l'imagination et à la créativité risquée... sans risque. Si le **modèle de simulation** est utilisée dans un cadre ludique (jeux d'entreprise), les règles de fonctionnement hiérarchique et les territoires peuvent être mis entre parenthèses, ce qui libère la parole. On peut, par exemple, **simuler des situations extrêmes**, des situations de rupture (ruptures technologiques ou commerciales majeures), dans lesquelles les modèles mentaux existants, forgés pour des situations « ordinaires », sont mis en échec et les comportements habituels de l'entreprise, issus de l'expérience antérieure, deviennent impraticables. La recherche de solutions viables contraint les acteurs à exhumer et expliciter les représentations qui sont à l'origine de tels échecs, à prendre du recul par rapport à elles et à en examiner les limites. Depuis quelques années se développe ainsi aux Etats-Unis la technique dite des « micromondes » [SENGE] : modèles simulant l'entreprise dans son environnement, servant de base à des travaux collectifs de l'encadrement supérieur autour de divers scénarios. On ne souhaite pas particulièrement simuler le scénario qui se produira le plus probablement pour s'y préparer. On n'est pas dans une logique de **prévision**. On cherche plutôt, autour d'un scénario extrême, à « faire émerger » les modèles mentaux implicites pour en montrer l'existence, les discuter et, le cas échéant, les modifier ou les abandonner.

L'ancien Directeur de la Planification de Shell, Arie De Geus [DE GEUS] rapporte que, depuis les années 70, Shell démarre son processus de planification stratégique par l'organisation d'un jeu autour d'un modèle de simulation de type « micromonde » (Shell sur son marché). Tous les cadres supérieurs sont conviés à y participer. Ils doivent faire face à un scénario de rupture du type « envolée » ou « effondrement » des prix du pétrole, imposé par les planificateurs du siège. Ils doivent proposer leurs plans d'action. Simuler un effondrement radical des prix du pétrole brut (division par un facteur quatre) oblige à imaginer de nouveaux modes de fonctionnement, car les modes de fonctionnement classiques, même modifiés à la marge, ne permettront jamais au groupe pétrolier de survivre avec une base de valorisation rétrécie dans de telles proportions. Symétriquement, simuler l'envolée des cours du pétrole impose des remises en cause fondamentales des modèles mentaux implicites. Les comportements « classiques » et les représentations mentales qui les soustendent ne sont plus applicables. Les cadres doivent chercher d'autres représentations, radicalement nouvelles et, ipso facto, prendre conscience du caractère contingent et limité de leurs modèles habituels. Arie De Geus estime ainsi que Shell a pu faire face aux chocs pétroliers mieux que ses concurrents grâce à l'apprentissage préalable de l'innovation et de la rupture (souplesse avec laquelle les cadres sont prêts à remettre en cause des représentations établies et à en chercher de nouvelles).

Prahalad et Hamel [HAMEL, PRAHALAD] proposent d'animer la réflexion stratégique autour d'objectifs démesurément ambitieux (par exemple, devenir le N°1 mondial), afin de contraindre les acteurs à **remettre en cause les règles du jeu** et les réinventer. En effet, les règles en vigueur sont celles qu'a imposées le joueur dominant, celles qui lui ont permis de gagner et qu'il maîtrise mieux que quiconque. On retrouve là, sous une forme légèrement modifiée, l'idée de De Geus : le scénario de rupture, en l'occurrence, c'est l'ambition démesurée suggérée par Prahalad et Hamel sous le nom d'« **intention stratégique** ».

Les auteurs citent l'exemple de Canon face à Xerox, N° 1 mondial de la photocopie et roi incontesté du service après-vente sur les copieurs. Lorsqu'on s'attaque à un concurrent fortement dominant, un quasi-monopole, inventer de nouvelles règles du jeu est une nécessité vitale. En l'occurrence, Canon n'avait aucun espoir de battre Xerox sur son propre terrain : monter un réseau de service après-vente comparable aurait nécessité des délais et des ressources hors d'atteinte. Canon a donc changé les règles du jeu en inventant des copieurs « sans service après-vente ». Ce sont des copieurs bas de gamme, conçus de manière modulaire, avec des modules amovibles et peu coûteux. On ne répare pas, mais on remplace les modules défectueux et on jette.

L'idée de base est toujours la même : comment révéler les partis pris, les modèles mentaux de base avec lesquels l'entreprise vit ?

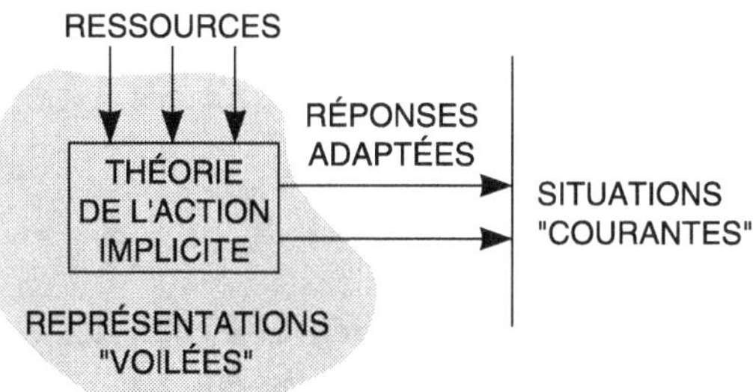

Acte I : face à un environnement stable (« courant »), on forge
une théorie de l'action qui devient implicite et permet de produire
des réponses adaptées.

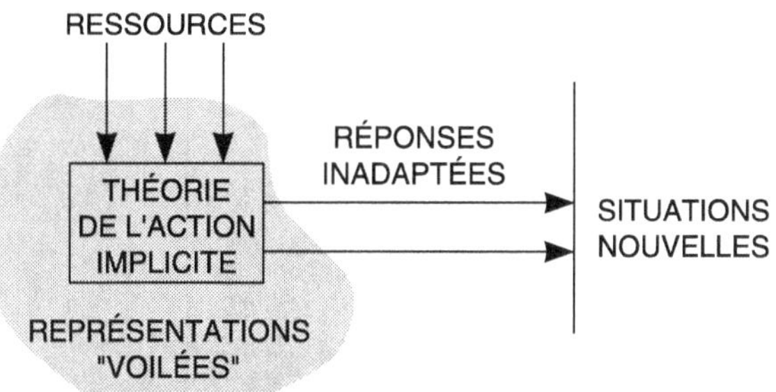

Acte II : face à des situations nouvelles « en rupture »,
l'entreprise mobilise sa théorie de l'action implicite
et ne peut produire de réponses adaptées.

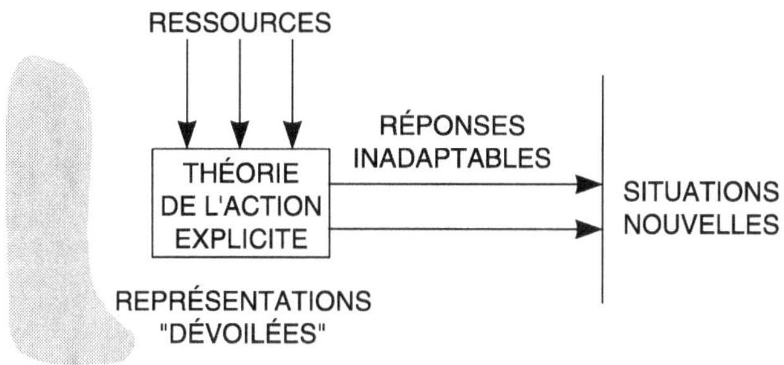

Acte III : la mise en échec de la capacité de réponse de l'entreprise contraint à
« dévoiler » la théorie de l'action obsolète,
qui devient explicite.

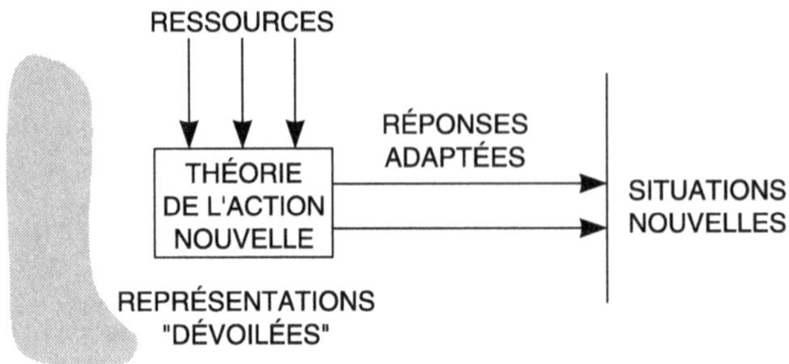

Acte IV : la théorie de l'action dévoilée peut être critiquée et remplacée par une nouvelle théorie de l'action, plus adaptée aux conditions nouvelles ; l'entreprise peut alors adapter ses réponses.

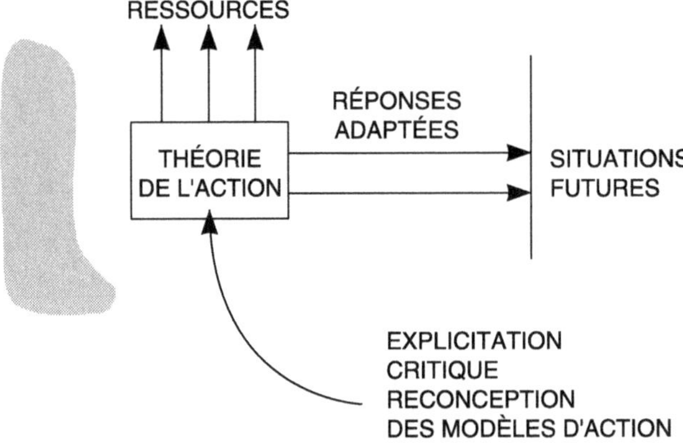

Acte V : en simulant des situations futures « en rupture », on cherche des réponses adaptées, qui exigent à leur tour d'expliciter, de critiquer et de reconcevoir la théorie de l'action

Schéma 11 : *Le processus de « dévoilement »*

L'exemple SIDERINOX

Siderinox est une entreprise sidérurgique allemande de taille moyenne. Elle est spécialisée dans la production de tôles d'aciers spéciaux ou d'acier inoxydable de très grosse épaisseur et de très grande taille, destinées à la construction navale, au blindage militaire, aux centrales nucléaires et à la chaudronnerie industrielle. Elle s'est créée, de fait, pour approvisionner des grands projets nucléaires ou militaires. La réduction des budgets de Défense dans le monde, couplée avec le ralentissement des programmes nucléaires civils, a fortement entamé ce marché traditionnel. Heureusement, la reprise de l'investissement industriel et le développement de la construction métallique, notamment dans les pays d'Asie, compensent pour partie ce repli commercial.

Le système de gestion de Siderinox est fondé sur un suivi par affaires. Lorsqu'une affaire nouvelle se présente, les commerciaux analysent le besoin, le transmettent aux fabricants qui élaborent un projet de gamme (processus de fabrication quantifié en charges de travail). Sur la base de cette gamme, les commerciaux établissent un devis. Si la commande est obtenue, les fabricants établissent une gamme définitive et le coût de revient standard correspondant.

Les commerciaux et les industriels se perdent dans les variations de gamme d'une période à l'autre, la lourdeur du travail d'élaboration des gammes, des devis et des standards, d'autant que le nombre de commandes croît et le volume moyen des commandes ne cesse de diminuer (les investisseurs industriels passent des comman-des plus faibles en tonnage que les grands projets militaires ou nucléaires). De plus, la création de gammes tout au long de l'année rend très difficile la planification plurimensuelle du flux de production. Les retards sont fréquents, les en-cours de fabrication sont gigantesques, sur des produits de grande valeur. Le coût financier de cette contre-performance logistique se chiffre en millions de D.Marks. Il est par-ticulièrement insupportable pour les tôles destinées à l'industrie, qui sont des pro-duits relativement standard et répétitifs, pour lesquelles une planification plus simple et plus performante devrait être possible. De plus, les clients industriels de ces tôles ne sont pas prêts à accepter des retards de livraison importants, car ils n'ont pas conscience que ces tôles sont produites dans des unités industrielles qui approvisionnent par ailleurs des grands projets très spécifiques et ont été structu-rées pour des affaires exceptionnelles (ces clients peu compréhensifs ne s'intéres-sent pas à l'histoire de Siderinox...).

À l'occasion de l'élaboration d'un nouveau plan stratégique, le Directeur Général, conscient du basculement du marché vers des produits plus standardisés comman-dés par lots plus nombreux et plus petits, et convaincu de l'inadaptation de l'entre-prise à ce type de clients, impose à ses collaborateurs d'élaborer une esquisse stratégique sur l'hypothèse extrême suivante : à terme de cinq ans, il n'y a plus de projets militaires ni de projets nucléaires ; la totalité de la production va vers les marchés industriels et la construction navale.
Une simulation fruste des conséquences met les dirigeants de l'entreprise devant un douloureux constat : toutes les fonctions de l'entreprise explosent ; les commer-ciaux ne font plus face pour élaborer des cahiers des charges et des devis ; les industriels sont submergés par le travail de programmation des commandes ; aucune planification de flux n'est plus possible.

Une réflexion collective rapide aboutit à une conclusion simple : le seul moyen de s'en sortir, c'est d'élaborer des gammes standard stables pour tous les produits répétitifs et standardisables, ou des gammes « moyennes » pour des familles de produits à peu près homogènes ; puis de construire sur cette base un catalogue commercial actualisé chaque année, fixant un barème de prix pour ces produits. Il n'y aura plus de devis, plus de création de gammes au coup par coup, puisqu'il n'y aura plus de produits personnalisés. On vient de redécouvrir la notion de catalogue pour une industrie de produits de série !

Quelqu'un fait remarquer que, même en dehors d'un scénario aussi extrême, le poids déterminant des produits répétitifs dans les ventes présentes et futures jus-tifierait largement l'élaboration immédiate d'un tel catalogue. Cet outil aurait le mérite de simplifier la négociation commerciale, la gestion des commandes et la planification du flux. L'idée paraît excellente, et quelqu'un se demande pourquoi on n'y avait pas pensé plus tôt. La réponse est apportée par le Directeur Général : « nous nous pensions exclusivement comme entreprise de grands projets ; nous avions conçu nos systèmes de gestion en fonction de cela ; pour nous, gérer notre activité, c'était gérer des affaires spécifiques ; or nous sommes en train de devenir une entreprise de produits répétitifs, de flux multiclients ; nous n'avions pas conscience que cela exigeait de substituer la notion de flux industriel répétitif à celle d'affaires uniques : il a fallu que nous nous confrontions à des impossibilités pour nous en rendre compte ; encore heureux que nous ayons imaginé ces impossibilités avant qu'elles se produisent réellement ! ». Une affaire de schémas mentaux, en somme...

■ *L'expérimentation*

La simulation a des limites. Une situation de simulation, par définition, n'est pas réelle. Les conclusions qu'on en tire sont-elles valides, sont-elles transposables à des contextes d'action réels ? Les acteurs ont-ils vraiment en simulation le comportement qu'ils auraient en réalité ? Avec l'expérimentation, on met en œuvre l'innovation sur une échelle limitée, ce qui permet de la « prototyper » et de la valider. Pour être utile, l'expérimentation doit cependant suivre des règles assez strictes, parfois difficiles à respecter :

- L'expérimentation est une véritable expérimentation : l'hypothèse selon laquelle elle conduira à des conclusions négatives ne doit pas être *de facto* écartée ; ses résultats seront examinés avec soin et sans complaisance, par des évaluateurs non engagés, avant de prendre des décisions pour la suite.
- Il faut apporter des garanties aux acteurs qui s'y engagent : par définition, l'expérimentation pouvant n'avoir aucun lendemain, des suites de carrière satisfaisantes doivent être proposées aux acteurs en cas d'échec.
- L'expérimentation répond à un cahier des charges : on a fixé préalablement ce que l'on cherche à tester ou à démontrer et l'on a défini des indicateurs d'évaluation en conséquence.

■ *Des pratiques managériales adaptées*

Le rôle des systèmes de gestion formalisés (planification, comptabilité, tableaux de bord, reporting financier...)

Il ne faut ni mythifier, ni négliger l'importance des systèmes de gestion formalisés. Certes l'apprentissage se fait dans la tête des acteurs, pas dans les modèles de gestion, mais il n'y a pas d'apprentissage efficace sans « objets intermédiaires » autour desquels organiser la discussion et la réflexion, focaliser les attentions et « objectiver » les débats en évitant de sombrer dans les querelles d'opinions.

Le cap et la route

Fixer un cap à long terme est essentiel, car ce cap donne un sens à l'action collective. Mais il est inutile, voire nuisible, de le définir avec une précision notariale. Il est clair et volontaire, mais flou : plus il est précis, plus il risque d'être remis en cause fréquemment et de perdre sa crédibilité. À cet égard, Prahalad et Hamel parlent d'« **intention stratégique** » : un objectif apparemment démesurément ambitieux, qui ne peut être atteint qu'en changeant les règles du jeu (« battre Xerox » pour Canon) [HAMEL, PRAHALAD], Nonaka et Takeuchi parlent de « **concept-parapluie** » (concept général, exprimant une idée claire, mais laissant le choix de l'action très ouvert : « réaliser l'optronique, fusion de l'optique et de l'électronique », pour NEC, par exemple) [NONAKA, TAKEUCHI]. De tels objectifs, volontaires mais flous, sont porteurs de sens. Ils donnent la direction générale sous une forme compréhensible par tous et mobilisatrice. Le cheminement précis ne sera précisé, qu'au fur et à mesure, pas à pas.

Intégrer le retour d'expérience aux missions de base des opérationnels

Retour d'expérience, identification et résolution de problèmes, proposition de routines sont des missions essentielles pour tous les acteurs, et notamment pour les opérationnels. Sont-elles reconnues ? Les traduit-on en objectifs, en temps alloué ? Sensibilise-t-on les opérationnels à l'importance du retour d'expérience, leur fournit-on des canaux de communication et des outils efficaces ?

Développer et diversifier les fonctionnements en réseaux

On maximise les chances de métissages de connaissances fructueux en multipliant les fonctionnements en réseaux : réseaux de métiers, réseaux géographiques, réseaux d'âge, réseaux autour de produits ou de marchés... Pour éviter la réunionnite stérile, ces réseaux doivent être efficacement organisés et instrumentés (lettres périodiques, réunions thématiques soigneusement préparées, banques d'idées et messageries...).

13

Le cas Plastisac (déploiement de stratégie, ABC, ABM)

1. Présentation de l'entreprise, de son contexte et de son domaine d'activité

■ *Présentation générale*

Le groupe PLASTISAC s'est constitué par croissance externe, à partir d'un réseau de petites entreprises françaises de fabrication de film et de sacs de polyéthylène, rachetées par un groupe international d'origine britannique. Son chiffre d'affaires est de 1 600 MF et ses effectifs de 1 275 personnes. Il produit sur 6 sites de fabrication de 150 à 300 personnes :

1. Des **rouleaux de film plastique ordinaire** pour recouvrir les serres agricoles, pour le bâtiment (pour abriter les chantiers des intempéries) ou pour l'emballage industriel. Ce sont des produits de volume, relativement standard (faibles variations des dimensions, faible variété du mélange de polyéthylènes utilisé).

2. Des **bobines de film plastique imprimé** pour l'emballage industriel (comme par exemple le film qui entoure les packs de bouteilles d'eau minérale ou le film pré-découpé nécessaire à l'ensachage des surgelés dans l'agroalimentaire). Ces produits font l'objet de commandes plus petites et véhiculent l'image du client (par exemple, Evian, Bonduelle) auprès du consommateur final. Les clients de ces produits sont donc plus exigeants en matière de qualité que dans le cas du film ordinaire. L'impression du film plastique est une étape particulièrement délicate du processus de fabrication et nécessite des compétences pointues.

3. Enfin, des **sacs de plastique imprimés** aux logos des clients, produits adaptés à chaque client, qui exigent des opérations de pliage et soudure (sacherie).

Le chiffre d'affaires se compose :

- pour un tiers, de produits extrudés (film ordinaire vendu directement sur le marché),
- pour un tiers, de produits imprimés (film imprimé),
- pour un tiers, de sacs imprimés.

Le siège de 100 personnes regroupe les unités suivantes :

- département commercial (48 personnes, dont les vendeurs)
- département technologie et qualité (11 personnes)
- département financier et informatique (11 personnes)
- département planification et méthodes (16 personnes)
- département administration et ressources humaines (7 personnes)
- achats (7 personnes)

Les sites de production sont organisés en ateliers d'extrusion, d'impression et de sacherie.

<table>
<tr><td colspan="2">Compte de résultat résumé</td></tr>
<tr><td>C.A. :</td><td>1 600 MF</td></tr>
<tr><td>Matières :</td><td>875 MF</td></tr>
<tr><td>salaires et charges :</td><td>440 MF</td></tr>
<tr><td>amortissements :</td><td>100 MF</td></tr>
<tr><td>transports :</td><td>50 MF</td></tr>
<tr><td>sous-traitance :</td><td>40 MF</td></tr>
<tr><td>divers :</td><td>45 MF</td></tr>
<tr><td>charges totales :</td><td>1 550 MF</td></tr>
<tr><td>résultat :</td><td>50 MF</td></tr>
</table>

Le compte de résultat résumé appelle notamment les commentaires suivants :

- Plastisac a un parc de machines important que le niveau relativement faible des amortissements ne reflète pas. Ceci s'explique par l'âge moyen élevé des machines, largement amorties. En contrepartie, elles exigent des efforts de maintenance assez importants (importance des coûts de maintenance).
- La matière (le polyéthylène en granulés) représente à elle toute seule plus de la moitié du chiffre d'affaires. L'enjeu « achats » (négociation des prix et des conditions contractuelles d'approvisionnement, stratégies d'achat : contrats longue durée, contrats « spot »...) est donc essentiel.

■ *Cycle de production*

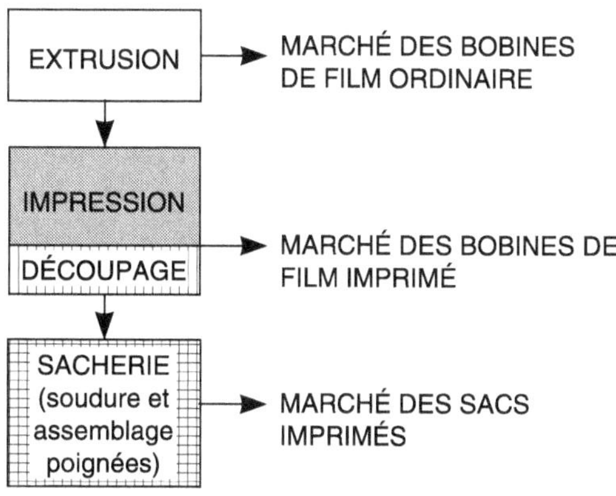

Schéma 1 : *Processus de production*

L'extrusion possède des machines coûteuses destinées à une production de grand volume. L'impression met en œuvre des machines complexes qui exigent des compétences spécifiques, rares actuellement sur le marché de l'emploi en France. Les équipements d'extrusion et surtout d'impression par flexographie nécessitent des **temps de préparation très longs** (2 à 8 heures en impression, d'où le faible taux d'utilisation des machines, inférieur à 50 % de leur capacité). De plus, les réglages provoquent une masse importante de rebuts, lors des essais. Quant aux opérations de sacherie (prédécoupage, pliage, montage de poignées) elles nécessitent un nombre important d'opérations manuelles. Les ateliers de sacherie ont donc une forte main-d'œuvre. Les machines y sont anciennes, largement amorties.

■ *Structure des ventes*

Production annuelle :	130 000 tonnes
Nombre de commandes par an :	125 000
Nombre de produits :	1 000
Taille moyenne de la commande :	1 tonne
Vente annuelle moyenne par produit :	130 tonnes.

En fait, 200 produits représentent 100 000 tonnes de ventes (moyenne : 500 tonnes par an) et 800 produits représentent 30 000 tonnes de vente (moyenne : 37,5 tonnes par an). On voit donc l'effet de la non-standardisation et de la prolifération des types de produits : beaucoup de produits sont marginaux par leur volume de vente et leur taille moyenne de commande.

■ *Système de gestion en place*

C'est un système classique :

1. coûts standard fondés sur le budget et contrôle d'écarts coûts réels sur coûts standard en production,
2. contrôle budgétaire des dépenses (essentiellement sur base historique) hors production.

Un budget global est établi pour l'ensemble de l'entreprise et un budget pour chaque site de production. Les coûts de matière sont suivis par produit et par commande. Les coûts de main-d'œuvre directe sont suivis par machine et alloués aux produits et aux commandes à l'aide des gammes, dans lesquelles figurent des temps standard par machine. Les coûts indirects sont alloués aux produits et aux commandes sur la même base (temps standard machines : calcul de taux complets – coûts directs et indirects additionnés – en francs par heure de machine). Quelques indicateurs physiques (rendement machine, rendement main-d'œuvre directe, rendements matière à travers le suivi des déchets) sont suivis, exclusivement en production.

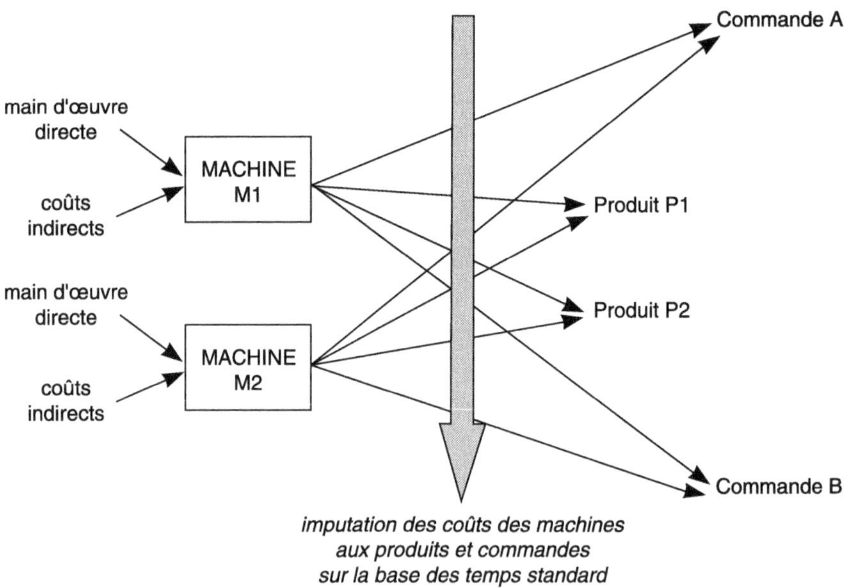

Schéma 2 : *Imputation des coûts de production aux commandes et aux produits.*

2. La situation vécue par Plastisac

■ *Les problèmes rencontrés*

Les dirigeants de la société Plastisac s'interrogent sur les logiques de gestion à mettre en oeuvre. En effet, ils constatent différents problèmes :

* La marge nette de l'entreprise va en se dégradant.
* Les délais de réalisation des commandes sont trop longs et mal maîtrisés. Des clients se plaignent des **retards**. Ceci se traduit par des pertes de marchés et par un travail pratiquement toujours réalisé dans l'urgence.
* Pour éviter une baisse sensible du chiffre d'affaires consécutive à la perte de certains marchés, les commerciaux ont tendance à prendre tous les marchés, même ceux de faible quantité. La production doit donc gérer des **petites commandes** en plus grand nombre. Or chaque nouvelle commande entrant en production nécessite de régler longuement les équipements, ce qui dégrade le délai de réalisation de la commande, le taux d'utilisation des équipements, le volume de déchets et le coût.
* L'entreprise a des difficultés pour prévoir la charge de travail, ce qui se traduit par la réalisation de nombreuses heures supplémentaires, notamment dans les ateliers d'impression.

■ *La situation stratégique*

Les dirigeants distinguent deux marchés :

* les extrudés,
* les imprimés et sacs,

qui requièrent des ressources et des compétences différentes.

1. *Les extrudés*

C'est du film ordinaire, à **faible valeur ajoutée**, vendu en bobines sur un marché de gros volumes (serres agricoles, chantiers de BTP). Les produits sont constitués de mélanges de polyéthylènes faiblement différenciés. La **standardisation** est donc possible, mais pour l'heure elle est faiblement réalisée, les commerciaux acceptant de la part des clients des différences minimes dans la définition du produit (dosages de matière, dimensions : variations d'épaisseur de quelques microns, variations de largeur de quelques millimètres) qu'aucun impératif technique ne justifie. La matière représente 75 % du coût total du film ordinaire. Le reste du coût est composé de coûts fixes dus aux équipements et de coûts salariaux. Depuis quelques années, de nouveaux compétiteurs ont fait leur entrée sur ce marché. Une surcapacité de production s'est créée et les prix de marché sont fortement déprimés. Cela engendre une situation de compétition intense par les prix et par les coûts, avec des marges faibles.

L'objectif stratégique pour ces produits est donc la compétitivité-coût. Par comparaison, la qualité et le délai sont des facteurs relativement peu importants et n'ont pas un caractère stratégique de différenciation vis à vis des concurrents. En effet, quel que soit le producteur, la qualité est standardisée sur le marché en termes d'imperméabilité, de résistance thermique et de solidité du film plastique. Le délai de livraison n'est pas très crucial non plus, car les besoins pour l'agriculture ou le bâtiment sont assez facilement prévisibles donc planifiables.

2. *Les produits imprimés et les sacs*

Le film imprimé nécessite des compétences pointues. La clientèle est exigeante et dispersée (industriels : agroalimentaire, surgélateurs, eaux minérales, glaces, couches bébé, pharmacie et cosmétiques, ainsi que commerce : petits et grands magasins). Les produits sont fortement personnalisés (clichés) et commandés par petites quantités.

Ces produits présentent une **forte sensibilité délai**. Beaucoup des clients des produits imprimés de Plastisac fonctionnent en Juste-A-Temps. L'emballage imprimé est intégré directement dans leur chaîne de fabrication (exemple : chaînes de fabrication de surgelés, de couches bébé). Une défaillance de Plastisac risque d'entraîner l'arrêt des chaînes de production chez ses clients. En outre, dans agroalimentaire, l'activité d'ensachage des fruits et légumes (exemple : Bonduelle) est liée aux campagnes de cueillette ou aux opportunités commerciales qui se présentent sur les marchés libres de fruits et légumes, très imprévisibles (lorsqu'une enchère intéressante se présente sur un marché libre, il faut l'enlever et la surgeler très rapidement). Les quantités d'emballage nécessaires et les dates de livraison sont donc difficiles à anticiper. De toute manière, les clients industriels de Plastisac ne font aucun effort pour planifier leurs besoins. En effet, même si l'emballage est un point de passage obligé dans leur cycle de production, il ne présente pour eux aucun caractère stratégique (faible coût, possibilité de faire jouer la concurrence).

Par contre, l'emballage imprimé véhicule leur image aux yeux du public (les montagnes enneigées d'Evian, les haricots verts de Bonduelle, les joues du bébé de Pampers...). Il y a donc une forte **sensibilité qualité** (qualité du cliché, des coloris, d'aspect et de surface du film).

Enfin, beaucoup de clients (notamment les moyens et petits) ont besoin d'une assistance technique pour définir et optimiser leur propre emballage. Ce besoin d'assistance technique tend à s'étendre aux grandes entreprises, car la compétition sur la qualité des industriels de l'agroalimentaire ou des produits d'hygiène devient de plus en plus intense et les incite à pousser leurs efforts d'optimisation jusqu'aux emballages.

Pour ce type de produits, **les facteurs-clés de succès sont donc, par ordre d'importance décroissant :**

- **la qualité et la ponctualité (taux de service=respect des dates),**
- **la réactivité (temps de réponse),**
- **l'assistance technique,**
- **le coût.**

Type de produit	Produits extrudés ordinaires standard	Films élaborés : imprimés, sacs, personnalisés
Process	Extrusion	Extrusion + impression + éventuellement sacherie
Marchés	Serres agricoles, chantiers BTP	Surgélateurs, distribution, boissons en packs (eaux minérales), produits d'hygiène (couches bébé)...
Logique de production et de marché	Volumes importants et répétitifs, types de polyéthylène faiblement différenciés (standardisation possible)	Produits très personnalisés, séries petites ou moyennes
Situation concurrentielle	Surcapacités de production sur le marché, marges faibles	Barrière d'entrée liée à la confiance du client
Qualité	Sensibilité qualité limitée	Importance du cliché, de la conception, de la maîtrise de la qualité (image)
Délai	Sensibilité délai limitée	Sensibilité délai forte pour les surgélateurs, les clients automatisés (insertion zéro stock dans les chaînes), agroalimentaire
Facteur-clé de compétitivité	Coût	Qualité, ponctualité, réactivité, assistance technique, coût
Objectifs de pilotage majeurs	Réduire le coût de production	• Maîtriser la qualité du produit • Réduire les retards de livraison • Réduire la durée du cycle • Développer l'assistance technique aux clients • Maîtriser le coût

Tableau 1 : *Les deux catégories de produits*

3. Analyse de processus

Il y a de multiples manières de décrire une entreprise en termes de processus. Il est essentiel de commencer par récapituler les objectifs stratégiques et d'en déduire des choix majeurs quant à la cartographie de processus pertinente.

■ *« Inputs » stratégiques à l'analyse de processus*

1. Le poids important du coût de la matière première (56 % des charges) justifie d'identifier un **processus achat**, bien que peu de personnel soit impliqué (7 personnes), en raison de sa criticité économique. Ce processus achat (négociation des contrats-cadres, établissement des prix, choix des stratégies d'approvisionnement : contrats de longue durée ou achats « spot ») se distingue des approvisionnements physiques (fixation des dates et des quantités de livraisons) qui font partie du processus logistique « gérer le flux ».

2. Le problème des petites commandes devient préoccupant. Il y a beaucoup de coûts fixes à la commande (les temps de préparation des machines sont longs, les frais administratifs occasionnés par la commande sont élevés : gestion des commandes, ordonnancement et planification). Cela justifie de séparer et d'identifier **les processus dont la charge de travail varie avec le nombre de commandes**, qu'ils soient de nature administrative (ordonnancement et planification) ou technique (préparation des machines, réglage...).

3. Prolifération croissante des produits : les serres agricoles font varier à l'envi les dimensions (largeur et épaisseur), les commerciaux acceptent des commandes de petits distributeurs qui exigent leur propre motif imprimé pour des petits volumes... Bien que les produits « banals » puissent être aisément standardisés, en standardisant les largeurs de laize, les épaisseurs et les formules de polyéthylène, les clients sont habitués à imposer leurs propres dimensions, avec des différences microscopiques d'un client à l'autre. De plus, les vendeurs acceptent des commandes très petites pour les sacs et films imprimés, ce qui induit une prolifération de nouveaux produits, nouveaux designs, nouveaux clichés, nouveaux coloris à gérer, nouvelles gammes... Cela incite à identifier **le ou les processus dont la charge de travail varie avec le nombre de références de produits.**

4. Manque de maîtrise du flux logistique et de l'ordonnancement : les changements de programme tardifs sont nombreux, ainsi que les mises en urgence, les retards de livraison, les « partiels » (fractionnement des lots pour calmer les clients impatients, en effectuant des livraisons partielles). Il en résulte des pénalités de retard, une mauvaise image commerciale (le manque de ponctualité dans les livraisons est très mal vu pour les raisons indiquées ci-dessus), des stocks et des encours mal contrôlés. L'amélioration

du processus **« gestion du flux logistique »** (des commandes aux livraisons) est donc une priorité stratégique.

5. Les commandes mises en urgence sont traitées de manière totalement différente des autres. Le système informatique de planification et d'ordonnancement est « déconnecté », la commande est traitée manuellement, des agents du service commercial font irruption dans les ateliers pour « chasser » la commande (repérer sa position et son degré d'avancement, puis la « pousser » pour qu'elle passe en priorité dans les étapes de fabrication suivantes). Excédé par la fréquence des changements tardifs de commande et des mises en urgence qui perturbent le fonctionnement des ateliers, le directeur de production a fait faire une petite enquête : il s'avère que, loin de constituer une situation exceptionnelle, la mise en urgence concerne pratiquement 20 % des commandes. Il s'agit donc d'un véritable processus de **« gestion du flux logistique en mode dégradé »**.

6. La certification ISO-9000[1] est engagée. Il y a de ce fait une importante activité de définition des capabilités machine[2], des procédures de test, d'essais et de contrôle, impliquant de nombreux services (fabrication, département technique, achats...). Ceci conduit à identifier un processus « Qualité » qui ne correspond pas à la production de la qualité (tout le monde produit la qualité, ce n'est pas l'objet d'un processus particulier), mais au support méthodologique à la Qualité (**production des méthodes de la Qualité**).

7. Poids important des coûts de maintenance : un programme de réduction des coûts de maintenance a été mis en place, mais il y a de fréquents désaccords sur les rôles et les responsabilités respectifs de la fabrication et de la maintenance, ainsi que sur le degré de priorité de la maintenance préventive. Le **processus de maintenance** doit être identifié et soigneusement examiné.

■ *Analyse des processus*

L'analyse des processus de l'entreprise a été conduite par un petit groupe de travail incluant le chef de projet, le directeur financier et de contrôle de gestion, le directeur technique (développement, qualité, assistance technique), qui s'est réuni deux fois. Puis elle a été soumise pour validation au comité de direction

---

1. Certification ISO 9000 (ISO = International Standards Organisation = Organisation Internationale de Normalisation) : ensemble de procédures de certification codifiées internationalement (existence de contrôles, de tests de produits, de procédures systématiques de traitement des réclamations clients, d'analyse des défauts, etc....) visant à garantir que l'entreprise ayant franchi avec succès les conditions de cette certification assure à ses clients un niveau satisfaisant de qualité.
2. Capabilités : plages de tolérances techniques pour l'utilisation des machines.

(directeur général, secrétaire général, directeur financier, directeur technique, directeur de fabrication et directeur commercial).

L'objectif poursuivi à ce stade : modéliser la chaîne de valeur de l'entreprise en identifiant les grands processus et leurs produits. Le découpage de l'entreprise en processus dépend des priorités stratégiques et des coordinations jugées les plus importantes. Les inputs *stratégiques à l'analyse évoqués ci-dessus ont ainsi conduit à identifier :*

- *un processus « acheter » qui mobilise des effectifs faibles (7 personnes) mais présente une importance économique essentielle (la matière représente plus de 50 % du chiffre d'affaires),*
- *un processus « gérer le flux » complet, de la commande à la livraison,*
- *un processus « gérer le flux en mode dégradé (urgences) » qui représente un enjeu de progrès essentiel, car les urgences (20 % des livraisons) coûtent cher,*
- *un processus « préparer la production » constitué des activités déclenchées par les commandes et les lots, sans considération des volumes : ce processus a un poids économique important (du fait des temps très longs de préparation des machines) et une logique de variation de coûts (variabilité avec le nombre de commandes) totalement différente de la fabrication proprement dite (variabilité avec le volume),*
- *un processus « développer » pour prendre en compte l'enjeu « prolifération des produits »,*
- *un processus « gérer la qualité », pour prendre en compte l'orientation stratégique vers la certification ISO-9000 et la chaîne d'activité induite.*

Douze processus ont été identifiés. Certaines activités de support ont été maintenues isolées, « hors processus » (« administration générale » : préparer le budget, produire les comptes, gérer les contentieux...), car elles ne font partie d'aucune chaîne transversale évidente.

Processus	Produit du processus
Produire produits extrudés	Tonnes de produits extrudés
Produire produits imprimés	Mètres de produits imprimés
Produire des sacs	Pièces (sacs)
Processus	Produit du processus
Préparer la production (montage/démontage/préparation)	Commandes
Gérer le flux	Commandes
Gérer le flux en mode dégradé	Urgences (changements tardifs de programme)
Gérer la qualité	(Tests/Procédures) Certification ISO

Processus	**Produit du processus**
Acheter	Francs achetés
Vendre	Francs vendus
Maintenir les équipements	Interventions de maintenance
Développer (études/méthodes)	Nouveaux produits (cahiers des charges, devis, gammes)
Gérer les ressources humaines	Personnes employées
Administration générale	/

Tableau 2 : *Les processus de Plastisac*

4. Analyse d'activités et valorisation des activités et des processus

(Voir annexe 1 : analyse de processus et d'activités
voir annexe 2 : valorisation des activités et des processus)

■ *Analyse et valorisation des activités*

L'analyse des activités (annexe 1) permet de donner un contenu précis aux processus, d'en définir le périmètre et de chiffrer leurs coûts. Cette analyse est réalisée en interviewant les responsables des différents services et ateliers sur la base d'une grille d'entretien structurée. Chaque chef de service :

- identifie les activités de son service,
- répartit le temps des personnes entre ces activités,
- répartit les autres ressources entre les activités (usage des équipements, des frais de déplacement, etc...),
- rattache chaque activité à un processus.

On évalue **le coût de chaque activité** en valorisant en francs les ressources réparties par les responsables interviewés :

- coûts salariaux répartis sur les activités au prorata des temps de travail,
- amortissements répartis grâce à une analyse spécifique de l'usage des équipements par les différentes activités,
- coûts de transports répartis sur la base d'une analyse spécifique de l'utilisation de transports par les activités,
- autres dépenses (fournitures, énergie) réparties sur la base des temps de travail.

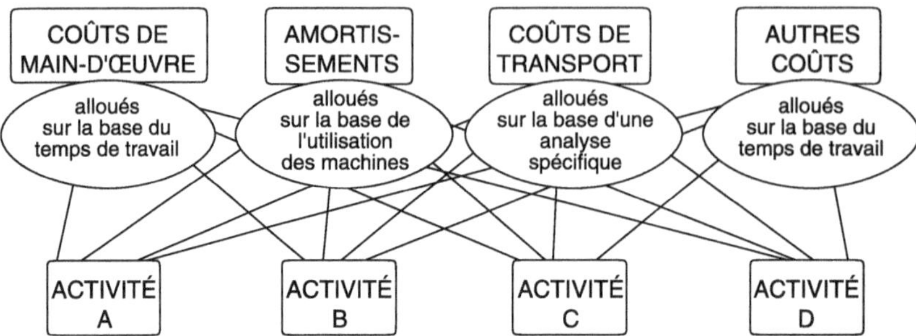

Schéma 3 : *Valorisation des activités*

On obtient ainsi une présentation des activités et des dépenses de l'entreprise par services et ateliers (« lecture verticale ») et par processus (« lecture horizontale »). Les résultats obtenus sont validés par le comité de direction, d'une part, par les personnes interviewées pour l'analyse, d'autre part. La synthèse quantifiée en effectifs, francs et autres paramètres-clés (tels que le nombre de machines entretenues, pour la maintenance) (voir annexe 2) est présentée service par service et processus par processus aux cadres de l'entreprise.

■ *Retour sur l'analyse de processus*

L'analyse des activités est l'occasion d'un retour sur la liste des processus. Par exemple, le processus « acheter » n'avait pas été identifié initialement. On considérait les activités d'achat comme liées à l'approvisionnement et faisant partie du processus « gérer le flux ». L'analyse d'activités a montré qu'il s'agissait d'activités spécifiques, répondant à une logique de performance fondamentalement différente du processus « gérer le flux ». Celui-ci vise à maîtriser des performances logistiques exprimées en temps, retards, délais, taux de service, taux de rotation, débits. Les activités liées à l'achat de polyéthylène visent, elles, à une optimisation **économique** fondée sur un rapport de négociation contractuelle (prix, clauses de révision, souplesses contractuelles...). Faiblement consommatrices de ressources, ces activités ont cependant une influence primordiale sur le « coût matière », soit 56 % des dépenses totales. Le processus « acheter » a donc été identifié et séparé de la gestion du flux.

■ *Retour sur la stratégie*

L'analyse des activités est également l'occasion d'un retour sur la stratégie. La valorisation des activités du processus « préparer la production » (montage, démontage, réglage) a montré que celui-ci a un poids économique particulièrement important. Alors que les trois processus de production directe (« produire des extrudés », « produire des imprimés » et « produire des sacs »), dont la charge de travail et le coût varient avec le volume produit, représentent un équivalent effectif de 643 personnes, le processus « préparer la production », dont la charge de travail et le coût varient avec le **nombre de commandes** et non avec le volume, atteint un équivalent-effectif de 316 personnes. Un tiers des coûts directs de fabrication varie donc avec le nombre de commandes et non avec le volume produit. De plus, le processus « gérer le flux » est aussi commandé par le nombre de commandes et non par le volume fabriqué. Le **coût fixe de la commande** et la **taille moyenne des commandes** apparaissent donc comme des facteurs clés de succès. Ce constat met sur la piste de plusieurs pistes d'action stratégiques :

1. **Accroître la taille moyenne des commandes :**

   - Développer le partenariat avec les clients pour une optimisation du flux sur l'ensemble de la chaîne (prévoir et planifier les besoins des clients, localiser les stocks chez le fournisseur ou chez le client selon les cas, assurer des groupages de commandes et de livraisons) en bénéficiant de jeux à somme positive (jeux gagnant/gagnant) permettant de consentir des avantages de prix aux clients qui acceptent de telles coopérations.
   - Sensibiliser les vendeurs au problème de la taille moyenne des commandes.

2. **Réduire le coût fixe de la commande :** réduire le temps de préparation des machines par une démarche SMED [1]

■ *Retour sur l'organisation*

L'analyse des activités permet aussi d'effectuer un retour sur l'organisation. Par exemple, à la suite de l'analyse, on s'est aperçu que les processus « gérer le flux » et « développer », malgré leur importance, étaient diffus dans l'organisation. Aucune structure organisationnelle n'en avait la charge ni n'en assurait le pilotage. À l'issue de la démarche, le service technique s'est vu attribuer les missions d'un véritable service d'ingénierie et le service « préparation/planification » s'est vu attribuer les missions d'un véritable service logistique (supervision de la totalité du flux).

---

1. SMED : Single Digit Minute Exchange of Dye (changement d'outil en un nombre de minutes inférieur à 10) : ensemble de méthodes destinées à préparer la machine pour un autre lot et un autre produit en moins de 10 minutes (exemples : regroupement de toutes les connexions électriques sur une même fiche, préparation de tous les ustensiles nécessaires sur une table à côté de la machine pendant l'achèvement du lot précédent, suspension du module complet outil/porte-outil du nouveau lot au-dessus de la machine...). La démarche s'inspire du ravitaillement en stand des voitures de course.

                                                    413

■ *Quelques nouveaux paramètres de gestion...*

Le volume d'activité de chaque processus est mesuré grâce au choix d'une unité d'œuvre de processus :

Groupe 1 : « produire extrudés », « produire imprimés », « produire sacs ».
L'unité d'œuvre est une **mesure de volume de production.**
Groupe 2 : « gérer le flux », « produire commandes ».
L'unité d'œuvre est le **nombre de commandes.**
Groupe 3 : « développer ».
L'unité d'œuvre est le **nombre de types de produits** (nombre de cahiers des charges).
Groupe 4 : « vendre ».
L'unité d'œuvre est le **volume vendu.**
Groupe 5 : « acheter ».
L'unité d'œuvre est le **volume acheté.**
Groupe 6 : « gérer le flux en urgence ».
L'unité d'œuvre est le **nombre de mises en urgence.**
Groupe 7 : « gérer la qualité ».
L'unité d'œuvre est le **nombre de procédures qualité.**
Groupe 8 : « maintenir les équipements ».
L'unité d'œuvre est le **nombre d'interventions de maintenance.**
Groupe 9 : « gérer les ressources humaines ».
L'unité d'œuvre est le **nombre de personnes employées.**

Tableau 3 : *Les groupes de processus utilisés comme centres d'analyse*

On rapproche ensuite, sur une période donnée d'un an, les volumes de ces unités d'œuvre et la valorisation des activités et processus en francs, afin de déterminer le coût unitaire des unités d'œuvre. On obtient ainsi des paramètres de pilotage significatifs :

- le coût annuel des processus du groupe 2 est de 250 MF pour 125 000 commandes, soit
  un coût de gestion de la commande de 2 000 F, alors qu'on l'estimait précédemment à 540 F.
- le coût annuel des processus du groupe 3 est de 60 MF, pour mille références de produits, soit
  un coût de gestion de la référence produit de 60 000 F par an,
- le coût annuel des urgences est de 75 MF, pour 25 000 commandes mises en urgence, soit
  un coût unitaire de l'urgence de 3 000 F.

5. Les coûts de revient des produits (ABC)

(Voir annexe 4)

Grâce à l'analyse de processus et d'activités, les coûts de revient des produits peuvent désormais être calculés selon une approche ABC.

■ *Ancien système de coûts*

a. Dans les ateliers, les temps standard de machine, fournis par les gammes des produits, sont valorisés grâce à des taux horaires complets (incluant les coûts indirects) par heure machine (un taux différent pour chaque machine).

b. Les coûts de matière sont affectés directement à chaque commande sur la base des gammes (consommations standard de matière par type de produit).

c. Un coût fixe de gestion de la commande est affecté à chaque commande (540 F).

d. Un coût fixe de mise au point du cliché est affecté pour chaque commande d'un nouveau produit imprimé nécessitant un cliché (200 F).

■ *Nouveau système de coûts ABC*

Les processus servent de centres d'analyse. Les coûts sont d'abord regroupés par processus, puis alloués aux produits sur la base de l'unité d'oeuvre du processus :

- Processus « acheter » : au prorata des francs de matière achetée (quantité de matière achetée figurant dans la gamme du produit).
- Processus « extruder », « imprimer », « produire sacs » : au prorata des heures standard machine par équipement figurant dans la gamme du produit.
- Processus « préparer production », « gérer le flux », « vendre » : au prorata du nombre de commandes concernant le produit.
- Processus « gérer le flux en mode dégradé (urgences) » : au prorata du nombre d'urgences encourues par le produit.
- Processus « développer » (y compris gestion du cliché), « gérer la qualité » : au prorata du nombre de références de produits.
- Processus « maintenir les équipements » : coût déversé sur les équipements de fabrication au prorata des heures d'intervention.
- Processus « gérer les ressources humaines » : coût déversé sur les autres processus au prorata des effectifs.

(Voir exemple en annexe 3)

La taille des commandes et la prolifération des types de produits ont une influence considérable. Aussi les coûts de revient ABC des produits s'avèrent très différents des anciens coûts de revient. Le nouveau système prend beaucoup mieux en compte des facteurs tels que la standardisation, la stabilité des commandes et la taille des lots que le système antérieur. Il apparaît qu'il existait des **« subventions croisées »** importantes entre les produits.

- Les produits commandés en grandes quantités, faciles à programmer parce que le client planifie ses achats à l'avance, s'avèrent surchargés à des niveaux qui peuvent atteindre 38 % dans l'ancien système.
- Les produits imprimés marginaux s'avèrent sous-chargés à des niveaux qui peuvent atteindre 40 % dans l'ancien système.

La vision du portefeuille de produits en termes de rentabilités relatives s'en trouve évidemment bouleversée.

6. Déploiement des objectifs stratégiques en plans d'action et tableaux de bord (ABM)

■ *Le déploiement des objectifs stratégiques sur les processus*

(Voir annexes 4 et 5)

Les enjeux stratégiques sont déployés sur les processus (voir chapitres 3, 4 et 5) via un outil matriciel croisant objectifs et processus, en cherchant à répondre à la question : quel est l'impact du processus X (en ligne) sur l'objectif stratégique N (en colonne) :

	OBJECTIFS MAJEURS		
PROCESSUS			
	modes d'impact du processus X sur l'objectif N		

Dans chaque cellule de cette matrice, on trouve les contributions du processus situé en ligne à l'objectif majeur situé en colonne. À partir des contributions ainsi identifiées, on recherche les leviers d'action sur la performance (voir chapitre 4) par une analyse causes/effets.

■ *Recherche des leviers d'action (analyse causes-effets)*

(Voir annexe 6)

Trois groupes de travail sont constitués pour quelques processus prioritaires, afin de conduire une analyse de performance :

- Dans le premier groupe sont traités les processus « gérer le flux », « gérer le flux en urgence » et « produire commandes », qui posent le même type de problèmes et dont les solutions sont partiellement les mêmes (maîtrise logistique).
- Le processus « développer » est traité dans le second groupe.
- Le processus « maintenir les équipements » est traité dans le troisième groupe.

Chaque groupe part des contributions de « son » processus à la stratégie, telles qu'elles figurent dans la matrice (annexe 4), et se livre à une analyse causes-effets (graphes arborescents de l'annexe 6) à partir de ces contributions. La démarche est, dans un premier temps, foisonnante (grand nombre de causes). Dans un deuxième temps, le groupe effectue une synthèse. Il hiérarchise les causes et établit des priorités. Certaines causes sont ainsi sélectionnées, soit pour l'action (leviers d'action), soit pour une simple vigilance (mise sous contrôle).

À partir de ces causes, le groupe élabore :

- pour chaque levier d'action, des plans d'action,
- des indicateurs de résultat (résultats des plans d'action, facteurs à mettre sous contrôle),
- des indicateurs de suivi (suivi des plans d'action).

Le récapitulatif des indicateurs :

- par service ou par atelier, fournit le tableau de bord de service ou d'atelier,
- par processus, fournit le tableau de bord de processus (voir annexe 7).

■ *Adoption de plans d'action : l'exemple de la gestion du flux*

Plusieurs plans d'action d'envergure ont été adoptés. Il a notamment été décidé de :

- (processus « maintenir les équipements ») mettre en place un vrai programme de maintenance préventive, ciblé sur les équipements les plus critiques, avec un pilotage continu de sa réalisation, et former les opérationnels de fabrication au respect des capabilités des machines,
- (processus « développer ») lancer un programme de standardisation des produits à négocier avec les clients les plus importants (accords de par-

tenariat avec des clients pour se partager les bénéfices de la standardisation).

Plastisac doit en outre être capable de réduire son délai de réalisation des commandes et de tenir les dates promises (taux de service) dans des domaines où la prévision est difficile. Le processus « gérer le flux » a un impact déterminant sur :

- les coûts, car il conditionne le taux d'utilisation des machines (temps improductifs dus aux fragmentations des commandes, aux mauvais cadencements de production, aux changements de programmes de dernière minute) et il entraîne des surcoûts (surcoûts du travail réalisé dans l'urgence et frais financiers sur stocks et en-cours, paiements de pénalités de retards) ;
- le délai de livraison et la ponctualité, puisque c'est en gérant le flux qu'on détermine les délais et le respect des dates promises au client ;
- la qualité, en raison de la non-qualité du travail réalisé en urgence ;
- le revenu, du fait des pertes de marchés et de la détérioration d'image auprès des clients en raison des retards de livraison.

Plan d'action adopté pour améliorer la gestion du flux

1. Mettre en place une procédure formelle de prévision de ventes à trois mois et en mesurer la fiabilité.
2. Mettre en place des prévisions de capacité de production et en mesurer la fiabilité.
3. Fiabiliser les temps standard.
4. Formaliser les aires de stockage et contrôler les entrées-sorties.
5. Suivre et fiabiliser les temps de cycle.
6. Etablir une période « gelée » d'une semaine dans le programme de fabrication, sur laquelle on ne peut faire de modifications qu'exceptionnellement et selon une procédure d'autorisation formalisée.
7. Réduire les temps de changement de lot en engageant une action de type SMED [1].
8. Introduire un outil de support à la vente évaluant la marge bénéficiaire d'une commande en fonction du produit commandé, de la taille de la commande et du coût fixe de 2 000 F par commande.

Tableau 4 : *Classement multicritère des processus*

---

1. SMED : Single Digit Minute Exchange of Dye (voir plus haut).

■ *Mettre en place des pratiques de pilotage : les revues d'affaires mensuelles*

La pratique de pilotage de Plastisac se limitait jusqu'alors à un suivi mensuel du budget par le contrôle de gestion. S'appuyant sur les nouveaux outils « processus », « activités », « coûts ABM-ABC », « plans d'action » et surtout « tableaux de bord », les dirigeants de Plastisac décident de mettre en place un pilotage de performance par revues d'affaires mensuelles, tant sur les centres de responsabilité (ateliers et services) que sur l'axe transversal processus.

Au niveau de l'entreprise et au niveau de chaque site industriel est prévue au début du mois la réunion d'un comité de pilotage regroupant :

- au niveau des sites industriels, le Directeur de site, les chefs d'ateliers et le chef du service maintenance, les correspondants planification, méthodes et ressources humaines du site,
- au niveau de l'entreprise, le Directeur Général, les Directeurs Financier, Technique, Industriel, Commercial, de Planification, ainsi que les chefs des services Achats et Ressources Humaines,

pour :

- analyser les principaux indicateurs de performance du trimestre écoulé,
- en tirer un diagnostic de performance,
- suivre la réalisation des plans d'action,
- examiner de nouveaux plans d'action et les lancer,
- suivre le budget.

Ces revues d'affaires mensuelles montrent rapidement leur utilité pour la circulation de l'information, la coordination de l'action et la réactivité aux évolutions de l'environnement.

Après une longue période de difficultés et de déclin dans les profits, Plastisac retrouve des bénéfices en hausse. En tirant le bilan de la démarche, outre la mise en place de nouveaux outils de gestion jugés plus pertinents, les dirigeants de l'entreprise insistent sur les acquis suivants :

- Création de visions partagées et de représentations communes (cartographie des processus, objectifs, leviers d'action).
- Diagnostic et vigilance systématiques et continus.
- Ré-intégration des visions stratégique et opérationnelle (large diffusion et appropriation de la stratégie, retour d'expérience des opérations vers la stratégie).
- Décloisonnement entre préoccupations opérationnelles et économiques : un contrôle de gestion se met en place, cumulant la fonction qualité et la fonction économique, et les opérationnels s'approprient les principales méthodes de pilotage économique.
- Pratique du travail d'équipe.

Analyse des processus et des activités

Dans les cases du tableau, les activités « pesées » en équivalent « personne temps plein ».

Services : ⇨ Processus : ⇩	Extrusion	Impression	Sacherie	Expédition	Total
1. Produire volume	produire, surveiller 57 manut., alimenter 57 emballer, expédier 56	produire 81 manut., alimenter 21	produire, décharger 246 manut., alimenter 65	emballer 39 manut., transporter 21	643
2. Préparer production	régler, monter 150	régler, monter 130	régler, monter 36		316

Services : ⇨ Processus : ⇩	Extrusion	Impression	Sacherie	Expédition	Prépa/plan	Achats	Commercial	Total
3. Gérer flux	gérer flux 17	gérer flux 3 gérer clichés 3	gérer flux 6	gérer flux 4 produits négoce 2	planifier, ordonn. 6	acheter, approv. 4	administrer les commandes 5 suivre les commandes 5	55
4. Gérer flux en mode dégradé (urgences)	chasser lots 5	chasser lots 5	chasser lots 6	chasser lots 3	traiter urgences 4		traiter urgences 5	28

Services : ⇨ Processus : ⇩	Extrusion	Impression	Sacherie	Prépa/ plan	Commer- cial	Mainte- nance	R&D Assce techn.	Total
5. Mainte- nir les équipemts.	nettoyage rangement 6	1er niveau 2	nettoyage 12			dépanner 25		42 MF
			1er niveau 9			entretenir 25		87 ma- chines
						réaliser outillages 2		81 pers.

Services : ⇨ Processus : ⇩	Extrusion	Impression	Sacherie	Prépa/ plan	Commer- cial	Mainte- nance	R&D Assce techn.	Total
6. Dévelop- per	pilotage technique 13	pilotage technique 7	pilotage technique 11	gérer nouv. clichés 2 préparer (gammes) 4	préparer devis 2	réaliser outillages 1 travaux neufs 4	dév. prod. et prod. 4 assist. techn. 2	36 MF 50 pers.
				Expédition				
7. Qualité	contrôler qualité 21	contrôler qualité 9	contrôler qualité 12	retours 3	gérer réclamations 1		gérer qualité 2	48

Services : ⇨ Processus : ⇩	Commercial	Technique/ R&D	Finance	R.H.	Informat.	Secr. gral	Total
8. Vendre	contacter clients 22 marketing 4 préparer devis 4	aide à la vente 3	gérer cptes clients 3				36
9. Admin. générale			compta. finance 3		maint. & dév. inform. 3	aff. jurid. et grale 1	7
10. Res- sources humaines				gérer ress. hum. 6			6

	Service achats	Technique R&D	Finance	Total
11. Acheter	**négocier et gérer contrats** **3** **analyser le marché du** **polyéth. et définir stratégie** **d'achats** **2**	analyser le marché du polyéth. et définir stratégie d'achats 1	analyser le marché du polyéth. et définir stratégie d'achats 1	7

Valorisation des processus et des activités exemple du processus « maintenir les équipements »

(KF)	Main d'œuvre		Amortissemts		Pièces		Coût indisp. machine	Total	%
	Repart temps	Repart coût	Repart temps	Repart coût	Repart con- somm.	Coût			
Total	100	19 700	100	1 000	100	22 500	9 800	53 000	100
Dépannage	39	7 680	10	100	40	9 000	9 800	26 580	50
Entretien	39	7 680	10	100	60	13 500	21 280	40	
Travaux neufs	6	1 190	5	50				1 240	2
Outillage	16	3 150	75	750				3 900	7

Les coûts de main-d'œuvre sont répartis sur les activités au prorata des temps de travail. Les coûts d'amortissement sont répartis au prorata des temps d'utilisation des machines (principale utilisation : fabrication d'outillages). Les coûts des pièces détachées sont répartis sur la base d'un décompte des consommations réelles par type de destination (prévention versus réparations). Le coût d'indisponibilité des machines est totalement imputé au dépannage.

Annexe 3

Coûts de revient des produits ABC

TROIS PRODUITS A, B, C...

Produits	A	B	C
Nature du produit :	sacs imprimés de gros volume et livrés en lots importants	sacs imprimés de faible volume annuel, concentré sur peu de lots importants	sacs imprimés de volume annuel moyen, dispersé sur un grand nombre de petites commandes (clients multiples)
Production annuelle :	600 T	30 T	240 T
Taille moyenne des commandes :	3 T	3 T	300 KG
Nombre de commandes par an :	200	10	800
Fréquence des mises en urgence, par commande :	0	0,3	0
Prix de vente à la tonne :	12 000 F	13 000 F	15 000 F

COÛTS DE REVIENT ANCIENNE MÉTHODE

F / tonne	A	B	C
Coût de matière	6 520	6 520	6 520
Coût d'extrusion	Pour les trois produits 20 heures à 120 F/heure soit : 2 400		
Coût d'impression	Pour les trois produits 12 heures à 115 F/heure soit : 1 380		
Coût de sacherie	Pour les trois produits 8 heures à 100 F/heure soit : 800		
Coût de fabrication total	4 580	4 580	4 580
Coût de gestion des commandes ramené à la tonne de produit	540/3 = 180	540/3 = 180	(540/300)x1000 = 1 800
Coût de revient total	11 280	11 280	12 900
Prix vente	12 000	13 000	15 000
Marge par tonne	720	1 720	2 100

COÛTS DE REVIENT MÉTHODE ABC

F / tonne	A	B	C
Coût de matière	6 520	6 520	6 520
Coût d'extrusion	Pour les trois produits 20 heures à 70 F/heure soit : 1 400		
Coût d'impression	Pour les trois produits 12 heures à 65 F/heure soit : 780		
Coût de sacherie	Pour les trois produits 8 heures à 60 F/heure soit : 480		
Coût de fab. total	2 660	2 660	2 660
Coût de gestion des commandes ramené à la tonne	2 000/3 = 670	2 000/3 = 670	(2 000/300)x1 000 = 6 700
Coût de gestion de la référence ramené à la tonne	60 000/600 = 100	60 000/30 = 2 000	60 000/240 = 250
Coût des urgences	0	3 000 X 0,3 = 900	0
Coût de revient total	9 950	12 750	16 130
Prix vente	12 000	13 000	15 000
Marge par tonne	2 050	250	(1 130)

Déploiement des objectifs stratégiques sur les processus

Processus	Objectifs					
	Coût des extrudés par tonne	Qualité des imprimés et sacs	Fiabilité/ponctualité imprimés et sacs	Délai sur imprimés et sacs	Coût des imprimés et sacs	Développement du service technique
Produire extrudés	Productivité matière (déchets) XXX Productivité machines XX	Qualité du film extrudé destiné à l'impression XX	Respecter programmes de fabrication X	Maîtriser délai de production X	Productivité matière (déchets) X	Maîtrise des formulations XXX
Produire imprimés		Qualité d'impression XXX	Tenue des programmes, maîtrise des capacités de fabrication XXX	Réduction des cycles d'impression XX	Productivité matière (déchets) XX Productivité machines XX Productivité main-d'œuvre X	Qualité et rapidité des réalisations prototypes XX

Processus	Coût des extrudés par tonne	Qualité des imprimés et sacs	Fiabilité/ ponctualité	Délai sur imprimés et sacs	Coût des imprimés et sacs	Développement du service technique
Produire Sacs		Qualité en sacherie XX	Respect des programmes de fabrication X	Maîtrise durée du cycle de production en sacherie X	Productivité matière (déchets) XXX Productivité machines et main-d'œuvre X	Qualité et rapidité des réalisations prototypes XXX
Produire commandes : Montage Démontage Préparation	Temps de montage / préparation XX	Qualité de la préparation machine XX	Maîtrise des temps de changement de commande (capacité à prévoir) XXX	Durée des changements de commande XXX	Coût des déchets liés au changement de commande X Taux d'utilisation des machines XXX	Rapidité de préparation prototypes X
Gérer le flux	Coût des stocks de matière et d'en-cours X Temps de montage/ préparation XX		Maîtrise (connaissance) des délais XXX	Tension du flux, réduction des délais XX	Taux de rotation des stocks X	Planification des activités prototypes X

Processus	Coût des extrudés par tonne	Qualité des imprimés et sacs	Fiabilité/ ponctualité	Délai sur imprimés et sacs	Coût des imprimés et sacs	Développement du service technique
Gérer le flux en mode dégradé			Perturbations tardives du planning XX	Perturbations du planning XX	Coût des urgences XXX	
Gérer la qualité		Maîtrise des non-conformités internes et externes XXX				
Acheter	Coût des matières achetées XXX Coût du stock de matières premières X	Fiabilité des fournisseurs en qualité XX	Fiabilité des fournisseurs en date X	Délais des fournisseurs X	Coût des matières achetées XXX Coût du stock de matières premières X	Développement de coopérations techniques avec les fournisseurs X
Vendre	Réalisation des volumes objectifs de vente XXX Taille des commandes XX	Connaissance des marchés et des besoins des clients X	Réalisme des dates promises XXX Fiabilité des prévision de vente XXX Fiabilité info. fournie X	Délai de traitement des commandes X	Réalisation des volumes objectifs de vente XXX Taille des commandes XXX	Analyse des besoins des clients XXX

Processus	Coût des extrudés par tonne	Qualité des imprimés et sacs	Fiabilité/ ponctualité	Délai sur imprimés et sacs	Coût des imprimés et sacs	Développement du service technique
Maintenir les équipements	Coût de maintenance X Disponibilité des équipements Pannes XX		Disponibilité des équipements critiques, pannes XXX	Disponibilité des équipements critiques XXX	Coût de maintenance X Disponibilité des équipements Pannes XX	
Développer (études, méthodes)	Coût de la matière (formulation du film) XXX	Qualité de conception du produit X	Ponctualité des devis XX	Délai des devis X	Coût de la matière (formulation film et encres) XX	Développement de prestations de conseil technique XXX
Gérer Ressources Humaines	Turn-over, absentéisme, accidents X	Main-d'œuvre qualifiée hors impression X à l'impression XX	Main-d'œuvre qualifiée disponible à l'impression (turn-over, absentéisme, accidents) XXX	Main-d'œuvre qualifiée disponible à l'impression (turn-over, absentéisme, accidents) XXX	Turn-over, absentéisme, accidents X	Formation du personnel à l'approche « service client » XX

Cas de l'enjeu « fiabilité/ponctualité » (contenu de la colonne correspondante dans la matrice ci-dessus)

Fiabilité/ponctualité	
Tenue des programmes, maîtrise des capacités de fabrication : extrusion X impression XXX sacherie X	Réalisme des dates promises XXX Fiabilité des prévisions de vente XXX Fiabilité de l'information fournie X
Maîtrise des temps de changement de commande (capacité à prévoir) XXX	Disponibilité des équipements critiques, pannes XXX
Maîtrise des délais XXX	Ponctualité des devis X
Perturbations tardives du planning XX	Main-d'œuvre qualifiée et disponible à l'impression (turn-over, absentéisme, accidents) XXX
Fiabilité des fournisseurs en date X	

Dans un premier temps, on ne retiendra pour poursuivre l'analyse causes-effets et la recherche des leviers d'action que les causes évaluées par trois croix (XXX). C'est à partir de ces causes que pourra être développée l'analyse arborescente des causes (voir plus loin).

Analyse causale / recherche des leviers d'action pour l'objectif « fiabilité / ponctualité »

On retrouve d'abord, au premier niveau d'arborescence, les liens entre l'objectif « fiabilité/ponctualité » et les causes « pesées » de trois croix (voir annexe 5).

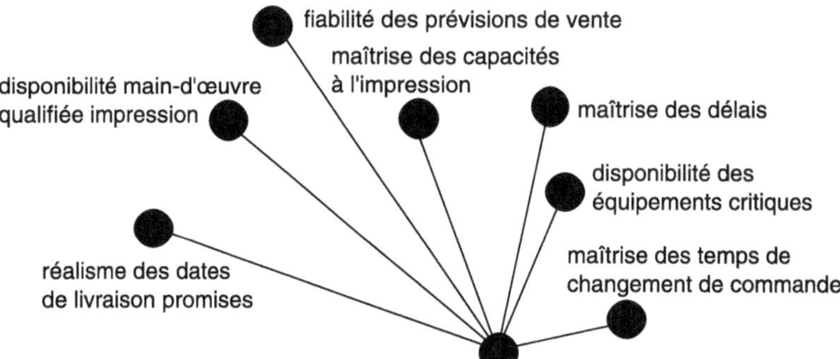

Puis on détaille l'arborescence des causes, niveau par niveau, par exemple à partir de la « maîtrise des capacités à l'impression ». Les ellipses grisées désignent les causes finalement retenues comme leviers d'action.

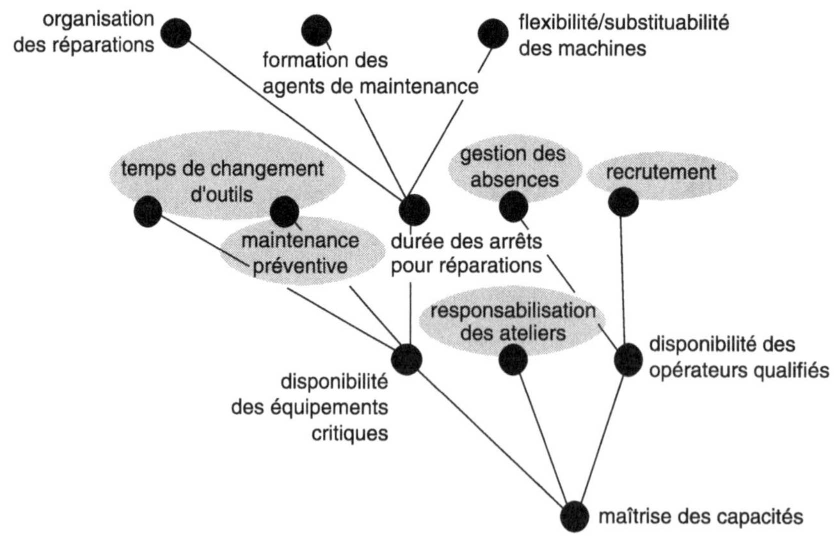

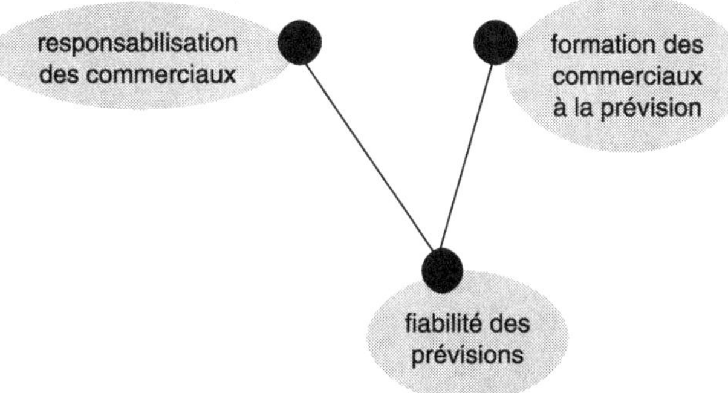

responsabilisation
des commerciaux
formation des
commerciaux
à la prévision
fiabilité des
prévisions

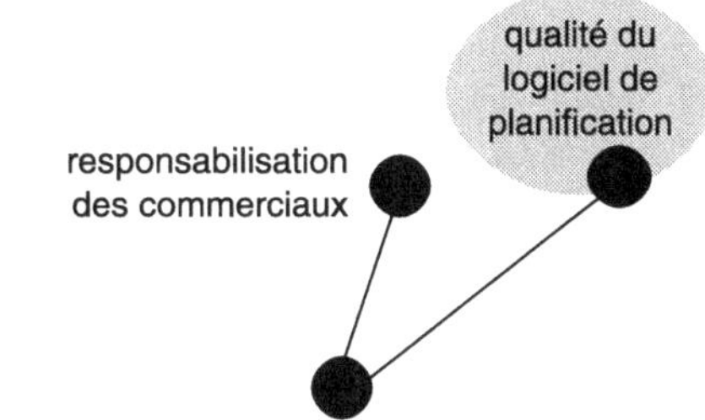

qualité du
logiciel de
planification
responsabilisation
des commerciaux
réalisme des promesses de dates de livraison

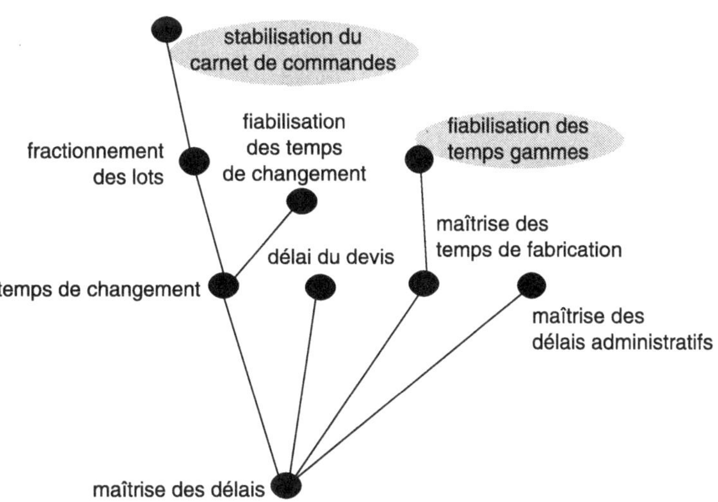

stabilisation du
carnet de commandes
fiabilisation des
temps gammes
fiabilisation
des temps
de changement
fractionnement
des lots
maîtrise des
temps de fabrication
délai du devis
temps de changement
maîtrise des
délais administratifs
maîtrise des délais

Annexe

Indicateurs et tableaux de bord de processus : exemples

PROCESSUS GÉRER LES FLUX

<table>
<tr>
<th>Processus</th>
<th>Indic. synth. pour DG</th>
<th>Achats</th>
<th>Dir. de Prod.</th>
<th>Atelier Extrusion</th>
<th>Atelier Impression</th>
<th>Atelier Sacherie</th>
<th>Atelier Expédit.</th>
<th>Dir. Commerciale</th>
<th>Service Planning</th>
<th>Maintenance</th>
</tr>
<tr>
<td>GÉRER LE FLUX</td>
<td>respect date de livraison

temps de cycle total

temps de cycle par atelier :
• extrus
• impres
• sacherie

taux de rotation matières 1res</td>
<td>respect délais fournisseurs</td>
<td>taux de rotat. stock mat. 1res</td>
<td colspan="4">Temps de cycle moyen

Pourcentage de standards fiabilisés

Taux d'improductifs par atelier, par causes

Temps moyen de réglage des équipements critiques

Fiabilité des prévisions de disponibilité des équipements critiques

Nombre de changements

Taux de disponibilité des équipements critiques</td>
<td>fiabilité des prévisions commerciales (% du réalisé / prévu)

délai moyen traitement commandes

% d'erreurs sur documents transmis au planning

% dates promises client après accord planning/commercial</td>
<td>% de standards fiabilisés

respect date livraison

Tps de cycle total

nombre de partiels

nombre modifs en période « gelée »</td>
<td>nombre pannes sur équipts critiques

temps d'arrêt équipts critiques lié aux pannes

taux de disponib. équipts critiques</td>
</tr>
</table>

Dans la colonne Atelier Expédit. : Finance — taux de rotation stock mat. 1re

PROCESSUS MAINTENIR LES ÉQUIPEMENTS

Processus	Ind. synth. (D.G.)	Maintenance	Extrusion	Impression	Sacherie
Maintenir les équipements	Pourcentage de réalisation du progr. de maintenance préventive Nombre pannes sur les équipts critiques Temps d'arrêt des équipts critiques lié aux pannes	Pourcentage de réalisation du progr. de maintenance préventive Nombre pannes sur chaque équipt. critique réparties par causes Temps d'arrêt machine sur chaque équipt. critique Coût de maintenance par heure machine par atelier	Nombre pannes sur chaque équipt critique réparties par causes Temps d'arrêt machine sur chaque équipt critique	Nombre pannes sur chaque équipt critique réparties par causes Temps d'arrêt machine sur chaque équipt critique	Nombre pannes sur chaque équipt critique réparties par causes Temps d'arrêt machine sur chaque équipt critique

Processus	Indic. Synth. (Tabl. de bord D.G.)	Extrusion	Impression	Sacherie	Commercial
Produire	Heures ouvrées/atelier	Heures ouvrées/atelier	Heures ouvrées/atelier	Heures ouvrées/atelier	Taille des commandes
	Productivité/ouvrier /atelier	Productivité/ouvrier	Productivité/ouvrier	Productivité/ouvrier	
	Production budgétée/atelier	Production budgétée	Production budgétée	Production budgétée	
	Production réalisée	Production réalisée	Production réalisée	Production réalisée	
	Poids déchets par atelier	Poids déchets	Poids déchets	Poids déchets	
	Taux de non-conformités	Taux de non-conformités	Taux de non-conformités	Taux de non-conformités	
	Coût de revient de la transformation par tonne extrudée, par mètre imprimé, par pièce de sacherie	Taux d'efficience	Taux d'efficience	Taux d'efficience	
		Taux d'utilisation des machines	Taux d'utilisation des machines	Taux d'utilisation des machines	
		Rendement/ machine	Temps d'improductifs par causes (pannes, manque personnel, qualité, entretien, etc.)	Temps d'improductifs par causes (pannes, manque personnel, qualité, entretien, etc.)	
		Temps d'improductifs par causes (pannes, manque personnel, qualité, entretien, etc.)			

436

Processus	Ind. synth. (D.G.)	Extrusion	Impression	Sacherie	Commercial	Technique
Vendre	Marge vendue par période Chiffre d'affaires par période Volume vendu Pourcentage commandes nouvelles vs. renouvellements	TAUX DE DISPONIBILITÉ DES ÉQUIPEMENTS CRITIQUES			Marge vendue par période Taux de réalisation objectifs de vente Délai de fourniture des devis Nombre de litiges d'origine commerc. Pourcentage de nouveaux produits dans le chiffre d'affaires	Pourcentage de succès sur cahiers des charges Pourcentage de commandes nouvelles vs. renouvellements

Processus	Indic. synth. (D.G.)	Achats	Service technique	Expéditions
Acheter	Coût des matières premières - effet volume - effet prix - effet mix	Coût des matières premières - effet prix Nombre de retards de livraisons Nombre de non-conformités fournisseurs	Coût des matières premières - effet mix	Taille moyenne des livraisons

Processus	Indic. synth. (D.G.)	Technique	Ateliers	Planning	Commercial
Développer	Nombre d'échantillons	Nombre d'échantillons Nombre points de recherche Nombre points de recherche aboutis Nombre de visites techn. prospectives			Délai moyen devis Délai moyen BAT

Délai de traitement des cahiers des charges des clients (échantillons)

Délai des bons à tirer

14

Cas Eurocomputer
(stratégie, schéma de pilotage, processus, apprentissage organisationnel)

Le groupe informatique européen EUROCOMPUTER vit une série de transformations au début des années 90, à la suite du recrutement d'un nouveau P.D.G. issu de l'industrie agro-alimentaire qui, au vu de l'inquiétante détérioration des résultats depuis deux ans, engage une politique de redressement des résultats de l'entreprise. Il est un chaud partisan de la gestion par centres de profit, qu'il a pratiquée avec succès dans le secteur agro-alimentaire.

1. Arrière-plan stratégique

■ La montée du logiciel et des services

L'entreprise Eurocomputer, basée en France, conçoit, produit et distribue sur le marché européen des ordinateurs à usage personnel et professionnel, et vend également des services et des logiciels informatiques. Dans ces années 80-90, l'informatique bascule d'un univers dans un autre. L'avenir réside manifestement dans le développement des ventes de logiciels et de services. Certes, la vente de machines, qui représente encore près de 70 % du chiffre d'affaires, ne peut pas être rangée au magasin des accessoires du jour au lendemain. Mais les données économiques et stratégiques sont claires. La croissance du chiffre d'affaires en logiciel et services est deux à trois fois plus rapide qu'en hardware (machines). Eurocomputer a réussi à développer rapidement son chiffre d'affaires dans les services, domaine où elle a pu se créer un certain nombre de points

439

forts reconnus (applications de l'intelligence artificielle, architectures de réseaux, systèmes distribués...).

Ces mutations se traduisent par un **changement progressif du statut des activités « Services » et « Logiciels »**. Celles-ci étaient traditionnellement considérées comme un accompagnement de la vente des ordinateurs, un moyen de vendre du matériel (une faveur faite aux acheteurs de matériel, un argument de vente supplémentaire). À ce titre, les services et les logiciels étaient vus comme faisant partie intégrante de la distribution dans le réseau commercial, et n'étaient pourvus d'aucune stratégie d'investissement ou de recherche spécifique. L'organisation actuelle reflète encore cet état de choses, puisque les services font toujours partie de la Direction des Réseaux Commerciaux, qui vend les machines, mais elle est de plus en plus contestée (voir organigramme en annexe et présentation de l'organisation ci-dessous).

■ *Les mutations de l'industrie des machines (hardware)*

Par ailleurs, en ce qui concerne les machines, le marché fera de plus en plus appel à des ordinateurs « standard » (micros type PC sous Windows et stations de travail UNIX[1]), après avoir longtemps été constitué de machines plus grosses à usage exclusivement professionnel (mini-informatique et mainframes). Dans ce secteur du « hardware » (machines), l'entreprise vit une mutation profonde :

- le passage d'un marché exclusivement professionnel à un marché juxtaposant un segment professionnel et un segment « grand public » ;
- le passage d'une distribution exclusivement directe (vers de grands clients entreprises) à une distribution mixte, juxtaposant des canaux indirects d'importance croissante (distributeurs et revendeurs agréés de machines) et les canaux directs, réservés aux clients les plus importants ; ceux-ci sont en fait surtout acquéreurs de services (ingénierie de systèmes, réseaux) et de « solutions » (systèmes d'information finalisés complets, intégrant logiciels applicatifs paramétrés, adaptés au contexte du client, services d'ingénierie et d'installation, matériels), dans le cadre de projets complexes ; la vente de machines n'est alors qu'une résultante ;
- le passage de machines fortement personnalisées (plusieurs centaines de variantes pour un même modèle) à des machines de plus en plus standardisées ;
- le passage de machines dites « proprietary », c'est-à-dire fonctionnant avec un système d'exploitation (langage logiciel de base) propre au constructeur, à des machines dites « standard » (langage logiciel de base mis dans le domaine public) ; cette mutation a des conséquences économiques et stratégiques évidentes : traditionnellement, le changement de fournisseur

---

1. Marque déposée par le groupe AT & J.

440

informatique posait aux clients de redoutables problèmes de compatibilité entre machines et de portabilité des logiciels d'un constructeur à l'autre ; d'une certaine manière, les clients devenaient captifs de leur fournisseur informatique et le marché était cloisonné et protégé ; désormais, avec les systèmes standard, les constructeurs informatiques deviennent substituables les uns aux autres, les clients sont libres de leurs choix, le marché est totalement concurrentiel : ceci explique pour partie l'érosion marquée des marges des constructeurs d'ordinateurs ;

- le passage de produits à forte valeur ajoutée industrielle (au moins 50 % de valeur ajoutée sur le coût sortie usine) à des produits à plus faible valeur ajoutée industrielle (pour un PC, 10 % de valeur ajoutée d'assemblage sortie usine, 30 % maximum de valeur ajoutée en incluant toutes les phases de fabrication) ;
- le passage de produits à forte marge brute (jusqu'à 75 % de marge brute sur les minis au début des années 80) à des produits à faible marge brute (25 à 30 %) ;
- le raccourcissement spectaculaire des durées de vie des produits : là où, naguère, le cycle de vie d'un modèle de mainframe ou de mini-ordinateur durait environ 5 ou 6 ans, désormais, le cycle de vie d'un PC n'excède pas 10 à 12 mois, avec tous les risques d'obsolescence que cela fait peser en permanence sur les produits en cours de commercialisation.

Tendanciellement, la valeur ajoutée et le profit tendent en fait à se déplacer de la conception-fabrication de hardware informatique vers :

- l'amont « matériel » (conception/fabrication des principaux composants électroniques : microprocesseurs, mémoires), détenu par des sociétés telles que INTEL, NEC ou MOTOROLA, dont les « puces » intègrent de plus en plus de fonctionnalités et tendent à devenir de petits ordinateurs à elles toutes seules,
- l'amont « logiciel de base » (conception/développement des logiciels, notamment des systèmes d'exploitation tels que WINDOWS, UNIX, qui échappent de plus en plus aux constructeurs), détenu par des sociétés telles que MICROSOFT,
- l'aval service (ingénierie de systèmes d'information d'entreprises, packaging de solutions professionnelles, développement de solutions ad hoc pour entreprises, intégration avec la communication d'entreprise), détenu par des sociétés telles que E.D.S. ou CAP-GEMINI, mais sur lequel Eurocomputer ambitionne de devenir un acteur significatif ; cet aval « services » doit pouvoir offrir des services intégrés axés sur les besoins professionnels spécifiques des clients (« offre solutions » spécialisée par grands secteurs d'activité : transports, banque, industrie manufacturière..., ou par grandes fonctions : systèmes comptables, paye, administration commerciale...).

■ *Le métier « Cartes électroniques »*

La valeur ajoutée industrielle du métier « ordinateurs » se concentrait tradition-nellement sur la conception, la fabrication et le test de cartes électroniques. Il faut noter à ce sujet une mutation stratégique, secondaire par rapport à celles qui ont été signalées ci-dessus, mais néanmoins importante pour Eurocomputer.

Alors que, jusqu'aux années 85-87, la production de cartes électroniques était une activité captive, interne à des entreprises qui utilisaient ces cartes pour les intégrer à des produits finis (ordinateurs, instruments de mesure électroniques, jeux électroniques, etc...), des producteurs indépendants de cartes sont apparus en Extrême-Orient avec des coûts et des prix très bas. Ceci a incité certains industriels de l'électronique à abandonner au moins partiellement leur pro-duction de cartes et à s'approvisionner à l'extérieur, en fournissant les plans des cartes qu'ils ont conçues à des sous-traitants à bas prix. **Il y a donc un marché ouvert des cartes électroniques**. Ce marché est assez fortement seg-menté entre les divers types de cartes, depuis les plus simples et les plus stan-dardisées destinées aux grandes séries (électronique grand public, électromé-nager, PC) jusqu'aux plus complexes et personnalisées (grande informatique scientifique, électronique militaire et professionnelle), avec des écarts de prix qui peuvent aller jusqu'à 1 à 5.

Face à cette situation, et devant le ralentissement du marché informatique, Eurocomputer a décidé d'explorer la possibilité pour son activité « cartes » de vendre à l'extérieur. Une étude marketing, confiée il y a deux ans à un consul-tant externe, a conclu à la compétitivité d'Eurocomputer **sur le créneau des cartes « haut de gamme »**, de petite série, complexes, destinées à des équipe-ments électroniques ou scientifiques sophistiqués, fortement personnalisés et fabriqués sur commande spéciale. Eurocomputer a notamment la capacité de fournir des niveaux de qualité et de fiabilité très élevés, du fait de ses équipe-ments de test coûteux et très performants. Par contre, la haute technologie de l'activité « cartes » d'Eurocomputer **ne la place pas en très bonne position concurrentielle pour les cartes de grande série simples exigées par la pro-duction de micro-ordinateurs standard**. En somme, Eurocomputer dispose d'une compétence pointue en matière de « cartes » de moins en moins utilisable dans le métier informatique lui-même.

À la suite de cette étude, la direction d'Eurocomputer a décidé de confier à sa division « Cartes Électroniques » (voir organigramme en annexe et présentation de l'organisation ci-dessous) la mission de développer et réaliser des ventes direc-tes de cartes sur le marché externe, en supplément à sa mission d'approvision-nement interne de la division « Micro-ordinateurs », et de **se doter à cette fin d'une petite structure de marketing et de vente**. La Division Cartes Électro-niques s'est engagée sur ce marché et a déjà vendu sur l'exercice écoulé 40 000 cartes de haute technologie. Le chiffre d'affaires correspondant reste cependant marginal par rapport à l'activité principale portant sur les ordinateurs.

■ *Les enjeux de performance liés au cadre stratégique et les faiblesses d'Eurocomputer*

Le nouveau contexte stratégique a toutes sortes de conséquences, que le PDG fait étudier par un cabinet spécialisé :

1. Évolution plausible du chiffre d'affaires

Ventes Eurocomputer	Total	Cartes	Machines	Logiciel	Services
Unités		40 000	300 000		
Prix unitaire		6 000	12 500		
CA (MF)	4 890	240	3 750	903	940
Taux de croissance 93/92		+ 40 %	+ 8 %	+ 17 %	+ 20 %

***Tableau 1** : Les ventes d'Eurocomputer et leur évolution*

- évolution du chiffre d'affaires sur la **vente de micro-ordinateurs** de 3 % par an sur les 5 ans à venir, soit un chiffre d'affaires de 4350 millions de francs et une marge de l'ordre du milliard de francs dans 5 ans, le recours à des cartes électroniques standard bon marché achetées sur le marché étant fortement recommandé,
- évolution du chiffre d'affaires sur les **services** de 20 % par an sur les 5 ans à venir, soit un chiffre d'affaires de 2340 millions de francs et une marge de l'ordre de 745 millions de francs dans 5 ans,
- évolution du chiffre d'affaires sur le **logiciel** de 17 % par an sur les 5 ans à venir, soit un chiffre d'affaires de 1980 millions de francs et une marge de l'ordre de 577 millions de francs dans 5 ans,
- évolution du chiffre d'affaires sur les **cartes** selon deux scénarios stratégiques contrastés :
  - i. soit il y a **autonomisation du business externe cartes**, investissement, croissance externe, pour atteindre une taille critique sur ce marché : la prévision est alors d'une croissance moyenne de 30 % par an avec un coût d'investissement élevé, soit un chiffre d'affaires de 594 millions de francs et une marge d'environ 120 millions de francs dans 5 ans,
  - ii. soit il y a **maintien du business externe carte dans son statut d'activité marginale** pour compléter la charge : croissance moyenne du chiffre d'affaire proche de 0 % dans les 5 ans qui viennent, soit un chiffre d'affaires de 160 millions de francs et une marge d'environ 40 millions de francs dans 5 ans.

2. *Nouveaux facteurs de compétitivité dans les métiers « logiciels » et « services »*

- Du fait de leur poids croissant, les activités « services » et « logiciel » doivent disposer d'une véritable autonomie stratégique et d'un système de reporting et de pilotage propre, qui en fasse clairement apparaître les performances spécifiques.
- Pour le logiciel, un facteur primordial de compétitivité est le portefeuille de partenariats avec des sociétés de logiciel (« software houses ») dans divers domaines spécialisés.
- Pour les services, la compétence, donc la capacité de recruter les meilleurs experts, et l'établissement de relations étroites et privilégiées avec un petit nombre de grands clients fidélisés, pour lesquels on dédie des équipes stables chez Eurocomputer, sont les facteurs-clés de succès, ainsi que l'aptitude à gérer des grands projets sur la durée.

3. *Nouveaux facteurs de compétitivité dans le métier « machines »*

- Le « **savoir acheter** » : en ce qui concerne l'activité « hardware », la réduction des marges industrielles, donc la part croissante des coûts de la matière achetée dans le coût final des produits confère au « savoir acheter » et au marketing d'achat (étude des fournisseurs potentiels, évolution des marchés de composants) une importance essentielle, ce qui exigera tôt ou tard un regroupement des achats pour bénéficier des effets d'échelle.
- La **performance logistique (flux)** : la distribution étant majoritairement indirecte, les variations du marché sont perçues avec un temps de retard. Il devient donc vital de réagir vite à toute fluctuation quantitative ou qualitative du marché. L'exposition forte à la concurrence rend tout retard par rapport à l'évolution du marché coûteux, puisque les positions commerciales sont volatiles : le produit étant standard, le client se reporte facilement vers les concurrents s'il ne trouve pas le modèle recherché. Par ailleurs, le renouvellement rapide des produits implique des risques croissants d'obsolescence des stocks, et le progrès technologique accéléré se traduit par une décroissance régulière des prix, tant sur les composants que sur les produits finis. Il en résulte que la possession de stocks coûte horriblement cher. Le coût de possession des stocks a été évalué à un **équivalent/taux d'intérêt annuel de 25 %** (en d'autres termes, la possession d'un stock de 10 millions de francs coûte 2,5 millions de francs par an), décomposés comme suit, en taux annuels :
  2 % de coûts de gestion, de surface occupée,
  1 % de coûts d'assurance,
  8 % de coûts d'obsolescence,
  9 % d'érosion des prix,
  5 % d'intérêts financiers.
  Ce coût est d'autant plus pénalisant que la valeur ajoutée industrielle

d'Eurocomputer sur ces produits est faible. Tout milite donc en faveur d'une politique « Juste À Temps » hardie (réduction des stocks et des en-cours, diminution des temps de réponse au marché). Celle-ci passe par une excellente intégration entre la production et les réseaux commerciaux : communication rapide et sûre sur les prévisions de ventes, sur les modifications de commandes, maîtrise des délais de livraison. Or, traditionnellement, Eurocomputer souffre d'un cloisonnement marqué entre unités industrielles et services commerciaux, source de dysfonctionnements logistiques multiples.

LES NOUVEAUX ENJEUX DE PERFORMANCE

Définissons :
*la **marge bénéficiaire comme ratio Bénéfice/Chiffre d'Affaires,***
*la **rotation du capital comme ratio Chiffre d'Affaires/Capital Investi,***
*le **ROI (Return On Investment) comme ratio Bénéfice/ Capital Investi.***

La formule de Du Pont s'écrit :

***ROI** = Bénéfice/ Capital Investi*
   = Bénéfice/Chiffre d'Affaires x Chiffre d'Affaires/Capital Investi
   = marge bénéficiaire x rotation du capital

Cette formule permet de tracer une courbe (X = rotation du capital, Y=marge bénéficiaire) reliant toutes les combinaisons rotation du capital/marge bénéficiaire correspondant à un même niveau de rentabilité (« courbe iso-ROI »). Ce niveau de rentabilité est atteint, soit par des activités à forte valeur ajoutée-forte profitabilité et faible rotation du capital -investissement lourd en machines et/ou en R&D (ex. pharmacie, high tech, mines, pétrole), soit par des activités à faible valeur ajoutée et faible marge mais à rotation rapide (ex. grande distribution), soit par des situations intermédiaires. Dans les années décrites ici, l'industrie de la construction de matériel informatique se déplace sur cette courbe, ce qui entraîne des changements en matière de facteurs-clés de succès et, donc, en matière de logiques de pilotage et d'apprentissage (la rotation rapide du capital devient déterminante).

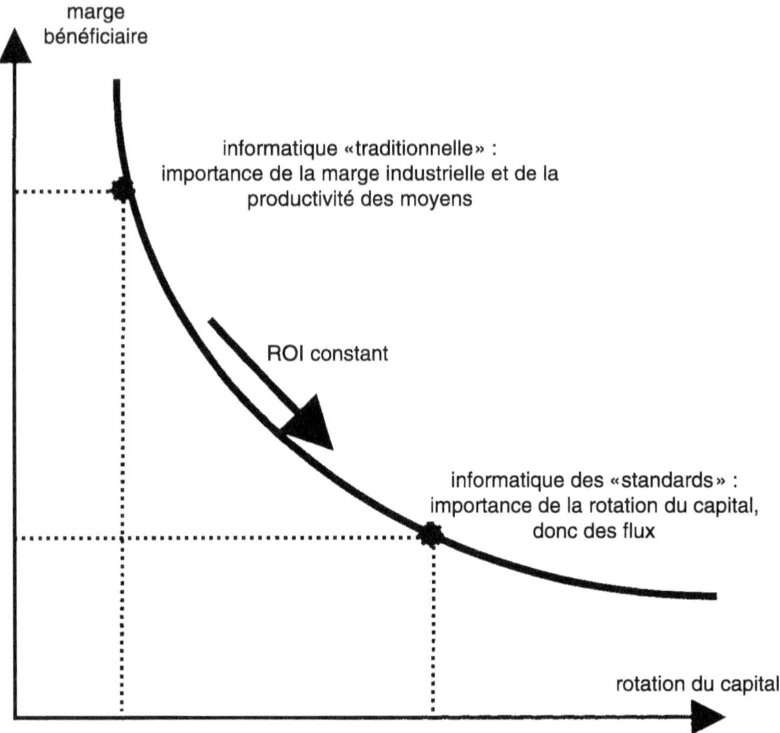

***Schéma 1** : Application de la formule de Du Pont à Eurocomputer*

- **La performance technique : développer vite et bien.** L'accélération des cycles technologiques, la vie de plus en plus brève des produits, rendent la maîtrise des processus de développement et de modification des produits de plus en plus vitale : aptitude à développer vite pour capter une part significative de la rente d'innovation, aptitude à lancer « à coup sûr », pour éviter des accidents de lancement qui compromettent de manière irrémédiable la rentabilité du produit, les cycles de vie étant courts. Cette maîtrise des cycles de vie techniques passe par une excellente coopération entre les bureaux d'études, les réseaux commerciaux et les services marketing : formulation claire des besoins des clients, prise en compte technique des exigences des marchés, efforts de stabilisation des produits à partir d'un certain seuil, intégration dès l'amont des contraintes de distribution et de service après-vente. Pour l'heure, cette coopération fait défaut chez Eurocomputer, où les ingénieurs d'études et les commerciaux ont tendance à se « renvoyer la balle ».

Donc, la filière « conception/fabrication/vente d'ordinateurs » est de plus en plus intégrée (à l'image de l'électronique grand public : téléviseurs, électroménager), avec des interdépendances fortes entre métiers, de nature technique et logistique. Cette intégration croissante entre en conflit avec la culture traditionnelle d'Eurocomputer, marquée par l'autonomie des métiers, coïncidant avec une culture clanique et des pratiques fortes de cloisonnement et de rétention d'information, notamment entre les trois grands métiers « Etudes / Production / Commerce ».

2. L'organisation et la gestion d'Eurocomputer

■ *Le cycle industriel d'Eurocomputer*

Le cycle industriel d'Eurocomputer se répartit selon les grandes étapes suivantes :

- **Conception** des nouveaux micro-ordinateurs et de leur « cœur », la carte-mère électronique.
- **Achat/approvisionnement** de composants (les produits achetés représentent 80 % du coût de revient moyen d'un micro-ordinateur).
- **Fabrication des cartes électroniques** en deux grandes étapes : fabrication de circuits imprimés nus (sur des « planches » sont imprimés les circuits de connexion entre composants et percés des trous microscopiques pour la future insertion des composants), puis fabrication des cartes équipées (insertion et montage de composants tels que les microprocesseurs, les mémoires, les diodes, les transistors, les condensateurs, etc...., sur les circuits imprimés). La carte électronique est le siège des fonctionnalités informatiques, le cœur du système.
- **Vente de cartes électroniques** sophistiquées à des industriels de l'électronique et de l'armement.
- **Assemblage des ordinateurs** (une carte électronique par machine + ossature en plastique + câblerie + périphériques : écran, clavier, etc...), vieillissement artificiel dans des fours électriques et test final de la machine par des machines de test très sophistiquées.
- **Vente et distribution d'ordinateurs** sur les agences commerciales d'Eurocomputer en France et dans les autres pays européens (distribution directe pour les contrats supérieurs à 30 machines) et sur les distributeurs et revendeurs externes.
- **Vente de services.**
- **Vente de solutions informatiques complexes** incluant des machines, des réseaux, des logiciels et des services (ingénierie de système, installation, formation, maintenance).

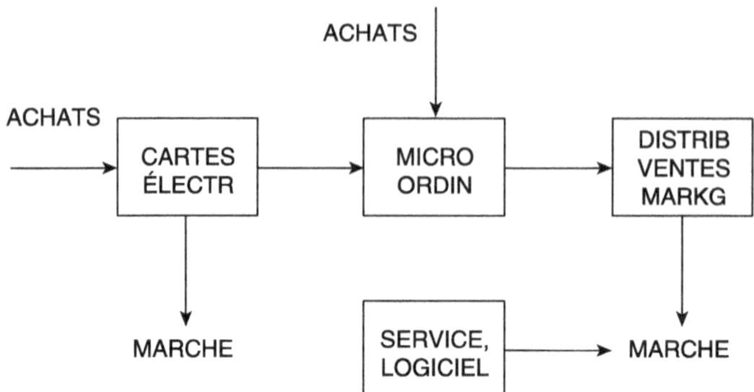

Schéma 2 : *Le cycle industriel d'Eurocomputer*

■ *L'organisation d'EUROCOMPUTER*

Pour réaliser ses diverses activités, Eurocomputer est organisé en 2 divisions, structurées en départements, un Département de R&D et des services fonctionnels regroupés au siège (voir organigramme en annexe) :

- **La Division Industrielle (D.I.)** a en charge la fabrication des cartes électroniques, la fabrication (assemblage final et test) des ordinateurs, les achats de composants et produits finis externes (écrans, claviers, etc...) nécessaires à ces fabrications, la connaissance et la prospection du marché externe des cartes électroniques, la promotion et la vente des cartes. Cette Division est organisée en deux départements : Cartes Electroniques (DCE) et Micro-Ordinateurs (DMO), chacun gérant ses propres achats.

- **La Division des Réseaux Commerciaux et des Services (D.R.S.)** a en charge la distribution des matériels Eurocomputer sur le marché européen, jusqu'au client final ou jusqu'au revendeur selon les cas, l'organisation physique de cette distribution, la promotion et la vente des produits ; elle est structurée en filiales ou succursales géographiques (filiale allemande, filiale italienne, succursale hongroise, etc...). Cette Division a en charge l'activité, dont l'importance grandit, de **développer et vendre des services** aux clients ; cette activité est gérée filiale géographique par filiale géographique, avec une certaine dispersion et une autonomie locale telle qu'elle rend difficile le développement de produits et d'outils communs. Les petites filiales ont des moyens réduits dans ce domaine. Enfin, les filiales commerciales ont en charge la négociation d'accord avec des sociétés de logiciels pour se constituer une offre locale de logiciels – seuls quelques logiciels en nombre très limité font l'objet d'accords au niveau corporate et sont imposés à toutes les filiales.

- **Le Département Recherche et Développement (D.R.D.)** a en charge la conception et le développement des cartes, des micro-ordinateurs, le choix et la négociation d'accords de licence pour importer les technologies nécessaires (logiciels, périphériques), la connaissance des technologies et des fournisseurs potentiels ; il n'a pas d'activité spécifique dans le domaine des Services.

* **Le Siège** regroupe la Direction Générale, la Direction de la Stratégie, la Direction Financière, la Direction des Affaires Juridiques, la Direction des Ressources Humaines, les Services Généraux, l'Audit. La gestion financière est fortement centralisée au siège, mais la gestion des ressources humaines est très décentralisée, le siège se contentant en la matière de fixer de grandes orientations et de veiller au respect de normes réglementaires et sociales.

■ *Le système de gestion d'Eurocomputer*

Les Divisions ont une large autonomie : elles gèrent elles-mêmes leurs approvisionnements, leurs ressources humaines, leurs flux de production, leurs stocks ; elles ont une délégation d'investissement importante. Elles sont gérées comme des Centres de Responsabilité répondant de leur budget et de leurs dépenses, ainsi que de leur production en ce qui concerne la Division Industrielle et de leurs ventes en ce qui concerne la Division Commerciale D.R.S. (ventes de micro-ordinateurs et de services) et la Division Industrielle (ventes externes de cartes électroniques).

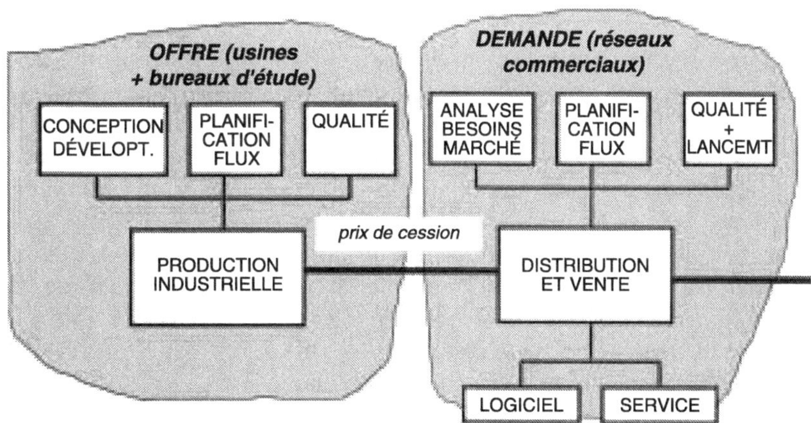

Schéma 3 : *Le schéma de pilotage d'Eurocomputer*

Le nouveau P.D.G. décide de fonder le pilotage de l'entreprise sur un modèle financier, avec deux grands centres de profit :

* d'une part, il regroupe la Division industrielle et le Département de Recherche et Développement, dans un centre de profit baptisé « Eurocomputer Offre » (développement + fabrication),

- d'autre part, la Division Commerciale D.R.S. constitue un centre de profit, baptisé « Eurocomputer Demande » (distribution + ventes + services + partenariats sur le logiciel),
- un système de prix de cession internes est introduit entre les usines et les réseaux commerciaux,
- le siège est considéré comme un centre de coûts.

3. Les problèmes constatés

Le P.D.G. et son équipe constatent les graves difficultés relationnelles et les problèmes de performance opérationnelle d'Eurocomputer, qui entâchent les résultats du groupe :

1. D.M.O.[1] se considère comme pénalisé par l'approvisionnement interne en cartes électronique de D.C.E.[2] qui coûtent 20 % plus cher que les mêmes cartes disponibles sur le marché.
2. D.C.E. tend à privilégier les ventes externes de ses cartes complexes, plus rémunératrices que la vente interne de cartes standard. Il peut donc arriver que D.C.E. fasse attendre D.M.O. lorsqu'une opportunité de marché importante de cartes haut de gamme se présente, ce qui aggrave les tensions entre les deux départements de production.
3. Plusieurs grands contrats de services informatiques de haut niveau (architectures de réseaux, systèmes distribués) pour des entreprises internationales sont perdus coup sur coup, par manque de coordination entre les équipes de service situées dans les diverses filiales commerciales concernées dans le monde ; les grands comptes sont réticents à s'adresser à une organisation aussi éclatée.
4. Alors que la logique du marché incite à la standardisation croissante des produits, la culture traditionnelle d'Eurocomputer (produits fortement personnalisés) et la volonté de la Division Commerciale de satisfaire au mieux les demandes des clients conduisent à multiplier les options et les variantes des produits de base, sans tenir compte des contraintes d'achat, de fabrication et de conception ; cette prolifération d'options (deux fois plus en moyenne que les principaux concurrents) entraîne un surcoût important.
5. La volonté du département de R&D d'accélérer le développement des nouveaux produits pour être présent rapidement sur les marchés innovants, conjuguée avec la sévère limitation de ressources et la rigueur de gestion imposées par la Division Industrielle, évaluée sur son R.O.I., conduisent le département de R&D à faire des impasses sur le développement pour économiser temps et argent, donc à engager des paris trop audacieux qui entraî-

---

1. Département Micro-Ordinateurs.
2. Département Cartes Electroniques.

nent des problèmes en aval : des insuffisances ou des défauts de conception constatés sur les premières séries industrielles obligent à modifier la conception de produits après leur lancement, suscitant de coûteux retours clients, l'obsolescence et le ferraillage de certains composants, l'achat *in extremis* d'autres composants, la détérioration de l'image de marque.

6. L'approvisionnement de certains composants (sources en Extrême-Orient) doit être lancé longtemps à l'avance (jusqu'à deux mois). Or la Division Commerciale maîtrise mal ses prévisions de vente et les communique tard et mal aux industriels. Elle fait ainsi engager des achats de composants qui s'avèrent inadaptés et chargent inutilement les stocks, d'où un surcoût important pour la Division Industrielle, imputable à la fiabilité faible et à la mauvaise communication des prévisions commerciales. Les stocks étant gérés par la Division Industrielle, ces surcoûts n'ont aucune conséquence pour le R.O.I. de la Division Commerciale, ainsi peu sensibilisée.

7. Le manque de communication entre les Divisions Industrielle et Commerciale conduit cette dernière à informer les industriels au tout dernier moment de changements dans les demandes des clients et dans les programmes de livraison, désorganisant sérieusement la production.

8. D'une manière générale, la gestion du flux de composants et de produits est mal assurée : délais mal maîtrisés, stocks surchargés (taux de rotation deux fois plus faibles que chez les principaux concurrents), obsolescence importante. Ceci se traduit par des coûts de stockage, des coûts financiers, des coûts d'obsolescence et des pertes de marchés considérables.

9. La fixation des prix de cession entre les deux Divisions fait l'objet de marchandages acharnés et sans fin, souvent marqués par une certaine agressivité.

4. Critique du schéma de pilotage retenu

■ *Problèmes du schéma retenu par le nouveau PDG*

La définition actuelle des centres de responsabilité pose plusieurs problèmes.

Le problème le plus évident et le plus stratégique, c'est que les activités « Services » et « Logiciel », qui apparaissent comme un axe stratégique fondamental, dont le développement va sans doute conditionner la survie de l'entreprise, restent pourtant inclus dans la Direction des Réseaux, reflétant une vision subalterne des Services (« accompagnement » de la vente de machines), sans autonomie et sans stratégie propre, avec une dispersion dommageable.

On note aussi une certaine confusion quant aux choix stratégiques concernant les cartes électroniques. Les logiques de pilotage des cartes standard (maillon subalterne du métier « micro-ordinateurs », externalisable) et des cartes « haut de gamme » (produits conçus sur mesure, à forte marge, clientèle professionnelle concentréc) sont certainement fortement différenciées (les moyens industriels sont peut-être en partie disjoints, les marchés sont différents). La généralisation des prix de cession et l'évaluation des équipes sur la base de leur rentabilité propre incite visiblement les producteurs de cartes électroniques et les assembleurs de PC à se détourner de plus en plus les uns des autres. Cependant, cette divergence croissante est-elle un effet pervers, ou la révélation nécessaire d'un état de fait problématique, le découplage de fait entre DCE et DMO ? N'est-il pas opportun de faire apparaître clairement ce découplage et de se contraindre à en tirer les conséquences stratégiques ?

Caractériser les départements industriels avec la R&D d'une part, les réseaux commerciaux d'autre part, comme centres de profit, présente l'avantage de responsabiliser ces unités et de décentraliser les décisions. Mais cela contribue de toute évidence à établir des cloisonnements contreproductifs :

- entre producteurs et commerciaux, alors que beaucoup d'enjeux de performance reposent sur l'intégration de la filière logistique,
- entre développeurs (R&D), marketing, engineering de production et achats, alors que beaucoup d'enjeux de performance reposent sur l'intégration de la filière technique.

Par ailleurs le système de prix de cession induit une perte de temps et d'énergie sur des enjeux internes (marchandages).

Le découpage des centres de profit ignore largement la structure réelle de la création de valeur. Si l'on veut introduire des centres de profit et une logique de pilotage financière, quels sont les domaines qui s'y prêteraient ?

■ *Découpage pertinent des centres de profit*

On pourrait sans doute découper des centres de profit de manière pertinente en les calquant sur les quatre chaînes de valeur impliquant Eurocomputer :

1. Services : l'étude stratégique montre bien que cette ligne d'activités est celle qui se développe le plus vite, jusqu'à représenter une part significative du chiffre d'affaires total du groupe. Il semble donc opportun de l'autonomiser, de lui donner la pleine maîtrise de ses moyens opérationnels et d'assurer les conditions d'un développement rapide du chiffre d'affaires et de la rentabilité, en favorisant l'autonomie des équipes, la gestion par comptes clients et par domaines de développement (intelligence artificielle, réseaux, bases de données...), et une culture intrapreneuriale. Une filialisation ne paraîtrait d'ailleurs pas absurde. Les interdépendances opérationnelles avec les métiers du hard informatique sont en effet destinées à s'atténuer de plus en plus. La vente de hard Eurocomputer n'entraîne pas la vente de services Eurocomputer, et réciproquement. Les services devraient donc être « extraits » des réseaux commerciaux et regroupés dans une entité unique, directement rattachée à la Direction Générale [« Eurocomputer Services » ?]

et établie en centre de profit, pour s'autonomiser de la distribution de matériel.

2. **Logiciels** : cette activité a une importance stratégique essentielle, puisque les logiciels applicatifs sont au cœur des solutions vendues aux grands clients. Il est impensable de gérer le portefeuille de solutions logicielles de manière éclatée et purement locale, sans vision stratégique globale. L'activité peut être gérée par domaines applicatifs (transports, comptabilité, banque, assurances, industrie, distribution...), avec un reporting organisé par lignes de produits logiciels.

3. **Cartes électroniques** : une autre possibilité de centre de profit pertinent se situe dans le domaine de la production et de la vente de cartes électroniques, métier destiné à s'autonomiser de celui de la conception et de la production d'ordinateurs. En effet, pour les besoins d'assemblage de PC, il y a sans doute intérêt à s'approvisionner de plus en plus à l'extérieur, compte tenu de la spécialisation de la DCE dans les cartes « haut de gamme ». Le maintien d'une activité cartes électroniques orientée vers le marché externe au sein d'Eurocomputer n'a d'intérêt que si cette activité est une source de profits : d'où la logique de la gestion en centre de profit.

4. **Ordinateurs** : cette activité, loin de constituer le métier unique d'Eurocomputer, n'en est plus qu'un parmi d'autres, dont il est essentiel de mettre en évidence la rentabilité propre.

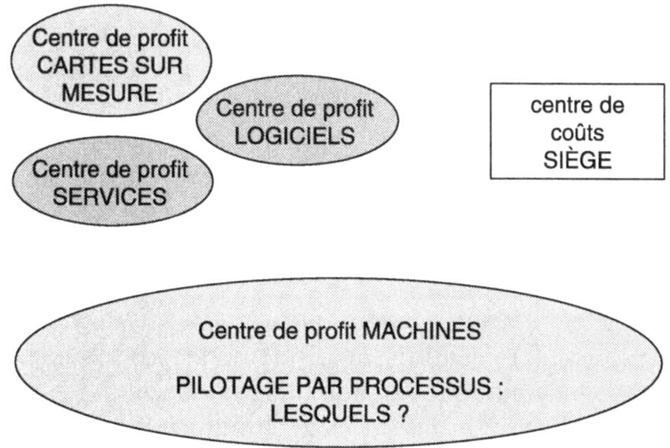

Schéma 4 : *Un autre schéma de pilotage pour Eurocomputer*

■ ***Logique de pilotage de l'activité « machines »***

Par contre, les fonctions de l'activité ordinateurs (conception-développement, production de machines assemblées, achats, ventes de matériels), de plus en plus intégrées, ne devraient pas faire l'objet d'une segmentation interne en centres de profit avec une logique de pilotage financière. Le système de prix de cession engendre une indifférence des commerciaux aux coûts de revient et aux marges réels des produits et ne les sensibilise guère aux conséquences de leurs comportements sur les coûts de revient (ex. prendre de trop petites commandes, surestimer les prévisions de ventes). La plupart des problèmes opérationnels pointent sur des cloisonnements excessifs entre fonctions : entre commerciaux et industriels, entre industriels entre eux, entre commerciaux et R&D, entre industriels et R&D... Or, une gestion par centres de profit avec prix de cession internes telle qu'elle est définie tend à accroître le cloisonnement, puisqu'elle réduit les relations entre centres de responsabilité à un échange marchand et incite chaque responsable de centre de profit à maximiser sa performance locale, sur son territoire, avec un « égoisme sacré »... Ce mode de pilotage risque donc fort de nuire à la résolution des problèmes opérationnels, notamment des problèmes de maîtrise des flux et de maîtrise du cycle de vie des produits, qui exigent une étroite coordination et une gestion fortement solidaire entre commerciaux, concepteurs, acheteurs et industriels. Il s'agit en fait de créer une solide gestion transversale, au moins sur quelques enjeux-clés, tels que le développement des nouveaux produits, la gestion du flux commandes/livraisons, la gestion de la qualité... Ce besoin d'intégration transversale et de coordination appelle logiquement un pilotage par processus, au moins pour les processus les plus critiques.

Quels sont les processus critiques à retenir pour un pilotage transversal ?

- L'importance de la performance logistique désigne le processus « gérer le flux logistique » (approvisionnements, planification-ordonnancement de la production, gestion des stocks, planification-ordonnancement de la distribution, traitement des commandes, prévisions de ventes) comme processus-clé.
- La brièveté des cycles de vie des produits, la nécessité de sortir vite et à coup sûr les nouveaux produits, désignent le processus « gérer le cycle de vie du produit » ou « développer les nouveaux produits » comme processus majeur.
- L'importance du coût des composants et produits achetés, l'importance du marketing achats conduisent à retenir le processus « acheter » (processus technico-économique et non logistique : connaissance des marchés de composants, analyse des choix techniques possibles et optimisation technico-économique de la part achetée, connaissance des divers fournisseurs possibles, négociation des conditions contractuelles cadres, assurance-qualité avec les fournisseurs), à distinguer d'« approvisionner » (désigner des dates et des quantités de livraison), qui fait partie du processus « gérer le flux logistique ».
- L'importance croissante et la spécificité de la vente indirecte (sélection des revendeurs-distributeurs, gestion des partenariats, assistance techni-

que et de gestion aux revendeurs à valeur ajoutée et distributeurs, formation, contrôle et audit des revendeurs, politiques commerciales et promotionnelles, remontée de l'info sur le marché...) mettent le processus « gérer les canaux indirects » en relief.

- D'autres processus pourront éventuellement être retenus, tels que la vente directe de solutions (identification et analyse de besoins, ingénierie de systèmes, préparation de propositions et devis, gestion de partenariats, négociation de contrats), segmentée par secteurs de marché (Industrie, Assurance et Banque, Transports, Administration, Distribution) ; des réseaux commerciaux par secteurs pourraient se substituer aux anciens réseaux géographiques : pour les ventes de solutions, la dimension applicative (par exemple, gestion d'un réseau de transport, gestion d'une agence bancaire) est essentielle et exige de plus en plus des réseaux spécialisés dotés d'une offre de logiciels applicatifs spécialisés et de spécialistes des métiers du client.

Des tableaux de bord, composés d'indicateurs physiques et financiers ciblés sur les principales causes de performance du processus (causes de non-qualité, causes de retard, causes de coûts...) peuvent être mis en place au niveau des processus et des centres de responsabilité qui sont les principaux contributeurs aux processus.

Exemples

Pour le processus « gérer le flux logistique » :

- *fiabilité des prévisions,*
- *délais (traitement des commandes, livraison, fabrication, approvisionnement, développement),*
- *taux de retard,*
- *taux de rotation des stocks et des en-cours,*
- *coûts d'obsolescence,*
- *nombre de modifications tardives de programmes, imputables aux commerciaux.*

Pour le processus « gérer le cycle de vie du produit » :

- *nombre de modifications de conception après lancement du produit, (dont répondent les développeurs ou les commerciaux, selon le déclencheur de la modification),*
- *nombre de références de composants différents (politique de standardisation), dont répond la R&D,*
- *nombre d'options...*

Pour les processus « gérer le flux logistique », « gérer le cycle de vie technique du produit » et « acheter », un « comité logistique », un « comité technique » et un « comité achats » peuvent être mis en place, présidés et organisés par le Directeur Logistique, le Directeur Technique et le Directeur des Achats, afin de piloter des plans d'amélioration. Les primes des dirigeants des métiers concernés peuvent être partiellement indexées sur les performances transversales des processus. Les vieux cloisonnements fonctionnels par métiers peuvent ainsi être atténués.

Cette nouvelle logique de pilotage combine une logique financière (centres de profit) avec une logique stratégico-opérationnelle (processus, indicateurs opérationnels), mais elle déplace les périmètres des centres de profit (coincidence avec des chaînes de valeur) et vise la pertinence stratégique du pilotage par rapport à des enjeux bien définis.

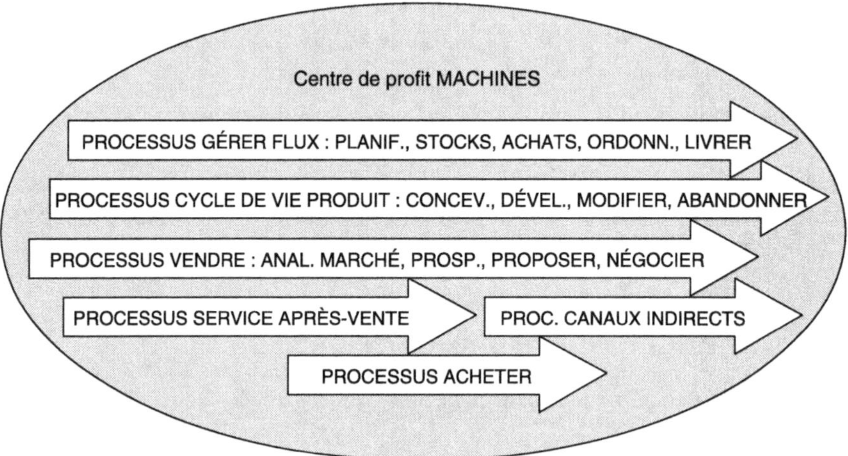

Schéma 5 : *Le pilotage par processus du centre de profit « machines »*

5. L'adaptation impossible des systèmes de contrôle de gestion

Un nouveau contrôleur de gestion, récemment recruté, entreprend d'adapter les systèmes de pilotage au nouveau contexte stratégique.

■ ***Premier épisode : le reporting des lignes d'activité « services » et « logiciels »***

Le contrôleur de gestion a un premier entretien avec M. Log, Directeur de l'activité « Logiciels », qui se plaint de l'absence de tout reporting fiable pour piloter l'activité « logiciels ». Eurocomputer a mis à son catalogue un certain nombre de logiciels applicatifs, soit développés par le groupe lui-même (c'est le cas, par exemple, de la solution de gestion de production Gespro 7), soit développés par des sociétés spécialisées en logiciels et liées par des accords de partenariat à Eurocomputer, qui distribue le logiciel dans ses réseaux commerciaux, avec ses propres machines, et encaisse une redevance sur le chiffre d'affaires.

« Le problème, explique M. Log, c'est que toute vente d'une solution logicielle par le réseau est considérée comme l'accompagnement de la vente d'une machine. Le montant de la vente est comptabilisé dans le chiffre d'affaires de la ligne de produit machine sur laquelle le logiciel est vendu : donc, une vente d'un million de francs de Gespro 7, par exemple, est comptabilisée dans le chiffre d'affaires de la ligne Unix si le logiciel est vendu sur une machine Unix, dans le chiffre d'affaires de la ligne PC si le logiciel est vendu sur un PC... Comment voulez-vous que je m'y retrouve, pour connaître notre performance sur les grandes familles de solutions logicielles ? Je connais les coûts de développement de ces solutions, mais je suis bien en peine d'en connaître le chiffre d'affaires.

- N'y a-t-il pas moyen de reconstituer, par retraitement, les ventes de logiciels, à partir des données commerciales des lignes de produits ?
- On essaye, mais la situation est rendue plus opaque par le fait que les ventes de logiciels se font en fait à n'importe quel prix : les réseaux utilisent le logiciel comme base de concessions commerciales, c'est tout juste s'ils n'en font pas cadeau pour vendre des machines. Le chiffre d'affaires n'est donc pas significatif.
- Ne pourrait-on alors comptabiliser les ventes en unités vendues, et les valoriser à un prix standard ?
- Impossible : la plupart des logiciels sont modulaires, on peut vendre, par exemple, neuf modules de Gespro 7 (la gestion des achats, la gestion de stocks, le calcul de besoins, le plan de production, l'ordonnancement d'atelier, la gestion des commandes, etc...) ou un seul, mais que l'on vende neuf modules ou un, les réseaux décomptent « **une** vente de Gespro 7 », la valeur-catalogue correspondante pouvant varier du simple au décuple sans que le décompte commercial permette de s'y retrouver... Rien n'est fait pour pouvoir piloter l'activité logiciel en propre. Le problème est d'ailleurs exactement le même pour ma collègue responsable de l'activité Services.
- C'est étrange, puisque la stratégie de l'entreprise reconnaît que les activités Services et Logiciels représentent l'avenir du groupe...
- C'est la théorie ! En pratique, les réseaux restent des vendeurs de machines, ils tiennent à se servir du logiciel et du service comme prestations d'appel. ».

Le Contrôleur de Gestion ne parvient effectivement pas à convaincre les dirigeants du groupe de créer des lignes de produits « logiciels » et « services » porteuses du chiffre d'affaires correspondant. Les directeurs lui répondent que la marge bénéficiaire provient quasi-exclusivement des ventes de matériels, et qu'il est hors de question de démotiver les lignes de produits « hardware » en leur retirant une prérogative et une marge de manœuvre importantes en matière de logiciels et de services, dans un moment où le groupe a un besoin cruel de ventes.

■ *Deuxième épisode : coûts de production et Juste À Temps*

Le contrôleur se voit chargé de diagnostiquer l'état des systèmes de gestion des coûts industriels. La principale usine d'Eurocomputer se trouve dans l'Ouest de la France, à Cholet. On y trouve de fait trois unités industrielles :

- En amont, une unité productrice de circuits imprimés dits « nus », c'est-à-dire des panneaux rectangulaires d'environ 30 à 50 cm de côté, qui subissent une opération de pressage, des traitements chimiques dans des bassins, une impression photograhique de circuits électriques microscopiques et le perçage de trous minuscules (parfois invisibles).
- La deuxième unité reçoit ces circuits imprimés et y monte des composants électroniques (microprocesseurs, mémoires, diodes, etc....) pour en faire la carte électronique mère d'un ordinateur. Les cartes électroniques assemblées sont testées dans des machines de test.
- La troisième unité assemble l'ordinateur, avec la carte électronique, une circuiterie (câbles), un chassis, des périphériques achetés. Elle teste l'ordinateur assemblé.

Les trois unités sont gérées de la même façon. En début d'année, un budget de production et de dépenses est élaboré. Le budget de production est évalué en quantités de produits (nombre de micro-ordinateurs par modèle) traduites aussitôt en heures standard de production (chaque produit a une gamme de fabrication qui permet de savoir combien d'heures de main-d'œuvre ou de machine sont normalement requises pour le fabriquer = heures standard).

Le budget de dépenses est extrapolé à partir de l'année précédente, en tenant compte des amortissements des nouveaux investissements, des augmentations de salaires prévisibles, de l'évolution de la production. Les dépenses ainsi budgétées sont rapportées à la prévision d'activité en heures standard pour en déduire un ratio (dépenses / production en heures standard) exprimé en euros / heure, le « **taux horaire standard** » :

**taux horaire standard = dépenses prévues / production prévue
en heures standard.**

En cours d'année, le contrôle de gestion suit le taux horaire réel :

**taux horaire réel = dépenses réelles / production réelle
en heures standard.**

La production est toujours évaluée en équivalent heures standard.

Le contrôle de gestion calcule les écarts entre le taux horaire réel et le taux horaire standard. Si le taux horaire réel devient supérieur au taux horaire standard, les opérationnels concernés doivent expliquer et justifier cette dérive, situation désagréable qu'ils souhaitent éviter.

Des problèmes récurrents de maîtrise du flux de production entravent le bon fonctionnement de l'unité « circuits imprimés » : d'une part, l'unité est souvent en retard dans la livraison de ses circuits imprimés à l'unité aval qui fabrique les cartes électroniques ; d'autre part, des en-cours mal maîtrisés et des stocks sauvages s'accumulent dans l'usine et encombrent l'espace.

Le nouveau contrôleur de gestion décide d'enquêter sur ces problèmes. L'atelier travaillait dans le passé pour des marchés fortement rémunérateurs, avec des coûts de production élevés, du fait de l'utilisation de **ressources coûteuses, à coûts fixes, parfois très spécialisées** (notamment les presses et les lignes de traitement chimique) sur des produits personnalisés, à séries courtes. La problématique économique de base qui en résultait était l'utilisation intensive de ces ressources coûteuses, donc leur **productivité**. Le coût lié aux stocks, aux retards, aux délais, l'emporte désormais sur le rendement des machines. Ceci explique que l'usine ait adopté une stratégie de « tension des flux » (juste à temps) : réduire systématiquement les délais (d'approvisionnement, de fabrication et de distribution), donc les stocks, les temps de réponse, éliminer les retards, accélérer les flux.

Le nouveau contrôleur de gestion s'intéresse à la première opération de l'usine, l'opération de pressage des circuits imprimés. Il y a dans cette opération des temps de préparation des presses significatifs (20 à 35 % du temps total) avant chaque lot. Le rendement de la presse dépend donc d'effets de série, de la taille des lots. Dans le passé l'usine travaillait sur des commandes passées longtemps à l'avance, d'où la possibilité de lisser la charge de travail sur l'année en produisant à l'avance dans les périodes creuses, en mettant en stock et en regroupant les commandes similaires (même type de réglage) pour bénéficier d'effets d'échelle.

Le contrôleur de gestion cherche la logique réelle de pilotage de cette opération en interrogeant la maîtrise, l'ingénieur et les opérateurs. Ses questions portent notamment sur la situation suivante : une queue de lots de circuits imprimés doit passer au pressage. Dans quel ordre les fait-on passer ? Quels sont les critères utilisés pour établir un ordre de passage ?

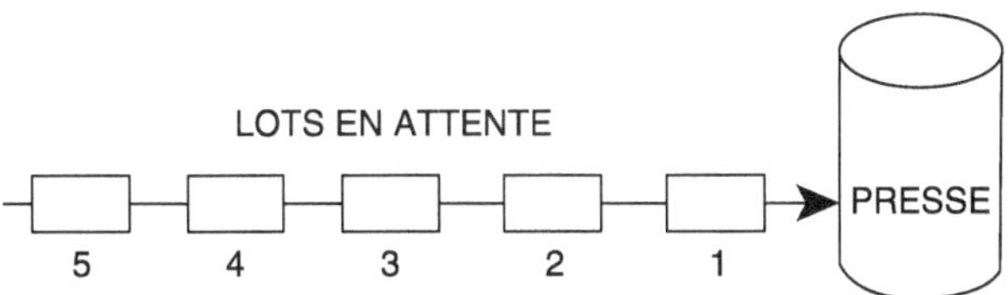

***Schéma 6** : La file de lots en attente devant les presses*

La réponse est claire : on fait d'abord passer les « lots qui payent », c'est-à-dire les lots qui permettent de faire tourner les presses de manière aussi intensive que possible, donc d'abord les lots longs, qui permettent de rentabiliser le temps de préparation de la machine sur une série importante, ou les lots à temps de préparation courts, ou, pour les lots plus difficiles (à préparation complexe), on les « met de côté » jusqu'à pouvoir les regrouper avec des lots similaires, afin de bénéficier d'un minimum d'effet d'échelle.

Ce critère renvoie à une logique de pilotage non ambigüe : **maximiser le rendement** des presses et de la main-d'œuvre.

Cette logique de pilotage n'est pas cohérente avec la stratégie de tension des flux. La stratégie de tension des flux (=produire ce qui est demandé au moment où c'est demandé, pour éviter stocks et retards) voudrait que l'on fasse passer **d'abord les lots urgents**, donc qu'on fasse passer les lots, non en fonction de leur impact sur le rendement de la machine, mais en fonction des dates auxquelles ils sont dûs à l'aval. Il n'y a évidemment aucune raison pour que les deux types de critères coincident : les « lots qui payent » ne sont pas toujours urgents, les lots urgents ne payent pas toujours. La logique de pilotage en place produit systématiquement **du stock sur les « lots qui payent »**, qui tendent à passer trop tôt, et **du retard sur les lots qui ne payent pas,** qui tendent à passer trop tard. Par contre le rendement des machines et de la main-d'œuvre est optimisé. La logique de pilotage adoptée par les opérationnels de la production de circuits imprimés est directement contradictoire avec la stratégie de tension des flux !

Devant l'étonnement du contrôleur de gestion, le chef d'atelier commente avec un sourire narquois :

« Rien d'étonnant à cette situation : *votre* système de coûts est conçu de telle sorte que tout progrès sur la voie du Juste À Temps se traduit par une hausse du coût de revient...

– Expliquez-moi cela ! »

« C'est simple : les dépenses sont rapportées aux quantités produites, que celles-ci soient vendues ou stockées. Or la plupart des dépenses sont fixes à court terme. Pour améliorer la performance industrielle apparente, donc réduire le coût moyen des produits sortis usine, on doit maximiser la quantité produite dans la période, de manière à « étaler » les coûts sur un volume de production aussi important que possible : il faut donc charger les machines et pousser les rendements, quitte à produire pour des stocks en anticipant sur la demande future ou à faire attendre des lots urgents, mais difficiles à fabriquer. En un mot, pour réduire *vos* coûts, il vaut mieux augmenter les stocks que les diminuer... Les champions du Juste À Temps commencent par se faire taper sur les doigts par les contrôleurs de gestion. »

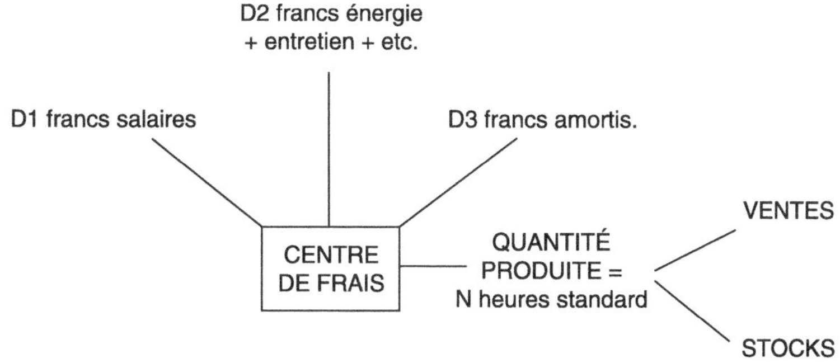

> *Dépense totale du centre de frais = D = D1 + D2 + D3*
> *Budget : D_0 francs budgétés pour produire N_0 heures standard*
> *Réel : D_r francs dépensés pour produire N_r heures standard*
> *L'équipe est responsabilisée sur son taux horaire : D/N*
> *Une bonne performance exige : $D_r/N_r < D_0/N_0$*
> *Or, à court terme, D_r est quasiment fixe. Donc une bonne performance exige :*
> *$N_r > (N_0.D_r / D_0)$ soit $N_r > k$, k étant un paramètre constant. Il faut maintenir*
> *un niveau de production élevé pour « tenir » le taux horaire à court terme*

Schéma 7 : *Un suivi de dépenses axé sur la productivité*

En somme, alors que les partisans du Juste À Temps prônent la règle « produisez ce qui est demandé à la date demandée », le contrôle de gestion, lui, prône la règle « produisez le plus possible »...

« En clair, le contrôle de gestion ne m'aide pas dans mes efforts...
- Que pourrions-nous faire pour remédier à cette difficulté ?
- Il faudrait pénaliser les ateliers qui détiennent des stocks et des en-cours importants.
- Dans ce cas, introduisons un coût mensuel de possession des stocks, calculé sur la base des coûts de financement et des coûts d'obsolescence, pénalisant la détention de stocks importants. 25 % par an de la valeur du stock, selon des études récentes au siège.
- Excellente idée ! »

Le Directeur industriel et le Directeur financier du groupe s'opposent cependant avec la dernière énergie à la réforme proposée. Le Directeur Financier estime inacceptable d'introduire dans les coûts des usines des éléments extra-comptables (les coûts de possession des stocks), qui risqueraient de donner « une image biaisée des coûts industriels ». Le Directeur industriel fait valoir qu'un bon industriel est un industriel productif, et qu'il aimerait bien qu'on lui explique comment il pourrait motiver ses troupes dans les périodes où la demande étant creuse, la charge de travail serait faible. Quand on lui fait observer qu'on peut occuper le personnel d'atelier utilement à d'autres tâches que la fabrication proprement dite (entretien, formation, analyses de qualité...), il coupe court à la discussion en notant que, dans le cas où les opérationnels vaqueraient à analyser les problèmes de qualité et à balayer les ateliers, ils ne feraient plus leur travail, à savoir produire.

■ *Troisième épisode : simplifier la valorisation des stocks*

Le contrôleur décide alors de se pencher sur le système de comptabilité industrielle de l'usine. En effet, le Directeur de l'usine se plaint du manque de disponibilité de son équipe de contrôle de gestion (une dizaine de personnes) pour s'attaquer aux vrais enjeux de progrès, notamment l'amélioration des flux internes à l'usine et le suivi des coûts de non-qualité. Il s'avère que les contrôleurs de l'usine consacrent 50 % de leur temps chaque mois à déterminer la valeur comptable des stocks en calculant les coûts de revient industriels réels du mois, sur la base des heures de travail et des mouvements de stock, en utilisant une méthode complexe, lissée dans le temps pour éviter des fluctuations de coût trop importantes à court terme du seul fait des effets de volume. Le contrôleur de l'usine pense que cette méthode, mise au point une dizaine d'années auparavant, trop complexe, n'est plus adaptée aux enjeux actuels :

« La valeur ajoutée d'assemblage industriel est inférieure à 10 %. Il me semble que l'effort et le temps que nous consacrons à répartir de manière précise ces 10 % sur les différents produits sont disproportionnés par rapport aux enjeux. À supposer que nous commettions des erreurs de 25 % dans le calcul des parts "valeur ajoutée" des coûts de revient, ce qui est improbable, ça ne serait jamais que 25 % de 10 %, soit des biais d'à peine 2,5 % sur la valeur des stocks. Or, les efforts de tension des flux de ces dernières années nous permettent d'avoir en moyenne un mois de production en stock et nous allons vers 20 jours. Le risque d'erreur serait donc de 2,5 % sur un stock d'un mois, donc sur 8 % de la production annuelle. L'erreur maximale serait donc de 0,2 % de la valeur produite annuellement... Est-ce que ça vaut cinq personnes à temps plein ?

    – Vous avez une meilleure idée ?

    – Oui : supprimer tout suivi spécifique des coûts de fabrication par lots et par produits. Nous répartirions les coûts de fabrication au prorata de la valeur-matière achetée à l'extérieur pour chaque produit, comme le font certains de nos concurrents, à l'image de ce qui se pratique dans la grande distribution où les coûts de surface, de tri, d'étiquetage, sont simplement répartis sur les produits au prorata de leur valeur d'achat. C'est un système simple, les erreurs d'évaluation financière ainsi commises sont minimes, et on économise un temps considérable. Si l'on adopte une telle méthode, je pourrais redéployer mon équipe sur des études de performance ».

Malheureusement les responsables industriels du groupe s'opposent vigoureusement à une telle évolution : « On n'est pas un hypermarché ! Eurocomputer est un groupe industriel, pas un distributeur ! On ne peut supprimer les systèmes de base permettant de connaître notre performance productive ! ».

6. Une lecture de la situation d'Eurocomputer : l'apprentissage bloqué par les schémas mentaux et les systèmes de gestion

■ *Une lecture fondée sur une théorie de l'interprétation*

L'histoire d'Eurocomputer est largement celle d'un dialogue de sourds. Les acteurs en présence ont des schémas interprétatifs distincts et ne peuvent pas se comprendre. Ces « schémas interprétatifs » sont souvent des théories de l'action [ARGYRIS, SCHÖN], du type : « telle action produit tel résultat dans tel contexte », « pour produire tel résultat dans tel contexte, il faut réaliser telle action ». Ces théories de l'action portées par les acteurs se situent à différents niveaux, depuis des théories de l'action très locales et opérationnelles (par exemple : « lorsque l'outil d'usinage présente tel aspect visuel, je dois le changer car la rupture s'annonce ») jusqu'aux questions portant sur les *enjeux majeurs* auxquels l'entreprise en tant que telle, dans sa globalité, est confrontée et les *leviers d'action* correspondants : « que devons-nous *faire* (action) pour réussir, c'est-à-dire pour survivre et nous développer en tant qu'entreprise (résultat) ? ». L'interprétation de la situation, dans cette période de tournant stratégique pour Eurocomputer, suppose, pour chaque acteur de l'entreprise, une certaine perception de l'identité collective : « Que faisons-nous, en tant qu'entreprise Eurocomputer ? À quoi servons-nous ? Par quelle(s) action(s) construisons-nous notre identité et notre raison d'être ? ». Qu'est-ce qui justifie et perpétue l'existence de Eurocomputer comme entreprise ? Comment, selon quelles combinaisons d'activités créatrices de valeur, selon quelles *chaînes de valeur* [PORTER], cette entreprise crée-t-elle de la valeur pour le marché, viabilise-t-elle économiquement sa survie et la fonde-t-elle socialement ?

Ce schéma interprétatif global sur l'identité et le sens d'Eurocomputer en tant qu'organisation, la schématisation de ses chaînes de valeur, englobe et conditionne les schémas interprétatifs particuliers, locaux et plus ciblés. Aussi joue-t-il un rôle essentiel dans le devenir de l'entreprise.

■ *La chaîne de valeur « traditionnelle » d'Eurocomputer, base de sa culture*

La réponse apportée « classiquement » à cette question chez Eurocomputer ressort clairement du comportement des acteurs héritiers et porteurs de la « tradition » de l'entreprise (schéma 8) : *Eurocomputer crée de la valeur parce qu'elle est une entreprise industrielle, qui fabrique et vend des ordinateurs. Eurocomputer est le maillon central d'une chaîne de valeur « matériel informatique » caractérisée, comme toute activité industrielle, par une succession d'activités qui **transforment la matière**. Transformer la matière est une manière tangible de créer de la valeur. Pour transformer la matière, Eurocomputer met en œuvre des compétences acquises au cours d'une longue histoire d'industriel qu'elle ne veut pas renier : faire tourner des machines complexes, faire produire des opérateurs qualifiés, mettre en œuvre des technologies avancées...*

La zone grisée désigne la partie de la chaîne de valeur assurée directement par Eurocomputer. Les autres « cases » correspondent à des activités assurées par d'autres entreprises (fournisseurs, distributeurs...).

Les « cases » à cadre épaissi sont les activités perçues comme stratégiques

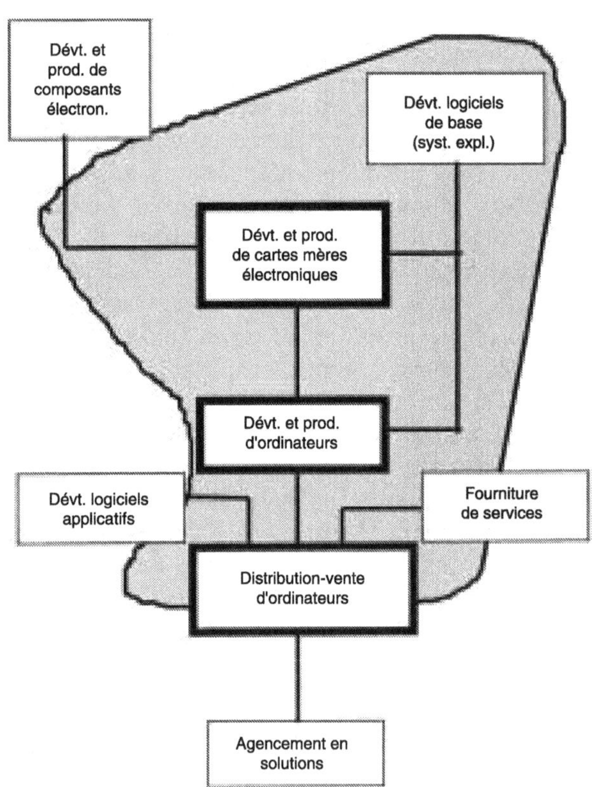

Schéma 8 : *Ancienne chaîne de valeur d'Eurocomputer*

Dans le contexte stratégique des années 70, ce schéma interprétatif industriel était pertinent : l'ordinateur était un produit à forte valeur ajoutée industrielle, dont la conception était propre à chaque constructeur, un produit aussi dont la mise en œuvre complexe était assurée par des spécialistes de l'informatique situés chez le client, avec des logiciels d'application souvent développés par ou pour le client, des logiciels « maison », sans marché.

■ *Les nouvelles chaînes de valeur d'Eurocomputer*

Dans le nouveau contexte stratégique, la chaîne de valeur informatique s'est décomposée en plusieurs chaînes de valeur (schéma 9) :

- les activités logiciels et services ont désormais leurs propres marchés, découplés des machines, ce qui implique l'existence de trois chaînes de valeur au moins (machines, logiciels et services),
- les cartes électroniques d'Eurocomputer ont aussi leur propre marché et relèvent en fait d'autres chaînes de valeur non informatiques (systèmes électroniques professionnels, systèmes d'armes),
- les machines sont parfois achetées par les clients en tant que telles ou parfois achetées comme éléments de solutions intégrées comprenant des logiciels et des services : la chaîne de valeur « machines » se dédouble en chaîne « machines » et chaîne « solutions », voire en chaîne « machines à usage professionnel », « machines à usage Grand Public » et « solutions (à usage professionnel) ».

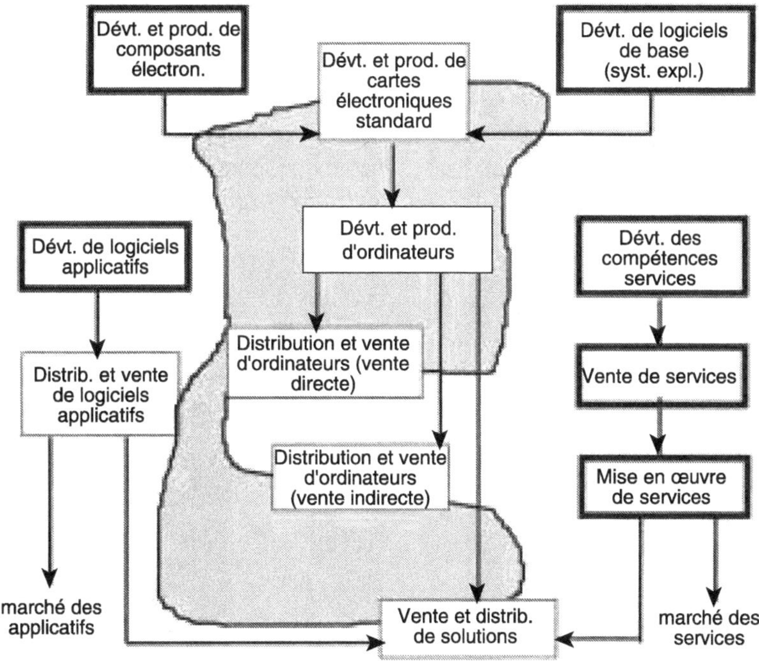

Schéma 9 : Nouvelles chaînes de valeur d'Eurocomputer

Certains acteurs, dont les postes ont été créés récemment pour prendre en compte la dimension stratégique des activités « logiciels » et « services », ont, du fait même de leur position dans l'organisation, pris conscience de la nécessité de piloter des chaînes de valeur distinctes et autonomes. Le contrôleur de gestion a la même vision, parce qu'il est récent dans l'entreprise et a un regard neuf. Mais certains acteurs porteurs de la vision « traditionnelle » (chaîne de valeur industrielle) n'ont pas réussi à prendre du recul par rapport à ce schéma d'interprétation et continuent de juger, au-delà de tous les discours rationalisateurs, toute mesure qui pourrait conduire à « disperser » les efforts sur d'autres objectifs que la vente de machines comme catastrophique, puisqu'ils conçoivent la chaîne « machines » comme la raison d'être essentielle, sinon exclusive, de l'entreprise.

■ *La chaîne de valeur « machines » : un renversement galiléen*

Des écarts importants se retrouvent aussi dans l'interprétation de la chaîne de valeur strictement « machines ». En effet, si certains managers opérationnels, confrontés aux problèmes concrets de maîtrise du flux logistique ou de maîtrise du cycle de développement, remettent au moins partiellement en cause les archétypes manufacturiers traditionnels, ce n'est pas le cas des dirigeants, éloignés du terrain. Pour eux, l'activité « machines » est le « dernier carré » où l'on transforme la matière. Rien d'étonnant donc à ce que les membres du Comité Exécutif du groupe s'appuient sur une description du « business machine » calquée sur la chaîne de valeur manufacturière classique, articulée sur la transformation de la matière, colonne vertébrale du modèle, sur laquelle viennent se greffer des activités dites « de support » : logistique, développement, ingénierie, qualité, ressources humaines, finances... Ce modèle structure les raisonnements en « faisant voir » la transformation de matière comme flux central, socle, et les autres activités comme des supports.

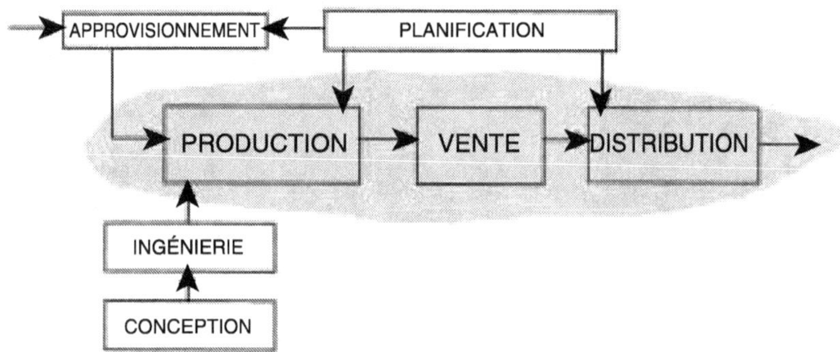

Schéma 10 : *La chaîne de valeur « machines »*
(en grisé : le cœur de métier, l'identité)

Les nouvelles données stratégiques remettent radicalement en cause ce modèle :

1. Les coûts liés à la simple détention de la matière (« coûts de possession » des stocks et en-cours) représentant un enjeu économique plus important que les coûts liés à la transformation industrielle, la production d'ordinateurs devient une activité où l'on manipule des flux de marchandises coûteux et périssables (obsolescence rapide) en effectuant sur eux des transformations mineures et facultatives : ce qui dessine une certaine similitude avec la grande distribution. Ce constat conduit logiquement à « renverser » la représentation. On caractérise alors l'activité d'Eurocomputer comme une activité logistique, pour laquelle l'éventuelle réalisation en interne de certaines transformations industrielles ne serait qu'un élément accessoire et contingent, comme l'étiquetage dans la distribution... Eurocomputer apparaîtrait dans ce cas comme un « **distributeur à valeur ajoutée** » :

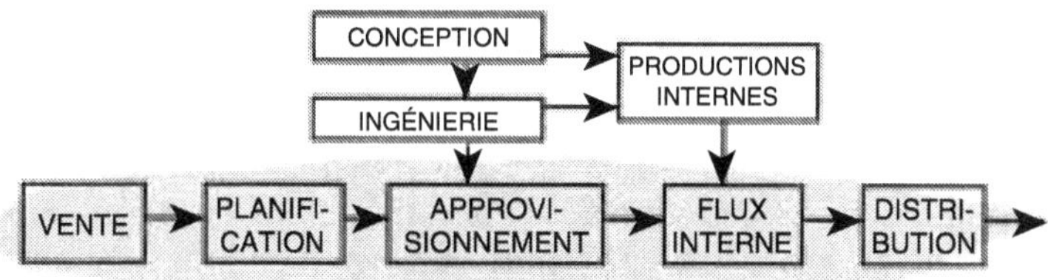

Schéma 11 : *La chaîne de valeur « machines » vue comme chaîne de valeur « distributeur à valeur ajoutée »*

2. Le raccourcissement du cycle de vie des produits, l'importance de développements rapides et fiables, la nécessité d'arriver les premiers sur le marché pour rafler la rente d'innovation, pourraient inspirer aux décideurs d'Eurocomputer un changement encore plus radical dans la représentation de la chaîne de valeur. Le flux des données et concepts techniques qui constituent le produit dans ses versions successives (premières ébauches, produit lancé, modifications de conception en cours de vie, abandon) apparaîtrait comme la véritable « colonne vertébrale » de l'activité « ordinateurs », et ce, d'autant plus qu'il conditionne fortement les performances opérationnelles ultérieures, industrielles et logistiques (schéma 12).

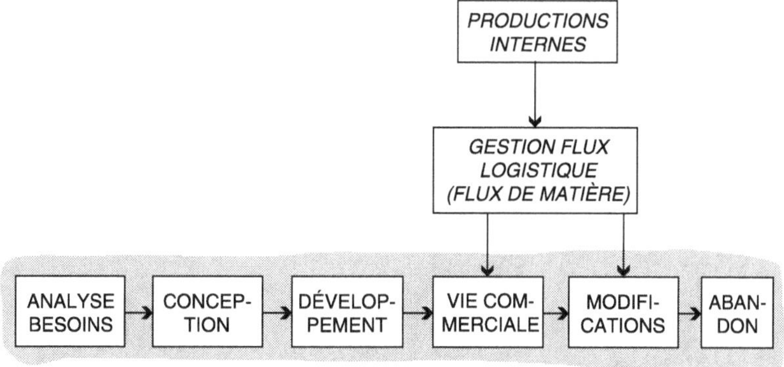

Schéma 12 : *La chaîne de valeur « machines » vue comme chaîne de valeur « ingénierie »*

Dans cette vision, la gestion du flux matériel n'est qu'une activité de support au service d'un flux continu de créations, modifications, manipulation de concepts technologiques et commerciaux, l'activité de production n'étant elle-même qu'une activité de support à la gestion du flux logistique, une sorte de « stockage à valeur ajoutée », support de deuxième niveau (support industriel du support logistique...). Par opposition à la vision logistique antérieure, le métier technique resurgit ici, mais sous une forme immatérielle, manipulant l'information plutôt que la matière, le produit étant vu comme un concept informationnel plutôt que comme un objet physique [CLARK, FUJIMOTO]. Le renversement est encore plus profond que dans le schéma logistique, puisqu'on perd toute référence à la matérialité. Eurocomputer devient en quelque sorte, dans ce schéma, une société d'ingénierie qui pourrait ne jamais « toucher » à des objets matériels, sauf des prototypes.

Trois visions du monde, trois répertoires de schémas interprétatifs, trois théories de l'action... dont les conséquences opérationnelles s'avèrent considérables. Mais deux de ces trois schémas interprétatifs sont à ce jour littéralement « impensables » pour la majorité des acteurs dotés de pouvoirs de décision importants dans le groupe : non pas combattus ou réfutés, mais écartés inconsciemment du champ du concevable et de l'argumentable...

Annexe

Organigramme d'Eurocomputer

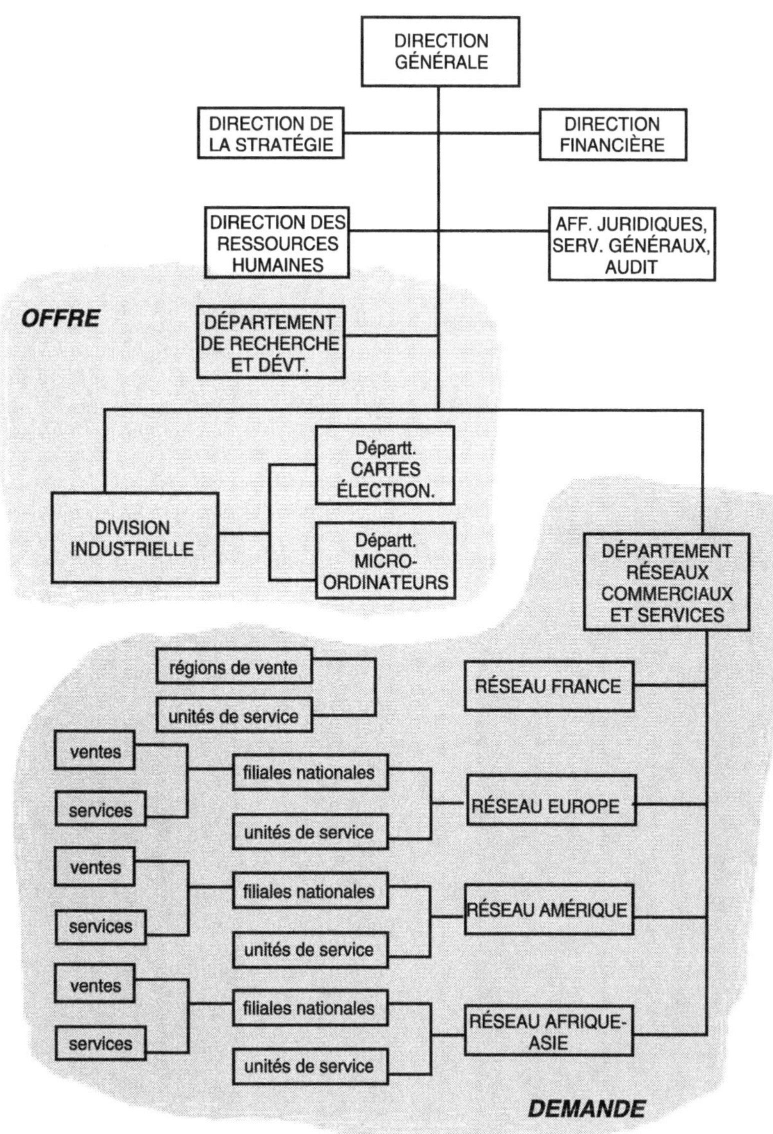

15

Cas Port-Express
stratégie fondée
sur les compétences
et les processus / usage
stratégique de l'ABM

1. Description de l'entreprise

La grande entreprise lyonnaise Port-Express a été fondée dans les années 60. Elle s'est développée de manière rapide et a atteint une taille européenne en prenant à l'administration française des Postes le marché essentiellement professionnel du transport rapide de petits colis (ramassage le jour J après 16 h, livraison au jour J + 1 avant 7 h, 9 h ou 12 h selon le type de prestation demandé). Le transport express de petits colis apparaissait alors comme un produit haut de gamme que la Poste ne pouvait assurer. Les grands transporteurs express étrangers, notamment américains (Fed Ex, UPS) ou européens (DHL), n'étaient guère présents en France. Port-Express a donc bénéficié pendant longtemps d'une position de quasi-monopole sur ce type de service, fortement rémunérateur car les entreprises clientes étaient prêtes à payer la fiabilité et la rapidité.

Port-Express a su tirer profit de cette situation en construisant un réseau de transport efficace et performant, d'une grande fiabilité (moins de 1 % de retards et incidents). Par ailleurs, ses commerciaux ont su nouer avec la clientèle des entreprises une relation personnalisée marquée par la confiance. En 1998, Port-Express réalise un chiffre d'affaires de 2 milliards de francs et emploie 2 400 personnes, avec un résultat consolidé en 1996 de 160 MF et un niveau élevé d'autofinancement. Port-Express est cotée au second marché.

■ *La structure de la chaîne de valeur du transport express chez Port-Express*

Port-Express a opté pour une organisation dans laquelle les opérations de transport proprement dites, qu'il s'agisse du transport interurbain ou de la collecte et de la distribution locales, sont entièrement sous-traitées à des transporteurs routiers, entreprises ou artisans. Cela a permis à Port-Express de bénéficier des coûts et des prix très bas du transport routier français et d'avoir une grande flexibilité en fonction des variations de la conjoncture. L'exigence croissante en matière de fiabilité, de qualité et de service a toutefois conduit Port-Express à transformer progressivement sa relation avec les transporteurs sous-traitants, d'une pure relation de marché axée sur la négociation serrée du prix en une relation de partenariat où divers aspects de coopération technique et gestionnaire jouent un rôle important. Par exemple, Port-Express a mis au point une formule de remorque standard pouvant être préchargée puis échangée avec une remorque vide quel que soit le camion. Port-Express a également spécifié les caractéristiques techniques de la radio embarquée et des équipements de lecture et enregistrement des codes-barres sur les colis.

De ce fait, Port-Express a acquis une connaissance fine, tant du transport routier national (liaisons interurbaines) que local (collecte et livraison des colis), et joue un rôle important dans l'animation et la transformation de ce secteur, encore assez artisanal mais en voie de modernisation.

■ *Organisation de Port-Express*

L'entreprise est structurée en trois composantes principales :

- le siège et les directions fonctionnelles (Finance et contrôle, Ressources humaines, Stratégie, Affaires juridiques),
- la Direction des Opérations, qui fait fonctionner l'ensemble du réseau de transport en France et en Europe,
- la Direction Commerciale.

La Direction des Opérations est organisée en 80 agences couvrant le territoire français et certains pays européens. Ces agences assurent la collecte des colis, leur tri avant départ, le tri à l'arrivée et la livraison. Elles sous-traitent la collecte et la livraison à des entreprises de transport routier locales. Elles gèrent totalement la relation avec ces sous-traitants. Elles assurent les opérations de tri avec leur propre main d'œuvre interne. Elles n'ont aucune activité commerciale et n'ont que des missions de nature logistique ou d'administration générale (la gestion des ressources humaines, l'informatique et la gestion financière sont cependant centralisées au Siège). Les chefs d'agence sont des « chefs de brigade », ayant une forte autorité, peu de culture de gestion. On leur fait confiance pour imposer une discipline de travail solide aux équipes de tri de Port-Express et des termes de négociation stricts aux petits transporteurs locaux sous-traitants. On ne leur impose aucune norme d'organisation des Agences (chaque Agence est organisée comme bon lui semble) ni d'organisation du travail (notamment pour le tri). Par contre, la sous-traitance du transport routier doit respecter des contrats-types.

La Direction des Opérations comprend par ailleurs le Réseau-France-Europe (RFE), qui gère le transport des colis entre agences, en le sous-traitant à des transporteurs français ou européens dotés de camions-remorques conçus par Port Express pour ce type de transport. Réseau-France-Europe gère l'ensemble du flux national et international, les Agences locales gérant les transports de proximité (trajets de collecte et de distribution des colis). Réseau-France-Europe gère également une flotte de 4 avions pour assurer les transports longue distance. Réseau-France-Europe, comme les Agences, n'a que des missions opérationnelles (logistique des flux) ou d'administration générale, à l'exclusion de toute mission commerciale.

La Direction Commerciale est structurée en 9 Délégations régionales (5 en France, 1 en Allemagne, 1 au Benelux, 1 en Italie, 1 en Grande-Bretagne) qui ont en charge les opérations de prospection, vente, promotion, gestion de la relation avec le client. On trouve dans les délégations régionales des agents commerciaux chargés de portefeuilles de clients.

Par ailleurs, Port-Express a créé quelques **filiales** pour développer des activités logistiques plus élaborées que le simple transport de colis (voir 3ᵉ partie).

■ *Le système de gestion*

Les dirigeants de Port-Express sont partisans de la responsabilisation des managers. À cette fin, ils ont opté pour une gestion en unités responsabilisées sur des objectifs financiers. Les Agences de la Direction des Opérations, Réseau-France-Europe et le Siège sont gérés en centres de coûts. Les délégations commerciales et les filiales sont gérées en centres de profit.

Chaque Agence et RFE constituent des centres de coûts avec délégation budgétaire et suivi de leurs dépenses réelles. Le pilotage se fait par la surveillance des écarts entre budget et dépenses réelles (les dépenses sont, pour plus de 90 %, le coût de la sous-traitance aux transporteurs et les salaires), chaque trimestre. Les prévisions budgétaires sont fondées sur une prévision physique de trafic, en nombre de colis collectés et livrés et en nombre de colis-kilomètres transportés. La prévision physique de flux est valorisée sur base historique (le coût moyen du colis livré, collecté ou transporté par kilomètre durant l'exercice précédent, ajusté d'objectifs de gains de productivité). Les coûts des Agences et de RFE sont augmentés d'une répartition des coûts de la holding (Siège) au prorata des dépenses budgétées.

La Direction Commerciale et le Siège sont des centres de coûts (budget sur base historique, suivi trimestriel des écarts entre budget et dépenses réelles).

Chaque Délégation commerciale est un centre de profit. Son chiffre d'affaires est le chiffre d'affaires réel enregistré avec les clients en compte chez elle. Ses dépenses sont ses dépenses réelles de fonctionnement, augmentées d'une valorisation des prestations de transport assurées par la Direction des Opérations pour les clients de la Délégation Commerciale. Les prestations de transport de la Direction des Opérations sont valorisées à un prix de cession égal au coût complet moyen budgété (standard) par colis livré de la Direction des Opérations, toutes ressources confondues (Agences + RFE).

Quant aux filiales, leur revenu est leur chiffre d'affaires réel (chaque filiale a un portefeuille de clientèle). Leurs coûts sont leurs coûts réels, incluant l'achat des prestations de transport à la Direction des Opérations à un prix de cession égal au coût complet moyen budgété par colis livré de la Direction des Opérations, toutes ressources confondues (Agences + RFE) : le même prix de cession que pour les Délégations Commerciales.

Ce système de pilotage fait l'objet de nombreuses critiques :

- l'absence de toute véritable comptabilité analytique ne permet pas de différencier les coûts de revient des différents types de prestation (le transport « express » : livraison jour J + 1 avant midi, transport « presto » : livraison jour J + 1 avant 9 h 00, transport « éclair » : livraison jour J + 1 avant 7 h 00) et donc de se faire une idée précise des rentabilités relatives des produits,
- l'absence de toute véritable comptabilité analytique ne permet pas non plus d'identifier les principales catégories de coûts, de les mettre en rapport avec les volumes d'activité réalisés et de piloter ainsi les performances productives par domaines (dans les dépenses de l'Agence, par exemple, comment évoluent les coûts de collecte, de livraison, de tri, de magasinage ?),
- le principal levier pour maîtriser les coûts se situe dans la négociation du prix des prestations de transport routier sous-traitées, mais le manque de références internes et l'opacité des structures analytiques de coûts imposent de négocier avec les transports « à l'aveuglette », au feeling – et un nombre croissant de chefs d'Agences a des doutes sur la réelle efficacité des transporteurs sous-traitants, souvent jugés archaïques dans leurs méthodes de travail.

2. Le nouveau cadre stratégique : l'analyse par les processus et la stratégie de « marguerite »

■ *Les nouvelles données stratégiques*

Dans les années 90, sur le marché du transport express de colis, Port-Express voit ses marges, naguère confortables, s'éroder rapidement sous l'effet :

- d'une banalisation du transport express de colis, qui apparaît comme la norme et non plus comme une performance exceptionnelle à rémunérer,
- d'une pression concurrentielle croissante des étrangers qui s'implantent en France (notamment DHL et UPS) et de filiales de sociétés publiques françaises comme la SNCF ou la Poste (Chronopost, Calberson, par exemple), qui lancent ce type de service à un prix moindre, même si la fiabilité n'est pas comparable,
- des politiques générales de réduction des coûts des entreprises clientes, qui les conduisent à privilégier le coût, parfois au détriment de la fiabilité, ou, en tout cas, à refuser de payer une prime pour bénéficier du caractère performant du réseau de Port-Express.

L'acceptation d'une moindre fiabilité, le traitement de volumes importants et des économies d'échelle permettent à certains opérateurs de mettre sur le marché une prestation de transport express « bas de gamme » à bas prix, pour laquelle le réseau très fiable de Port-Express apparaît de fait comme une infrastructure relativement « luxueuse » et coûteuse. Il demeure un marché « haut de gamme » où la qualité du service (niveau très élevé de fiabilité, information rapide et précise du client) reste un facteur de différenciation significatif, mais le problème se pose de savoir comment l'identifier et l'isoler du « tout venant » en croissance rapide, dont il serait dangereux au demeurant de se couper radicalement de manière trop brutale car il représente un volume important de chiffre d'affaires sans lequel il serait difficile de rentabiliser le réseau.

En fait, Port-Express fait face à une segmentation de son marché, entre :

- un segment « haut de gamme », qui exige des services de plus en plus fiables et de plus en plus sophistiqués, avec la prise en charge d'une part croissante des activités logistiques de ses clients, tendant vers un véritable « clés en mains » de l'ensemble de la logistique,
- un segment « bas de gamme », qui ne demande qu'un service de transport de colis rapide, à prix compétitifs et avec des délais « à peu près » fiables.

Cette segmentation appelle un ajustement de la stratégie de Port-Express.

■ *L'analyse des processus*

Pour faire face à ses nouveaux défis stratégiques, Port-Express décide d'engager une refonte complète de ses systèmes et de ses pratiques de pilotage, en s'appuyant sur une analyse de processus. Une équipe codirigée par le directeur du Plan et le Directeur du Contrôle de gestion est chargée par la Direction de conduire cette analyse. Elle identifie les processus de la chaîne de valeur du transport express pratiqué par Port-Express :

1. planification et optimisation du flux à moyen-long terme,
2. monitoring temps réel du flux,
3. gestion des partenariats avec les transporteurs routiers sous-traitants au niveau national (RFE),
4. gestion des partenariats avec les transporteurs routiers sous-traitants au niveau local (Agences),
5. traitement des retards et des situations incidentelles,
6. réalisation du transport interurbain de colis (RFE),
7. réalisation de la collecte de colis,
8. réalisation des livraisons de colis,
9. chargement, déchargement et tri des colis en agences,
10. promotion et vente du service auprès des entreprises,
11. facturation et recouvrement,
12. production et fourniture aux clients d'une information logistique et économique personnalisée sur leurs flux,
13. réalisation d'analyses techniques pour la conception, la normalisation et l'amélioration des méthodes de travail.

■ *Facteurs de satisfaction des clients et objectifs stratégiques du transport express*

Sur le marché du transport express de colis, le facteur-clé de satisfaction pour les clients et donc le facteur-clé de succès pour Port-Express était jusqu'à présent, en premier lieu, la fiabilité du délai de livraison, sous contrainte de coût. C'est pourquoi, pour le marché « traditionnel » du transport express, parmi les processus cinq devaient être considérés comme critiques, car ayant une influence déterminante sur la fiabilité du délai :

1. planification et optimisation du flux,
2. monitoring temps réel du flux,
3. gestion des partenariats au niveau national,
4. gestion des partenariats au niveau local,
5. traitement des retards et des situations incidentelles.

L'équipe construit alors le tableau suivant, dans lequel l'enjeu stratégique « traditionnel » « fiabilité du délai » est croisé avec les cinq processus critiques, pour déterminer la manière dont les processus critiques impactent la fiabilité du délai :

Processus critiques	Fiabilité du délai
planification et optimisation du flux de colis	adaptation rapide des capacités de transport à la demande, optimisation et fiabilisation en délai des trajets
monitoring temps réel du flux de colis	repérage immédiat et fiable des positions (traçabilité), aptitude au redéploiement rapide des moyens et à l'adaptation des trajets (réactivité)
gestion des partenariats au niveau national	fiabilisation des transporteurs nationaux et internationaux
gestion des partenariats au niveau local	fiabilisation des transporteurs locaux
traitement des retards et des situations incidentelles	limitation de l'impact délai des incidents par une intervention rapide

■ *Les compétences-clés et les avantages compétitifs durables dans la période antérieure*

De l'analyse précédente, on peut déduire les compétences stratégiques détenues jusqu'à présent par Port-Express et les avantages compétitifs durables dont elles sont la source. Rappelons d'abord la classification des avantages compétitifs évoquée au chapitre 3 :

	Différenciation liée à l'expérience acquise	Différenciation liée à l'innovation
Avantage fondé sur la performance d'une activité du processus	**type 1.** construction/maintien d'une compétence distinctive localisée (portant sur une activité précise) à portée stratégique, par l'accumulation et la capitalisation d'expérience sur cette activité (parcours d'expérience localisé)	**type 2.** construction/maintien d'une compétence distinctive localisée (portant sur une activité précise) à portée stratégique par l'innovation (programme d'expérimentation localisé)
Avantage fondé sur la performance d'un processus dans son ensemble	**type 3.** construction/maintien d'une compétence d'organisation et d'intégration (portant sur la configuration globale d'un processus), par l'accumulation et la capitalisation d'expérience sur ce processus (parcours d'expérience organisationnel ciblé),	**type 4.** construction/maintien d'une compétence d'organisation et d'intégration (portant sur la configuration d'un processus), par l'innovation (programme d'expérimentation organisationnel ciblé).

	Différenciation liée à l'expérience acquise	**Différenciation liée à l'innovation**
Avantage fondé sur la structure globale de la chaîne de valeur et sur la coordination entre processus distincts	**type 5.** construction/maintien d'une compétence d'organisation et d'intégration portant sur les modes de coordination entre processus et sur la configuration globale de la chaîne de valeur, par l'accumulation et la capitalisation d'expérience (parcours d'expérience global).	**type 6.** construction/maintien d'une compétence d'organisation et d'intégration portant sur les modes de coordination entre processus et sur la configuration globale de la chaîne de valeur, par l'innovation (programme d'expérimentation global).

Les cinq processus critiques identifiés ci-dessus sont en fait la manifestation observable de cinq compétences-clés, sources d'avantages compétitifs durables :

- La connaissance fine des transporteurs routiers nationaux et locaux, acquise au fil des années de négociation et de sous-traitance, permettant notamment de fiabiliser les transporteurs et d'en optimiser le coût (Port-Express a progressivement acquis une véritable position de contrôleur, auditeur, conseil technique et assistant de gestion auprès de nombre de ses partenaires transporteurs), l'élaboration d'une relation de partenariat et d'une intégration technologique avec eux (EDI[1], adoption de matériels conçus et certifiés par Port-Express) sont des effets d'expérience difficilement imitables et substituables (le substitut potentiel, à savoir la constitution ex nihilo d'une flotte propre de transport, est évidemment très coûteux). Cette compétence est source d'un avantage comparatif de type 5 (effet d'expérience sur l'ensemble de la chaîne de valeur).
- La capacité de maîtriser le pilotage d'un réseau logistique complexe en temps réel, en s'appuyant sur les outils de contrôle électronique (moyens techniques de communications et de repérage tels que radiocommunications mobiles à bord des camions, repérage GPS par satellite, lecture code-barre des colis), de monitoring informatique temps réel (maîtrise acquise d'un système informatisé très performant de planification et de contrôle en temps réel du réseau logistique) et sur les formes d'organisation adaptées (astreinte[2], schéma de communication et de responsabilité clair et maîtrisé par les acteurs). Cette compétence est source d'avantages comparatifs de type 2 (innovations sur les activités de repérage électronique), 4 (innovation sur l'articulation globale du pilotage, en s'appuyant sur l'informatique temps réel) et 3 (effet d'expérience sur l'organisation du processus).

---

1. EDI : Electronic Data Interchange = échange direct de données électroniques entre une entreprise et ses fournisseurs.
2. Astreinte : système tournant de maintien en alerte de responsables 24 h sur 24.

- La capacité de modéliser et de planifier un réseau logistique complexe, permettant notamment d'adapter les capacités de transport à la demande, de fiabiliser et d'optimiser les trajets et d'optimiser les emplacements d'agences : l'expérience acquise en la matière se traduit par une base de données historiques importante sur les temps de trajets, les modes de chargement et les itinéraires, par l'optimisation du réseau d'agences et par l'affinement du modèle informatisé du réseau. Cette compétence est source d'un avantage comparatif de type 3 (effet d'expérience sur l'organisation du processus).
- La maîtrise d'un système informatique performant de modélisation, planification et monitoring temps réel du flux est fondée sur des développements longs et difficiles, l'accumulation d'une base informationnelle riche et validée par l'expérience, un retour d'expérience précieux : il s'agit, là encore, d'effets d'expérience difficilement imitables et substituables (avantage comparatif de type 3).
- La capacité de mobiliser de manière immédiate un dispositif d'assistance mécanique et logistique en cas de problèmes tels qu'accidents ou pannes (dépannage, moyens de secours), notamment grâce à un réseau d'agences couvrant de manière exhaustive le territoire français et, de manière croissante, le territoire européen, et grâce à la mise au point de procédures d'urgence efficaces (formation des chauffeurs, acceptation culturelle d'horaires de travail contraignants et d'une grande disponibilité face aux imprévus, organisation de l'astreinte), des équipes entraînées et efficaces pour travailler dans l'urgence et le respect rigoureux des temps, la mise en œuvre rapide de procédures d'alerte : là encore, il s'agit d'effets d'expérience difficilement imitables (avantage comparatif de type 3).

Les cinq processus critiques étaient donc stratégiques sur le marché « traditionnel » du transport express de colis, puisque l'expérience acquise par Port-Express et les innovations réalisées permettaient à l'entreprise de les mettre en œuvre avec un niveau élevé de performances et d'y puiser des avantages comparatifs durables en termes de fiabilité-délai. C'est ce qui explique la « rente stratégique » et l'excellente rentabilité obtenues par l'entreprise dans la période antérieure.

■ *Le nouvel état du modèle « processus / compétences »*

Dans le nouvel environnement stratégique, l'analyse par processus et compétences doit être reprise sur chacun des deux segments qui constituent le nouvel état du marché :

1) Sur le segment « bas de gamme » (transport express de colis « ordinaire »), les clients anciens du « transport ordinaire », plus lent, exigent maintenant à leur tour de la rapidité, mais ils n'ont pas besoin d'une fiabilité sans faille et ne sont pas prêts à payer pour elle. Le facteur premier de satisfaction de la

clientèle sur ce segment est manifestement le prix, donc le coût, sous contrainte de fiabilité « raisonnable ». Pour ce segment, les cinq anciens processus stratégiques cessent progressivement d'être stratégiques, parce que la valeur attachée par la clientèle à la fiabilité va diminuant et la prestation de transport express se banalise. Par contre l'impératif de coût devient prépondérant et appelle de nouveaux types de compétences.

2) Sur le segment « haut de gamme », les clients anciens du transport express (grande industrie, hôpitaux, unités informatiques) ont élevé leur niveau d'exigence : ils ont toujours besoin d'un transport rapide et fiable, mais cela ne leur suffit plus. Ils ont besoin de services logistiques plus élaborés (voir plus loin). Dans ces secteurs logistiques où la valeur ajoutée est plus importante, Port-Express peut espérer fonder des avantages comparatifs soutenables en capitalisant la performance du réseau de transport qu'elle a construit au fil des ans (les cinq processus stratégiques antérieurs et les compétences correspondantes). Ces avantages permettent d'assurer la flexibilité de la sous-traitance, la traçabilité des colis, le pilotage du réseau en temps réel, la capacité de traitement rapide des situations incidentelles. Mais ces performances ne pourront vraiment se vendre que sur des marchés logistiques « évolués », pas sur le marché du « transport express ordinaire ». Les cinq processus anciennement stratégiques peuvent le demeurer, mais pas dans le contexte du simple transport express de colis ordinaires.

■ *La nouvelle stratégie de Port-Express : une stratégie de « greffe »* *et de « marguerite »*

Port-Express va dès lors définir une nouvelle stratégie, fondée sur la poursuite simultanée d'une **réduction de ses coûts** et d'une **différenciation de ses services**. Cette stratégie se fonde sur les considérations suivantes :

- Les cinq processus stratégiques actuels cessant d'être stratégiques pour le marché de masse du transport express « bas de gamme », ils doivent servir de base à une « montée en valeur » du service offert par Port-Express, en cherchant des prestations plus sophistiquées que le simple transport express de colis, pour lesquelles ces cinq processus puissent demeurer des éléments de différenciation compétitive.
- Pour y parvenir, il faut chercher d'autres processus qui, articulés avec les cinq « de base », permettront de concevoir de nouvelles chaînes de valeur autres que celle du transport express. Ces nouvelles chaînes de valeur doivent toutefois être fondées sur les processus bien maîtrisés du transport express : il s'agit en quelque sorte d'utiliser les cinq processus stratégiques du transport express comme un « tronc » sur lequel on pourra greffer de nouvelles « branches ».
- Pour ralentir le recul commercial sur le transport express bas de gamme et pour assurer la compétitivité-coût des nouveaux services offerts, il est

essentiel de maîtriser et de réduire les coûts sur le transport express. À cette fin, il faut optimiser le coût des processus du transport express les plus fortement consommateurs de ressources.

- Or les processus du transport express les plus fortement consommateurs de ressources sont des processus de manipulation physique des colis, répétitifs, de gros volume : on peut en optimiser le coût en **standardisant** les méthodes de travail et en jouant la carte des effets d'échelle.
- À l'inverse, la différenciation de la prestation logistique pour le segment « haut de gamme » repose essentiellement sur la capacité de traiter de l'information rapidement et de manière personnalisée. Les processus de traitement de l'information doivent évoluer dans le sens d'une personnalisation et d'une **différenciation** accrues du service rendu, afin de faciliter le développement d'une offre diversifiée de services plus élaborés pour des clients présentant des demandes spécifiques « sur mesure ». Cette voie sera facilitée par la performance élevée des nouveaux systèmes d'information.
- Afin de concilier différenciation du service et standardisation des processus logistiques de base, Port-Express formule une stratégie de « marguerite » : un cœur de processus de base standardisés (en gros, le transport physique), et des pétales de services différenciés (quelques services logistiques complémentaires, tels que des livraisons exceptionnelles par taxis ou des étiquetages spécifiques, et surtout les services informationnels).

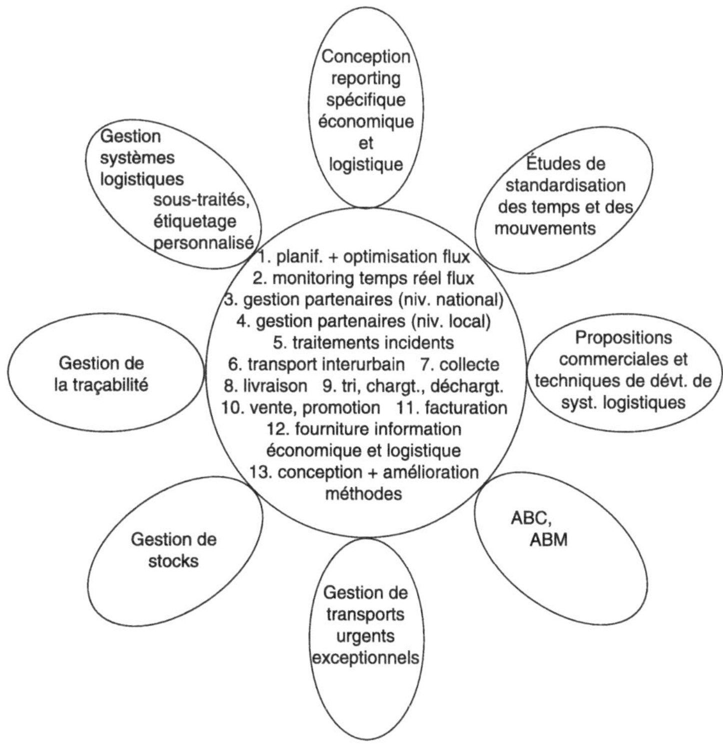

3. Le nouveau modèle de processus/compétences

■ *Les processus « industriels » (répétitifs, effets d'échelle, fortement dépensiers)*

Les dépenses majeures sont engagées par les processus « physiques », qui manipulent matériellement le flux de colis, à savoir les transports sous-traités (collecte, livraison, transport interurbain : coût de sous-traitance) et le tri-chargement-déchargement en agence (coûts de main d'œuvre interne). En effet, ces processus sont des opérations physiques qui exigent une forte dépense de ressources (force physique des salariés, usage de moyens routiers), de temps et d'énergie. La maîtrise des coûts passera donc par une politique de productivité sur les processus logistiques consommant ces ressources (processus du flux physique : processus 6 à 9, à savoir la réalisation des transports, le chargement, le déchargement et le tri).

Ces processus sont des processus de manipulation de la matière assez classiques, comparables à ceux d'une production industrielle en chaîne. La maîtrise de leur coût est donc un problème bien connu, celui de la productivité de processus manufacturier répétitifs, et Frédérick Taylor s'y est attaqué il y a un siècle... La voie retenue est celle de la standardisation, afin d'obtenir des économies d'échelle (standardisation des méthodes de travail et des outils, mise au point de standards de gestion, notamment des temps standard d'opérations, contrôle par écarts sur standards), et du contrôle (reporting des volumes de production, reporting des temps, organisés selon une structure analytique propre à faciliter le pilotage de performance).

Le gisement de progrès est important, car jusqu'à présent ces processus ont été traités de manière artisanale. Leur industrialisation doit permettre de réduire considérablement les coûts :

- standardisation de l'organisation des agences,
- mise en place de temps et de coûts standard pour le tri,
- recours à des moyens d'automatisation (lecture automatique de codes-barres),
- benchmarking inter-agences sur les coûts de tri, de collecte et de livraison...

■ *Les nouveaux métiers*

Parallèlement à l'optimisation des coûts de manipulation logistique, Port-Express cherche à capter de nouveaux marchés émergents, sur lesquels les attributs « fiabilité-délai du transport », « traçabilité des colis », « traitement rapide et fiable de l'information logistique », « aptitude à concevoir, planifier et piloter un réseau fiable » ont une valeur stratégique. Elle identifie les services logistiques élaborés suivants comme les principales opportunités qui lui sont offertes :

- Marché des sociétés industrielles qui souhaitent sous-traiter l'ensemble de leur logistique (gestion de stocks et de flux). Il s'agit en fait de prendre en charge l'ensemble des flux physiques pour des groupes soucieux de focaliser leurs efforts sur leur cœur de métier et d'externaliser une activité logistique souvent complexe. Outre le réseau de transport lui-même, ce marché exige de multiples capacités de gestion (planification des flux, pilotage temps réel) et de traitement de l'information (reporting fiable sur les coûts, les délais). Ce marché sera confié à une filiale nommée GERLOG (Gestion de Réseaux Logistiques).
- Marché des sociétés industrielles, essentiellement dans les secteurs de l'électronique et de l'informatique professionnelles, qui souhaitent sous-traiter leur logistique de maintenance sur site (livraison très urgente de pièces détachées pour le dépannage rapide d'installations sensibles : informatiques de contrôle-commande d'installations industrielles ou de centrales nucléaires, informatiques de réservation de billets ferroviaires ou aériens, temps réel dans le contrôle de trafic routier ou aérien...). Ce marché est attaqué dans le cadre d'une filiale, la SPIDE (Société de gestion de PIèces Détachées et d'Entretien).
- Marché des sociétés industrielles, essentiellement dans les secteurs de composants professionnels, qui souhaitent sous-traiter la conception, la mise en place et l'adaptation périodique d'un réseau logistique professionnel, par exemple pour la maintenance courante d'un parc d'équipements, sans pour autant en externaliser la gestion opérationnelle. Il s'agit donc là de prestations d'ingénierie logistique, prises en charge dans le cadre de la filiale SILOG (Société d'Ingénierie Logistique).
- Marché des sociétés industrielles qui souhaitent externaliser la gestion d'une logistique caractérisée par de forts besoins de traçabilité des objets (ex. pharmacie, secteur de la Santé en général, secteur alimentaire) ; ce marché est attaqué dans le cadre de la filiale TREFLE (Traçabilité et Flux Economiques).

Sur ces nouveaux services, les clients sont fortement fidélisés, car leur système d'information logistique (niveaux de stock, en-cours de livraison et facturation, commandes) est partiellement déporté vers le fournisseur. Sans devenir à proprement parler captifs, ils n'en ont pas moins intérêt à éviter la rupture de la relation avec Port-Express, qui serait coûteuse pour eux, puisqu'elle les contraindrait à reconstruire en partie leur système d'information logistique, qu'ils ont délégué à Port-Express. Il y a un « effet de cliquet » dans les gains de part de marché : une fois gagnés, les marchés cessent d'être fluides. Il est donc essentiel de gagner rapidement des parts de marché dans ce domaine. Pour y parvenir, il faut pouvoir répondre dans de bonnes conditions d'efficacité aux appels d'offre lancés par de grandes entreprises désireuses d'externaliser tout ou partie de leur logistique. Il est donc important de pouvoir concevoir des offres adaptées et de fournir en externe de manière efficace une prestation de conception et d'ingénierie de réseaux logistiques, jusqu'à présent réservée aux besoins internes de Port-Express.

■ *Nouveaux avantages comparatifs, nouvelles compétences stratégiques*

Les responsables de Port-Express sont conscients que leur leadership dans la maîtrise des processus de transport ne suffira pas pour s'assurer un avantage comparatif soutenable dans les services logistiques plus élaborés. Dans ces secteurs, le processus de traitement de l'information logistique a une importance déterminante. De plus, le processus de traitement de l'information de gestion économique (connaissance et analyse des coûts logistiques, des valeurs d'inventaire, optimisation économique des stocks et des flux, coûts par activités ABC), déjà important dans le transport standard de colis, devient essentiel dans l'offre de services logistiques intégrés et différenciés, qui consiste plus à gérer de l'information que des flux de matière.

Eu égard au niveau d'intégration élevé entre l'information purement logistique (volumes, temps) et l'information économique (coûts, flux et stocks valorisés), la grande expérience acquise par Port-Express en matière d'information logistique lui confère un avantage comparatif potentiel en matière d'information économique. Mais encore faut-il concrétiser ce potentiel. Aussi Port-Express décide-t-elle d'accélérer le développement de systèmes d'information de gestion sophistiqués, pour pouvoir répondre aux exigences d'information et de gestion de ses nouveaux marchés (fournir une information statistique régulière, précise et fiable sur leurs flux aux clients, tant d'un point de vue opérationnel – quantités, temps – que d'un point de vue économique – coûts, valeurs d'inventaire, informer les entreprises en temps réel de la situation d'un envoi donné, par exemple localisation précise d'une pièce détachée attendue par l'utilisateur d'un ordinateur en panne). Ceci implique aussi de faire évoluer la culture de son personnel, pour le sensibiliser à l'importance de l'information de gestion.

Cette nouvelle orientation passera de manière privilégiée par :

- le développement de systèmes de comptabilité de gestion ABC/ABM, facilité par la disponibilité d'une abondance de données logistiques (volumes, niveaux de stocks, débits, délais) qui sont un vivier d'unités d'œuvre pour un système ABC,
- la mise en place d'un pilotage de processus sur les processus stratégiques, avec une claire orientation « économies d'échelle / standardisation » dans certains cas (processus de manipulation physique du flux) et une claire orientation « personnalisation / développement du service » dans d'autres cas, ces orientations étant traduites dans la composition des tableaux de bord de processus correspondants.

■ *Les processus stratégiques du segment « bas de gamme »*

Les facteurs-clés de satisfaction des clients sont, pour le transport « simple » de type « transport de colis express » :

- le coût
- sous contrainte de fiabilité-délai raisonnable.

Processus	Coût
réalisation du transport interurbain de colis	tarifs négociés du transport interurbain, liés à son efficience technique
réalisation de la collecte de colis	tarifs négociés du transport local de collecte, liés à son efficience technique
réalisation des livraisons de colis	tarifs négociés du transport local de livraison, liés à son efficience technique
chargement, déchargement et tri des colis en agences	productivité des équipes de tri, de chargement, de déchargement

■ *Les processus stratégiques du segment « haut de gamme »*

Les facteurs-clés de satisfaction des clients sont, pour les nouveaux services logistiques intégrés :

- la rapidité et la fiabilité-délai des opérations de transport,
- la pertinence et la personnalisation de l'information économique et logistique fournie,
- la réactivité de l'information économique et logistique fournie,
- la capacité de concevoir des réseaux et des processus logistiques optimisés économiquement.

Compte tenu de ces enjeux-clés, comment évolue le modèle de processus ?

D'abord, on note l'émergence d'un nouveau processus (14) : proposer des services logistiques élaborés aux grands comptes. Il s'agit d'analyser les besoins de l'entreprise cliente, d'élaborer un devis et une étude technique, afin de disposer d'une base solide de négociation. En fait, Port-Express effectuait ce type de démarche de manière plus ou moins implicite et permanente pour ses propres besoins (pour étudier les projets d'investissement dans l'adaptation et l'amélioration de son système logistique). Il s'agit d'en faire désormais un processus structuré disposant de ses propres ressources.

Par ailleurs, le processus 12 (production et fourniture aux clients d'une information logistique et économique personnalisée sur leurs flux) et le processus 13 (réalisation d'analyses techniques pour la normalisation et l'amélioration des méthodes), prennent une importance stratégique nouvelle. Le processus 13 se transforme en un processus plus ambitieux de conception et d'ingénierie de réseaux logistiques.

Processus	Fiabilité délai	Pertinence information	Rapidité info	Optimis. économique
12. fournir information logistique et économique personnalisée		qualité de la communication avec client, qualité dans la maintenance système	performance des systèmes d'information, compétence d'utilisation	
13. analyser techniques pour l'amélioration des méthodes	optimisation opérationnelle / fiabilisation temps des systèmes	qualité des études préalables de conception du S.I.	qualité des études préalables de conception du S.I.	optimisation économique des systèmes
14. proposer services logistiques élaborés		bonne analyse des besoins informationnels du client		évaluations économiques (devis) fiables et rapides

Un gisement de performance considérable réside dans les effets de synergie entre le pilotage opérationnel du flux, la production rapide et fiable d'informations logistiques sur les flux et d'informations économiques (utilisation des mêmes systèmes d'information de base).

■ *Les problèmes liés à la coexistence de deux univers de performance contrastés*

L'articulation de processus « à normaliser » selon une logique taylorienne (standardisation, chronométrage, effets d'échelle) avec des processus « à personnaliser » (personnalisation du service, évolutivité, capacité d'adaptation, niveau élevé de fiabilité) pose une série de problèmes :

- des problèmes culturels : il faut développer une culture de type industriel sur les processus logistiques de base, pour réussir la standardisation, sans pour autant perdre la culture du service personnalisé là où elle est indispensable,
- des problèmes technologiques : le système d'information jouera un rôle-clé dans cette articulation du différencié et du standard, il est vital d'assurer sa fiabilité et ses performances,
- des problèmes organisationnels : le contraste de cultures et de modes de fonctionnement incite Port-Express à développer ses nouveaux services dans des filiales en conservant à la maison-mère la spécialisation dans le

transport express de base, mais cela impose à l'entreprise de passer d'une culture de PME « montée en graine » à une culture de groupe,

- des problèmes de gestion : l'articulation entre standard et spécifique fait courir le risque de biais importants dans les imputations de ressources et de coûts, par les confusions entre logiques de volume (propres aux processus standardisés) et logiques de complexité (propres aux processus personnalisés) qui peuvent en découler ; par exemple, sous-estimer le coût de la traçabilité serait grave, car cela se traduirait par une sous-tarification du service correspondant via la filiale TREFLE. C'est pourquoi Port-Express s'oriente vers l'adoption de systèmes de gestion à base d'activités (Activity Based Management, Activity-Based Costing), plus aptes à faire apparaître les coûts spécifiques de la complexité et de la différenciation et à mesurer les performances des divers processus.

■ *Le système d'apprentissage*

Comme on vient de le voir, l'analyse des chaînes de valeur en termes de processus permet d'identifier les défis stratégiques auxquels l'entreprise est confrontée (différenciation, coûts) et de les décliner sur les compétences-clés internes correspondantes :

- coût des processus logistiques « lourds », à normaliser,
- qualité et fiabilité des processus « différenciateurs », à flexibiliser et fiabiliser.

L'analyse de processus permet d'orienter et de cibler les priorités dans l'effort d'apprentissage collectif, avec des modes d'apprentissage a priori très différents dans les deux types de processus :

- Industrialisation-normalisation des méthodes et des compétences pour les processus fortement structurés : une logique d'apprentissage taylorienne classique (effets d'expérience, courbe d'apprentissage fondée pour partie sur la répétition, volume, effets d'échelle, progression des standards, normalisation du « quoi faire ») peut ainsi s'appliquer à ces processus, jusqu'à présent traités de manière artisanale (les Chefs d'Agences étaient plus des « chefs de brigade », des « meneurs d'hommes », que des ingénieurs logistiques).
- Développement d'une capacité d'ingénierie, d'étude et d'adaptation flexible pour les autres processus moins fortement structurés : capacité de résolution rapide de problèmes spécifiques, accumulation d'expérience et de compétence en matière de conception-développement de solutions et d'analyse de besoins, perfectionnement progressif des systèmes d'information, extension du champ d'expérience, économies de variété, enrichissement progressif des bases de connaissances.

4. L'adaptation des systèmes de gestion

■ *L'évolution des systèmes de gestion : la gestion par processus et l'ABM*

La nouvelle situation de Port-Express se caractérise par :

- la nécessité de bien cerner les coûts du réseau de transports et leurs causes : une comptabilité par activités et processus s'impose, pour être en mesure d'associer aux coûts leurs véritables causes et notamment séparer les effets de volume et les effets de complexité/différenciation,
- la nécessité de bien cerner les coûts de revient complets des produits logistiques élaborés, par clients, pour fournir une base pertinente à la tarification des services et une bonne visibilité de la rentabilité réelle des différentes affaires : là encore, une comptabilité par activités s'impose, pour associer à chaque produit et à chaque client les activités et donc les coûts qu'il mobilise réellement et éviter les subventions croisées des produits et des clients pouvant conduire à des tarifications biaisées et à des décisions stratégiques erronées,
- maintenir un dispositif de mesure adéquat de la fiabilité délai sur le réseau, en distinguant différents niveaux d'exigence et en leur associant des activités et des coûts spécifiques (ex. le traitement d'une situation incidentelle par un dépannage rapide limitant le retard à moins de deux heures et le traitement de la même situation incidentelle par le recours à un moyen de transport de remplacement immédiat, tel qu'un taxi) : là encore, la mise en place de l'ABC doit permettre de cerner les impacts-coûts des exigences de fiabilité,
- mettre en place un système de gestion des activités de production de type industriel (temps et coûts standard, gammes d'opération standardisées, suivi des volumes et des rendements),
- mettre en place des indicateurs de rendement physique précis sur le réseau de transport,
- mettre en place des outils et des pratiques de gestion de projet pour les gros projets logistiques,
- mettre en place un système d'assurance-qualité et probablement une cer-tification ISO-9000 pour l'ensemble de l'activité : cette mise en place sera facilitée par le fait que les processus ont déjà été identifiés et analysés,
- définir pour chacun des processus quelques indicateurs de performance clés suivis mensuellement par des petits groupes de pilotage,
- fixer aux filiales des objectifs prioritairement axés sur la conquête rapide de nouveaux marchés plutôt que sur le profit immédiat, compte tenu de « l'effet de cliquet » (partielle irréversibilité de la conquête de nouveaux clients entreprises).

■ *Les perspectives*

La croissance rapide des nouvelles filiales de Port-Express semble indiquer un certain succès dans les nouvelles orientations adoptées. Le système de gestion ABC/ABM fournit **un lien direct entre la stratégie fondée sur deux familles de processus stratégiques (fortement structurés et orientés vers la standardisation, faiblement structurés et orientés vers la personnalisation) et le contrôle de gestion**, également fondé sur cette vision en processus (information de gestion adaptée aux enjeux respectifs de la standardisation industrielle et de la différenciation).

Bibliographie de l'ouvrage

ARGYRIS Chris, SCHÖN Donald : *Organizational Learning : a Theory of Action Perspective*, Addison-Wesley, New-York 1978.

BARNEY, J. B. : « Types of Competition and the Theory of Strategy : toward an Integrative Framework », dans *Academy of Management Review*, Vol. 11, No. 4, 1986.

BERLANT Debbie, BROWNING Reese, FOSTER George : « How Hewlett-Packard Gets Numbers It Can Trust », dans *Harvard Business Review* janvier-février 1990.

BERLINER Callie, BRIMSON James A., editors : *Cost Management for Today's Advanced Manufacturing*, Harvard Business School Press, Boston, 1988.

BESCOS P. L., DOBLER P., MENDOZA C., NAULLEAU G. : *Contrôle de gestion et management*, Ed. Montchrestien, Paris, 1993.

BESCOS Pierre-Laurent, MENDOZA Carla : *Le management de la performance*, Editions Comptables MaleSherbes, Paris 1994.

BÔSENBERG Dirk, METZEN Heinz : *Le Lean Management*, Editions d'Organisation, Paris, 1992.

BOUCHIKHI Hamid : *Structuration des organisations*, Economica, Paris, 1990.

BOUQUIN Henri : *Comptabilité de gestion*, Editions Dalloz 1993.

BOUQUIN Henri : *Le contrôle de gestion*, PUF, Paris 1991.

BOURGUIGNON Annick : *Le modèle japonais de gestion*, Repères La Découverte, Paris 1993.

BRIMSON James : *Activity Accounting*, John Wiley, New York 1991.

BRINKER Barry J. : *Emerging Practices in Cost Management*, Warren, Gorham & Lamont, Boston, 1990.

BULTEL Jean, PEREZ Felix : *La performance industrielle par la gestion simultanée*, Editions d'Organisation, Paris 1995.

BULTEL Jean, PEREZ Felix : *La réussite économique des projets*, Dunod, Paris 1992.

BURKE Gerard, PEPPARD Joe : *Examining Business Process Re-engineering*, Cranfield University / Kogan Page, Londres 1995.

BURLAUD Alain, SIMON Claude : *Comptabilité de gestion*, Librairie Vuibert, Paris, 1993.

CAMP Robert : *Benchmarking*, ASQC Quality Press, Milwaukee, Quality Resources, New York, 1989.

CLARK Kim B., FUJIMOTO Takahiro : *Product Development Performance*, Harvard Business School Press, Cambridge Mas. 1991.

COOPER Robin : « Activity-Based Costing for Improved Product Costing », in Barry BRINKER'S *Handbook of Cost Management*, Warren-Gorham-Lamont, New York, 1993.

COOPER Robin 95 : *When Lean Enterprises Collide*, Harvard Business School Press, Boston, 1995.

COOPER Robin, KAPLAN Robert S. : *The Design of Cost Management Systems*, Prentice Hall, Englewood Cliffs, 1991.

CORTAZAR Julio : *Historias de Cronopios y de Famas*, Alfaguara, Buenos Aires, 1995.

CROZIER Michel : *L'entreprise à l'écoute*, InterEditions, Paris, 1989.

DAVENPORT Thomas : *Process Innovation*, Harvard Business School Press, Boston 1993.

DE GEUS Arie P. : « Planning As Learning », in *Harvard Business Review*, mars-avril 1988.

DEWEY John : *Logique. La théorie de l'enquête*, P.U.F. Paris 1967.

DOBLIN Stéphane, ARDOIN Jean-Loup : *Du rouge au noir, ou les profits retrouvés*, Publi-Union, Paris 1989.

E.F.Q.M. : « Auto-évaluation basée sur le Modèle Européen de Management par la Qualité Totale », brochure actualisée régulièrement par l'European Foundation for Quality Management à Bruxelles.

EALEY Lance : *Les méthodes Taguchi dans l'industrie occidentale*, Editions d'organisation, Paris 1990.

ECOSIP, sous la direction de Vincent Giard et Christophe Midler : *Pilotages de projet et entreprises*, Economica, Paris 1993.

EPSTEIN Marc, MANZONI Jean-François : « Implementing Corporate Strategy : From Tableaux de Bord to Balanced Scorecards », *European Management Journal*, vol. 16, N° 2, avril 1998, 190-203.

GALVA Robert : *Nouvelle approche de la production. Optimisation et maîtrise des processus de production par la méthode MIP*, Maxima Laurent du Mesnil Editeur, Paris 1996.

GIARD Vincent : *Gestion de la production*, Economica, Paris, 1988.

GIARD Vincent 91 : *Gestion de projets*, Economica, Paris, 1991.

GOLDRATT Eliyahu : *The Haystack Syndrome*, North River Press, Croton-on-Hudson, 1990.

GOLDRATT Eliyahu : *Theory of Constraints*, North River Press, Croton-on-Hudson, 1988.

GOLDRATT Eliyahu, COX Jeff : *Le but*, Afnor Gestion, Paris 1986.

GRANT, R. M. : « The Ressource-Based Theory of Competitive Advantage : Implications for Strategy Formulation », dans *California Management Review*, Spring 1991, pp. 114-135.

HAMEL Gary, PRAHALAD C. K. : *Competing for the Future*, Harvard Business School Press, Boston, 1994.

HAMMER Michael, CHAMPY James : *Le Reengineering*, Dunod, Paris 1993.

HATCHUEL Armand, WEIL Benoît : *L'expert et le système*, Economica, Paris, 1992

HORVATH Peter / CAM-I : « Target costing, a state-of-the-art review », projet de recherche du CAM-I, Université de Stuttgart 1993.

HUBER George, GLICK William Editors : *Organizational Change and Redesign*, Oxford university Press, Oxford, 1993.

HURDIBURG John : *Le chef d'entreprise et la qualité totale*, Dunod, Paris 1993.

IMAI Masaaki : *Kaizen, la clé de la compétitivité japonaise*, Eyrolles, Paris 1990.

ISHIKAWA Kaoru : *La gestion de la qualité*, Dunod, Paris, 1984.

JAMES William : *Le pragmatisme*, Paris, 1968.

JOHNSON H. Thomas, KAPLAN Robert S. : *Relevance Lost. The Rise and Fall of Management Accounting*, Harvard Business School Press, Boston, 1987.

KAPLAN Robert, NORTON David 92 : « The Balanced Scorecard – Measures that Drive Performance », in *Harvard Business Review*, Jan. Feb. 1992

KAPLAN Robert, NORTON David 96 : *The Balanced Scorecard*, Harvard Business School Press, Boston, 1996.

KATO Yukata : « Target costing support systems : lessons from leading Japanese companies », revue *Management Accounting Research* 1993, 4.

KERR Steven : « On the folly of rewarding A, while hoping for B », *Academy of Management Journal*, 1975, 769-783.

LAVERTY Jacques, DEMEESTERE René : *Les nouvelles règles du contrôle de gestion industrielle*, Dunod, Paris 1990.

LE BARS Sylvie, ROHMER Jean : « La gestion de nos connaissances : un nouvel objectif pour les ordinateurs », conférence Euroforum « Transfert des savoir-faire, capitalisation des connaissances », les 13-14 décembre 1995 à Paris.

LE BOTERF Guy : *De la compétence*, Editions d'organisation, Paris, 1994.

LORINO Philippe : *Comptes et récits de la performance*, Editions d'Organisation, Paris 1995.

LORINO Philippe : *Le contrôle de gestion stratégique. La gestion par les activités*, Dunod, Paris 1991.

LORINO Philippe : « Le déploiement de la valeur par les processus », in *Revue Française de Gestion*, juin-juillet-août 1995.

LORINO Philippe : *Méthodes et pratiques de la performance*, Editions d'Organisation, Paris, 1997.

LORINO Philippe, TARONDEAU Jean-Claude : « De la stratégie aux processus stratégiques », dans *Revue Française de Gestion*, janvier-février 1998.

LUCAS Thierry : « Comment Matra Marconi Space bâtit sa mémoire technique », in *Usine Nouvelle*, 4 avril 1996.

MAKIDO Takao : « Recent Trends in Japan's Cost Management Practices », dans *Japanese Management Accounting* édité par MONDEN Yasuhiro et SAKURAI MICHIHARU, Productivity Press, Cambridge Mas. 1989.

MARCH James : *Décisions et organisations*, Editions d'organisation, Paris 1991.

MARCH James, SIMON Herbert : *Les organisations*, Dunod, Paris 1991.

MARTINET Alain-Charles : « Stratégie et pensée complexe », in *Revue Française de Gestion*, mars-avril-mai 1993.

MC NAIR Carol, MOSCONI William, NORRIS Thomas : « Meeting the Technology Challenge : Cost Accounting in a JIT Environment », National Association of Accountants, Montvale, 1988.

MEINGAN Denis, TANADA Yukinori : « Pratiques japonaises du concurrent engineering », revue *La Cible* N° 47 juin 1993.

MEVELLEC Pierre : *Outils de gestion. La pertinence retrouvée*, Editions Comptables Malesherbes, Paris 1990.

MIDLER Christophe : *L'auto qui n'existait pas*, InterEditions, Paris 1993.

MILBURN Ian : « A Race against Time », revue *Manufacturing Breakthrough*, janvier/février 1992.

MINTZBERG Henry : *La planification stratégique*, Dunod, Paris 1994.

MINTZBERG Henry : *Le management*, Editions d'Organisation, Paris 1990.

MINTZBERG Henry : *The Rise and Fall of Strategic Planning*, The Free Press, New York, 1994.

MITONNEAU Henri : *Changer le management de la qualité : sept nouveaux outils*, AFNOR-Gestion, Paris, 1989.

MONDEN Yasuhiro : « Total Cost Management System in Japanese Automobile Companies », dans *Japanese Management Accounting* édité par MONDEN Yasuhiro et SAKURAI Michiharu, Productivity Press, Cambridge Mas. 1989.

MONDEN Yasuhiro, SAKURAI Michiharu (ed.) : *Japanese Management Accounting*, Productivity Press, Cambridge Mas. 1989.

MORGAN Malcolm J. : « A case study in target costing : accounting for strategy », revue *Management Accounting* mai 1993.

NANNI Alfred, DIXON J. Robb : « A Process for Changing Performance Measurement Systems », *CAM-I papers*, March 1993.

NAVARRE Christian : « De la bataille pour mieux produire... à la bataille pour mieux concevoir », in *Gestion 2000*, décembre 1992.

NONAKA Ikujiro, TAKEUCHI Hirotaka : « The Knowledge-Creating Company », Oxford University Press, Oxford/New York 1995.

NORMANN Richard, RAMIREZ Rafael : *Designing Interactive Strategy*, John Wiley and Sons, Chichester 1994.

OHNO Taichi : *L'esprit Toyota*, Masson, Paris, 1989.

PETITDEMANGE Claude : *La maîtrise de la valeur*, AFNOR Gestion, Paris 1985.

PETIT-ETIENNE Michel, PEYRAUD Yvonnick : *Reengineering mode d'emploi*, Editions d'Organisation, Paris 1996.

PIAGET Jean : *L'épistémologie génétique*, PUF, Paris, 1970.

PIAGET Jean : *La psychologie de l'intelligence*, Armand Colin, Paris, 1947.

PORTER Michael : *L'avantage concurrentiel*, InterEditions, Paris 1986.

PROBST Gilbert, BÜCHEL Bettina : *La pratique de l'entreprise apprenante*, Les Editions d'Organisation, Paris 1995.

SAKURAI Michiharu, HUANG Philip Y. : « A Japanese Survey of Factory Automation and its Impact on Management Control Systems », dans *Japanese Management Accounting* édité par MONDEN Yasuhiro et SAKURAI Michiharu, Productivity Press, Cambridge Mas. 1989.

SAPOLSKY Harvey : *The Polaris System Development*, Harvard University Press, Cambridge Mas., 1972.

SEIDENSCHWARZ Werner : *Target Costing*, Verlag Vahlen, Munich 1993.

SENGE Peter : *The Fifth Discipline*, Century Business, Londres, 1992.

SENGE Peter, Art KLEINER, Charlotte ROBERTS, Richard B. ROSS, Bryan J. SMITH : *THE Fifth Discipline Fieldbook*, Nicholas Brealey Publishing, London, 1994.

SHANK John, GOVINDARAJAN Vijay : *La gestion stratégique des coûts*, Editions d'Organisation, Paris 1995.

SHIBA Shoji : *Le management par percée. Méthode Hoshin*, INSEP Editions, Paris 1995.

SIMON Herbert 82 : *Models of Bounded Rationality*, MIT Press, Boston 1982.

SIMON Herbert 91 : *Science des systèmes, science de l'artificiel*, traduit par Jean-Louis Le Moigne, Dunod, Paris 1991.

STALK George, HOUT Thomas : *Competing Against Time*, The Free Press, New York 1990.

TANAKA Masayasu : « Cost Planning and Control Systems in the Design Phase of a New Product », dans *Japanese Management Accounting* édité par MONDEN YASUHIRO et SAKURAI Michiharu, Productivity Press, Cambridge Mas. 1989.

TANAKA Takao : « Target Costing at Toyota », revue *Journal of Cost Management* 1993.

TARONDEAU Jean-Claude : *Stratégie industrielle*, Vuibert, Paris, 1993.

VOLLMANN Thomas E., BERRY William Lee, WHYBARK D. Clay : *Manufacturing Planning and Control Systems*, Dow Jones-Irwin, Homewood, 1988.

WEBSTER Douglas W. : « Activity-Based Costing Facilitates Concurrent Engineering », revue *Concurrent Engineering* 1992.

WOMACK James P., JONES Daniel T., ROOS Daniel : *The Machine That Changed the World*, Rawson-Macmillan, New York, 1990.

ZARIFIAN Philippe : *La nouvelle productivité*, L'Harmattan, Paris, 1990.

ZARIFIAN Philippe : *Quels modèles d'organisation pour l'industrie européenne ?*, L'Harmattan, Paris, 1993.

Glossaire des termes clés

ACTIVITÉ

Nous appelons « activité » un élément du cours d'action des individus et des groupes jugé suffisamment cohérent et homogène pour être individualisé en tant que tel. L'activité n'est donc pas une donnée immédiate de l'observation, mais elle est construite par le jugement de l'analyste, qu'il lui soit externe ou interne. Il y a en fait deux manières de définir l'activité :

- soit à partir d'objets précis, matériels ou immatériels, perçus et définis par les acteurs, que l'activité est censée produire (définition fonctionnelle de l'activité : « faire quelque chose », un verbe + un complément d'objet, qui indique le résultat, l'output de l'activité ; ex. : « usiner des pièces »),
- soit à partir d'un domaine de sens plus flou et plus évolutif, auquel l'activité doit répondre, l'activité définissant et construisant son objet précis au fur et à mesure de son propre déroulement (définition cognitive de l'activité : « agir pour obéir à tel ou tel cadre de signification » ; ex. « améliorer nos connaissances dans le domaine des supraconducteurs », « rajeunir l'image de l'entreprise par la communication externe »).

La définition fonctionnelle est très bien adaptée à des activités répétitives et stables (ex. produire ou distribuer des produits de masse). La définition cognitive est mieux adaptée à des activités inscrites dans un contexte d'incertitude et d'apprentissage, par exemple des activités de recherche, d'enquête, de création.

Dans tous les cas, une activité est un ensemble de tâches élémentaires :

- réalisées par un individu ou un groupe,
- faisant appel à un ensemble spécifique d'aptitudes cognitives (savoirs, savoir-faire, compétences),
- à peu près homogènes du point de vue de leur comportement de performance (on peut identifier des facteurs qui influent positivement ou négativement sur la capacité qu'a l'activité d'atteindre ses objectifs ou d'être déclarée « réussie »).

L'activité définie fonctionnellement fournit un output précis, qu'il soit matériel ou immatériel (une pièce tournée, un contrat avec un fournisseur, un plan, un test de qualité), à un ou plusieurs clients identifiables, internes ou externes, à partir d'un panier de ressources (temps de main-d'œuvre, temps d'équipements, mètres carrés, énergie, données...).

L'activité définie cognitivement est un apprentissage en univers incertain : elle ne se décrit pas comme mise en œuvre de procédures prédéfinies pour obtenir un objet spécifié d'avance, elle est cheminement dynamique vers des résultats incomplètement définis au départ. Elle a souvent un ou plusieurs clients identifiables, internes ou externes, et puise dans un panier de ressources à peu près connu, mais selon des proportions qui peuvent varier avec le temps et en inventant parfois elle-même de nouvelles ressources en cours de route.

La consommation totale de ressources par l'activité peut se mesurer monétairement (coût global).

La définition fonctionnelle complète de l'activité, par exemple « *établir les factures client* », comprend :

- Un intitulé reconnaissable par tous, exprimé dans le langage de l'entreprise.

  « *Etablir les factures clients* »,

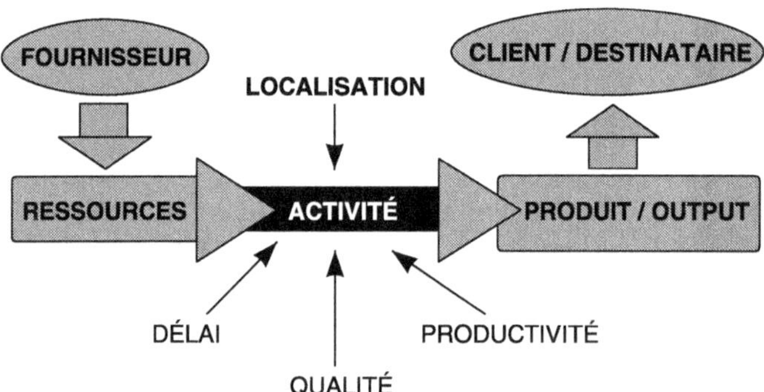

- Une description aussi précise, factuelle et concise que possible (« que fait-on dans cette activité ? ») : il s'agit de décrire le « faire » réel, même s'il est dysfonctionnel, et non le « devrait faire » (la mission) ou le « fera un jour » (la cible) ; la définition consiste souvent à énoncer un certain nombre de tâches élémentaires.

  « *Confronter le bon d'expédition et la commande, vérifier le tarif, établir la facture en trois exemplaires, en adresser un au client, en communiquer un à la comptabilité, en archiver un, mettre à jour le fichier des clients* ».

- L'output (le produit) de l'activité : il y a un output principal unique (la raison d'être de l'activité, ce qu'elle doit fournir).

  « *des lignes de facturation* ».

- La localisation dans l'organisation : l'(les) unité(s) organisationnelle(s) où l'activité se réalise.

  « *équipe de facturation au service d'administration des ventes, dans la direction commerciale* ».

La définition cognitive de l'activité définit le système de signification ou le système de valeur auquel l'activité obéit (ex. « développer un véhicule automobile urbain électrique »), le champ de compétences spécifique dans lequel elle s'inscrit (« le circuit d'alimentation électrique »), un repérage de contraintes, notamment de ressources, fût-il grossier (plafond budgétaire, calendrier). Elle peut parfois se formuler comme un problème à résoudre (mettre au point une motorisation électrique assurant une autonomie de 150 km pour un coût inférieur à...). La teneur des solutions, donc des outputs finaux, est a priori peu déterminée.

L'activité est le support naturel du pilotage de performance de l'entreprise : on peut s'intéresser à son coût (approches ABC/ABM : voir chapitres X et XI), à sa qualité (taux de défauts, taux de rebuts et de retouches, retours clients, indices de satisfaction en clientèle, données statistiques de contrôle de processus), à son délai, aux autres formes de contribution à la valeur (degré d'innovation...).

ACTIVITÉ PRIMAIRE (RESP. SECONDAIRE)

Une activité est dite primaire (resp. secondaire) pour un type d'objet de gestion (produit, projet, processus...) si son output est (resp. n'est pas) directement absorbé par ce type d'objet et si sa charge de travail lui est (resp. ne lui est pas) traçable (voir « traçabilité »).

ANIMATION DE GESTION

L'animation de gestion est l'ensemble des processus formels ou informels (réunions), par lesquels une organisation mobilise les outils et les informations de pilotage ainsi que les savoirs individuels de ses membres dans des pratiques collectives de diagnostic, d'élaboration de plans d'action, afin de rester vigilante et réactive par rapport aux événements et circonstances susceptibles d'affecter sa performance.

APPRENTISSAGE ORGANISATIONNEL

L'apprentissage organisationnel est le processus par lequel une organisation favorise l'acquisition, la modification, la création de connaissances utiles à son action et mobilisables par elle. Cela inclut notamment les processus par lesquels elle évite que se reproduisent les erreurs du passé, elle se dégage si nécessaire des routines d'action et des schémas mentaux existants, elle déploie les nouvelles routines d'action.

BENCHMARKING

Voir « étalonnage concurrentiel »

BUDGET

Le budget constitue le plan d'affaires de l'entreprise à un an. Il projette et détaille le plan opérationnel sur l'horizon proche, assure le bouclage avec les comptes prévisionnels et crée le cadre du retour d'expérience dans le suivi de l'action (rétroactions de l'expérience sur le budget, sur le plan opérationnel et sur la vision stratégique) : animation de gestion périodique autour du couple budget/résultats réels.

BUSINESS PROCESS REENGINEERING (RECONFIGURATION / REFONTE DE PROCESSUS)
Le « Business Process Reengineering » consiste à analyser certains processus prioritaires, identifier des imperfections et des dysfonctionnements majeurs dans leur structure ou leur mode de fonctionnement (redondances, manques de coordination, goulots d'étranglement, modes opératoires inefficaces...) et réaliser des actions d'optimisation permettant des gains significatifs en termes de délai, de qualité ou de coût.

CENTRE D'ANALYSE
Un centre d'analyse est un groupe d'activités ayant la même unité d'œuvre. Dans le calcul des coûts de revient, les coûts des activités d'un même centre d'analyse peuvent ainsi être regroupés avant allocation au produit.

CENTRE DE CAPACITÉ
Un centre de capacité est un groupe d'activités toutes dépendantes d'une même activité goulot d'étranglement quant à leur capacité à débiter un flux d'outputs valorisables.

CENTRE DE RESPONSABILITÉ
Voir « domaine de responsabilité »

CHAÎNE DE VALEUR
(1 : définition de Porter) : la chaîne de valeur décompose la firme en activités pertinentes au plan de la stratégie, dans le but de comprendre le comportement des coûts et de saisir les sources existantes et potentielles de différenciation. (2) : la chaîne de valeur est la combinaison des activités nécessaires à la fourniture de valeur aux clients, par delà les frontières juridiques entre entreprises et par delà les frontières techniques entre métiers.

COMPÉTENCE
Une compétence est l'aptitude à mobiliser, combiner et coordonner des ressources et des savoirs dans le cadre d'un processus d'action déterminé, pour atteindre un résultat suffisamment prédéfini pour être validable et évaluable. Cette aptitude peut être individuelle ou organisationnelle.

CONTRÔLABLE
Une activité ou un groupe d'activités sont dits contrôlables par un individu ou une équipe si celui-ci ou celle-ci détient les ressources, les compétences et le pouvoir nécessaires pour en maîtriser les résultats et les performances.

COÛT-CIBLE

Le coût-cible d'un produit est le coût de revient maximum de ce produit compatible avec :
- sa mise sur le marché à un prix compétitif,
- sa contribution au profit de l'entreprise conforme à la planification stratégique des profits.

COÛT DE REVIENT

Un coût de revient mesure la consommation de ressources par un objet de marge, élément d'un portefeuille tel que le portefeuille de produits (coût de revient d'un produit) ou le portefeuille de clients (coût de revient d'un client). Le coût de revient résulte d'un traitement souvent complexe des données élémentaires de coûts, destiné à déterminer combien de ressources un objet de marge donné a consommées. Il s'agit donc de relier des dépenses, connues par centres de frais et par natures, à des destinations particulières, qui sont :
- soit une segmentation de l'offre (produits, projets, services)
- soit une segmentation de la demande (marchés, clients, canaux de distribution).

COÛT ESTIMÉ

Le coût estimé d'un futur produit ou service est obtenu par l'analyse technique prévisionnelle des ressources que l'entreprise devra mobiliser pour obtenir ce produit ou service en extrapolant son niveau de compétence actuel, selon un schéma d'évolution tendanciel et toutes choses égales par ailleurs.

COÛT FIXE

Un coût fixe est un coût qui ne dépend pas du volume d'activité.

COÛT PLAFOND

Le coût-plafond d'un produit en cours de développement est le coût de revient maximum de ce produit compatible avec :
- sa mise sur le marché à un prix compétitif,
- sa contribution au profit de l'entreprise conforme à la planification stratégique des profits.

Le coût-plafond se différencie du coût-cible par les améliorations de coût attendues des effets d'apprentissage en production (cost kaizen), le coût-cible étant le niveau de coût maximum que doit garantir le développement à performances de production stables et le coût-plafond intégrant l'amélioration des performances en production.

coût-cible = coût-plafond + kaizen de coûts (gains espérés en production)

COÛT TRAÇABLE

Le coût (resp. la charge de travail) d'une activité est un coût (resp. une charge de travail) traçable aux produits (resp. aux marchés, aux projets, aux clients...) si on sait l'allouer aux produits (resp. aux marchés, aux projets, aux clients...)

par une relation non arbitraire d'affectation directe ou d'imputation sur la base d'une unité d'œuvre qui mesure logiquement la consommation de l'activité par les produits (resp. par les marchés, par les projets, par les clients...).

COÛT VARIABLE
Un coût variable est un coût qui varie avec le volume d'activité exprimé en unités d'œuvre.

CYCLE DE VIE
Certains objets gérés par l'entreprise (produits, projets, certaines ressources telles que des systèmes d'information, des processus technologiques de production), font l'objet d'une conception et d'un développement par l'entreprise : ils suivent un cycle de vie qui les fait passer de l'état de virtualité (idée de départ) à l'état de concept abandonné, en passant par diverses phases de vie :
* conception d'ensemble,
* conception détaillée,
* développement,
* validation,
* lancement,
* modifications en cours de vie,
* abandon.

Le cycle de vie est donc cycle de vie d'un concept (le concept du produit, le concept du process), avant, pendant et après sa concrétisation dans un objet ou un service.

DOMAINE DE RESPONSABILITÉ
Les domaines ou centres de responsabilité regroupent les activités qui relèvent d'un même centre de pouvoir et de responsabilité.

ENJEU DE PERFORMANCE (PAR PROCESSUS)
Les enjeux de performance sur un processus sont les caractéristiques de ce processus qui ont un impact majeur pour l'atteinte des objectifs stratégiques.

ETALONNAGE CONCURRENTIEL (BENCHMARKING)
L'étalonnage concurrentiel ou benchmarking d'une activité est la recherche de niveaux de performance de référence observés pour la même activité dans d'autres contextes d'action, dans la même entreprise (benchmarking interne) ou dans une autre entreprise (benchmarking externe).

FACTEUR DE RISQUE
Voir « levier de risque »

FLUX
Un flux est une circulation régulière de valeurs matérielles (composants, produits, matières premières) ou immatérielles (informations, créances), dont la

possession coûte (coûts de financement, d'obsolescence, de détérioration, de gestion...). Gérer le flux, c'est gérer les déplacements dans l'espace (transport) et dans le temps (attente, stockage) de ces objets. La dimension « temps » est au cœur du pilotage de flux. Dans l'entreprise, il peut y avoir des flux de matière (composants, sous-ensembles, produits, fournitures), des flux financiers (trésorerie, créances), des flux d'information (commandes, prévisions...).

FONCTION (MÉTIER)
Les métiers ou fonctions regroupent les activités qui présentent un contenu professionnel, technique et cognitif similaire.

FONCTION D'UN PRODUIT
Voir « prestation ».

INDICATEUR
Un indicateur est un outil de gestion qui comprend un ensemble d'informations :
* l'objectif stratégique auquel il se rattache, la cible chiffrée et datée qui lui est impartie, éventuellement des références comparatives, par exemple le résultat d'un benchmarking,
* la désignation d'un acteur chargé de le produire (celui qui accède le plus facilement aux informations requises),
* la désignation d'un acteur responsable du niveau de l'indicateur (celui qui maîtrise le mieux le levier d'action correspondant),
* la périodicité de production et de suivi de l'indicateur,
* sa définition en extension : la formule et les conventions de calcul,
* les sources d'information nécessaires à sa production (applications informatiques, bases de données, saisies manuelles),
* les modes de segmentation, pour décomposer une forme agrégée de l'indicateur en formes plus détaillées (exemples : segmentation géographique, segmentation par types de marchés, segmentation par lignes de produits, segmentation par centres de responsabilité...),
* les modes de suivi (budgété, réel, écart budgété/réel, historique sur N mois, comparaison même période année antérieure, cumul depuis le début de l'année...),
* le mode de présentation (chiffres, tableaux, graphiques, courbes...),
* une liste de diffusion.

INDICATEUR DE PILOTAGE
Un indicateur de pilotage sert à la propre gouverne de l'acteur qui le suit, pour l'aider à piloter son activité. Les indicateurs de pilotage sont liés, soit au suivi d'actions en cours, soit à des points sur lesquels le responsable veut maintenir un état de vigilance.

INDICATEUR DE REPORTING

Un indicateur de reporting sert à informer le niveau hiérarchique supérieur sur la performance réalisée et le degré d'atteinte des objectifs impartis. Il ne sert pas nécessairement de manière directe au pilotage du niveau qui rend compte. L'indicateur de reporting correspond souvent à un engagement formel (contractuel) dont il permet de mesurer l'accomplissement (Direction par Objectifs). Il s'agit toujours d'un constat *a posteriori*.

INDICATEUR DE RÉSULTAT

Un indicateur de résultat pour une action donnée mesure le résultat final de l'action (degré de performance atteint, degré de réalisation d'un objectif). C'est une mesure a posteriori, un constat.

INDICATEUR DE SUIVI

Un indicateur de suivi (ou de processus) d'une action donnée jalonne l'action, en mesure la progression et permet de réagir (actions correctives) avant que le résultat soit consommé. Par exemple, les caractéristiques dimensionnelles d'échantillons prélevés par sondages régulièrement au cours de la fabrication permettent d'anticiper sur d'éventuels problèmes de qualité avant que ceux-ci soient consommés. Un indicateur de suivi doit révéler les évolutions tendancielles dans les processus et fournir une capacité d'anticipation.

LEVIER D'ACTION

Un levier d'action est un facteur de performance (ayant une influence sur les enjeux de performance d'un processus et donc sur les objectifs stratégiques) sur lequel on a choisi d'agir.

LEVIER DE RISQUE

Un levier ou facteur de risque est une cause de non-atteinte d'un objectif ou de non-respect d'une contrainte.

NOMENCLATURE

La nomenclature d'un objet donné est une liste d'éléments nécessaires à son obtention. Par exemple, la nomenclature d'un produit est la liste des composants et matières nécessaires à sa production, précisant souvent de manière structurée les étapes d'assemblage.

NOMENCLATURE D'ACTIVITÉS

La nomenclature d'activités d'un objet donné est la liste des activités nécessaires à son obtention, précisant les niveaux standard de consommation de ces activités en unités d'œuvre.

OBJETS DE MARGE

On appelle objets de marge des objets qui sont simultanément porteurs de valeur (vecteurs de revenu) et de coût (consommateurs directs ou indirects de ressources, bases de calcul de coûts de revient), comme, par exemple :

- les produits (biens ou services, projets dans la production sur mesure), qui se produisent à un certain coût et se vendent à un certain prix,
- les clients, les marchés, les affaires commerciales, les canaux de distribution, dont la satisfaction absorbe certaines masses de ressources et qui sont en retour sources de revenus.

Puisqu'ils sont simultanément porteurs de revenus et de coûts, ces objets peuvent servir de base à un calcul analytique de marges et à un pilotage par les marges. Ce sont des objets stratégiques, situés à la charnière entre les compétences de l'entreprise et les besoins du marché.

PERFORMANCE

- Est performance dans l'entreprise tout ce qui, et seulement ce qui, contribue à améliorer le couple valeur-coût (*a contrario*, n'est pas forcément performance ce qui contribue à diminuer le coût ou à augmenter la valeur, isolément).
- Est performance dans l'entreprise tout ce qui, et seulement ce qui, contribue à atteindre les objectifs stratégiques.

PILOTAGE

Piloter, c'est définir et mettre en oeuvre des méthodes qui permettent d'apprendre, ensemble :

- à agir ensemble de manière performante,
- à agir ensemble de manière de plus en plus performante.

Piloter, c'est accomplir de manière continue deux fonctions complémentaire : déployer la stratégie en règles d'action opérationnelles (déploiement) et capitaliser les enseignements de l'action pour enrichir la réflexion sur les objectifs et les méthodes (retour d'expérience).

PLAN D'ACTION

Un plan d'action définit un ensemble d'actions de progrès répondant à la stratégie, en précisant la charge de travail et le budget requis, le calendrier, le nom d'un responsable, l'enjeu et les objectifs poursuivis, un mode de mesure du résultat.

PLANIFICATION OPÉRATIONNELLE

La planification opérationnelle traduit la stratégie en plans d'action chiffrés, couvrant, sur un horizon pluriannuel, l'ensemble des domaines d'activité de l'entreprise (recherche, conception, production, distribution, investissement, formation, emploi...). La planification opérationnelle vérifie les grands équilibres, assure la cohérence entre les fonctions dans leur action à moyen terme et fait le lien entre stratégie et budget.

PLANIFICATION STRATÉGIQUE

La planification stratégique permet à l'entreprise de concevoir ou reconcevoir les chaînes de valeur dans lesquelles elle s'insère et son mode d'insertion.

PORTEFEUILLE

Un portefeuille est un ensemble d'objets de marge similaires, matériels ou immatériels, constituant une segmentation pertinente pour l'analyse stratégique. Les divers objets d'un même portefeuille présentent des interdépendances (concurrence pour la mobilisation des mêmes ressources, effets de synergie, d'entraînement ou, au contraire, d'éviction ou d'incompatibilité, cannibalisation, complémentarité...). Un portefeuille exige un pilotage d'ensemble (gestion de portefeuille) qui prenne en compte ces interdépendances.

PRESTATION

On appelle prestations les besoins des clients qu'un produit ou un service offert par l'entreprise permet de satisfaire. Les prestations du produit, également appelées fonctions du produit, sont analysées dans le cadre de l'analyse fonctionnelle.

PROCESSUS

Un processus est un ensemble d'activités :
- reliées entre elles par des flux d'information ou de matière[1] significatifs,
- qui se combinent pour fournir un produit matériel ou immatériel important et bien défini, élément précis de valeur, contribution spécifique aux objectifs stratégiques.

PROJET

Un projet est une combinaison d'activités qui permet d'atteindre à une date fixée une finalité précise, un résultat unique en son espèce et non répétitif, en respectant des contraintes de ressources (budget) et de temps (durée). Il est borné dans le temps, avec une date de début et une date de fin. Il dispose parfois de ressources dédiées. Il est souvent transversal aux métiers de l'entreprise.

RECONFIGURATION DE PROCESSUS

Voir « Business Process Reengineering »

REENGINEERING DE PROCESSUS

Voir « Business Process Reengineering »

REFONTE DE PROCESSUS

Voir « Business Process Reengineering »

---

1. Le flux de matière est en fait un cas particulier du flux d'information : le flux des produits dans l'usine est un flux de matière, mais cette matière est porteuse d'information (une date de livraison promise, un certain état de transformation, une quantité, un code de produit) et c'est en cela qu'elle constitue un processus.

RESSOURCE

Une ressource est un objet (ex. une machine, un ordinateur, un lingot de métal) ou un service (ex. le travail d'un ouvrier, une étude sous-traitée), porteur de valeur, consommé ou consommable par l'entreprise dans le cadre de l'une de ses activités. La consommation de la ressource est mesurable physiquement (heures, kilos) ou monétairement. La mesure monétaire d'une consommation de ressource est un coût.

RETOUR D'EXPÉRIENCE

Le retour d'expérience consiste à exploiter le flux d'information engendré par la réalisation d'une activité pour améliorer la performance de l'entreprise dans la réalisation future de cette activité.

RISQUE

Un risque est la non-atteinte d'un objectif ou le non-respect d'une contrainte. Il peut être maîtrisé en identifiant et en mettant sous contrôle les leviers de risque.

ROUTINE

Une routine est une procédure d'action dont on sait que, sous certaines conditions, elle est efficace pour atteindre certains objectifs. On peut dès lors l'appliquer de manière automatique, dès que les conditions de sa validité sont réunies. Les routines peuvent être fondées sur l'expérience (leur efficacité a été testée et démontrée dans les situations passées), sur l'analyse (l'étude du type de situations concerné a permis de démontrer la validité des routines) ou sur l'imitation.

SCHÉMA DE PILOTAGE

Le schéma de pilotage, interface entre la structure organisationnelle et le système de pilotage, définit la manière dont l'entreprise entend se piloter :
- définition des logiques globales de pilotage (pilotage financier ou stratégico-opérationnel, découpage des centres de responsabilité et caractérisation comme centres de coûts ou de profits, pilotage permanent ou par projets...),
- définition des niveaux de pilotage hiérarchiques,
- définition des axes de pilotage (processus, objectifs, métiers, produits, marchés, territoires, canaux de distribution, technologies...),
- mode de déploiement des politiques d'entreprise et rôle des équipes fonctionnelles,
- organisation des cycles de gestion (plans-budgets, rôle des acteurs), et modes d'animation de gestion...

STRATÉGIE

Définir la stratégie de l'entreprise, c'est concevoir la ou les chaînes de valeur auxquelles elle doit prendre part et la position qu'elle doit y occuper, de manière à s'assurer des avantages concurrentiels pérennes et défendables.

TABLEAU DE BORD
Les indicateurs de pilotage sont regroupés en tableaux de bord, qui en assurent une présentation lisible et interprétable, avec une périodicité régulière adaptée aux besoins du pilotage, en vue d'atteindre des objectifs de performance.

TAUX D'UNE UNITÉ D'ŒUVRE
Le taux d'une unité d'œuvre est le ratio calculé sur une période donnée entre la somme des dépenses des activités qui répondent à cette unité d'œuvre et le volume d'unités d'œuvre réalisé. Il mesure la dépense moyenne par unité d'œuvre. Le taux est dit standard si dépenses et volume sont des données budgétées ou des références théoriques. Il est dit réel si dépenses et volume sont des données constatées.

THÉORIE DE L'ACTION
Une théorie de l'action décrit les conséquences prévues de certaines formes de comportements dans un contexte spécifique. Elle peut être individuelle (façon dont un individu se représente les conséquences des divers comportements possibles) ou collective (façon dont un groupe se représente les conséquences des divers comportements possibles : représentation partagée entre les membres du groupe). On peut distinguer les théories de l'action officielles ou revendiquées (celles qui font l'objet d'un consensus au sein du groupe et constituent un référentiel partagé pour guider l'action collective) et les théories usuelles ou pratiquées (celles qui se concrétisent de fait et directement en actions, parfois dissimulées, parfois inconscientes). Les théories usuelles diffèrent souvent des théories officielles par des schémas de comportement tacites, voire « tabous ».

TRAÇABILITÉ
Voir « coût traçable ».

UNITÉ D'ŒUVRE
L'unité d'œuvre d'une activité (ou d'un groupe d'activités) est l'unité retenue pour mesurer le volume de réalisation effective de cette activité (ou du groupe d'activités), c'est-à-dire sa charge de travail utile. L'unité d'œuvre décrit donc la dimension spécifique de volume et de charge de travail utile : elle permet de confronter la mesure des ressources consommées (dépenses, coût) et la mesure du volume d'activité réalisé. Elle permet donc d'appréhender concrètement et de quantifier la notion de productivité. Elle permet de calculer des ratios entre « dépenses en francs » et « volumes d'activité en unités d'œuvre », mesurant la dépense moyenne par unité d'œuvre, baptisée « taux de l'unité d'œuvre ».

VALEUR
La valeur est le jugement porté par la société (notamment le marché et les clients potentiels) sur l'utilité des prestations offertes par l'entreprise comme

réponses à des besoins. Ce jugement se concrétise par des prix de vente, des quantités vendues, des parts de marché, des revenus, une image de qualité, une réputation...

VOLUME

Le volume d'une activité ou d'un processus est la charge de travail utile de cette activité ou de ce processus, mesurée dans une unité d'œuvre, qui correspond souvent à la quantité d'output utile fournie.

Table des cas
et des exemples

Constructeurs informatiques
chapitre 2, partie 3
axes de pilotage

Banque Immobanco
chapitre 2, partie 5
délimitation des rôles entre fonction contrôle de gestion et ligne managériale

Entreprise d'emballages plastiques Polyfilm
chapitre 3, partie 1
avantages comparatifs défendables, ressources et compétences

Compagnie des Eaux de Mirebourg
chapitre 3, partie 2
pilotage stratégique et gestion courante

Entreprise de confection Alvest
chapitre 3, annexe
analyse stratégique fondée sur les processus et les compétences

Entreprise MECA de sous-traitance mécanique
Chapitre 4, parties 1 et 2
déploiement de stratégie par les processus

Crédit Régional Immobilier et Commercial (CRIC)
chapitre 4, annexe 1
déploiement de stratégie par les processus

La Poste
chapitre 4, annexe 2
déploiement de stratégie par les processus

Centre EDF GDF Services de Marsigny
chapitre 4, annexe 4
déploiement de stratégie par les processus
chapitre 5, partie 2
indicateurs de résultat et indicateurs de suivi

Résotelmat
chapitre 5, partie 2
effets pervers de certains indicateurs

Compagnie d'Assurances Interco
chapitre 5, partie 3
pilotage ciblé stratégiquement et risque cognitif

Entreprise énergétique Eurénergie
chapitre 5, annexe 1
mise en place de tableaux de bord stratégiques

Equipélec
chapitre 6, partie 2
le piège des représentations implicites

Atelier de cartes électroniques d'Electronix
chapitre 6, partie 2
le piège des représentations implicites

Ikea
chapitre 6, partie 4
reconception de la chaîne de valeur

CMC
chapitre 6, partie 5
confusion entre prévisions et objectifs dans le comblement du planning gap

Entreprise de carrosserie automobile Carbodies
chapitre 7, partie 1
les excès de l'analyse d'écarts

Entreprise de jouets électroniques Videorev
chapitre 7, partie 1
pilotage des coûts de surcapacité

Atelier de cartes électroniques d'Electronix
chapitre 7, partie 3
choix d'unités d'œuvre

Société Auvergnate de Mécanique Automobile
chapitre 7, annexe 1
pilotage et réduction des coûts ABM

Groupe de biscuiterie « Cinq Quarts »
chapitre 8, partie 1
gestion du portefeuille de produits

Groupe informatique Eurocomputer
chapitre 8, partie 3
activités primaires et secondaires en ABC

PMI mécanique Société d'Usinage Picarde (SUP)
chapitre 8, partie 3
unités d'œuvre ABC

Usine Siemens de Bad-Neustadt
chapitre 8, partie 3
costing ABC

Société Angoumoise de Circuits Imprimés (Saci)
chapitre 8, partie 3
costing ABC

Index thématique